CAD/CAM/CAE 入门与提高 系列丛书

AutoCAD 2022 中文版 入门与提高

电气设计

CAD/CAM/CAE技术联盟◎编著

清華大学出版社
北京

内 容 简 介

本书以 AutoCAD 2022 为软件平台，讲述各种 CAD 电气设计的绘制方法，包括电气工程制图规则、AutoCAD 2022 入门、二维绘制与编辑命令、尺寸标注、辅助绘图工具、游戏机电路设计综合实例、高低压开关柜设计综合实例和别墅建筑电气设计综合实例等内容。全书解说翔实，图文并茂，语言简洁，思路清晰。本书可以作为初学者的入门教材，也可作为工程技术人员的参考工具书。

为了方便广大读者更加形象直观地学习此书，本书提供全书实例操作过程、上机实验录屏讲解 AVI 文件和实例源文件以及 AutoCAD 操作技巧集锦等电子资料，扫描书中二维码即可观看，下载。

图书在版编目(CIP)数据

AutoCAD 2022 中文版入门与提高. 电气设计/CAD/CAM/CAE 技术联盟编著. —北京：清华大学出版社，2022.7
(CAD/CAM/CAE 入门与提高系列丛书)
ISBN 978-7-302-60825-7

Ⅰ. ①A… Ⅱ. ①C… Ⅲ. ①电气设备－计算机辅助设计－AutoCAD 软件 Ⅳ. ①TP391.72 ②TM02-39

中国版本图书馆 CIP 数据核字(2022)第 080063 号

责任编辑：秦 娜 王 华
封面设计：李召霞
责任校对：赵丽敏
责任印制：丛怀宇

出版发行：清华大学出版社
网 址：http://www.tup.com.cn，http://www.wqbook.com
地 址：北京清华大学学研大厦 A 座 **邮 编**：100084
社 总 机：010-83470000 **邮 购**：010-62786544
投稿与读者服务：010-62776969，c-service@tup.tsinghua.edu.cn
质量反馈：010-62772015，zhiliang@tup.tsinghua.edu.cn
印 装 者：北京同文印刷有限责任公司
经 销：全国新华书店
开 本：185mm×260mm **印 张**：22.5 **字 数**：516 千字
版 次：2022 年 9 月第 1 版 **印 次**：2022 年 9 月第 1 次印刷
定 价：89.80 元

产品编号：097128-01

前　言

Preface

电气工程图用来描述电气工程的构成和功能、电气装置的工作原理，提供安装和维护使用的信息，辅助电气工程研究和指导电气工程实践施工等。电气工程的规模不同，该项工程的电气图的种类和数量也不同。电气工程图的种类与工程规模有关，较大规模的电气工程通常包含更多种类的电气工程图，从不同的侧面表达不同侧重点的工程含义。

电气工程图一方面可以根据功能和使用场合分为不同的类别；另一方面，各种类别的电气工程图有某些联系和共同点，不同类别的电气工程图适用于不同的场合，其表达工程含义的侧重点也不尽相同。对于不同专业和在不同场合下，只要是按照同一种用途绘成的电气图，不仅在表达方式与方法上必须是统一的，而且在图的分类与属性上也应该一致。

AutoCAD 2022 是当前最新版的 AutoCAD 软件，它运行速度快，安装要求比较低，而且具有众多制图、出图的优点。它提供的平面绘图功能可以胜任电气工程图中使用的各种电气系统图、框图、电路图、接线图、电气平面图等的绘制。AutoCAD 2022 还具有三维造型、图形渲染等功能，电气设计人员可以利用这些功能绘制一些机械图、建筑图，作为电气设计的辅助工作。

AutoCAD 电气设计是计算机辅助设计与电气设计相结合的交叉学科。虽然在现代电气设计中应用 AutoCAD 辅助设计是顺理成章的事，但国内专门讲解利用 AutoCAD 进行电气设计的方法和技巧的书很少。本书根据电气设计在各学科和专业中的应用实际，全面具体地对各种电气设计的 AutoCAD 设计方法和技巧进行深入细致的讲解。

一、本书特点

☑ 作者权威

本书由 Autodesk 中国认证考试管理中心首席专家胡仁喜博士领衔的 CAD/CAM/CAE 技术联盟编写，所有编者都是多年在高校从事计算机辅助设计教学研究的一线人员，具有丰富的教学实践经验与教材编写经验，已经出版的一些相关书籍经过市场检验很受读者欢迎。多年的教学工作使他们能够准确地把握学生的心理与实际需求。本书是作者总结多年的设计经验以及教学的心得体会，历时多年的精心准备，力求全面、细致地展现 AutoCAD 软件在电气设计应用领域的各种功能和使用方法。

☑ 实例丰富

作为 AutoCAD 类专业软件在电气设计领域应用的工具书，本书力求避免空洞的介绍和描述，而是步步为营，逐个知识点采用电气设计实例演绎，这样读者在实例操作过程中就可以牢牢掌握软件功能。实例的种类也非常丰富，有知识点讲解的小实例，有几个知识点或全章知识点综合的综合实例，有练习提高的上机实例，更有完整实用的工

程案例。各种实例交错讲解，以达到使读者巩固、理解的目标。

☑ **突出提升技能**

本书从全面提升 AutoCAD 实际应用能力的角度出发，结合大量的案例来讲解如何利用 AutoCAD 软件进行电气设计，从而教会读者独立完成各种电气设计与制图。

Note

本书中的很多实例本身就是电气设计项目案例，经过作者精心提炼和改编，不仅可以保证读者能够学好知识点，更重要的是能够帮助读者掌握实际的操作技能，同时培养电气设计实践能力。

二、本书的基本内容

本书重点介绍 AutoCAD 2022 中文版在电气设计领域的具体应用。全书共 10 章，分别介绍电气工程制图规范、AutoCAD 2022 入门、二维绘制命令、基本绘图工具、编辑命令、尺寸标注、辅助绘图工具、游戏机电路设计综合实例、高低压开关柜电气设计综合实例、别墅建筑电气工程图设计综合实例等内容。在介绍的过程中，注意由浅入深、从易到难逐步进行，全书解说翔实，图文并茂，语言简洁，思路清晰。

三、本书的配套资源

本书通过二维码提供了极为丰富的学习配套资源，期望读者在最短的时间学会并精通这门技术。

1. 配套教学视频

针对本书实例专门制作了 57 节配套教学视频，读者可以先看视频，像看电影一样轻松愉悦地学习本书内容，然后对照图书加以实践和练习，这样可以大大提高学习效率。

2. AutoCAD 应用技巧、疑难问题解答等资源

(1) AutoCAD 应用技巧大全：汇集了 AutoCAD 绘图的各类技巧，对提高作图效率很有帮助。

(2) AutoCAD 疑难问题解答汇总：疑难问题解答的汇总对入门者来讲非常有用，可以使其扫除学习障碍，在学习上少走弯路。

(3) AutoCAD 经典练习题：额外精选了不同类型的练习题，读者只要认真去练，到一定程度就可以实现从量变到质变的飞跃。

(4) AutoCAD 常用图库：作者多年工作积累了内容丰富的图库，这些图库读者可以拿来就用，或者改改就可以用，从而提高作图效率。

(5) AutoCAD 快捷命令速查手册：汇集了 AutoCAD 常用快捷命令，熟记可以提高作图效率。

(6) AutoCAD 快捷键速查手册：汇集了 AutoCAD 常用快捷键，绘图高手通常可以直接使用这些快捷键。

(7) AutoCAD 常用工具按钮速查手册：熟练掌握 AutoCAD 工具按钮的使用方法是提高作图效率的方法之一。

(8) 软件安装过程详细说明文本和教学视频：此说明文本或教学视频可以帮助读

者解决令人烦恼的软件安装问题。

(9) AutoCAD 官方认证考试大纲和模拟考试试题：本书完全参照官方认证考试大纲编写，模拟考试试题利用作者独家掌握的考试题库编写而成。

3. 10 套大型图纸设计方案及长达 12 小时的同步教学视频

为了帮助读者拓展视野，特意赠送 10 套设计图纸集、图纸源文件，以及总长 12 小时的视频教学录像(动画演示)。

4. 全书实例的源文件和素材

本书附带了很多实例，包含实例与练习实例的源文件和素材，读者可以安装 AutoCAD 2022 软件，打开并使用它们。

四、关于本书的服务

1. 关于本书的技术问题或有关本书信息的发布

读者如遇到有关本书的技术问题，可以将问题发送到邮箱 714491436@qq.com，我们将及时回复。

2. 安装软件的获取

按照本书中的实例进行操作练习，以及使用 AutoCAD 进行电气设计与制图时，需要事先在计算机上安装相应的软件。读者可从网络下载，或者从软件经销商处购买。QQ 交流群也会提供下载地址和安装方法教学视频，需要的读者可以关注。

本书由 CAD/CAM/CAE 技术联盟编著。CAD/CAM/CAE 技术联盟是一个集 CAD/CAM/CAE 技术研讨、工程开发、培训咨询和图书创作于一体的工程技术人员协作联盟，包含 20 多位专职和众多兼职 CAD/CAM/CAE 工程技术专家。

CAD/CAM/CAE 技术联盟负责人由 Autodesk 中国认证考试中心首席专家担任，全面负责 Autodesk 中国官方认证考试大纲制定、题库建设、技术咨询和师资力量培训工作，联盟成员精通 Autodesk 系列软件。其创作的很多教材成为国内具有领导性的旗帜作品，在国内相关专业方向图书创作领域具有举足轻重的地位。

书中内容主要来自编者几年来使用 AutoCAD 的经验总结，也有部分内容取自国内外有关文献资料。虽然笔者几易其稿，但由于时间仓促，加之水平有限，书中纰漏与失误在所难免，恳请广大读者批评指正。

编　者

2022 年 6 月

0-1

目 录

Contents

Note

Note

Note

Note

Note

Note

第1章

电气工程图概述

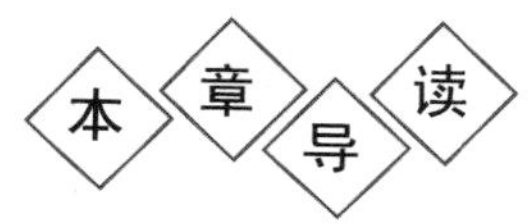

电气工程图是一种示意性的工程图，它主要用图形符号、线框或简化外形表示电气设备或系统中各有关组成部分的连接关系。本章将介绍电气工程相关的基础知识，参照国家标准《电气工程CAD制图规则》(GB/T 18135—2008)中的有关规定，介绍绘制电气工程图的一般规则，并实际绘制标题栏，建立A3幅面的样板文件。

学习要点

- 电气工程图的分类及特点
- 电气工程CAD制图规范

1.1 电气工程图的分类及特点

Note

为了让读者在绘制电气工程图之前对电气工程图的基本概念有所了解，本节将简要介绍电气工程图的一些基本知识，包括电气工程图的应用范围、特点和分类等。

1.1.1 电气工程图的应用范围

电气工程包含的范围很广，如电力、电子、建筑电气、工业控制电气等，虽然工程图的要求大致是相同的，但也有其特定要求，规模也大小不一。根据应用范围的不同，电气工程大致可分为以下几类。

1. 电力工程

(1) 发电工程：根据电源性质不同，发电工程主要可分为火电、水电、核电这三类。发电工程中的电气工程指的是发电厂电气设备的布置、接线、控制及其他附属项目。

(2) 线路工程：用于连接发电厂、变电站和各级电力用户的输电线路，包括内线工程和外线工程。内线工程是指室内动力、照明电气线路及其他线路；外线工程是指室外电源供电线路，包括架空电力线路、电缆电力线路等。

(3) 变电工程：升压变电站将发电站发出的电能进行升压，以减少远距离输电的电能损失；降压变电站将电网中的高电压降为各级用户能使用的低电压。

2. 电子工程

电子工程主要是指应用于计算机、电话、广播、闭路电视和通信等众多领域的弱电信号线路和设备。

3. 建筑电气工程

建筑电气工程主要是指应用于工业与民用建筑领域的动力照明、电气设备、防雷接地等，包括各种动力设备、照明灯具、电器以及各种电气装置的保护接地、工作接地、防静电接地等。

4. 工业控制电气

工业控制电气主要指用于机械、车辆及其他控制领域的电气设备，包括机床电气、电机电气、汽车电气和其他控制电气。

1.1.2 电气工程图的特点

电气工程图有如下特点。

(1) 电气工程图的主要表现形式是简图。简图是采用标准的图形符号和带注释的框或者简化外形表示系统或设备中各组成部分之间相互关系的一种图。电气工程中绝大部分采用简图的形式。

(2) 电气图描述的主要内容是元件和连接线。一种电气设备主要由电气元件和连接线组成。因此，无论电路图、系统图，还是接线图和平面图，都是以电气元件和连接线作为描述的主要内容。而对电气元件和连接线有多种不同的描述方式，所以电气图也

具有多样性。

(3) 电气工程图的基本要素是图形、文字和项目代号。一个电气系统或装置通常由许多部件、组件构成，这些部件、组件或者功能模块称为项目。项目一般由简单的符号表示，这些符号就是图形符号。通常每个图形符号都有相应的文字符号。在同一个图上，为了区别相同的设备，需要对设备编号。设备编号和文字符号一起构成项目代号。

Note

(4) 电气工程图的两种基本布局方法是功能布局法和位置布局法。功能布局法是指在绘图时只考虑元件之间的功能关系，而不考虑元件的实际位置的一种布局方法，电气工程图中的系统图、电路图采用的是这种方法。位置布局法是指电气工程图中的元件位置对应于元件的实际位置的一种布局方法，电气工程中的接线图、设备布置图采用的就是这种方法。

(5) 电气工程图具有多样性。不同的描述方法，如能量流、信息流、逻辑流、功能流等，形成了不同的电气工程图。系统图、电路图、框图、接线图就是描述能量流和信息流的电气工程图；逻辑图是描述逻辑流的电气工程图；功能表图、程序框图描述的是功能流。

1.1.3 电气工程图的种类

电气工程图可以根据功能和使用场合分为不同的类别，各种类别的电气工程图都有某些联系和共同点，不同类别的电气工程图适用于不同的场合，其表达工程含义的侧重点也不尽相同。对于不同专业和在不同场合下，只要是按照同一种用途绘成的电气图，不仅表达方式与方法必须统一，而且图的分类与属性也应该一致。

电气工程图用来阐述电气工程的构成和功能，描述电气装置的工作原理，提供安装和维护使用的信息，辅助电气工程研究和指导电气工程实践施工等。电气工程的规模不同，该项工程的电气图的种类和数量也不同。电气工程图的种类与工程的规模有关，较大规模的电气工程通常包含更多种类的电气工程图，从不同的侧面表达不同侧重点的工程含义。一般来讲，一项电气工程的电气图通常装订成册，包含以下内容。

1. 目录和前言

电气工程图的目录好比书的目录，可用于资料系统化和检索图样，方便查阅。其目录由序号、图样名称、编号、张数等构成。

前言中一般包括设计说明、图例、设备材料明细表、工程经费概算等。设计说明的主要目的在于阐述电气工程设计的依据、基本指导思想与原则，图样中未能清楚表明的工程特点、安装方法、工艺要求、特殊设备的安装使用说明，以及有关的注意事项等的补充说明。图例就是图形符号，一般在前言中只列出本图样涉及的一些特殊图例。通常，图例都有约定俗成的图形格式，可以通过查阅国家标准和电气工程手册获得。设备材料明细表列出该电气工程所需的主要电气设备和材料的名称、型号、规格和数量，可供准备实验、经费预算和购置设备材料时参考。工程经费概算用于大致统计出该套电气工程所需的费用，可以作为工程经费预算和决算的重要依据。

2. 电气系统图和框图

系统图是一种简图，由符号或带注释的框绘制而成，用来概略表示系统、分系统、成套装置或设备的基本组成、相互关系及其主要特征，为进一步编制详细的技术文件提供

Note

依据，供操作和维修时参考。系统图是绘制其他（较其层次为低的）各种电气图（主要是指电路图）的主要依据。

系统图对布图有很高的要求，强调布局清晰，以利于识别过程和信息的流向。基本的流向应该是自左至右或者自上至下，如图 1-1 所示。只有在某些特殊情况下方可例外，例如，用于表达非电工程中的电气控制系统或者电气控制设备的系统图和框图，可以根据非电过程的流程图绘制，但是图中的控制信号应该与过程的流向相互垂直，以利识别，如图 1-2 所示。

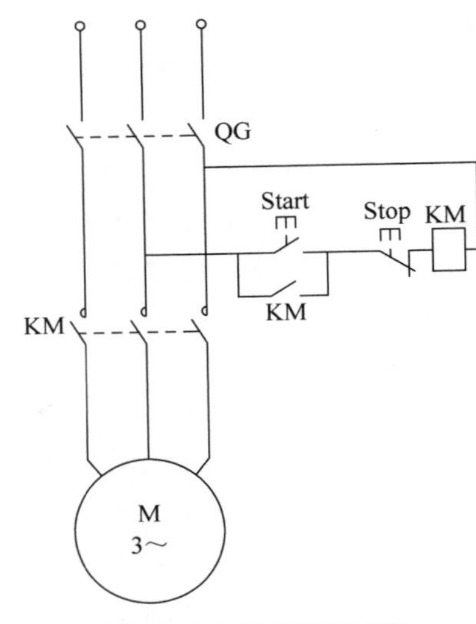

图 1-1　电机控制系统图

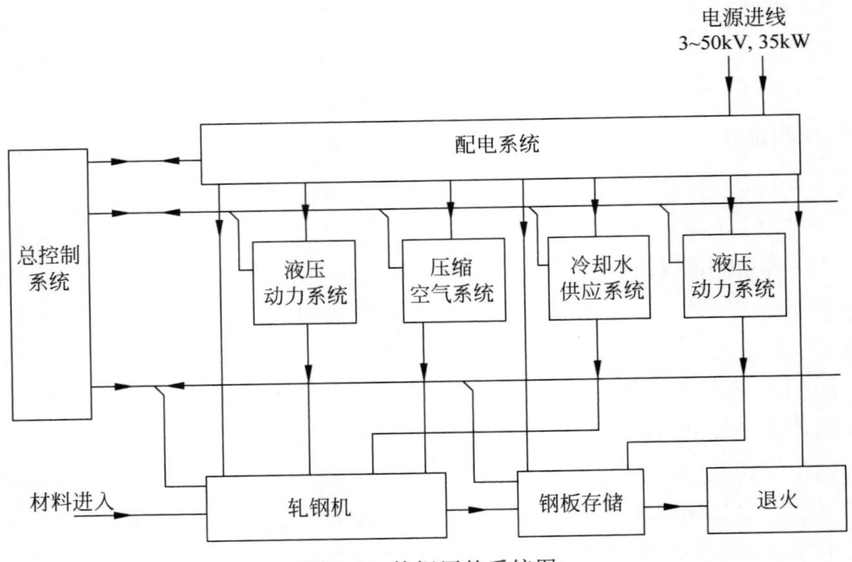

图 1-2　轧钢厂的系统图

3. 电路图

电路图是用图形符号绘制，并按工作顺序排列，详细表示电路、设备或成套装置的

全部基本组成部分的连接关系，侧重表达电气工程的逻辑关系，而不考虑其实际位置的一种简图。电路图的用途很广，可以用于详细地理解电路、设备或成套装置及其组成部分的作用原理，分析和计算电路特性，为测试和寻找故障提供信息，并作为编制接线图的依据。简单的电路图还可以直接用于接线。

电路图的布图应突出表示功能的组合和性能。每个功能级都应以适当的方式加以区分，突出信息流及各级之间的功能关系。其中，使用的图形符号必须具有完整形式，元件画法简单而且符合国家规范。电路图应根据使用对象的不同需要，增注相应的各种补充信息，特别是应该尽可能地考虑给出维修所需的各种详细资料，如项目的型号与规格，表明测试点，并给出有关的测试数据（各种检测值）和资料（波形图）等。图 1-3 为 CA6140 车床电气设备电路图。

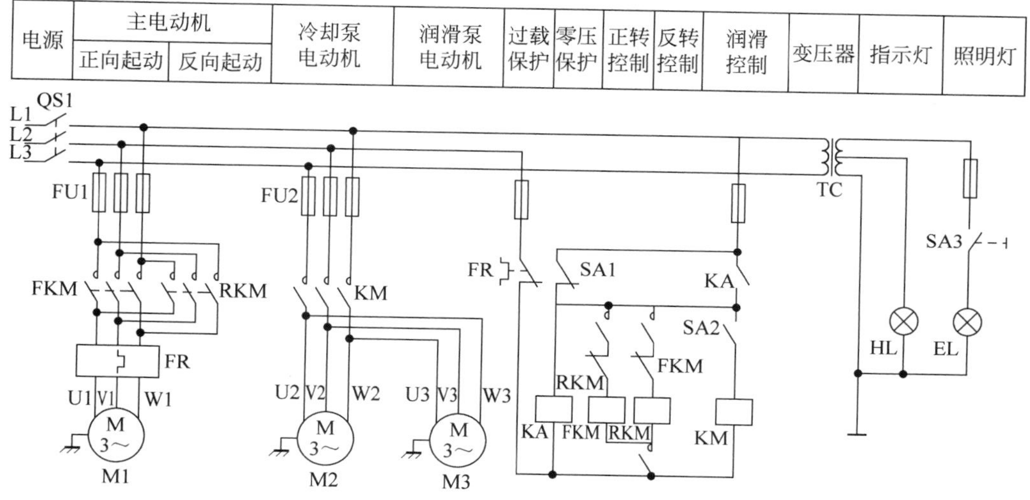

图 1-3　CA6140 车床电气设备电路图

4. 电气接线图

接线图是用符号表示成套装置中设备或装置的内、外部各种连接关系的一种简图，便于安装接线及维护。

接线图中的每个端子都必须注出元件的端子代号，连接导线的两端子必须在工程中统一编号。接线图布图时应大体按照各个项目的相对位置进行布置，连接线可以用连续线方式画，也可以用断线方式画。如图 1-4 所示，不在同一张图的连接线可采用断线画法。

5. 电气平面图

电气平面图主要用于表示某一电气工程中电气设备、装置和线路的平面布置，它一般是在建筑平面的基础上绘制的。常见的电气工程平面图有线路平面图、变电所平面图、照明平面图、弱电系统平面图、防雷与接地平面图等。图 1-5 为某车间的电气平面图。

6. 其他电气工程图

常见的电气工程图除以上提到的系统图、电路图、接线图和平面图外，还有以下 4 种。

Note

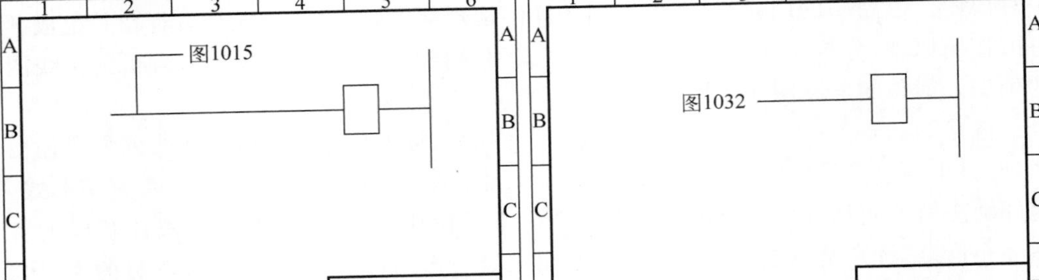

图 1-4　不在同一张图的连接线断线画法

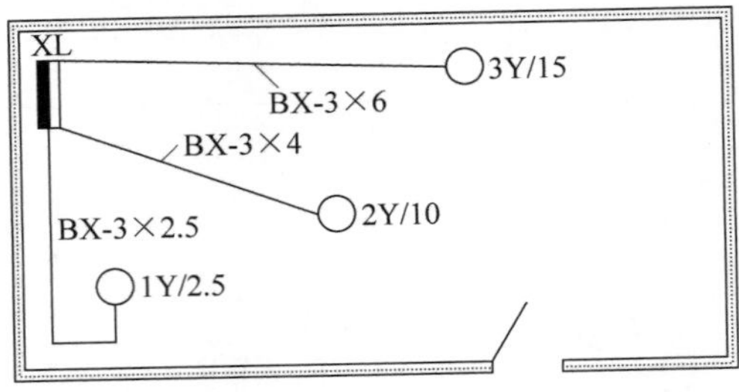

图 1-5　某车间的电气平面图

1）设备布置图

设备布置图主要表示各种电气设备的布置形式、安装方式及相互间的尺寸关系，通常由平面图、立体图、断面图、剖面图等组成。

2）设备元件和材料表

设备元件和材料表是把某一电气工程所需的主要设备、元件、材料和有关的数据列成表格，以表示其名称、符号、型号、规格、数量等。

3）大样图

大样图主要表示电气工程某一部件、构件的结构，用于指导加工与安装，其中一部分大样图为国家标准。

4）产品使用说明书用电气图

电气工程中选用的设备和装置，其生产厂家往往随产品使用说明书附上电气图，这些也是电气工程图的组成部分。

1.2　电气工程 CAD 制图规范

本节扼要介绍国家标准《电气工程 CAD 制图规则》(GB/T 18135—2008)中的有关规定，同时对其引用的有关标准中的规定加以引用与解释。

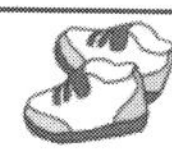

1.2.1　图纸格式

1. 幅面

电气工程图纸采用的基本幅面有 5 种：A0、A1、A2、A3 和 A4。各图幅的相应尺寸见表 1-1。

表 1-1　图幅尺寸的规定

mm

幅面	A0	A1	A2	A3	A4
长	1189	841	594	420	297
宽	841	594	420	297	210

2. 图框

1）图框尺寸(表 1-2)

在电气图中，确定图框线的尺寸有两个依据：一是图纸是否需要装订；二是图纸幅面的大小。需要装订时，装订的一边就要留出装订边。图 1-6、图 1-7 分别为不留装订边的图框、留装订边的图框。右下角矩形区域为标题栏位置。

表 1-2　图纸图框尺寸

mm

幅面代号	A0	A1	A2	A3	A4
e	20		10		
c	10			5	
a	25				

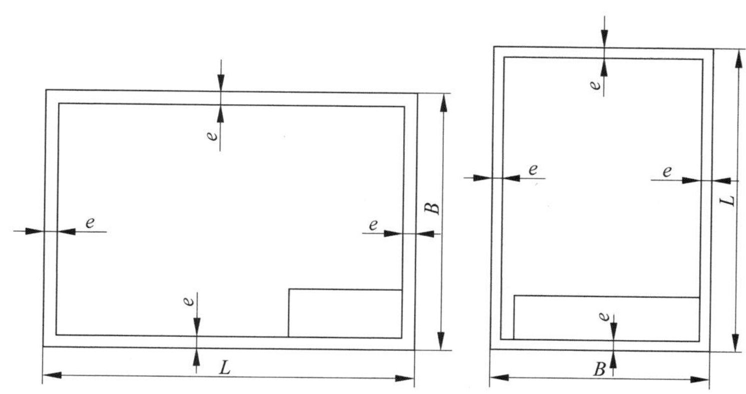

图 1-6　不留装订边的图框

2）图框线宽

图框的内框线，根据不同幅面、不同输出设备宜采用不同的线宽，见表 1-3。各种图幅的外框线均为 0.25mm 的实线。

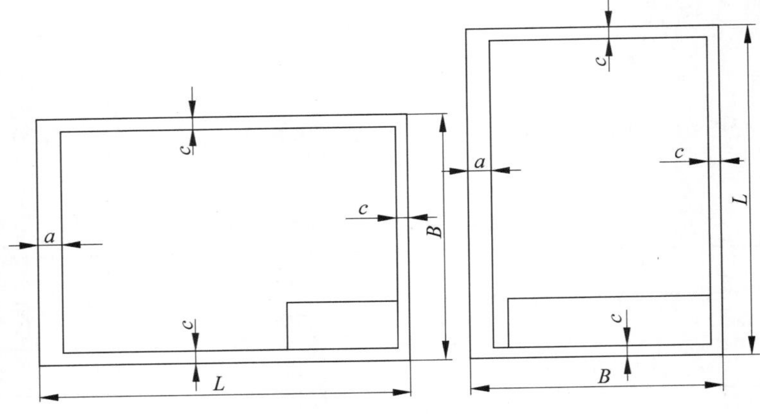

图 1-7　留装订边的图框

表 1-3　图幅内框线宽　　mm

幅面	绘图机类型	
	喷墨绘图机	笔式绘图机
A0,A1	1.0	0.7
A2,A3,A4	0.7	0.5

1.2.2　文字

1. 字体

电气工程图样和简图中所选汉字应为长仿宋体。在 AutoCAD 环境中,汉字字体可采用 Windows 系统所带的 TrueType“仿宋_GB2312”。

2. 文本尺寸高度

(1) 常用的文本尺寸宜在下列尺寸(单位: mm)中选择: 1.5,3.5,5,7,10,14,20。

(2) 字符的宽高比约为 0.7。

(3) 各行文字间的行距不应小于字高的 1.5 倍。

(4) 图样中采用的各种文本尺寸见表 1-4。

表 1-4　图样中各种文本尺寸　　mm

文本类型	中文		字母及数字	
	字高	字宽	字高	字宽
标题栏图名	7～10	1～7	1～7	3.1～5
图形图名	7	5	5	3.5
说明抬头	7	5	5	3.5
说明条文	5	3.5	3.5	1.5
图形文字标注	5	3.5	3.5	1.5
图号和日期	5	3.5	3.5	1.5

3. 表格中的文字和数字

(1) 数字书写：带小数的数值，按小数点对齐；不带小数点的数值，按个位对齐。
(2) 文本书写：正文按左对齐。

1.2.3 图线

1. 线宽

根据用途，图线宽度宜从下列尺寸(单位：mm)中选用：0.18，0.25，0.35，0.5，0.7，1.0，1.4，1.0。

图形对象的线宽尽量不多于2种，每种线宽间的比值应不小于2。

2. 图线间距

平行线(包括画阴影线)之间的最小距离不小于粗线宽度的2倍，建议不小于0.7mm。

3. 图线形式

根据不同的结构含义采用不同的线型，具体要求见表1-5。

4. 线型比例

线型比例 k 与印制比例宜保持适当关系，当印制比例为 1：n 时，在确定线宽库文件后，线型比例可取 kn。

表1-5 图线形式

图线名称	图线形式	图线应用	图线名称	图线形式	图线应用
粗实线	————	电气线路，一次线路	点划线	—·—·—	控制线，信号线，围框图
细实线	————	二次线路，一般线路	点划线，双点划线	—·—·— —··——··—	原轮廓线
虚线	------	屏蔽线，机械连线	双点划线	—··——··—	辅助围框线，36V以下线路

1.2.4 比例

推荐采用的比例见表1-6。

表1-6 推荐比例

类　　别	推荐比例
放大比例	50∶1，5∶1
原尺寸	1∶1
缩小比例	1∶2，1∶5，1∶10，1∶20，1∶50，1∶100，1∶200，1∶500，1∶1000，1∶2000，1∶5000，1∶10 000

第2章

AutoCAD 2022入门

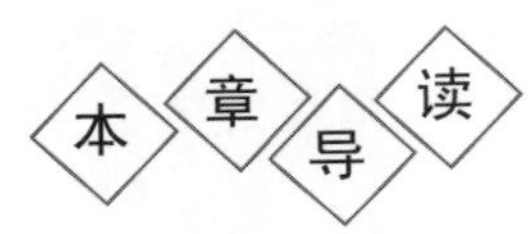

本章开始循序渐进地介绍使用 AutoCAD 2022 绘图的有关基本知识，例如了解如何设置图形的系统参数、样板图，熟悉建立新的图形文件、打开已有文件的方法等，为后面进入系统学习做好必要的准备。

学习要点

- ◆ 操作环境设置
- ◆ 文件管理
- ◆ 显示图形
- ◆ 基本输入操作

Note

2.1 操作环境设置

AutoCAD 2022 为用户提供了交互性良好的 Windows 风格操作界面，也提供了方便的系统定制功能，用户可以根据需要和喜好灵活地设置绘图环境。

2.1.1 操作界面

AutoCAD 操作界面是 AutoCAD 显示、编辑图形的区域，完整的 AutoCAD 操作界面如图 2-1 所示，包括标题栏、菜单栏、功能区、绘图区、十字光标、导航栏、坐标系图标、命令行窗口、状态栏、布局标签、快速访问工具栏等。

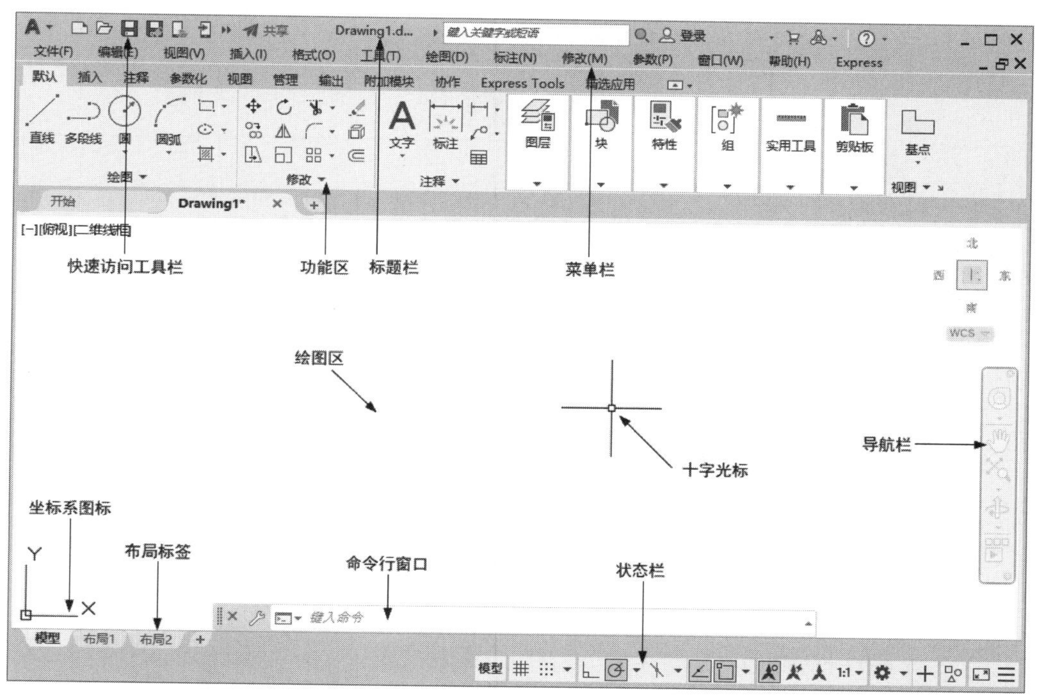

图 2-1 AutoCAD 2022 中文版的操作界面

注意：安装 AutoCAD 2022 后，默认的界面如图 2-1 所示，在绘图区右击，打开快捷菜单，如图 2-2 所示，❶选择"选项"命令，❷打开"选项"对话框，❸切换"显示"选项卡，如图 2-3 所示。❹在窗口元素对应的"颜色主题"中设置为"明"，❺单击"确定"按钮，退出对话框，其操作界面如图 2-4 所示。

2.1.2 配置绘图系统

由于每台计算机所使用的显示器、输入设备和输出设备的类型不同，用户喜好的风格及计算机的目录设置也是不同的，所以每台计算机都是独特的。一般来讲，使用 AutoCAD 2022 的默认配置就可以绘图，但为了使用用户的定点设备或打印机，以及为

Note

图 2-2 快捷菜单

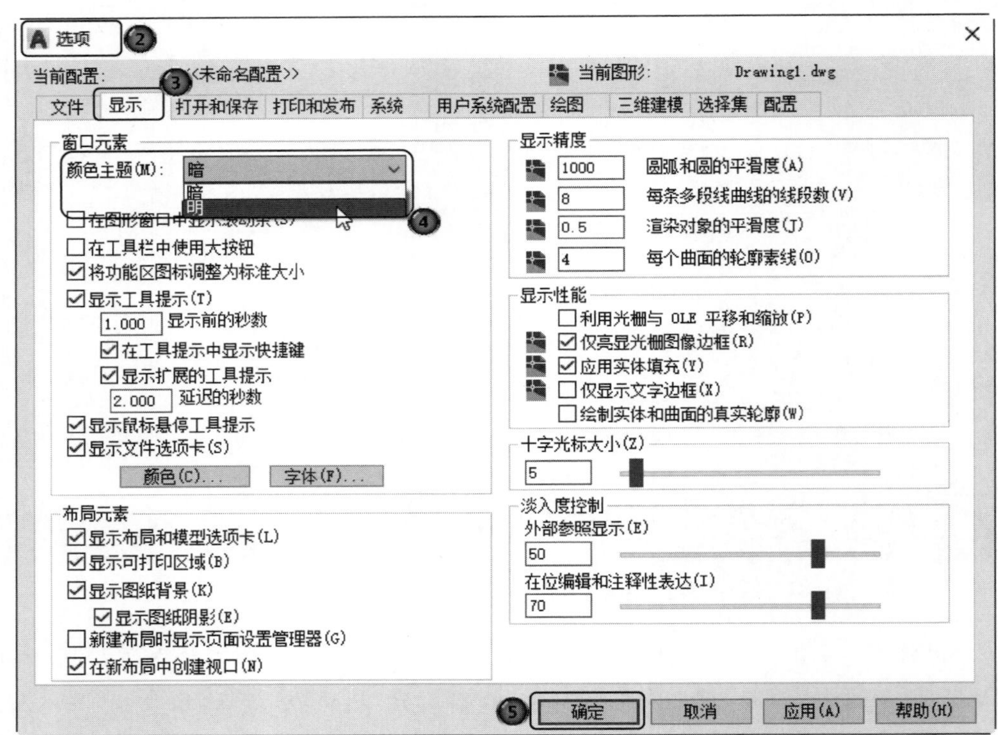

图 2-3 “选项”对话框

提高绘图的效率，AutoCAD 推荐用户在开始作图前先进行必要的配置。

1．执行方式

命令行：preferences。

菜单栏：选择菜单栏中的❶“工具”→❷“选项”命令(其中包括一些最常用的命令，如图 2-5 所示)。

Note

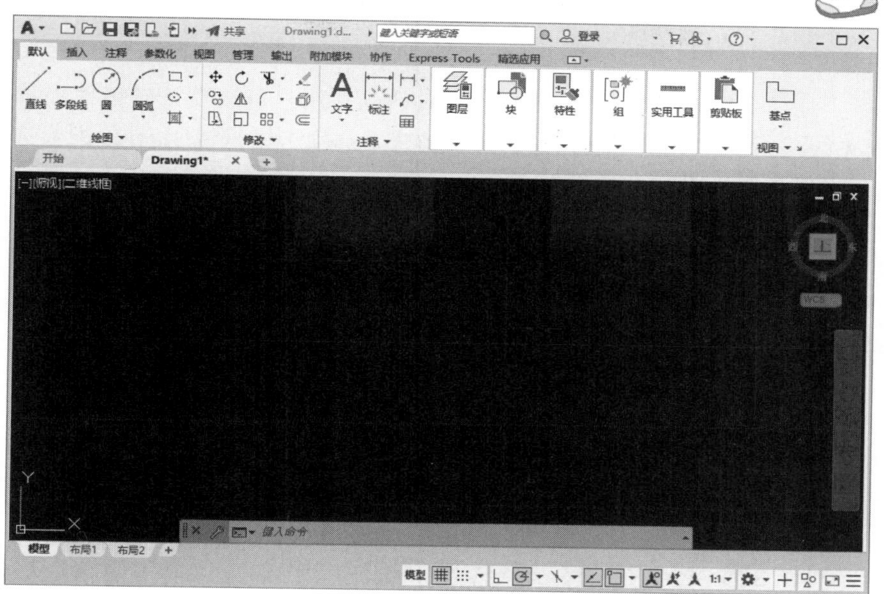

图 2-4　AutoCAD 2022 中文版的“明”操作界面

2. 操作格式

快捷菜单：选项（右击弹出快捷菜单，其中包括一些最常用的命令，如图 2-6 所示）。

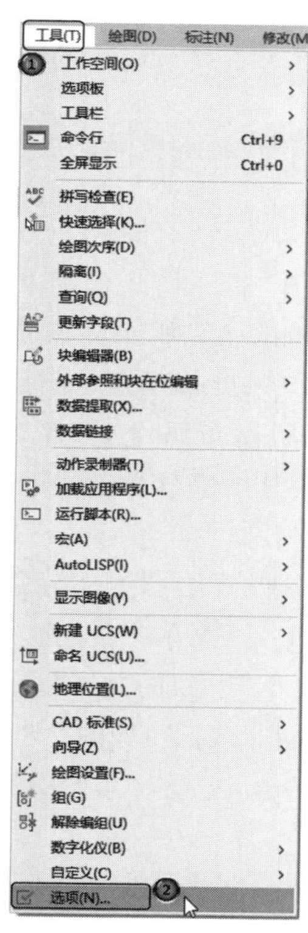

图 2-5　“工具”下拉菜单

图 2-6　“选项”快捷菜单

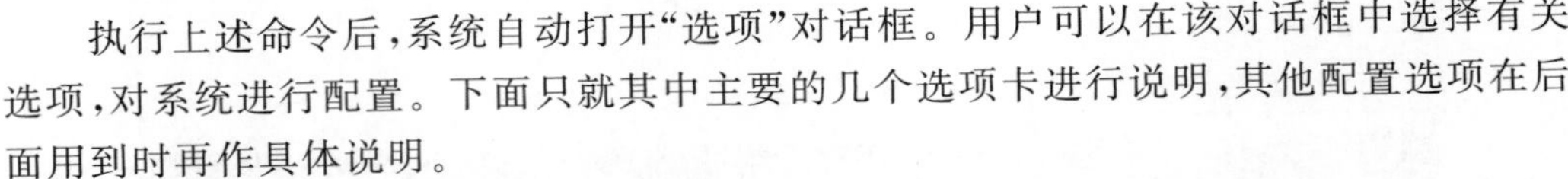

Note

3. 选项说明

执行上述命令后，系统自动打开“选项”对话框。用户可以在该对话框中选择有关选项，对系统进行配置。下面只就其中主要的几个选项卡进行说明，其他配置选项在后面用到时再作具体说明。

1）系统配置

在“选项”对话框中的第五个选项卡为“系统”，如图 2-7 所示。该选项卡用来设置 AutoCAD 系统的有关特性。其中，“常规选项”选项区用于确定是否选择系统配置的有关基本选项。

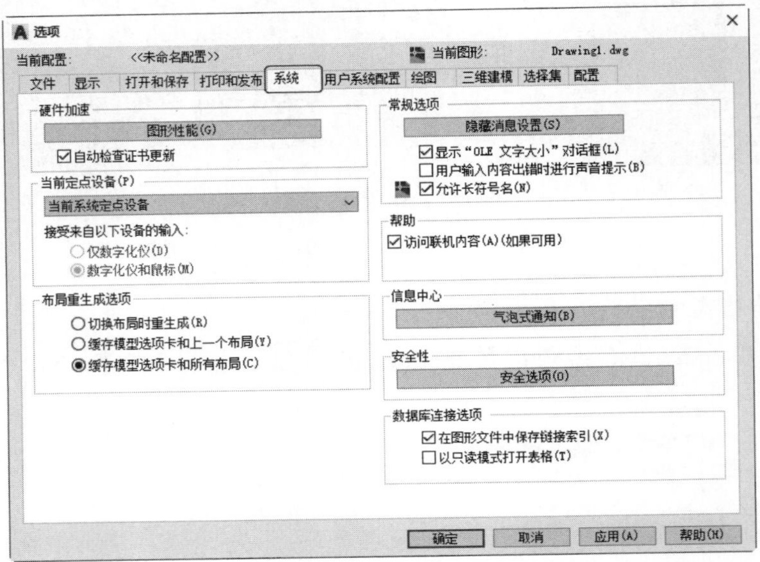

图 2-7 “系统”选项卡

2）显示配置

在“选项”对话框中的第二个选项卡为“显示”，如图 2-8 所示。该选项卡可控制 AutoCAD 窗口的外观，可以在该选项卡中设定屏幕菜单、屏幕颜色、光标大小、滚动条显示与否、固定命令行窗口中文字行数、AutoCAD 的版面布局设置、各实体的显示分辨率，以及 AutoCAD 运行时的其他各项性能参数等。其中部分设置如下。

（1）修改图形窗口中十字光标的大小。

系统预设光标的长度为屏幕大小的 5%，用户可以根据绘图的实际需要更改其大小。改变光标大小的方法如下：在绘图窗口中选择“工具”菜单中的“选项”命令，打开“选项”对话框。切换到“显示”选项卡，在“十字光标大小”下面的文本框中直接输入数值，或者拖动文本框后的滑块，即可对十字光标的大小进行调整，如图 2-8 所示。

此外，还可以通过设置系统变量 CURSORSIZE 的值，实现对其大小的更改。方法是在命令行输入：

```
命令：↙
输入 CURSORSIZE 的新值 <5>:
```

Note

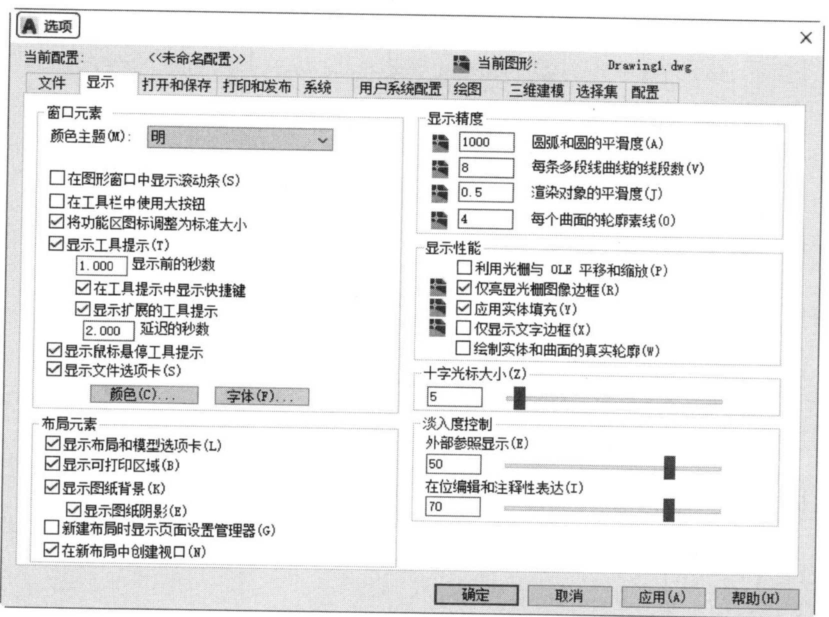

图 2-8 “选项”对话框中的“显示”选项卡

在提示下输入新值即可，默认值为 5%。

(2) 修改绘图窗口的颜色。

在默认情况下，AutoCAD 的绘图窗口是黑色背景、白色线条，这不符合绝大多数用户的习惯，因此修改绘图窗口颜色是大多数用户都需要进行的操作。修改绘图窗口颜色的步骤如下。

① 选择“工具”菜单中的“选项”命令，打开“选项”对话框，切换到“显示”选项卡，单击“窗口元素”区域中的“颜色”按钮，❶将打开如图 2-9 所示的“图形窗口颜色”对话框。

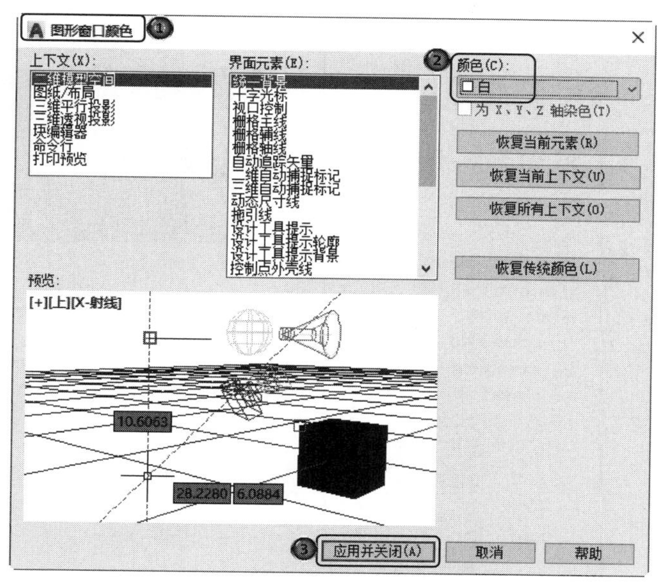

图 2-9 “图形窗口颜色”对话框

② 在该对话框中❷单击“颜色”选项区的下三角按钮，在打开的下拉列表框中选择需要的窗口颜色，然后❸单击“应用并关闭”按钮，此时 AutoCAD 的绘图窗口变成了窗口背景色，通常按视觉习惯选择白色为窗口颜色。

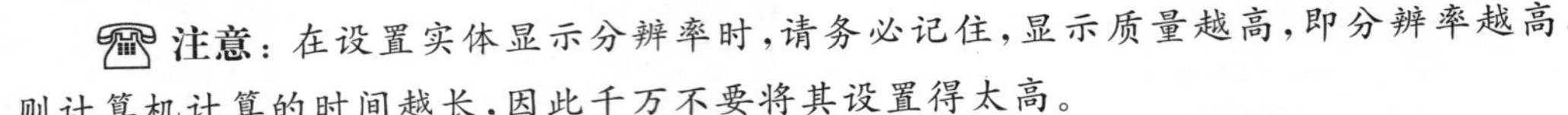

注意：在设置实体显示分辨率时，请务必记住，显示质量越高，即分辨率越高，则计算机计算的时间越长，因此千万不要将其设置得太高。

Note

2.2 文件管理

本节将介绍有关文件管理的一些基本操作方法，包括新建文件、打开已有文件、保存文件、删除文件等，这些都是进行 AutoCAD 2022 操作最基础的知识。

2.2.1 新建文件

1. 执行方式

命令行：NEW(或 QNEW)。

菜单栏：选择菜单栏中的“文件”→“新建”命令或选择“主菜单”→“新建”命令。

工具栏：单击“标准”工具栏中“新建”按钮 或单击“快速访问”工具栏中的“新建”按钮 。

2. 操作格式

系统打开如图 2-10 所示的“选择样板”对话框。执行上述命令后，系统立即从弹出的对话框的图形样板中创建新图形。

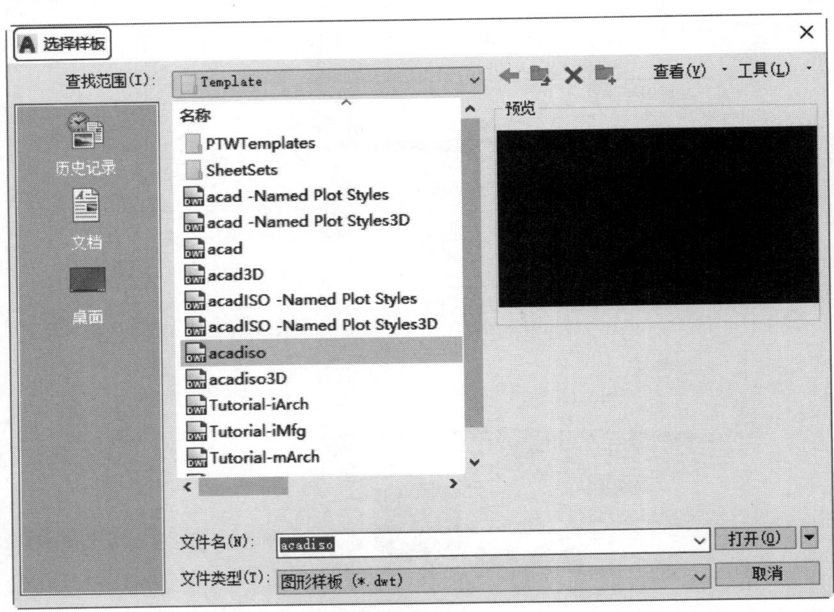

图 2-10 “选择样板”对话框

2.2.2 打开文件

1. 执行方式

命令行：OPEN。

菜单栏：选择菜单栏中的“文件”→“打开”命令或选择“主菜单”→“打开”命令。

工具栏：单击“标准”工具栏中的“打开”按钮或单击“快速访问”工具栏中的“打开”按钮。

2. 操作格式

执行上述命令后，打开“选择文件”对话框(图 2-11)，在“文件类型”下拉列表框中可以选择 dwg 文件、dws 文件、dxf 文件或 dwt 文件。其中，dws 文件是包含标准图层、标注样式、线型和文字样式的样板文件；dxf 文件是用文本形式存储的图形文件，能够被其他程序读取，许多第三方应用软件都支持 dxf 格式。

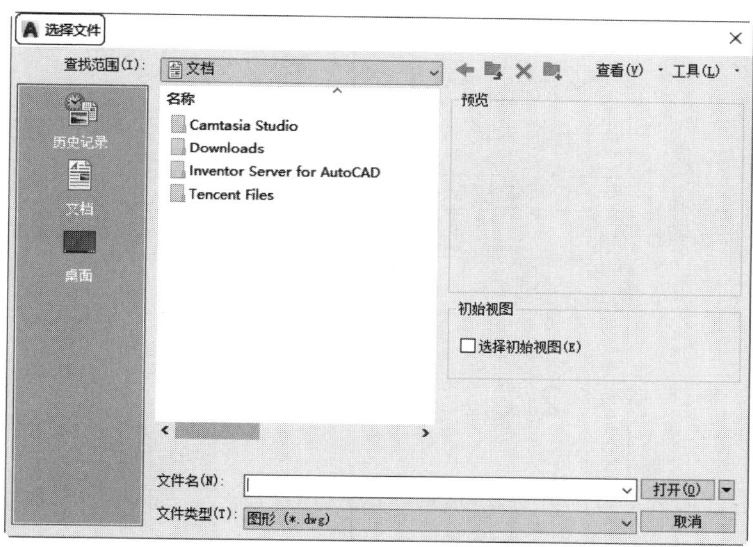

图 2-11 “选择文件”对话框

2.2.3 保存文件

1. 执行方式

命令名：QSAVE(或 SAVE，或 SAVEAS)。

菜单栏：选择菜单栏中的“文件”→“保存”(或“另存为”)命令或选择“主菜单”→“保存”命令。

工具栏：单击“标准”工具栏中的“保存”按钮或单击“快速访问”工具栏中的“保存”按钮。

2. 操作格式

执行上述命令后，若文件已命名，则 AutoCAD 2022 自动保存文件；若文件未命名

(即为默认名 Drawing1. dwg),❶则系统打开"图形另存为"对话框(图 2-12),❷用户可以命名保存文件。❸在"保存于"下拉列表框中,可以指定保存文件的路径;❹在"文件类型"下拉列表框中,可以指定保存文件的类型。

Note

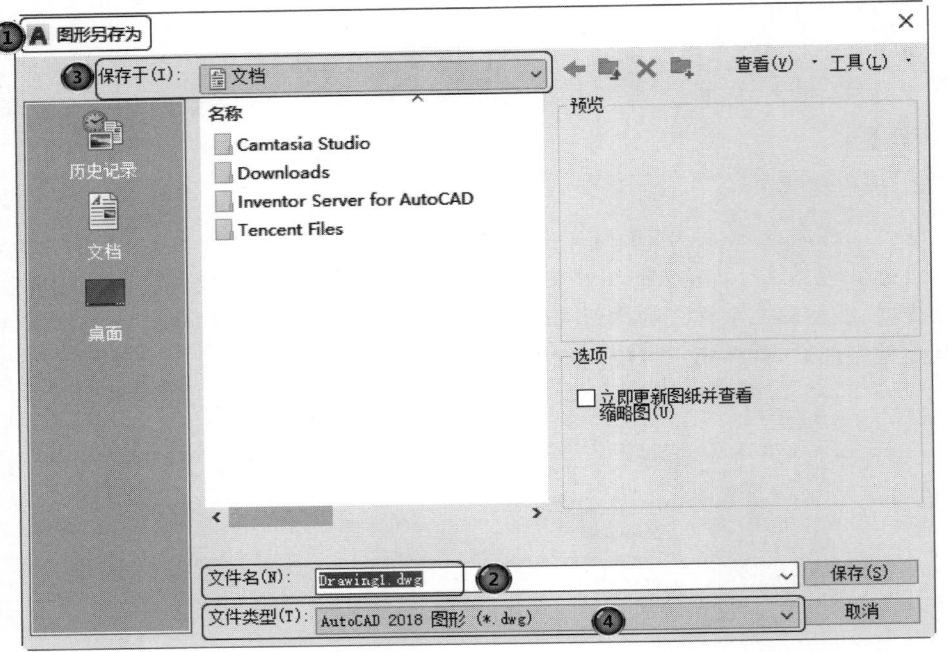

图 2-12 "图形另存为"对话框

2.3 显示图形

改变视图显示最一般的方法就是利用缩放和平移命令。用它们可以在绘图区域放大或缩小图像显示,或者改变观察位置。

2.3.1 实时缩放

有了实时缩放,用户就可以通过垂直向上或向下移动光标来放大或缩小图形。利用实时平移功能(下节介绍),能单击和移动光标重新放置图形。

1. 执行方式

命令行:ZOOM。

菜单栏:选择菜单栏中的"视图"→"缩放"→"实时"命令。

工具栏:单击"标准"工具栏中的"实时缩放"按钮 ±q 。

功能区:单击"视图"选项卡"导航"面板上的"范围"下拉菜单中的"实时"按钮 ±q 。

2. 操作格式

按住鼠标左键垂直向上或向下移动,从图形的中点向顶端垂直地移动光标就可以

将图形放大一倍，向底部垂直地移动光标就可以将图形缩小至原来的一半。

另外，还有放大、缩小、动态缩放、窗口缩放、比例缩放、中心缩放、全部缩放、对象缩放、缩放上一个和最大图形范围缩放等，其操作方法与动态缩放类似，此处不再赘述。

Note

2.3.2　实时平移

1. 执行方式

命令：PAN。

菜单栏：选择菜单栏中的"视图"→"平移"→"实时"命令。

工具栏：单击"标准"工具栏中的"实时平移"按钮。

功能区：单击"视图"选项卡"导航"面板中的"平移"按钮。

2. 操作格式

执行上述命令后，单击选择钮，然后移动手形光标就可以平移图形。当光标移动到图形的边沿时，就变成一个三角形显示。

另外，为显示控制命令，系统设置了一个快捷菜单，如图 2-13 所示。在该菜单中，用户可以在显示命令执行的过程中透明地进行切换。

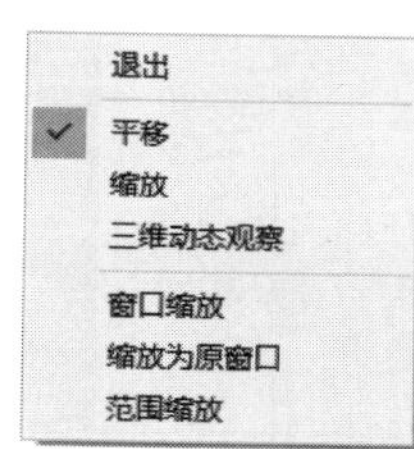

图 2-13　快捷菜单

2.4　基本输入操作

2.4.1　命令输入方式

采用 AutoCAD 2022 交互绘图时，必须输入必要的指令和参数。有多种 AutoCAD 命令输入方式（以画直线为例），如下所述。

1. 在命令窗口输入命令名

命令字符可不区分大小写。例如，命令：LINE↙。执行命令时，命令行提示中经常会出现命令选项。如输入绘制直线命令"LINE"后，命令行中的提示如下：

```
命令: LINE↙
指定第一个点:(在屏幕上指定一点或输入一个点的坐标)
指定下一个点或[放弃(U)]:
```

选项中不带括号的提示为默认选项，因此可以直接输入直线段的起点坐标，或在屏幕上指定一点，如果要选择其他选项，则应该首先输入该选项的标识字符，如"放弃"选项的标识字符 U，然后按系统提示输入数据即可。在命令选项的后面有时候还带有尖括号，尖括号内的数值为默认数值。

2. 在命令窗口输入命令缩写字

可在命令窗口输入命令缩写字，如 L(Line)、C(Circle)、A(Arc)、Z(Zoom)、R(Redraw)、M(More)、CO(Copy)、PL(Pline)、E(Erase)等。

Note

3. 选取绘图菜单直线选项

选取该选项后，可以在状态栏中看到对应的命令说明及命令名。

4. 选取工具栏中的对应图标

选取工具栏中的对应图标后，也可以在状态栏中看到对应的命令说明及命令名。

5. 在绘图区打开快捷菜单

如果在前面刚使用过要输入的命令，可以在绘图区右击，打开快捷菜单，在“最近的输入”子菜单中选择需要的命令，如图 2-14 所示。“最近的输入”子菜单中存储着最近使用的命令，如果经常重复使用某个命令，这种方法就比较快捷。

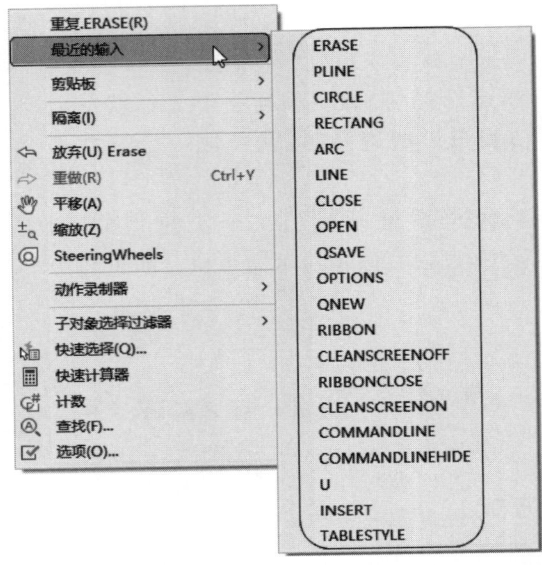

图 2-14　命令行快捷菜单

6. 在命令行直接按 Enter 键

如果用户要重复使用上次使用的命令，可以直接在命令行按 Enter 键，系统立即重复执行上次使用的命令。这种方法适用于重复执行某个命令。

2.4.2　命令的重复、撤销、重做

1. 命令的重复

在命令窗口中按 Enter 键可重复调用上一个命令，而不管上一个命令是完成了还是取消了。

2. 命令的撤销

在命令执行的任何时刻都可以取消和终止命令的执行。

执行方式如下：

命令行：UNDO。

菜单栏：选择菜单栏中的“编辑”→“放弃”命令。

Note

工具栏：单击“标准”工具栏中的“放弃”按钮 或单击“快速访问”工具栏中的“放弃”按钮 。

3. 命令的重做

已被撤销的命令还可以恢复重做，要恢复的是撤销的最后一个命令。

执行方式如下：

命令行：REDO。

菜单栏：选择菜单栏中的“编辑”→“重做”命令。

工具栏：单击“标准”工具栏中的“重做”按钮 或单击“快捷访问”工具栏中的“重做”按钮 。

快捷键：Ctrl+Y。

AutoCAD 2022 可以一次执行多重放弃和重做操作。单击快速访问工具栏中的“放弃”按钮 或“重做”按钮 后面的下三角按钮，可以选择要放弃或重做的操作，如图 2-15 所示。

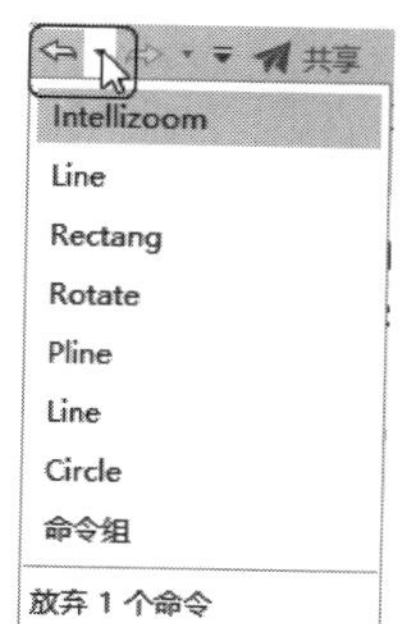

图 2-15　多重放弃或重做

2.4.3　命令执行方式

有的命令有两种执行方式，即通过对话框或通过命令行输入命令。如指定使用命令窗口方式，可以在命令名前加短划来表示，如“-LAYER”表示用命令行方式执行“图层”命令。而如果在命令行输入“LAYER”，系统则会自动打开“图层特性管理器”选项板。

另外，有些命令同时存在命令行、菜单、工具栏和功能区 4 种执行方式。如果选择菜单、工具栏或功能区方式，命令行就会显示该命令，并在前面加一下划线。如通过菜单、工具栏或功能区方式执行“直线”命令时，命令行会显示“_LINE”，命令的执行过程和结果与命令行方式相同。

2.4.4　数据的输入方法

1. 数据输入方法

在 AutoCAD 2022 中，点的坐标可以用直角坐标、极坐标、球面坐标和柱面坐标表示，每一种坐标又分别具有两种坐标输入方式：绝对坐标和相对坐标。其中，直角坐标和极坐标最为常用，下面主要介绍一下它们的输入方式。

(1) 直角坐标法：用点的 X、Y 坐标值表示的坐标。

例如，在命令行中输入点的坐标提示下，输入“15,18”，则表示输入了一个 X、Y 的坐标值分别为 15、18 的点，此为绝对坐标输入方式，表示该点的坐标是相对于当前坐标原点的坐标值，如图 2-16(a)所示。如果输入“@10,20”，则为相对坐标输入方式，表示该点的坐标是相对于前一个点的坐标值，如图 2-16(c)所示。

注意：分隔数值一定要用西文状态下的逗号，否则系统不会准确输入数据。

(2) 极坐标法：用长度和角度表示的坐标，只能用来表示二维点的坐标。

在绝对坐标输入方式下表示为：“长度<角度”，如“25<50”，其中长度为该点到坐标原点的距离，角度为该点至原点的连线与 X 轴正向的夹角，如图 2-16(b)所示。

在相对坐标输入方式下表示为："@长度＜角度"，如"@25＜45"，其中长度为该点到前一个点的距离，角度为该点至前一个点的连线与 X 轴正向的夹角，如图 2-16(d)所示。

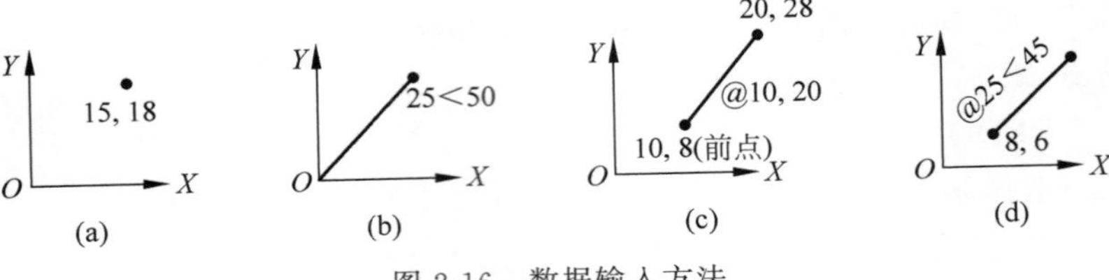

图 2-16　数据输入方法

2. 动态数据输入

单击状态栏上的按钮，系统打开动态输入功能，可以在屏幕上动态地输入某些参数数据。例如，绘制直线时，光标附近会动态地显示"指定第一个点"以及后面的坐标框，当前显示的是光标所在位置，可以输入数据，两个数据之间以逗号隔开，如图 2-17所示。指定第一个点后，系统动态显示直线的角度，同时要求输入线段长度值，如图 2-18所示，其输入效果与"@长度＜角度"方式相同。

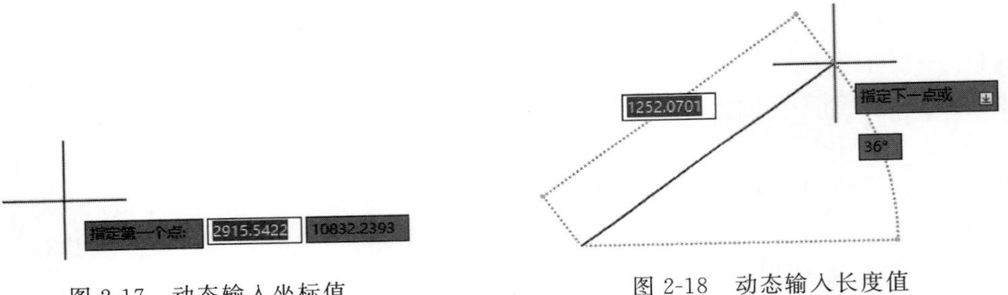

图 2-17　动态输入坐标值

图 2-18　动态输入长度值

下面分别介绍点与距离值的输入方法。

1）点的输入

在绘图过程中，常需要输入点的位置，AutoCAD 提供了如下几种输入点的方式。

（1）用键盘直接在命令窗口中输入点的坐标：直角坐标有两种输入方式："X，Y"(点的绝对坐标值，例如：100，50)和"@X，Y"（相对于上一个点的相对坐标值，例如：@50，−30)。坐标值均相对于当前的用户坐标系。

极坐标的输入方式为："长度＜角度"(其中，长度为点到坐标原点的距离，角度为原点至该点连线与 X 轴的正向夹角，例如："20＜45")或"@长度＜角度"(相对于上一个点的相对极坐标，例如"@50＜−30")。

（2）用鼠标等定标设备移动光标，然后单击左键，在屏幕上直接取点。

（3）用目标捕捉方式捕捉屏幕上已有图形的特殊点，如端点、中点、中心点、插入点、交点、切点、垂足点等。

（4）直接距离输入：先用光标拖拉出橡筋线确定方向，然后通过键盘输入距离。这样有利于准确控制对象的长度等参数，如要绘制一条 10mm 长的线段，方法如下：

```
命令: _LINE
指定第一个点:(在屏幕上指定一点)
指定下一个点或[放弃(U)]:
```

这时在屏幕上移动鼠标指明线段的方向，但不要单击进行确认，如图 2-19 所示，然后在命令行输入“10”，这样就在指定方向上准确地绘制了长度为 10mm 的线段。

2）距离值的输入

在 AutoCAD 2022 的命令中，有时需要提供高度、宽度、半径、长度等距离值。AutoCAD 提供了两种输入距离值的方式：一种是用键盘在命令窗口中直接输入数值；另一种是在屏幕上拾取两点，以两点间的距离值定出所需数值。

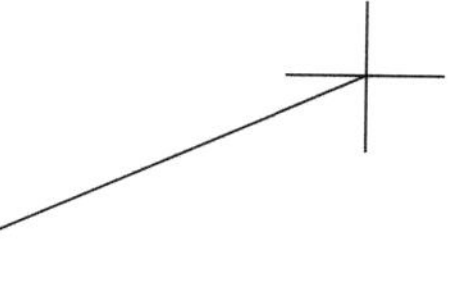

图 2-19　绘制直线

第3章

二维绘制命令

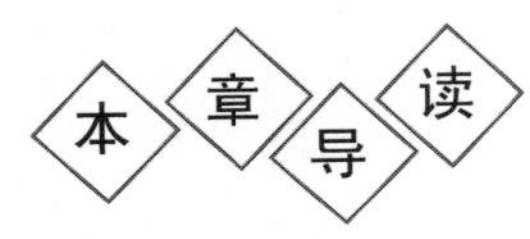

二维图形是指在二维平面空间绘制的图形，AutoCAD 2022 提供了大量的绘图工具，可以帮助用户完成二维图形的绘制。此外，AutoCAD 2022 提供了许多二维绘图命令，利用这些命令可以快速方便地完成某些图形的绘制。本章主要包括点、直线，圆和圆弧、椭圆和椭圆弧，平面图形、图案填充、多段线、样条曲线和多线的绘制与编辑。

学 习 要 点

- 直线类命令
- 圆类图形命令
- 平面图形
- 图案填充
- 多段线与样条曲线

Note

3.1　直线类命令

3.1.1　点

1. 执行方式

命令行：POINT(缩写名：PO)。

菜单栏：选择菜单栏中的"绘图"→"点"→"单点"(或"多点")命令。

工具栏：单击"绘图"工具栏中的"多点"按钮 ⁖。

功能区：单击"默认"选项卡"绘图"面板中的"多点"按钮 ⁖。

2. 操作格式

```
命令: POINT↙
当前点模式: PDMODE = 0  PDSIZE = 0.0000
指定点: (指定点所在的位置)
```

3. 选项说明

"点"命令各选项的含义如表 3-1 所示。

表 3-1　"点"命令各选项的含义

选　　项	含　　义
单点和多点	通过菜单方法操作时(图 3-1)，"单点"选项表示只输入一个点，"多点"选项表示可输入多个点
对象捕捉	可以打开状态栏中的"对象捕捉"开关设置点捕捉模式，帮助用户拾取点
点样式	点在图形中的表示样式共有 20 种。可通过命令 DDPTYPE 或选择菜单栏中的"格式"→"点样式"命令，打开"点样式"对话框来设置，如图 3-2 所示

3.1.2　直线

1. 执行方式

命令行：LINE(缩写名：L)。

菜单栏：选择菜单栏中的"绘图"→"直线"命令。

工具栏：单击"绘图"工具栏中的"直线"按钮 ╱。

功能区：单击"默认"选项卡"绘图"面板中的"直线"按钮 ╱。

2. 操作格式

命令行提示与操作如下。

```
命令: LINE↙
指定第一个点:(输入直线段的起点,用鼠标指定点或者给定点的坐标)
指定下一个点或[放弃(U)]: (输入直线段的端点,也可以用鼠标指定一定角度后,直接输入直线的长度)
```

指定下一个点或[放弃(U)]：(输入下一个直线段的端点，输入选项 U 表示放弃前面的输入；右击或按 Enter 键结束命令)
指定下一个点或[闭合(C)/放弃(U)]：(输入下一个直线段的端点，或输入选项 C 使图形闭合，结束命令)

Note

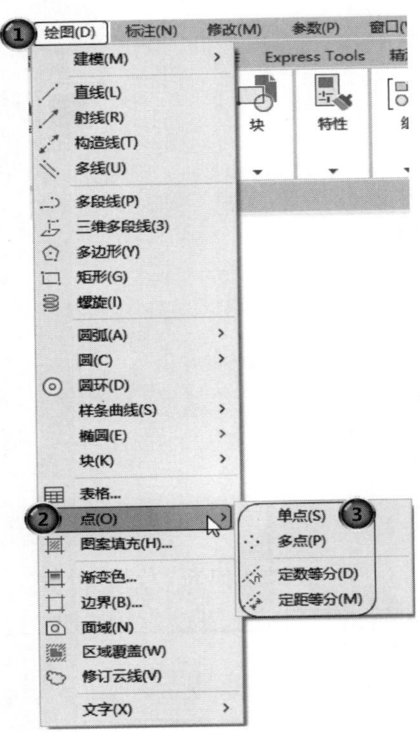

图 3-1 “点”子菜单

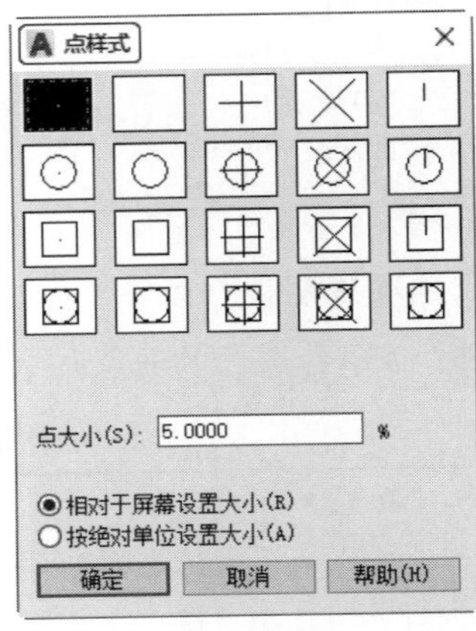

图 3-2 “点样式”对话框

3. 选项说明

“直线”命令各选项的含义如表 3-2 所示。

表 3-2 “直线”命令各选项的含义

选　　项	含　　义
指定第一个点	若采用按 Enter 键响应“指定第一个点：”提示，系统会把上次绘线(或弧)的终点作为本次操作的起始点。特别地，若上次操作为绘制圆弧，按 Enter 键响应后则绘出通过圆弧终点的与该圆弧相切的直线段，该线段的长度由鼠标在屏幕上指定的一个点与切点之间线段的长度确定
指定下一个点	在“指定下一个点”提示下，用户可以指定多个端点，从而绘出多条直线段。但是，每一段直线是一个独立的对象，可以进行单独的编辑操作
闭合(C)	绘制两条以上直线段后，若采用输入选项 C 响应“指定下一个点”提示，系统会自动连接起始点和最后一个端点，从而绘出封闭的图形
放弃(U)	若采用输入选项 U 响应提示，则擦除最近一次绘制的直线段
“正交”按钮	若设置正交方式(单击状态栏上“正交”按钮 ∟)，只能绘制水平直线或垂直线段

续表

选　项	含　义
DYN按钮	若设置动态数据输入方式(单击状态栏上DYN按钮 ⁺▬),则可以动态输入坐标或长度值。下面的命令同样可以设置动态数据输入方式,效果与非动态数据输入方式类似。除了特别需要外,以后不再强调,而只按非动态数据输入方式输入相关数据

3-1

3.1.3　上机练习——绘制电阻符号

练习目标

绘制如图3-3所示的电阻符号。

设计思路

利用直线命令,绘制电阻符号。

操作步骤

(1) 单击"默认"选项卡"绘图"面板中的"直线"按钮 ╱,绘制连续线段,命令行提示与操作如下。

```
命令: _LINE
指定第一个点: 100,100↙
指定下一个点或[放弃(U)]: @100,0↙
指定下一个点或[放弃(U)]: @0,-40↙
指定下一个点或[闭合(C)/放弃(U)]: @-100,0↙
指定下一个点或[闭合(C)/放弃(U)]: C↙(系统自动封闭连续直线并结束命令,结果如图3-4所示)
```

图3-3　电阻

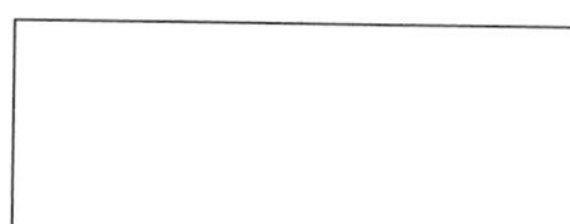

图3-4　绘制连续线段

(2) 再次单击"默认"选项卡"绘图"面板中的"直线"按钮 ╱,绘制两条线段,命令行提示与操作如下。最终结果如图3-3所示。

```
命令: _LINE
指定第一个点: 100,80↙
指定下一个点或[放弃(U)]: 60,80↙
指定下一个点或[放弃(U)]: ↙
命令: _LINE
指定第一个点: 200,80↙
指定下一个点或[放弃(U)]: @40,0↙
指定下一个点或[放弃(U)]: ↙
```

Note

注意：

(1) 输入坐标时，逗号必须是在西文状态下，否则会出现错误。

(2) 一般每个命令有4种执行方式，这里只给出了命令行执行方式，其他3种执行方式的操作方法与命令行执行方式相同。

3.2 圆类图形命令

圆类命令主要包括“圆”“圆弧”“椭圆”“椭圆弧”以及“圆环”等命令，这几个命令是AutoCAD中最简单的曲线命令。

3.2.1 圆

1. 执行方式

命令行：CIRCLE(缩写名：C)。

菜单栏：选择菜单栏中的“绘图”→“圆”命令。

工具栏：单击“绘图”工具栏中的“圆”按钮⊘。

功能区：单击“默认”选项卡“绘图”面板中的“圆”下拉菜单。

2. 操作格式

```
命令：CIRCLE↙
指定圆的圆心或[三点(3P)/两点(2P)/切点、切点、半径(T)]：(指定圆心)
指定圆的半径或[直径(D)]：<2038.2999>D(也可以直接输入半径数值或用鼠标指定半径长度，即可完成圆的绘制)
指定圆的直径<4076.5999>：(输入直径数值或用鼠标指定直径长度)
```

3. 选项说明

“圆”命令各选项的含义如表3-3所示。

表3-3 “圆”命令各选项的含义

选　项	含　义
三点(3P)	用指定圆周上三点的方法画圆
两点(2P)	指定直径的两端点画圆
切点、切点、半径(T)	按先指定两个相切对象，后给出半径的方法画圆。图3-5(a)～(d)给出了以“切点、切点、半径”方式绘制圆的各种情形(其中加黑的圆为最后绘制的圆)
绘制圆的菜单方法	选择菜单栏中的❶“绘图”→❷“圆”命令，❸菜单中多了一种“相切、相切、相切”的方法，当选择此方法时(图3-6)，系统提示： 指定圆上的第一个点：_TAN 到：(指定相切的第一个圆弧) 指定圆上的第二个点：_TAN 到：(指定相切的第二个圆弧) 指定圆上的第三个点：_TAN 到：(指定相切的第三个圆弧)

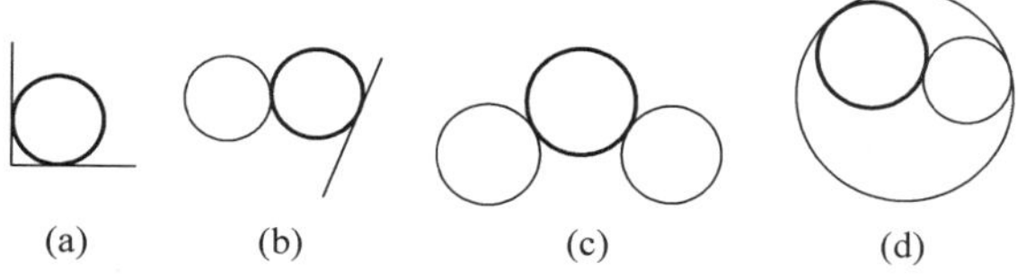

图 3-5　圆与另外两个对象相切的各种情形

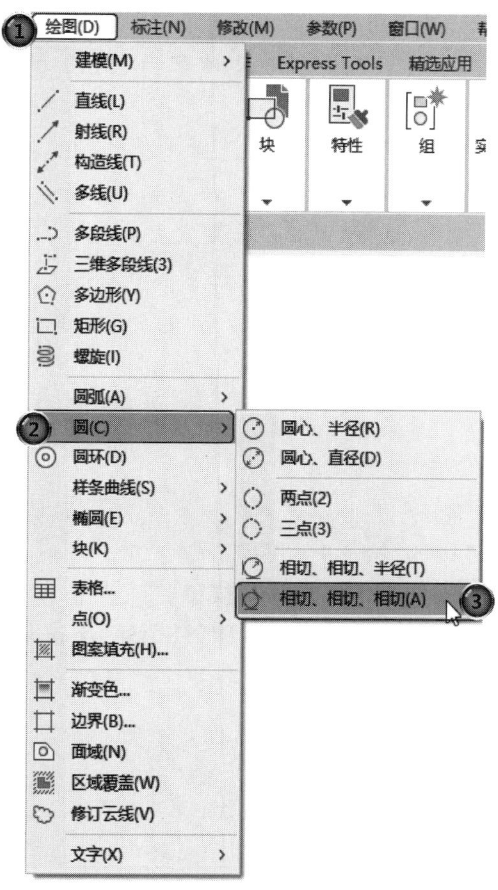

图 3-6　绘制圆的菜单方法

3.2.2　上机练习——绘制线箍

练习目标

绘制如图 3-7 所示的线箍。

设计思路

首先设置绘图环境，然后利用圆命令绘制线箍。

操作步骤

(1) 设置绘图环境。选择菜单栏中的"格式"→"图形界限"命令，设置图幅界限：

297mm×210mm。

（2）单击“默认”选项卡“绘图”面板中的“圆”按钮⊘，绘制圆。命令行提示与操作如下。绘制结果如图 3-8 所示。

Note

```
命令：CIRCLE↙
指定圆的圆心或[三点(3P)/两点(2P)/切点、切点、半径(T)]： 100,100↙
指定圆的半径或[直径(D)]：50↙
```

重复“圆”命令，以(100,100)为圆心，绘制半径为 40mm 的圆。结果如图 3-7 所示。

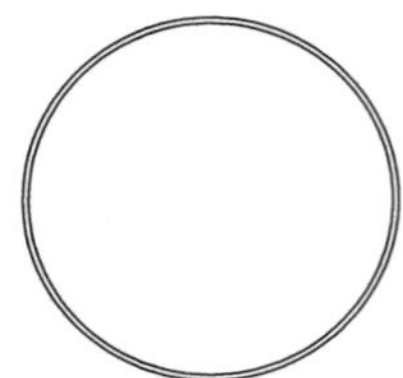

图 3-7　线箍

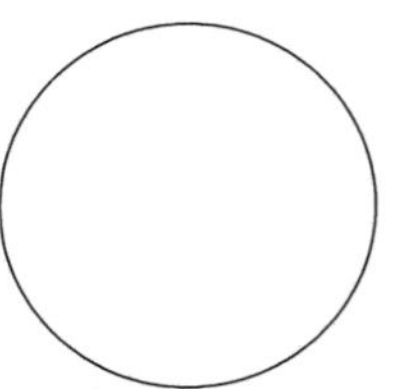

图 3-8　绘制圆

3.2.3　圆弧

1. 执行方式

命令行：ARC(缩写名：A)。

菜单栏：选择菜单栏中的“绘图”→“圆弧”命令。

工具栏：单击“绘图”工具栏中的“圆弧”按钮⌒。

功能区：单击“默认”选项卡“绘图”面板中的“圆弧”下拉菜单。

2. 操作格式

```
命令：ARC↙
指定圆弧的起点或[圆心(C)]：(指定起点)
指定圆弧的第二个点或[圆心(C)/端点(E)]：(指定第二个点)
指定圆弧的端点：(指定端点)
```

3. 选项说明

“圆弧”命令各选项的含义如表 3-4 所示。

表 3-4　“圆弧”命令各选项的含义

选　项	含　义
11 种方法画圆弧	用命令行方式画圆弧时，可以根据系统提示选择不同的选项，其具体功能和用“绘制”菜单的“圆弧”子菜单提供的 11 种方式相似。这 11 种方式如图 3-9(a)～(k)所示
连续方式	需要强调的是，“连续”方式绘制的圆弧与上一线段或圆弧相切，连续画圆弧段，因此提供端点即可
端点/端点(E)	指定圆弧上的端点
圆心(C)	指定圆弧所在圆的圆心

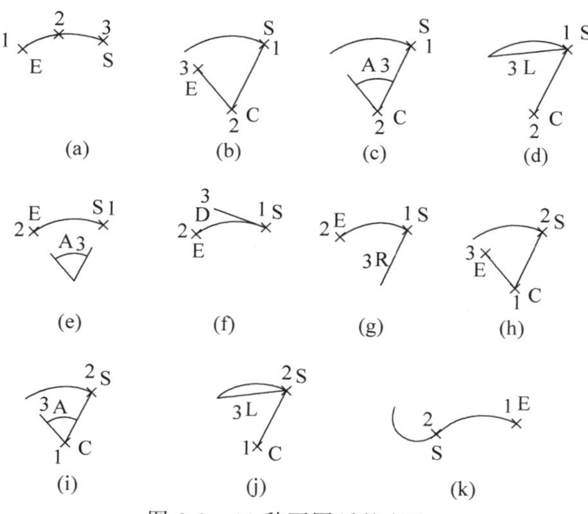

图 3-9　11 种画圆弧的方法

3.2.4　上机练习——绘制壳体符号

3-3

练习目标

绘制如图 3-10 所示的壳体符号。

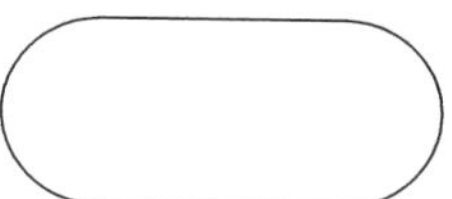

图 3-10　壳体符号

设计思路

首先利用直线命令绘制两条直线，然后利用圆弧命令完成壳体符号的绘制。

操作步骤

(1) 单击"默认"选项卡"绘图"面板中的"直线"按钮，绘制两条直线，端点坐标值分别为{(100,130),(150,130)}和{(100,100),(150,100)}。

(2) 单击"默认"选项卡"绘图"面板中的"圆弧"按钮，绘制圆头部分圆弧，命令行提示与操作如下。

```
命令: _ARC
指定圆弧的起点或[圆心(C)]:100,130↙
指定圆弧的第二个点或[圆心(C)/端点(E)]:E↙
指定圆弧的端点:100,100↙
指定圆弧的中心点(按住 Ctrl 键以切换方向)或[角度(A)/方向(D)/半径(R)]:R↙
指定圆弧的半径(按住 Ctrl 键以切换方向): 15↙
```

(3) 单击"默认"选项卡"绘图"面板中的"圆弧"按钮，绘制另一段圆弧，命令行提示与操作如下。最终结果如图 3-10 所示。

```
命令: _ARC
指定圆弧的起点或[圆心(C)]:150,130↙
指定圆弧的第二个点或[圆心(C)/端点(E)]:E↙
指定圆弧的端点:150,100↙
指定圆弧的中心点(按住 Ctrl 键以切换方向)或[角度(A)/方向(D)/半径(R)]:A↙
指定夹角(按住 Ctrl 键以切换方向): -180↙
```

☎ **注意**：绘制圆弧时，应注意圆弧的曲率是遵循逆时针方向的，所以在采用指定圆弧两个端点和半径模式时，需要注意端点的指定顺序，否则有可能导致圆弧的凹凸形状与预期相反。

Note

3.2.5 圆环

1. 执行方式

命令行：DONUT（缩写名：DO）。

菜单栏：选择菜单栏中的"绘图"→"圆环"命令。

功能区：单击"默认"选项卡"绘图"面板中的"圆环"按钮◎。

2. 操作格式

```
命令：DONUT↙
指定圆环的内径 <默认值>：(指定圆环内径)
指定圆环的外径 <默认值>：(指定圆环外径)
指定圆环的中心点或 <退出>：(指定圆环的中心点)
指定圆环的中心点或 <退出>：(继续指定圆环的中心点，则继续绘制相同内外径的圆环。按Enter 键、空格键或右击结束命令，结果如图 3-11(a)所示)
```

3. 选项说明

"圆环"命令各选项的含义如表 3-5 所示。

表 3-5 "圆环"命令各选项的含义

选　　项	含　　义
填充圆	若指定内径为零，则画出实心填充圆，见图 3-11(b)
绘制圆环	用命令 FILL 可以控制圆环是否填充，具体方法如下： 命令：FILL↙ 输入模式 [开(ON)/关(OFF)] <开>：(选择 ON 表示填充，选择 OFF 表示不填充，如图 3-11(c)所示)

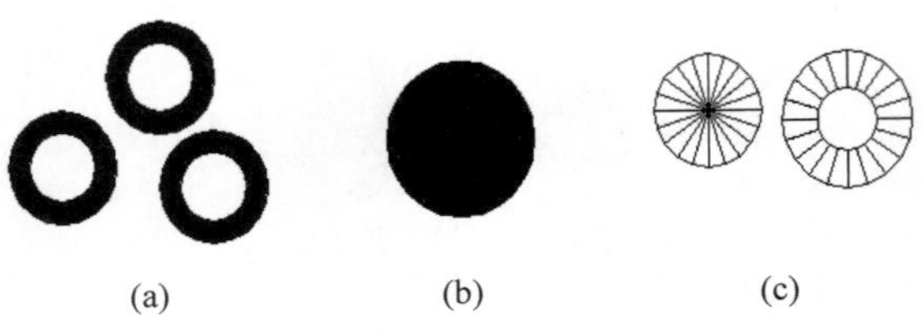

图 3-11 绘制圆环

3.2.6 椭圆与椭圆弧

1. 执行方式

命令行：ELLIPSE（缩写名：EL）。

菜单栏：选择菜单栏中的"绘图"→"椭圆"命令。

工具栏：单击"绘图"工具栏中的"椭圆"按钮 或单击"绘图"工具栏中的"椭圆

弧”按钮 。

功能区：单击“默认”选项卡“绘图”面板中的“椭圆”下拉菜单。

Note

2. 操作格式

```
命令：ELLIPSE↙
指定椭圆的轴端点或［圆弧(A)/中心点(C)］:(指定轴端点 1,如图 3-12(a)所示)
指定轴的另一个端点:(指定轴端点 2,如图 3-12(a)所示)
指定另一条半轴长度或［旋转(R)］:
```

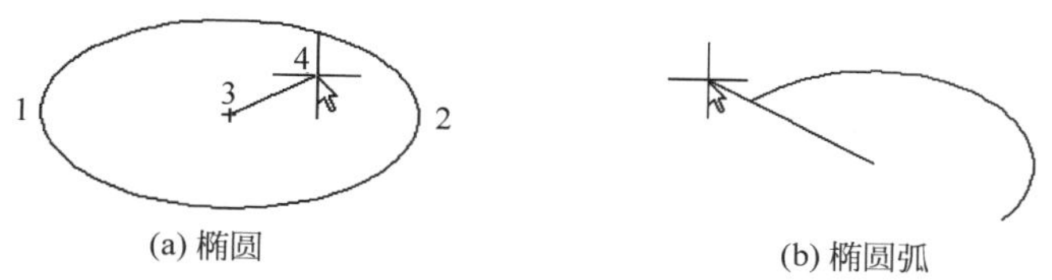

(a) 椭圆　　(b) 椭圆弧

图 3-12　椭圆和椭圆弧

3. 选项说明

“椭圆与椭圆弧”命令各选项的含义如表 3-6 所示。

表 3-6　“椭圆与椭圆弧”命令各选项的含义

<table>
<tr><th>选　项</th><th colspan="2">含　义</th></tr>
<tr><td>指定椭圆的轴端点</td><td colspan="2">根据两个端点定义椭圆的第一条轴。第一条轴的角度确定了整个椭圆的角度。第一条轴既可定义椭圆的长轴，也可定义短轴</td></tr>
<tr><td>旋转(R)</td><td colspan="2">通过绕第一条轴旋转圆来创建椭圆。相当于将一个圆绕椭圆轴翻转一个角度后的投影视图</td></tr>
<tr><td>中心点(C)</td><td colspan="2">通过指定的中心点创建椭圆</td></tr>
<tr><td rowspan="4">圆弧(A)</td><td colspan="2">该选项用于创建一段椭圆弧，与工具栏中“绘图”→“椭圆弧”命令功能相同。其中第一条轴的角度确定了椭圆弧的角度。第一条轴既可定义椭圆弧长轴，也可定义椭圆弧短轴。选择该项，系统继续提示：
指定椭圆弧的轴端点或［中心点(C)］:(指定端点或输入 C)
指定轴的另一个端点:(指定另一个端点)
指定另一条半轴长度或［旋转(R)］:(指定另一条半轴长度或输入 R)
指定起点角度或［参数(P)］:(指定起始角度或输入 P)
指定端点角度或［参数(P)/夹角(I)］:
其中各选项含义如下。</td></tr>
<tr><td>角度</td><td>指定椭圆弧端点的两种方式之一，光标与椭圆中心点连线的夹角为椭圆端点位置的角度，如图 3-12(b)所示</td></tr>
<tr><td>参数(P)</td><td>指定椭圆弧端点的另一种方式，该方式同样是指定椭圆弧端点的角度，但通过以下矢量参数方程式创建椭圆弧：
$p(u)=c+a\cos u+b\sin u$
式中，c 是椭圆的中心点，a 和 b 分别是椭圆的长轴和短轴，u 为光标与椭圆中心点连线的夹角</td></tr>
<tr><td>夹角(I)</td><td>定义从起始角度开始的包含角度</td></tr>
</table>

3-4

Note

3.2.7 上机练习——绘制电话机

练习目标

绘制如图 3-13 所示的电话机。

设计思路

首先利用直线命令绘制一系列的线段，然后利用椭圆弧命令完成电话机的绘制。

操作步骤

（1）单击“默认”选项卡“绘图”面板中的“直线”按钮╱，绘制一系列的线段，坐标分别为{(100,100)，(@100,0)，(@0,60)，(@－100,0)，C}，{(152,110)，(152,150)}，{(148,120)，(148,140)}，{(148,130)，(110,130)}，{(152,130)，(190,130)}，{(100,150)，(70,150)}，{(200,150)，(230,150)}，结果如图 3-14 所示。

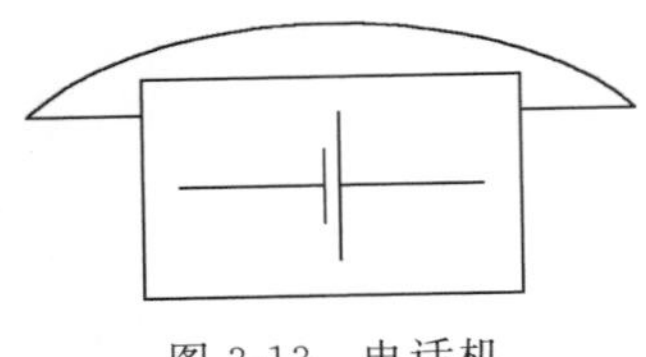

图 3-13　电话机

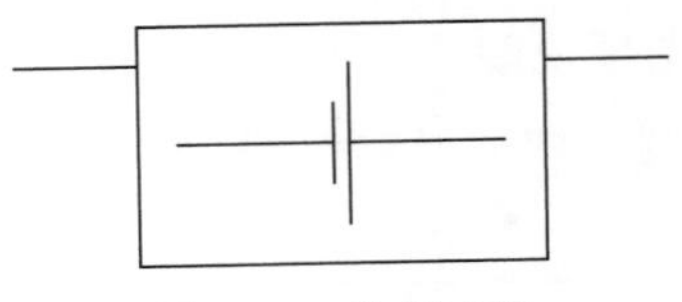

图 3-14　绘制直线

（2）单击“默认”选项卡“绘图”面板中的“椭圆弧”按钮◌，绘制椭圆弧。命令行提示与操作如下。最终结果如图 3-13 所示。

```
命令：_ELLIPSE
指定椭圆的轴端点或[圆弧(A)/中心点(C)]：_A
指定椭圆弧的轴端点或[中心点(C)]：C↙
指定椭圆弧的中心点：150,130↙
指定轴的端点：60,130↙
指定另一条半轴长度或[旋转(R)]：44.5↙
指定起点角度或[参数(P)]:194↙
指定端点角度或[参数(P)/夹角(I)]:(指定左侧直线的左端点)↙
```

注意：在绘制圆环时，可能无法一次准确通过确定圆环外径大小以确认圆环与椭圆的相对大小，对此，可以通过多次绘制的方法找到一个相对合适的外径值。

3.3　平面图形

3.3.1　矩形

1. 执行方式

命令行：RECTANG(缩写名：REC)。

菜单栏：选择菜单栏中的“绘图”→“矩形”命令。

工具栏：单击“绘图”工具栏中的“矩形”按钮▭。

功能区：单击“默认”选项卡“绘图”面板中的“矩形”按钮▭。

2. 操作格式

```
命令：RECTANG↙
指定第一个角点或[倒角(C)/标高(E)/圆角(F)/厚度(T)/宽度(W)]:
指定另一个角点或[面积(A)/尺寸(D)/旋转(R)]:
```

3. 选项说明

“矩形”命令各选项的含义如表 3-7 所示。

表 3-7 “矩形”命令各选项的含义

选 项	含 义
第一个角点	通过指定两个角点确定矩形，如图 3-15(a)所示
倒角(C)	指定倒角距离，绘制带倒角的矩形如图 3-15(b)所示，每一个角点的逆时针和顺时针方向的倒角可以相同，也可以不同，其中第一个倒角距离是指角点逆时针方向倒角距离，第二个倒角距离是指角点顺时针方向倒角距离
标高(E)	指定矩形标高（Z 坐标），即把矩形画在标高为 Z，和 XOY 坐标面平行的平面上，并作为后续矩形的标高值
圆角(F)	指定圆角半径，绘制带圆角的矩形，如图 3-15(c)所示
厚度(T)	指定矩形的厚度，如图 3-15(d)所示
宽度(W)	指定线宽，如图 3-15(e)所示
尺寸(D)	使用长和宽创建矩形。第二个指定点将矩形定位在与第一角点相关的四个位置之一
面积(A)	指定面积和长或宽创建矩形。选择该项，系统提示： 输入以当前单位计算的矩形面积 <20.0000>:（输入面积值） 计算矩形标注时依据 [长度(L)/宽度(W)] <长度>:（按 Enter 键或输入 W） 输入矩形长度 <4.0000>:（指定长度或宽度） 指定长度或宽度后，系统自动计算另一个维度后绘制出矩形。如果矩形被倒角或圆角，则长度或宽度计算中会考虑此设置，如图 3-16 所示
旋转(R)	旋转所绘制的矩形的角度。选择该项，系统提示： 指定旋转角度或 [拾取点(P)] <135>:（指定角度） 指定另一个角点或 [面积(A)/尺寸(D)/旋转(R)]:（指定另一个角点或选择其他选项） 指定旋转角度后，系统按指定角度创建矩形，如图 3-17 所示

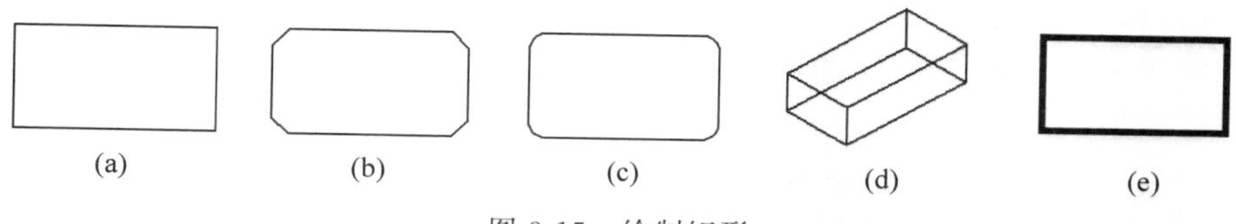

图 3-15 绘制矩形

Note

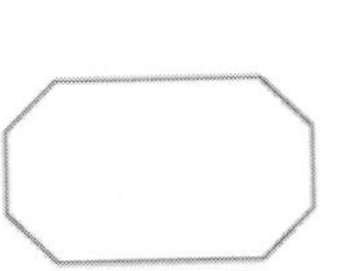

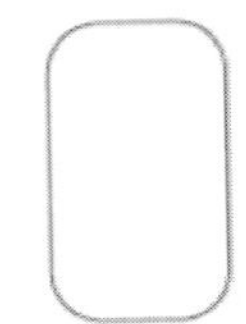

图 3-16　按面积绘制矩形

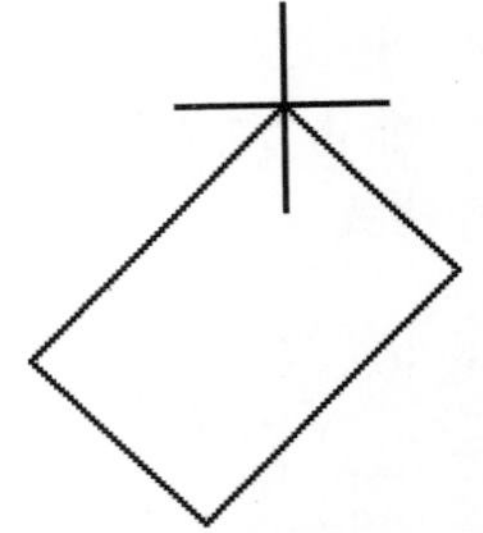

图 3-17　按指定旋转角度创建矩形

3-5

3.3.2　上机练习——绘制非门符号

练习目标

绘制如图 3-18 所示的非门符号。

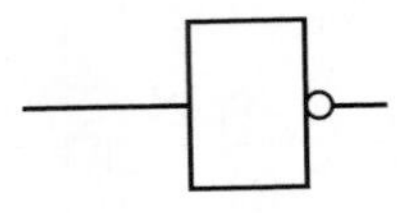

图 3-18　非门符号

设计思路

首先利用矩形命令绘制外框，然后利用圆和直线命令绘制非门符号。

操作步骤

(1) 单击“默认”选项卡“绘图”面板中的“矩形”按钮□，绘制外框。命令行提示与操作如下。结果如图 3-19 所示。

```
命令: _RECTANG
指定第一个角点或[倒角(C)/标高(E)/圆角(F)/厚度(T)/宽度(W)]:100,100↙
指定另一个角点或[面积(A)/尺寸(D)/旋转(R)]:140,160↙
```

(2) 单击“默认”选项卡“绘图”面板中的“圆”按钮⊙，绘制圆。命令行提示与操作如下。结果如图 3-20 所示。

```
命令: _CIRCLE
指定圆的圆心或[三点(3P)/两点(2P)/切点、切点、半径(T)]: 2p↙
指定圆直径的第一个端点: 140,130↙
指定圆直径的第二个端点: 148,130↙
```

图 3-19　绘制矩形

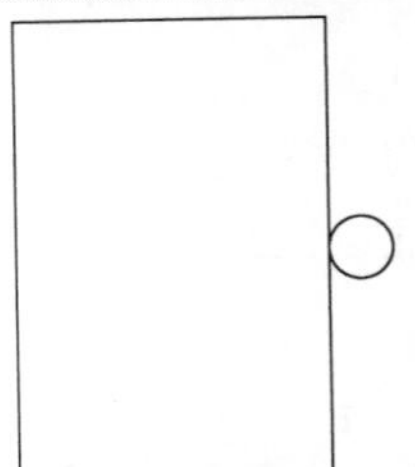

图 3-20　绘制圆

(3) 单击“默认”选项卡“绘图”面板中的“直线”按钮╱，绘制两条直线，端点坐标分别为{(100,130),(40,130)}和{(148,130),(168,130)}，结果如图 3-18 所示。

3.3.3 正多边形

1. 执行方式

命令行：POLYGON(缩写名：POL)。

菜单栏：选择菜单栏中的“绘图”→“多边形”命令。

工具栏：单击“绘图”工具栏中的“多边形”按钮。

功能区：单击“默认”选项卡“绘图”面板中的“多边形”按钮。

2. 操作格式

```
命令：POLYGON↙
输入侧面数 <4>:(指定多边形的侧面数，默认值为 4)
指定正多边形的中心点或 [边(E)]:(指定中心点)
输入选项 [内接于圆(I)/外切于圆(C)] <I>:(指定是内接于圆或外切于圆，I 表示内接，如图 3-21(a)表示，C 表示外切，如图 3-21(b)所示)
指定圆的半径:(指定外接圆或内切圆的半径)
```

3. 选项说明

“正多边形”命令选项的含义如表 3-8 所示。

表 3-8 “正多边形”命令选项的含义

选　　项	含　　义
正多边形	如果选择“边”选项，则只要指定多边形的一条边，系统就会按逆时针方向创建该正多边形，如图 3-21(c)所示

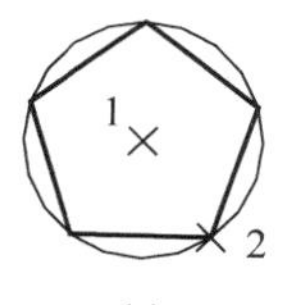

(a)

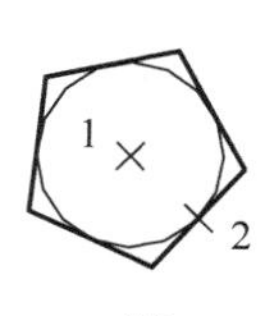

(b)

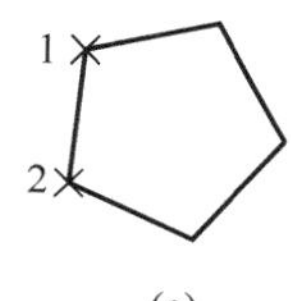

(c)

图 3-21 画正多边形

3.4 图案填充

当用户需要用一个重复的图案(pattern)填充一个区域时，可以使用 BHATCH 命令建立一个相关联的填充阴影对象，即所谓的图案填充。

3.4.1 图案填充的操作

1. 执行方式

命令行：BHATCH(缩写名：H)。

菜单栏：选择菜单栏中的“绘图”→“图案填充”命令。

工具栏：单击“绘图”工具栏中的“图案填充”按钮或单击“绘图”工具栏中的“渐

变色”按钮▆。

功能区：单击“默认”选项卡“绘图”面板中的“图案填充”按钮▨或“渐变色”按钮▆。

Note

2. 操作格式

执行上述命令后，系统弹出如图 3-22 所示的“图案填充创建”选项卡，可通过各选项区和按钮进行操作。

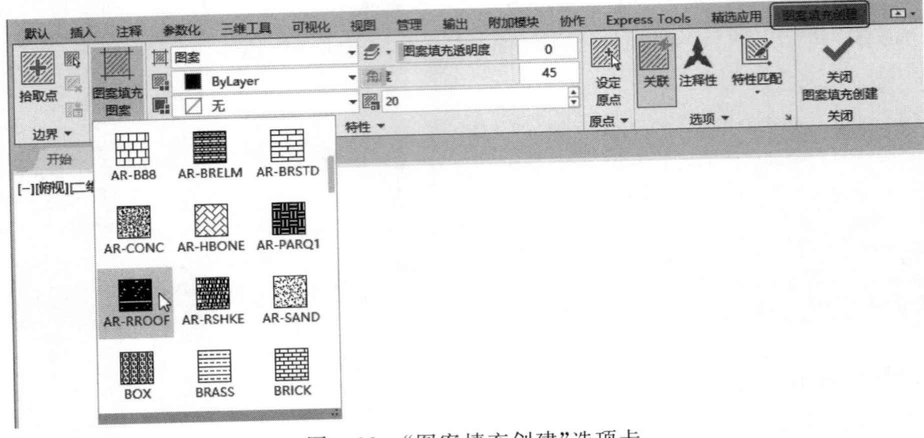

图 3-22 “图案填充创建”选项卡

3. 选项说明

“图案填充的操作”命令各选项的含义如表 3-9 所示。

表 3-9 “图案填充的操作”命令各选项的含义

选项		含义
“边界”面板	拾取点	通过选择由一个或多个对象形成的封闭区域内的点，确定图案填充边界（图 3-23）。指定内部点时，可以随时在绘图区域中右击以显示包含多个选项的快捷菜单
	选择边界对象	指定基于选定对象的图案填充边界。使用该选项时，不会自动检测内部对象，必须选择选定边界内的对象，以按照当前孤岛检测样式填充这些对象（图 3-24）
	删除边界对象	从边界定义中删除之前添加的任何对象（图 3-25）
	重新创建边界	围绕选定的图案填充或填充对象创建多段线或面域，并使其与图案填充对象相关联（可选）
	显示边界对象	选择构成选定关联图案填充对象的边界对象，使用显示的夹点可修改图案填充边界
	保留边界对象	指定如何处理图案填充边界对象，包括以下选项。 （1）不保留边界：（仅在图案填充创建期间可用）不创建独立的图案填充边界对象。 （2）保留边界——多段线：（仅在图案填充创建期间可用）创建封闭图案填充对象的多段线。 （3）保留边界——面域：（仅在图案填充创建期间可用）创建封闭图案填充对象的面域。 （4）选择新边界集：指定对象的有限集（称为边界集），以便通过创建图案填充时的拾取点进行计算

续表

选　项		含　义
“图案”面板		显示所有预定义和自定义图案的预览图像
“特性”面板	图案填充类型	指定是使用纯色、渐变色图案还是用户定义的填充图案
	图案填充颜色	替代实体填充和填充图案的当前颜色
	背景色	指定填充图案背景的颜色
	图案填充透明度	设定新图案填充或填充的透明度，替代当前对象的透明度
	图案填充角度	指定图案填充或填充的角度
	填充图案比例	放大或缩小预定义或自定义填充图案
	相对图纸空间	（仅在布局中可用）相对于图纸空间单位缩放填充图案。使用此选项，可以很容易地做到以适合布局的比例显示填充图案
	交叉线	（仅当“图案填充类型”设定为“用户定义”时可用）将绘制第二组直线，与原始直线成90°，从而构成交叉线
	ISO 笔宽	（仅对于预定义的 ISO 图案可用）基于选定的笔宽缩放 ISO 图案
“原点”面板	设定原点	直接指定新的图案填充原点
	左下	将图案填充原点设定在图案填充边界矩形范围的左下角
	右下	将图案填充原点设定在图案填充边界矩形范围的右下角
	左上	将图案填充原点设定在图案填充边界矩形范围的左上角
	右上	将图案填充原点设定在图案填充边界矩形范围的右上角
	中心	将图案填充原点设定在图案填充边界矩形范围的中心
	使用当前原点	将图案填充原点设定在 HPORIGIN 系统变量中存储的默认位置
	存储为默认原点	将新图案填充原点的值存储在 HPORIGIN 系统变量中
“选项”面板	关联	图案填充对象与图案填充边界相关联，当修改图案填充对象时，图案填充的边界也会随之发生改变
	注释性	指定图案填充为注释性。此特性会自动完成缩放注释过程，从而使注释能够以正确的大小在图纸上打印或显示
	特性匹配	（1）使用当前原点：使用选定图案填充对象（除图案填充原点外）设定图案填充的特性。 （2）使用源图案填充的原点：使用选定图案填充对象（包括图案填充原点）设定图案填充的特性
	允许的间隙	设定将对象用作图案填充边界时可以忽略的最大间隙。默认值为0，此值指定对象必须封闭区域而没有间隙
	创建独立的图案填充	控制当指定了几个单独的闭合边界时，是创建单个图案填充对象，还是创建多个图案填充对象
	孤岛检测	（1）普通孤岛检测：从外部边界向内填充。如果遇到内部孤岛，填充将关闭，直到遇到孤岛中的另一个孤岛。 （2）外部孤岛检测：从外部边界向内填充。此选项仅填充指定的区域，不会影响内部孤岛。 （3）忽略孤岛检测：忽略所有内部的对象，填充图案时将通过这些对象
	绘图次序	为图案填充或填充指定绘图次序。选项包括不更改、后置、前置、置于边界之后和置于边界之前

Note

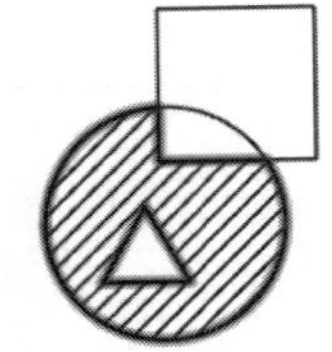
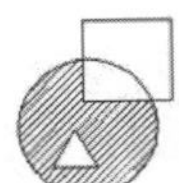

选择一点　填充区域　填充结果

图 3-23　边界确定

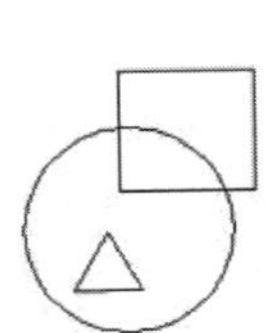
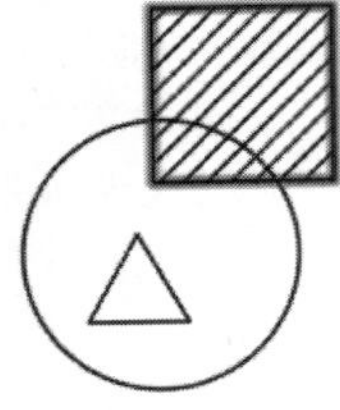
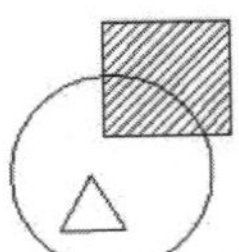

原始图形　选取边界对象　填充结果

图 3-24　选取边界对象

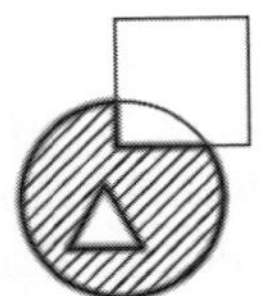
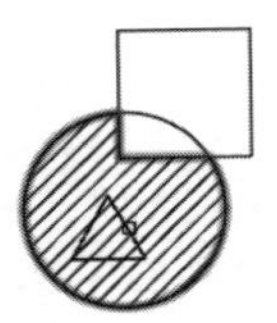
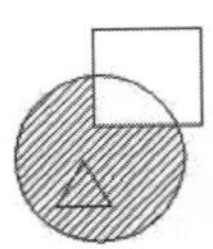

选取边界对象　删除边界　填充结果

图 3-25　删除“岛”后的边界

3.4.2　编辑填充的图案

利用 HATCHEDIT 命令可以修改图案填充的特性，例如现有图案填充或填充的图案、比例和角度。

执行方式

命令行：HATCHEDIT。

菜单栏：选择菜单栏中的“修改”→“对象”→“图案填充”命令。

工具栏：单击“修改Ⅱ”工具栏中的“编辑图案填充”按钮。

功能区：单击“默认”选项卡“修改”面板中的“编辑图案填充”按钮。

快捷菜单：选中填充的图案右击，从弹出的快捷菜单中选择“图案填充编辑”命令(图 3-26)。

快捷方法：直接选择填充的图案，打开“图案填充编辑器”选项卡(图 3-27)。

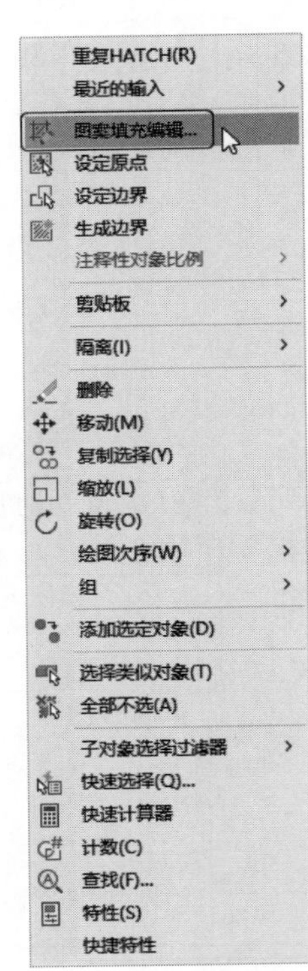

图 3-26　快捷菜单

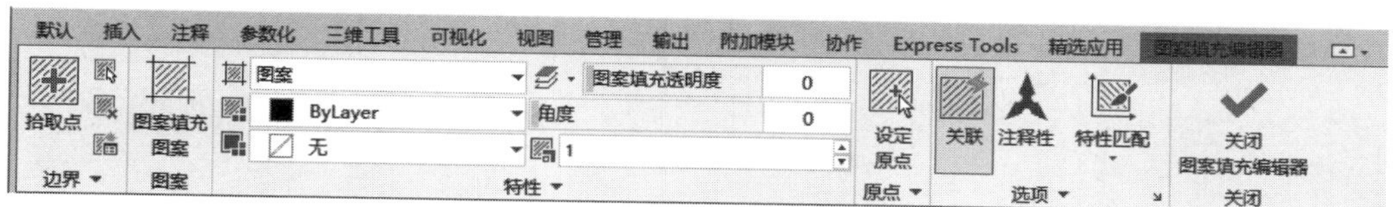

图 3-27 “图案填充编辑器”选项卡

Note

3-6

3.4.3 上机练习——绘制暗装插座符号

练习目标

绘制如图 3-28 所示的暗装插座符号。

设计思路

首先利用圆弧和直线命令绘制初步图形，然后利用图案填充命令将半圆弧填充，最后利用直线命令补全线段。

操作步骤

(1) 单击“默认”选项卡“绘图”面板中的“圆弧”按钮，绘制一段圆弧，命令行提示与操作如下。结果如图 3-29 所示。

```
命令：_ARC
指定圆弧的起点或[圆心(C)]:(指定起点)
指定圆弧的第二个点或[圆心(C)/端点(E)]:(指定第二个点)
指定圆弧的端点:(指定端点)
```

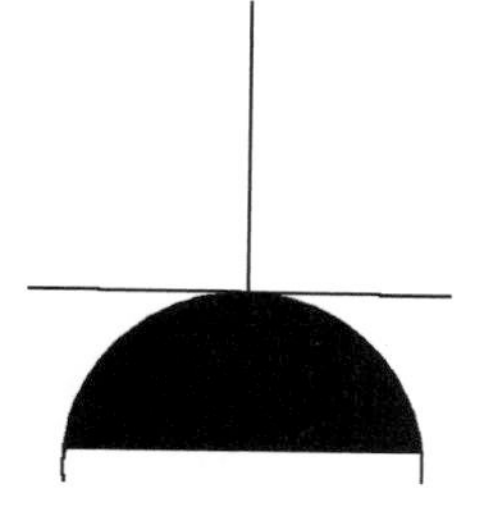

图 3-28 暗装插座符号

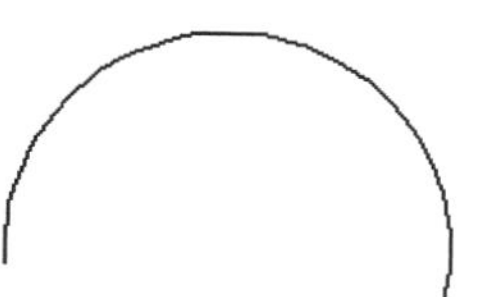

图 3-29 绘制圆弧

(2) 单击“默认”选项卡“绘图”面板中的“直线”按钮，在圆弧内绘制一条直线，作为填充区域。命令行提示与操作如下。

```
命令：_LINE
指定第一个点:(圆弧左侧)
指定下一个点或[放弃(U)]:(圆弧右侧)
```

(3) 单击“默认”选项卡“绘图”面板中的“图案填充”按钮，❶系统打开“图案填

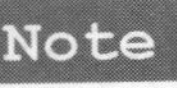

充创建”选项卡，如图 3-30 所示。❷设置“图案填充图案”为 SOLID 图案，拾取填充区域内一点，按 Enter 键，完成对图案的填充，如图 3-31 所示。

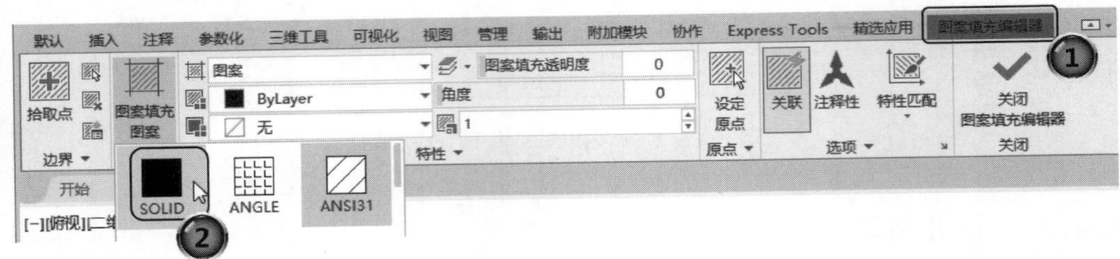

图 3-30 “图案填充创建”选项卡

图 3-31 绘制直线图

(4) 单击“默认”选项卡“绘图”面板中的“直线”按钮／，在圆弧上端点绘制相互垂直的两条线段，命令行提示与操作如下。结果如图 3-28 所示。

```
命令: _LINE
指定第一个点: <正交 开>(指定圆弧左侧一点)
指定下一个点或 [放弃(U)]:(指定圆弧右侧一点)
指定下一个点或 [放弃(U)]:
命令: _LINE
指定第一个点:(指定圆弧中点)
指定下一个点或 [放弃(U)]:(指定圆弧上一点)
指定下一个点或 [放弃(U)]:
```

3.5 多段线与样条曲线

多段线是一种由线段和圆弧组合而成的不同线宽的多线，这种线由于其组合形式多样、线宽变化，弥补了直线或圆弧功能的不足，适合绘制各种复杂的图形轮廓，因而得到广泛的应用。

3.5.1 多段线

1. 执行方式

命令行：PLINE(缩写名：PL)。

菜单栏：选择菜单栏中的“绘图”→“多段线”命令。

工具栏：单击“绘图”工具栏中的“多段线”按钮。

功能区：单击“默认”选项卡“绘图”面板中的“多段线”按钮。

Note

2. 操作格式

```
命令: _PLINE↙
指定起点:(指定多段线的起点)
当前线宽为 0.0000
指定下一个点或[圆弧(A)/半宽(H)/长度(L)/放弃(U)/宽度(W)]:(指定多段线的下一个点)
指定下一个点或[圆弧(A)/闭合(C)/半宽(H)/长度(L)/放弃(U)/宽度(W)]:(指定下一个点或进行其他操作设置)
```

3. 选项说明

“多段线”命令选项的含义如表 3-10 所示。

表 3-10　“多段线”命令选项的含义

选　　项	含　　义
多段线	多段线主要由连续的不同宽度的线段或圆弧组成，如果在上述提示中选择“圆弧”选项，则命令行提示： 指定圆弧的端点(按住 Ctrl 键以切换方向)或[角度(A)/圆心(CE)/方向(D)/半宽(H)/直线(L)/半径(R)/第二个点(S)/放弃(U)/宽度(W)]: 绘制圆弧的方法与“圆弧”命令相似

3.5.2　上机练习——绘制单极拉线开关

3-7

练习目标

绘制如图 3-32 所示的单极拉线开关。

设计思路

首先利用直线和圆命令绘制拉线开关，然后利用多段线命令完成单极拉线开关的绘制。

操作步骤

(1) 绘制圆。单击“默认”选项卡“绘图”面板中的“圆”按钮，在单极拉线开关的下部绘制一个半径为 1mm 的圆。单击“默认”选项卡“绘图”面板中的“直线”按钮，用鼠标指定圆右上角一点作为起点，绘制长度为 5mm，且与水平方向成 60°的斜线 1，并以斜线 1 的终点为起点，绘制长度为 1.5mm、与斜线成 90°的斜线 2，如图 3-33 所示。

Note

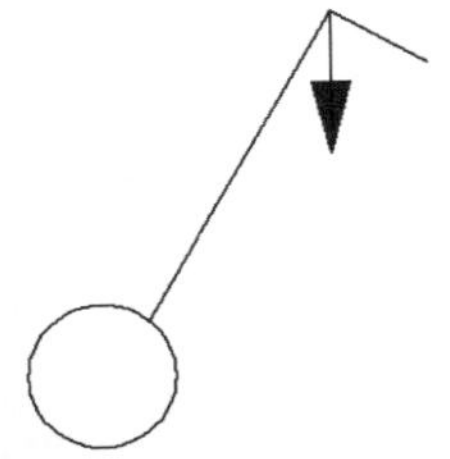
图 3-32　单极拉线开关

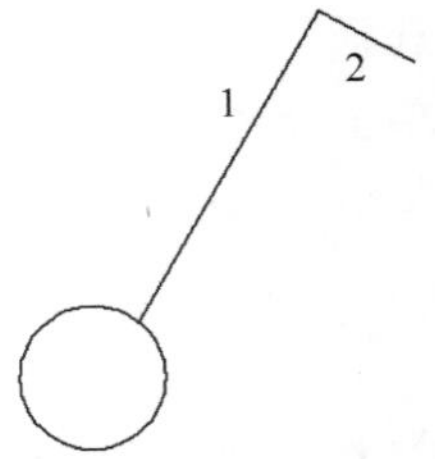

图 3-33　拉线开关

(2) 绘制多段线。单击“默认”选项卡“绘图”面板中的“多段线”按钮，按命令行提示绘制多段线，即可形成单极拉线开关，如图 3-32 所示。命令行提示与操作如下。

```
命令: _PLINE
指定起点:(指定上步中绘制的两线交点)
当前线宽为: 0.0000
指定下一个点或 [圆弧(A)/半宽(H)/长度(L)/放弃(U)/宽度(W)]: @0, -1↙
指定下一个点或 [圆弧(A)/闭合(C)/半宽(H)/长度(L)/放弃(U)/宽度(W)]: W↙
指定起点宽度<0.0000>:0.5↙
指定端点宽度<1.0000>:0↙
指定下一个点或 [圆弧(A)/闭合(C)/半宽(H)/长度(L)/放弃(U)/宽度(W)]: @0, -1↙
指定下一个点或 [圆弧(A)/闭合(C)/半宽(H)/长度(L)/放弃(U)/宽度(W)]: ↙
```

3.5.3　样条曲线

AutoCAD 2022 使用一种被称为非一致有理 B 样条(NURBS)曲线的特殊样条曲线类型。NURBS 曲线在控制点之间产生一条光滑的曲线，如图 3-34 所示。样条曲线可用于创建形状不规则的曲线，例如为地理信息系统(GIS)应用或汽车设计绘制轮廓线。

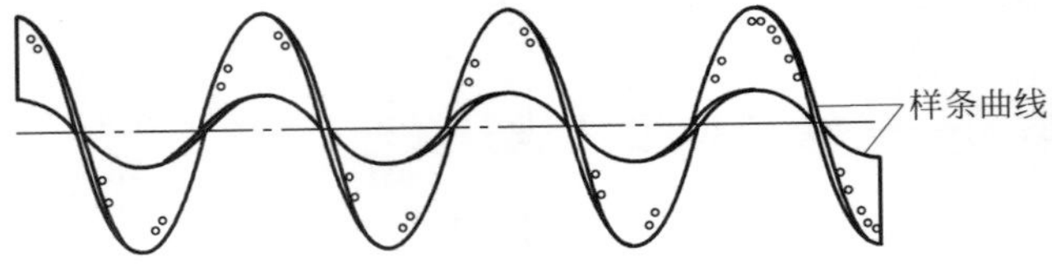

图 3-34　样条曲线

1. 执行方式

命令行：SPLINE(缩写名：SPL)

菜单：选择菜单栏中的“绘图”→“样条曲线”命令。

工具栏：单击“绘图”工具栏中的“样条曲线”按钮。

功能区：单击“默认”选项卡“绘图”面板中的“样条曲线拟合”按钮或“样条曲线控制点”按钮。

2. 操作格式

```
命令: _SPLINE
当前设置:方式 = 拟合　节点 = 弦
```

Note

```
指定第一个点或[方式(M)/节点(K)/对象(O)]:(指定下一个点)
输入下一个点或[起点切向(T)/公差(L)]:(指定下一个点)
输入下一个点或[端点相切(T)/公差(L)/放弃(U)]:(指定下一个点)
输入下一个点或[端点相切(T)/公差(L)/放弃(U)/闭合(C)]: C↙
指定切向:(指定切线方向)
```

3. 选项说明

"样条曲线"命令各选项的含义如表 3-11 所示。

表 3-11 "样条曲线"命令各选项的含义

选　　项	含　　义
方式(M)	可控制是使用拟合点还是使用控制点来创建样条曲线。选项会因用户选择的是使用拟合点创建样条曲线的选项还是使用控制点创建样条曲线的选项而异
节点(K)	指定节点参数化,它会影响曲线在通过拟合点时的形状
对象(O)	将二维或三维的二次或三次样条曲线拟合多段线转换为等价的样条曲线,然后(根据 DELOBJ 系统变量的设置)删除该多段线
起点切向(T)	定义样条曲线的第一个点和最后一个点的切向。如果在样条曲线的两端都指定切向,可以输入一个点或使用"切点"和"垂足"对象捕捉模式使样条曲线与已有的对象相切或垂直。如果按 Enter 键,系统将计算默认切向
端点相切(T)	停止基于切向创建曲线。可通过指定拟合点继续创建样条曲线
公差(L)	指定与样条曲线必须经过的指定拟合点的距离。公差应用于除起点和端点外的所有拟合点
闭合(C)	将最后一个点定义与第一个点一致,并使其在连接处相切,以闭合样条曲线。选择该项,命令行提示如下。 指定切向:指定点或按 Enter 键 如果在样条曲线的两端都指定切向,可以通过输入一个点或者使用"切点"和"垂足"对象来捕捉模式使样条曲线与已有的对象相切或垂直。如果按 Enter 键,AutoCAD 2022 将计算默认切向

3.5.4 上机练习——绘制整流器符号

3-8

练习目标

绘制如图 3-35 所示的整流器框形符号。

设计思路

首先利用多边形命令绘制正方形,然后利用直线和样条曲线命令绘制整流器框形符号,并将其中一条直线设置成虚线。

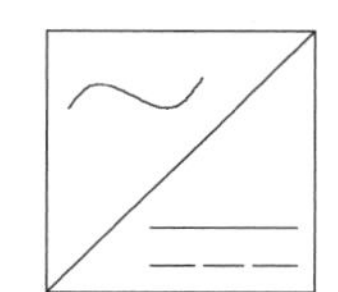

图 3-35 整流器框形符号

操作步骤

Note

(1) 单击"默认"选项卡"绘图"面板中的"多边形"按钮⬠,绘制正方形。命令行提示与操作如下。

```
命令: _POLYGON
输入侧面数<4>:↙
指定正多边形的中心点或 [边(E)]:(在绘图屏幕适当指定一点)
输入选项 [内接于圆(I)/外切于圆(C)] <I>:C↙
指定圆的半径:(适当指定一个点作为外接圆半径,使正四边形边大约处于垂直正交位置,如
图 3-36 所示)
```

(2) 单击"默认"选项卡"绘图"面板中的"直线"按钮╱,绘制 3 条直线,并将其中一条直线设置为虚线,如图 3-37 所示。

(3) 单击"默认"选项卡"绘图"面板中的"样条曲线拟合"按钮,绘制所需曲线。命令行提示与操作如下。最终结果如图 3-35 所示。

```
命令: _SPLINE
当前设置: 方式 = 拟合 节点 = 弦
指定第一个点或 [方式(M)/节点(K)/对象(O)]:指定下一个点:(指定一个点)
指定下一个点或[起点切向(T)/公差(L)]:(适当指定一个点)<正交 关>
指定下一个点或[端点相切(T)/公差(L)/放弃(U)]:(适当指定一个点)
指定下一个点或[端点相切(T)/公差(L)/放弃(U)/闭合(C)]:(适当指定一个点)
指定下一个点或[端点相切(T)/公差(L)/放弃(U)/闭合(C)]:(适当指定一个点)
指定下一个点或[端点相切(T)/公差(L)/放弃(U)/闭合(C)]:
```

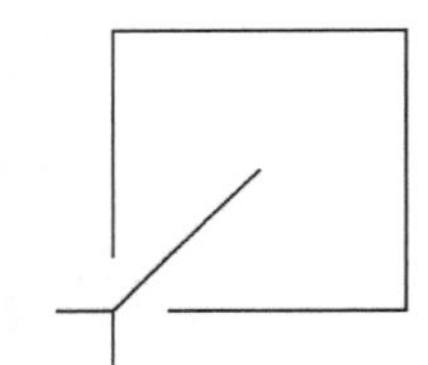

图 3-36　绘制正四边形

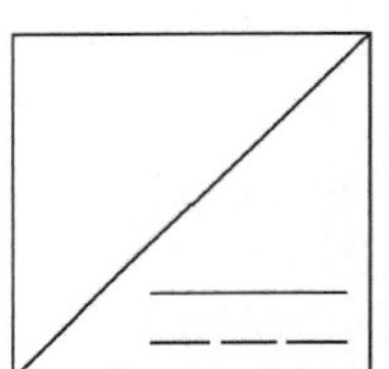

图 3-37　绘制直线

3.6　多　　线

多线是一种复合线,由连续的直线段复合组成。这种线的一个突出优点是能够提高绘图效率,保证图线之间的统一性。建筑的墙体设置过程中需要大量用到这种命令。

3.6.1　绘制多线

1. 执行方式

命令行:MLINE(缩写名:ML)。

菜单栏:选择菜单栏中的"绘图"→"多线"命令。

2. 操作格式

```
命令:MLINE↙
当前设置:对正 = 上,比例 = 20.00,样式 = STANDARD
指定起点或[对正(J)/比例(S)/样式(ST)]:(指定起点)
指定下一个点:(给定下一个点)
指定下一个点或[放弃(U)]:(继续给定下一个点绘制线段。输入 U,则放弃前一段的绘制;右击或按 Enter 键,结束命令)
指定下一个点或[闭合(C)/放弃(U)]:(继续给定下一个点绘制线段。输入 C,则闭合线段,结束命令)
```

3. 选项说明

"绘制多线"命令各选项的含义如表 3-12 所示。

表 3-12 "绘制多线"命令各选项的含义

选　　项	含　　义
对正(J)	该项用于给定绘制多线的基准。共有 3 种对正类型:"上""无""下"。其中,"上(T)"表示以多线上侧的线为基准,另两项的意义可依次类推
比例(S)	选择该项,要求用户设置平行线的间距。输入值为零时平行线重合,值为负时多线的排列倒置
样式(ST)	该项用于设置当前使用的多线样式

3.6.2 定义多线样式

1. 执行方式

命令行:MLSTYLE。

菜单栏:选择菜单栏中的"格式"→"多线样式"命令。

2. 操作格式

```
命令: MLSTYLE↙
```

系统自动执行该命令,打开如图 3-38 所示的"多线样式"对话框。在该对话框中,用户可以对多线样式进行定义、保存和加载等操作。

3.6.3 编辑多线

1. 执行方式

命令行:MLEDIT。

菜单栏:选择菜单栏中的"修改"→"对象"→"多线"命令。

2. 操作格式

调用该命令后,打开"多线编辑工具"对话框,如图 3-39 所示。利用该对话框可以创建或修改多线的模式。对话框中分四列显示了示例图形。其中,第一列管理十字交叉形式的多线,第二列管理 T 形多线,第三列管理拐角接合点和节点,第四列管理多线被剪切或连接的形式。选择某个示例图形,就可以调用该项编辑功能。

Note

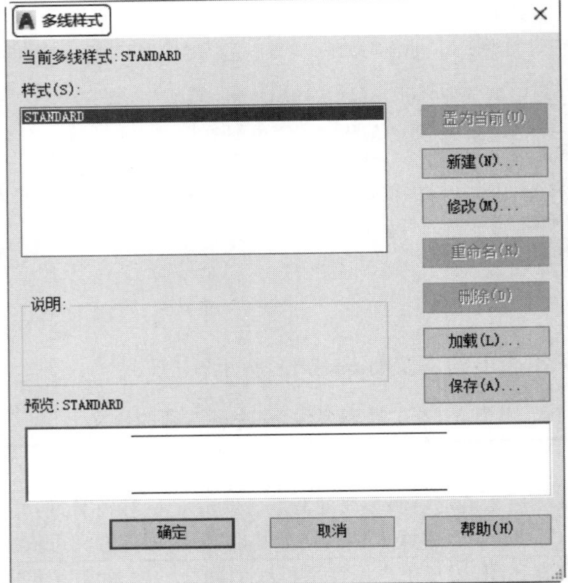

图 3-38 “多线样式”对话框

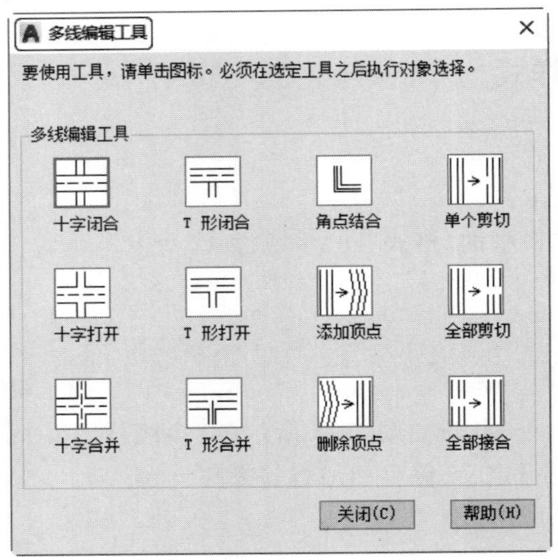

图 3-39 “多线编辑工具”对话框

下面以“十字打开”为例介绍多段线编辑方法：把选择的两条多线进行打开交叉。选择该选项后，出现如下提示。

```
选择第一条多线:(选择第一条多线)
选择第二条多线:(选择第二条多线)
```

选择完毕后，第二条多线被第一条多线横断交叉。系统继续提示：

```
选择第一条多线或[放弃(U)]:
```

可以继续选择多线进行操作。选择"放弃(U)"选项会撤销前次操作。操作过程和执行结果如图 3-40 所示。

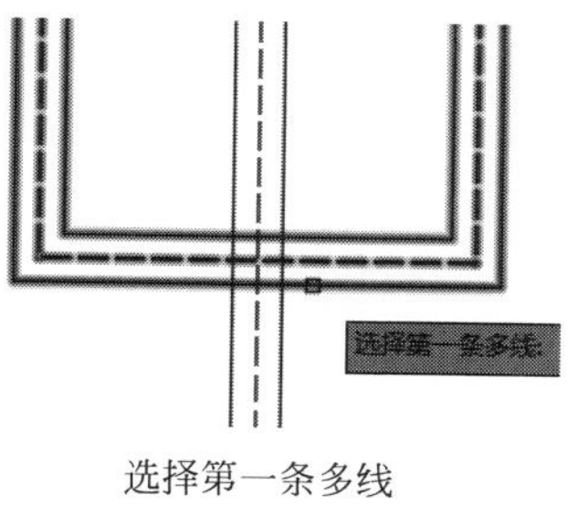

选择第一条多线

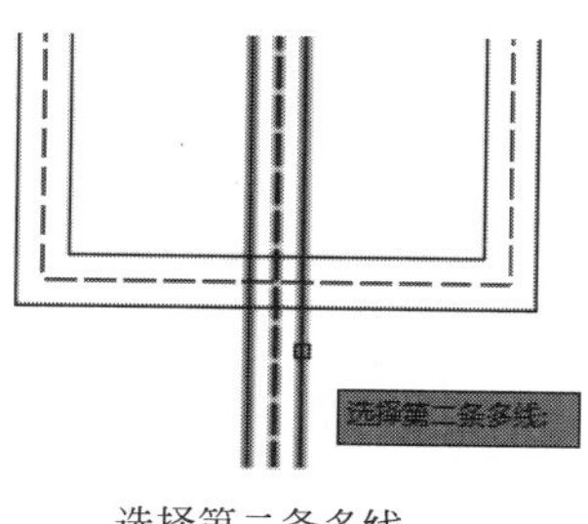

选择第二条多线

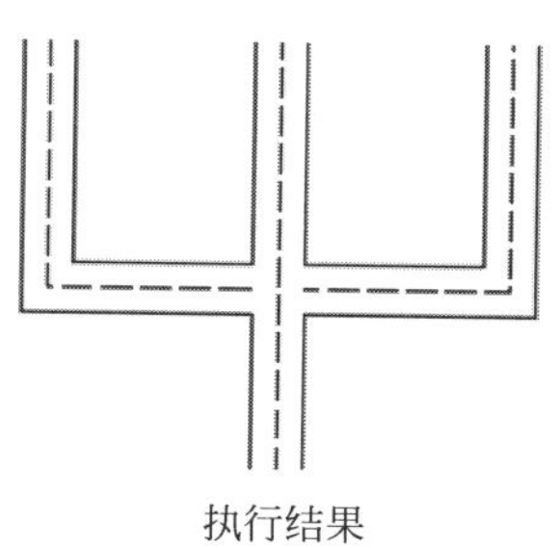

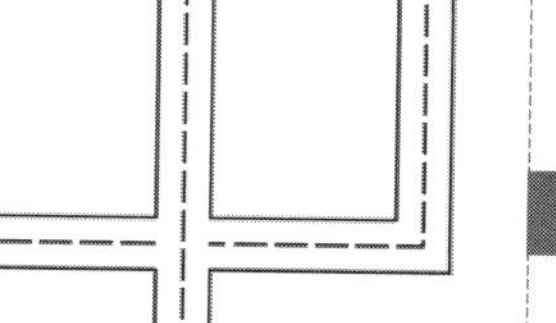

执行结果

图 3-40　十字打开

3.6.4　上机练习——绘制墙体

练习目标

绘制如图 3-41 所示的墙体。

设计思路

首先利用构造线命令绘制辅助线，然后设置多线样式，并利用多线命令绘制墙体，最后将所绘制的墙体进行编辑操作。

操作步骤

(1) 单击"默认"选项卡"绘图"面板中的"构造线"按钮，绘制出一条水平构造线和一条竖直构造线，组成"十"字构造线，如图 3-42 所示。命令行提示与操作如下。

```
命令: _XLINE
指定点或 [水平(H)/垂直(V)/角度(A)/二等分(B)/偏移(O)]: O↙
指定偏移距离或 [通过(T)] <0.0000>: 4200
选择直线对象:(选择刚绘制的水平构造线)
指定向哪侧偏移:(指定右边一点)
选择直线对象:(继续选择刚绘制的水平构造线)
```

采用相同的方法，将绘制的水平构造线依次向上偏移 5100mm、1800mm 和 3000mm，绘制的水平构造线如图 3-43 所示。采用同样的方法绘制垂直构造线，向右依次偏移 3900mm、1800mm、2100mm 和 4500mm，结果如图 3-44 所示。

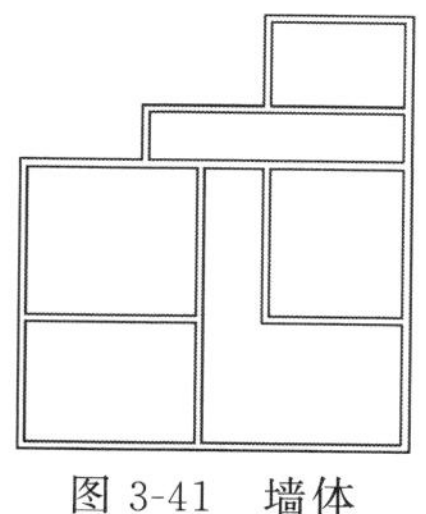

图 3-41　墙体

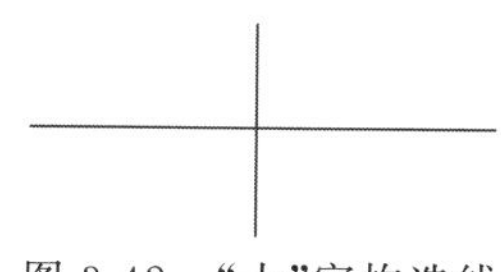

图 3-42　"十"字构造线

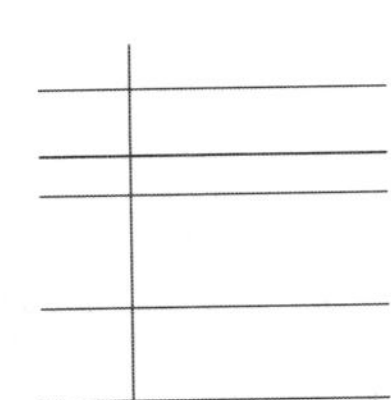

图 3-43　水平方向的主要辅助线

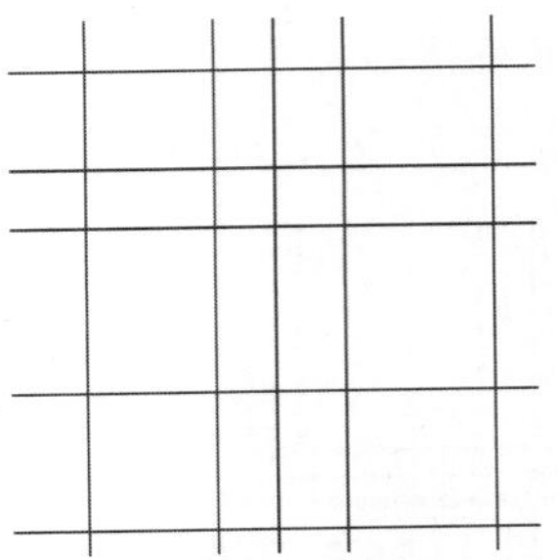

图 3-44　居室的辅助线网格

（2）定义多线样式。选择菜单栏中的“格式”→“多线样式”命令，系统打开“多线样式”对话框，在该对话框中单击“新建”按钮，系统打开“创建新的多线样式”对话框。在该对话框的“新样式名”文本框中输入“墙体线”，单击“继续”按钮，系统打开“新建多线样式：墙体线”对话框，进行如图 3-45 所示的设置。

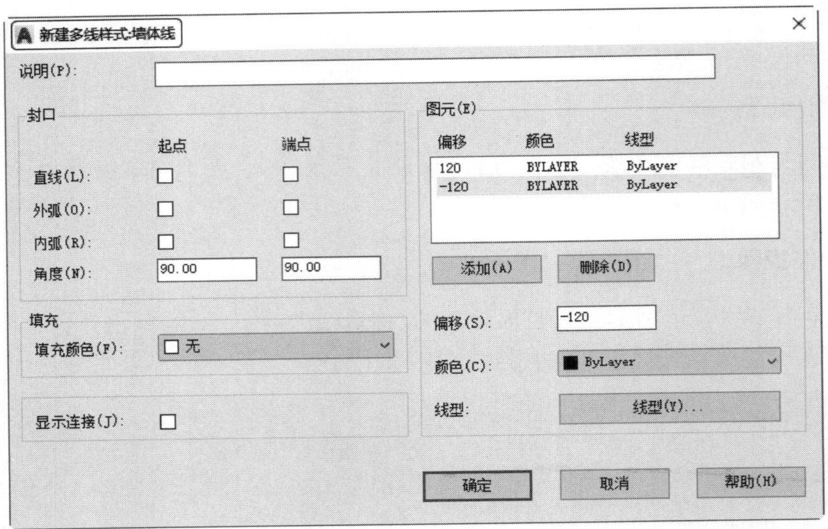

图 3-45　设置多线样式

（3）选择菜单栏中的“绘图”→“多线”命令，绘制多线墙体。命令行提示与操作如下。

```
命令: _MLINE
当前设置: 对正 = 上,比例 = 20.00,样式 = STANDARD
指定起点或 [对正(J)/比例(S)/样式(ST)]:S↙
输入多线比例 <20.00>:1↙
当前设置: 对正 = 上,比例 = 1.00,样式 = STANDARD
指定起点或 [对正(J)/比例(S)/样式(ST)]:J↙
输入对正类型 [上(T)/无(Z)/下(B)] <上>:Z↙
当前设置: 对正 = 无,比例 = 1.00,样式 = STANDARD
指定起点或 [对正(J)/比例(S)/样式(ST)]:(在绘制的辅助线交点上指定一个点)
指定下一个点:(在绘制的辅助线交点上指定下一个点)
指定下一个点或 [放弃(U)]:(在绘制的辅助线交点上指定下一个点)
```

```
指定下一个点或 [闭合(C)/放弃(U)]:(在绘制的辅助线交点上指定下一个点)
⋮
指定下一个点或 [闭合(C)/放弃(U)]:C↙
```

采用相同方法，根据辅助线网格绘制多线，绘制结果如图 3-46 所示。

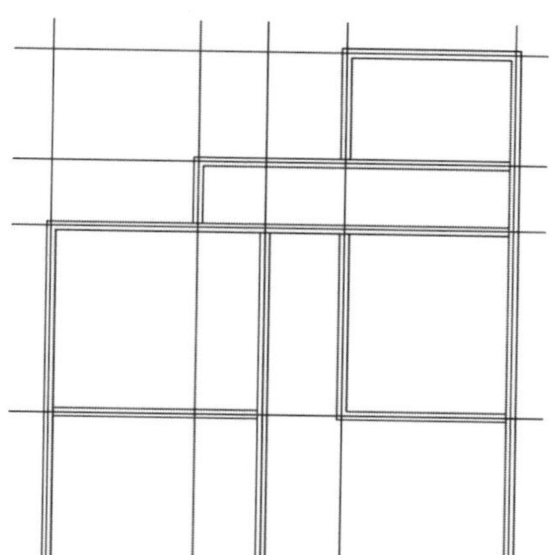

图 3-46　全部多线绘制结果

（4）编辑多线。选择菜单栏中的“修改”→“对象”→“多线”命令，系统打开“多线编辑工具”对话框，如图 3-39 所示。选择其中的“T 形合并”选项，命令行提示与操作如下。

```
命令: MLEDIT↙
选择第一条多线:(选择多线)
选择第二条多线:(选择多线)
选择第一条多线或[放弃(U)]:(选择多线)
⋮
选择第一条多线或[放弃(U)]: ↙
```

采用同样方法继续进行多线编辑，编辑的最终结果如图 3-41 所示。

3.7　文字输入

在制图过程中，文字传递了很多设计信息，它可能是很长、很复杂的说明，也可能是简短的文字信息。当需要标注的文本不太长时，可以利用 TEXT 命令创建单行文本；当需要标注很长、很复杂的文字信息时，可以用 MTEXT 命令创建多行文本。

3.7.1　文字样式

AutoCAD 2022 提供了“文字样式”对话框，通过这个对话框可方便直观地设置需要的文字样式，或是对已有样式进行修改。

Note

1. 执行方式

命令行：STYLE(缩写名：ST)或 DDSTYLE。

菜单栏：选择菜单栏中的"格式"→"文字样式"命令。

工具栏：单击"文字"工具栏中的"文字样式"按钮。

功能区：单击"默认"选项卡"注释"面板中的"文字样式"按钮，或单击"注释"选项卡"文字"面板上的"文字样式"下拉菜单中的"管理文字样式"(字样)，或单击"注释"选项卡"文字"面板中"对话框启动器"按钮。

2. 操作格式

```
命令: STYLE↙
```

在命令行输入 STYLE 或 DDSTYLE，或选择菜单栏中的"格式"→"文字样式"命令，AutoCAD 2022 打开"文字样式"对话框，如图 3-47 所示。

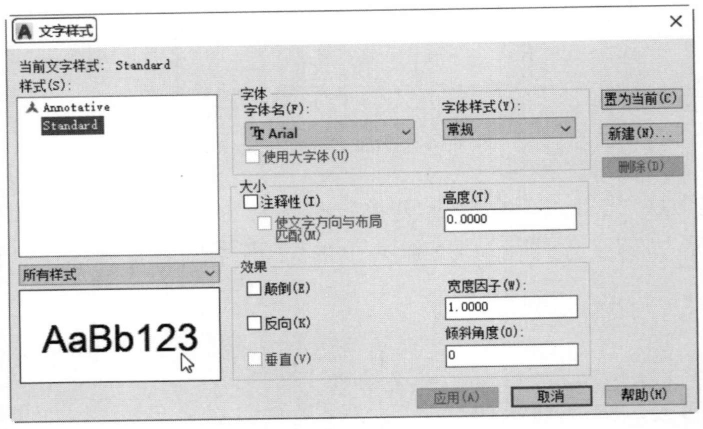

图 3-47 "文字样式"对话框

3. 选项说明

"文字样式"命令各选项的含义如表 3-13 所示。

表 3-13 "文字样式"命令各选项的含义

选　项	含　义
"样式"选项区	该选项区主要用于命名新样式名或对已有样式名进行相关操作。单击"新建"按钮，AutoCAD 2022 打开如图 3-48 所示"新建文字样式"对话框。双击选中的文字样式，将其修改为所需名称
"字体"选项区	确定字体式样。在 AutoCAD 2022 中，除了固有的 SHX 字体外，还可以使用 TrueType 字体(如宋体、楷体、italic 等)。一种字体可以设置不同的效果，从而被多种文字样式使用，例如图 3-49 所示的就是同一种字体(宋体)的不同样式。 "字体"选项区用来确定文字样式使用的字体文件、字体风格及字高等。如果在"高度"文本框中输入一个数值，则它将作为创建文字时的固定字高，在用 TEXT 命令输入文字时，AutoCAD 2022 不再提示输入字高参数；如果在此文本框中设置字高为 0，AutoCAD 2022 则会在每一次创建文字时提示输入字高。所以，如果不想固定字高，就可以将其设置为 0

续表

<table>
<tr><th>选　项</th><th colspan="2">含　义</th></tr>
<tr><td rowspan="3">“大小”选项区</td><td>“注释性”复选框</td><td>指定文字为注释性文字</td></tr>
<tr><td>“使文字方向与布局匹配”复选框</td><td>指定图纸空间视图中的文字方向与布局方向匹配。如果不选中“注释性”复选框，则该选项不可用</td></tr>
<tr><td>“高度”复选框</td><td>设置文字高度。如果输入 0.0，则每次用该样式输入文字时，文字高度默认值为 2.5</td></tr>
<tr><td>“效果”选项区</td><td colspan="2">其中各项用于设置字体的特殊效果。
（1）“颠倒”复选框：选中此复选框，表示将文本文字倒置标注，如图 3-50(a)所示。
（2）“反向”复选框：确定是否将文本文字反向标注。图 3-50(b)给出了这种标注效果。
（3）“垂直”复选框：确定文本是水平标注还是垂直标注。选中此复选框时为垂直标注，否则为水平标注，如图 3-51 所示。
（4）宽度比例：设置宽度系数，确定文本字符的宽高比。当比例系数为 1 时，表示将按字体文件中定义的宽高比标注文字。当此系数小于 1 时，字会变窄，反之变宽。
（5）倾斜角度：用于确定文字的倾斜角度。角度为 0°时不倾斜，为正时向右倾斜，为负时向左倾斜</td></tr>
</table>

图 3-48　“新建文字样式”对话框

电气设计
电气设计
电气设计
电气设计
电　气　设　计
电气设计
电气设计

图 3-49　同一字体的不同样式

ABCDEFGHIJKLMN
ABCDEFGHIJKLMN
(a)

ABCDEFGHIJKLMN
ABCDEFGHIJKLMN
(b)

图 3-50　文字倒置标注与反向标注

abcd
a
b
c
d

图 3-51　垂直标注文字

Note

3.7.2 单行文本输入

1. 执行方式

命令行：TEXT 或 DTEXT。

菜单栏：选择菜单栏中的“绘图”→“文字”→“单行文字”命令。

工具栏：单击“文字”工具栏中的“单行文字”按钮 A 。

功能区：单击“注释”选项卡“文字”面板中的“单行文字”按钮 A ，或单击“默认”选项卡“注释”面板中的“单行文字”按钮 A 。

2. 操作格式

```
命令：TEXT↙
当前文字样式： Standard 文字高度： 0.2000 注释性： 否 对正：左
指定文字的起点或［对正(J)/样式(S)］：指定点或输入选项
```

注意： 只有当前文本样式中设置的字符高度为 0 时，在使用 TEXT 命令时，AutoCAD 2022 才出现要求用户确定字符高度的提示。

3. 选项说明

“单行文本输入”命令各选项的含义如表 3-14 所示。

表 3-14 “单行文本输入”命令各选项的含义

选 项	含 义
指定文字的起点	在此提示下直接在作图屏幕上点取一点作为文本的起始点，AutoCAD 2022 提示： 指定高度 <0.2000>:(确定字符的高度) 指定文字的旋转角度 <0>:(确定文本行的倾斜角度) 在此提示下输入一行文本后按 Enter 键，可继续输入文本，待全部输入完成后在此提示下直接按 Enter 键，则退出 TEXT 命令。可见，利用 TEXT 命令也可创建多行文本，只是这种多行文本每一行是一个对象，因此不能对多行文本同时进行操作，但可以单独修改每一单行的文字样式、字高、旋转角度和对正方式等
对正(J)	在上面的提示下输入“J”，用来确定文本的对正方式，对正方式决定文本的哪一部分与所选的插入点对正。执行此选项，AutoCAD 2022 提示： 输入选项［左(L)/居中(C)/右(R)/对齐(A)/中间(M)/布满(F)/左上(TL)/中上(TC)/右上(TR)/左中(ML)/正中(MC)/右中(MR)/左下(BL)/中下(BC)/右下(BR)］： 在此提示下，选择一个选项作为文本的对正方式。当文本串水平排列时，AutoCAD 2022 为标注文本串定义了如图 3-52 所示的底线、基线、中线和顶线，各种文本的对正方式如图 3-53 所示，图中大写字母对应上述提示中的各命令。 下面以“对齐”为例进行简要说明。 选择此选项，要求用户指定文本行基线的起始点与终止点的位置，AutoCAD 2022 提示： 指定文字基线的第一个端点：(指定文本行基线的起点位置) 指定文字基线的第二个端点：(指定文本行基线的终点位置)

续表

选　项	含　义
对正(J)	执行结果：所输入的文本字符均匀地分布于指定的两点之间，如果两点间的连线不水平，则文本行倾斜放置，倾斜角度由两点间的连线与 X 轴夹角确定；字高、字宽根据两点间的距离、字符的多少以及文字样式中设置的宽度系数自动确定。指定了两点之后，每行输入的字符越多，字宽和字高越小。 其他选项与“对齐”类似，不再赘述。 实际绘图时，有时需要标注一些特殊字符，例如直径符号、上划线或下划线、温度符号等，由于这些符号不能直接从键盘上输入，因此 AutoCAD 2022 提供了一些控制码来实现这些要求。控制码用两个百分号(%%)加一个字符构成，常用的控制码如表 3-15 所示。 其中，%%O 和%%U 分别是上划线和下划线的开关，第一次出现此符号时开始画上划线和下划线，第二次出现此符号上划线和下划线终止。例如在“输入文字:”提示后输入“I want to %%U go to Beijing%%U”，则得到图 3-54(a)所示的文本行，输入“50%%D+%%C75%%P12”，则得到图 3-54(b)所示的文本行。 用 TEXT 命令可以创建一个或若干个单行文本，也就是说用此命令可以标注多行文本。在“输入文字:”提示下输入一行文本后按 Enter 键，用户可输入第二行文本，依次类推，直到文本全部输完，再在此提示下直接按 Enter 键，结束文本输入命令。每一次按 Enter 键就结束一个单行文本的输入，每一个单行文本是一个对象，可以单独修改其文本样式、字高、旋转角度和对正方式等。 用 TEXT 命令创建文本时，在命令行输入的文字同时显示在屏幕上，而且在创建过程中可以随时改变文本的位置，只要将光标移到新的位置单击，则当前行结束，随后输入的文本出现在新的位置上。用这种方法可以把多行文本标注到屏幕的任何地方

图 3-52　文本行的底线、基线、中线和顶线

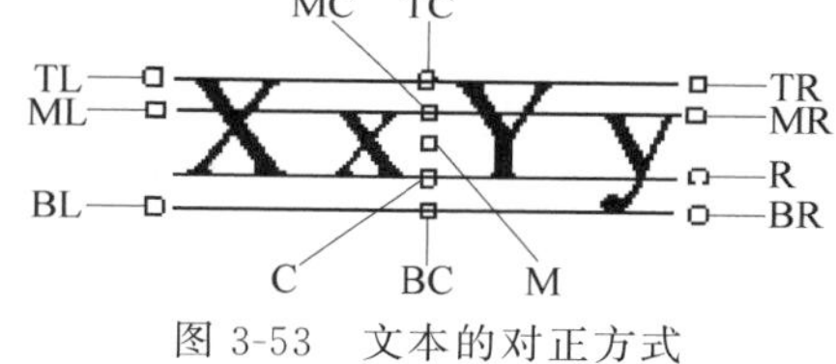

图 3-53　文本的对正方式

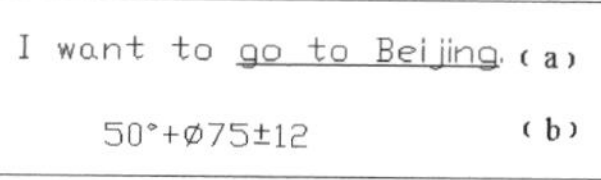

图 3-54　文本行

表 3-15　AutoCAD 2022 常用控制码

符　号	功　能	符　号	功　能
%%O	上划线	\u+0278	电相位
%%U	下划线	\u+E101	流线
%%D	“度”符号	\u+2261	标识
%%P	正负符号	\u+E102	界碑线
%%C	直径符号	\u+2260	不相等
%%%	百分号%	\u+2126	欧姆
\u+2248	几乎相等	\u+03A9	欧米加
\u+2220	角度	\u+214A	低界线
\u+E100	边界线	\u+2082	下标 2
\u+2104	中心线	\u+00B2	上标 2
\u+0394	差值		

3.7.3 多行文本输入

Note

1. 执行方式

命令行：MTEXT(缩写名：T 或 MT)。

菜单栏：选择菜单栏中的“绘图”→“文字”→“多行文字”命令。

工具栏：单击“绘图”工具栏中的“多行文字”按钮 A 或单击“文字”工具栏中的“多行文字”按钮 A。

功能区：单击“默认”选项卡“注释”面板中的“多行文字”按钮 A，或单击“注释”选项卡“文字”面板中的“多行文字”按钮 A。

2. 操作格式

```
命令：MTEXT↙
```

选择相应的菜单项或单击相应的工具按钮，或在命令行输入“MTEXT”命令后按 Enter 键，AutoCAD 2022 提示：

```
当前文字样式:"Standard"  文字高度：1.9122  注释性： 否
指定第一角点：(指定矩形框的第一个角点)
指定对角点或[高度(H)/对正(J)/行距(L)/旋转(R)/样式(S)/宽度(W) /栏(C)]:
```

高手支招：在创建多行文本时，只要指定文本行的起始点和宽度后，AutoCAD 2022 就会打开“文字编辑器”选项卡和多行文字编辑器，如图 3-55 和图 3-56 所示。该编辑器与 Microsoft Word 编辑器的界面相似，事实上该编辑器与 Word 编辑器在某些功能上趋于一致。这样既增强了多行文字的编辑功能，又能使用户更熟悉和方便地使用。

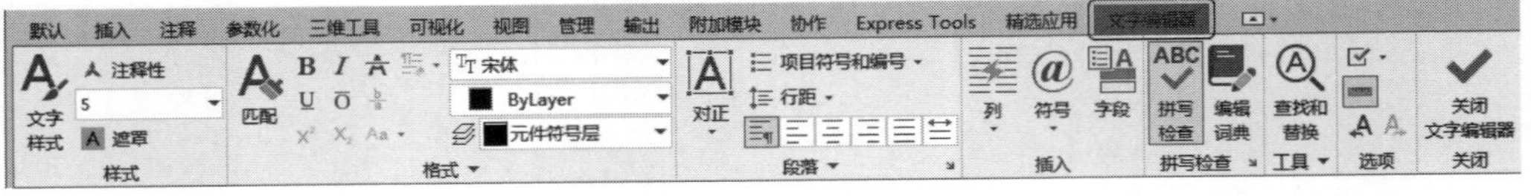

图 3-55 “文字编辑器”选项卡

技术要求
1. 未标注倒角为C2。
2. 未注圆角半径为R=5mm。
3. 调质处理220250HBS。

图 3-56 多行文字编辑器

3. 选项说明

“多行文本输入”命令各选项的含义如表 3-16 所示。

表 3-16 “多行文本输入”命令各选项的含义

<table>
<tr><th colspan="2">选 项</th><th>含 义</th></tr>
<tr><td rowspan="9">指定对角点</td><td colspan="2">直接在屏幕上点取一个点作为矩形框的第二个角点，AutoCAD 2022 以这两个点为对角点形成一个矩形区域，其宽度作为将来要标注的多行文本的宽度，而且第一个点作为第一行文本顶线的起点。响应后 AutoCAD 2022 打开多行文字编辑器，可利用此编辑器输入多行文本并对其格式进行设置</td></tr>
<tr><td>对正(J)</td><td>确定所标注文本的对齐方式。
这些对齐方式与 TEXT 命令中的各对齐方式相同，在此不再重复。选择一种对齐方式后按 Enter 键，AutoCAD 2022 回到上一级提示</td></tr>
<tr><td>行距(L)</td><td>确定多行文本的行间距，这里所说的行间距是指相邻两文本行的基线之间的垂直距离。选择此选项，命令行中提示如下。
输入行距类型[至少(A)/精确(E)]<至少(A)>:
在此提示下，有两种方式确定行间距：“至少”方式和“精确”方式。在“至少”方式下，AutoCAD 2022 根据每行文本中最大的字符自动调整行间距。在“精确”方式下，AutoCAD 2022 给多行文本赋予一个固定的行间距。可以直接输入一个确切的间距值，也可以输入“nx”的形式，其中，“n”是一个具体数，表示行间距设置为单行文本高度的 n 倍，而单行文本高度是多行文本字符高度的 1.66 倍</td></tr>
<tr><td>旋转(R)</td><td>确定文本行的倾斜角度。选择此选项，命令行中提示如下。
指定旋转角度<0>:(输入倾斜角度)
输入角度值后按 Enter 键，返回到“指定对角点或[高度(H)/对正(J)/行距(L)/旋转(R)/样式(S)/宽度(W)]:”提示</td></tr>
<tr><td>样式(S)</td><td>确定当前的文字样式</td></tr>
<tr><td>宽度(W)</td><td>指定多行文本的宽度。可在屏幕上拾取一点，将其与前面确定的第一个角点组成的矩形框的宽度作为多行文本的宽度，也可以输入一个数值，精确设置多行文本的宽度</td></tr>
<tr><td>高度(H)</td><td>用于指定多行文本的高度。可在绘图区选择一点，与前面确定的第一个角点组成一个矩形框的高作为多行文本的高度；也可以输入一个数值，精确设置多行文本的高度</td></tr>
<tr><td>栏(C)</td><td>可以将多行文字对象的格式设置为多栏。可以指定栏和栏之间的宽度、高度及栏数，以及使用夹点编辑栏宽和栏高。其中，提供了 3 个栏选项，即“不分栏”“静态栏”“动态栏”</td></tr>
<tr><td>“文字编辑器”选项卡</td><td>该选项用来控制文本文字的显示特性。可以在输入文本文字前设置文本的特性，也可以改变已输入的文本文字特性。要改变已有文本文字显示特性，首先应选择要修改的文本。选择文本的方式有以下 3 种。
(1) 将光标定位到文本文字开始处，按住鼠标左键，拖到文本末尾。
(2) 双击某个文字，则该文字被选中。
(3) 单击 3 次，则选中全部内容。
下面介绍选项卡中部分选项的功能。
(1) “高度”下拉列表框：确定文本的字符高度，可在文本框中直接输入新的字符高度，也可从下拉列表中选择已设定过的高度。
(2) B 和 I 按钮：设置黑体或斜体效果，只对 TrueType 字体有效。</td></tr>
</table>

Note

续表

选　项		含　　义
指定对角点	"文字编辑器"选项卡	(3)"删除线"按钮：用于在文字上添加水平删除线。 (4)"下划线" U 与"上划线" Ō 按钮：设置或取消上(下)划线。 (5)"堆叠"按钮：即层叠/非层叠文本按钮，用于层叠所选的文本，也就是创建分数形式。当文本中某处出现"/""^"或"#"这 3 种层叠符号之一时，可层叠文本，方法是选中需层叠的文字，然后单击此按钮，则符号左边的文字作为分子，右边的文字作为分母。 AutoCAD 2022 提供了 3 种分数形式。 ① 如果选中"abcd/efgh"后单击此按钮，则得到如图 3-57(a)所示的分数形式。 ② 如果选中"abcd^efgh"后单击此按钮，则得到如图 3-57(b)所示的形式，此形式多用于标注极限偏差。 ③ 如果选中"abcd # efgh"后单击此按钮，则创建斜排的分数形式，如图 3-57(c)所示。如果选中已经层叠的文本对象后单击此按钮，则恢复到非层叠形式。 (6)"倾斜角度"下拉列表框 0/：设置文字的倾斜角度，如图 3-58 所示。 (7)"符号"按钮 @：用于输入各种符号。单击该按钮，系统打开符号列表，如图 3-59 所示，可以从中选择符号输入到文本中。 (8)"插入字段"按钮：插入一些常用或预设字段。单击该按钮，系统打开"字段"对话框，如图 3-60 所示，用户可以从中选择字段插入到标注文本中。 (9)"追踪"按钮：增大或减小选定字符之间的空隙。 (10)"宽度因子"按钮：扩展或收缩选定字符。 (11)"上标" X^2 按钮：将选定文字转换为上标，即在输入线的上方设置稍小的文字。 (12)"下标" X_2 按钮：将选定文字转换为下标，即在输入线的下方设置稍小的文字。 (13)"清除格式"下拉列表框：删除选定字符的字符格式，或删除选定段落的段落格式，或删除选定段落中的所有格式。 (14)"项目符号和编号"下拉列表框：添加段落文字前面的项目符号和编号。 ① 关闭：如果选择此选项，将从应用了列表格式的选定文字中删除字母、数字和项目符号。不更改缩进状态。 ② 以数字标记：应用将带有句点的数字用于列表中的项的列表格式。 ③ 以字母标记：应用将带有句点的字母用于列表中的项的列表格式。如果列表含有的项多于字母中含有的字母，可以使用双字母继续序列。 ④ 以项目符号标记：应用将项目符号用于列表中的项的列表格式。 ⑤ 起点：在列表格式中启动新的字母或数字序列。如果选定的项位于列表中间，则选定项下面未选中的项也将成为新列表的一部分。 ⑥ 连续：将选定的段落添加到上面最后一个列表然后继续序列。如果选择了列表项而非段落，选定项下面的未选中的项将继续序列。 ⑦ 允许自动项目符号和编号：在输入时应用列表格式。以下字符可以用作字母和数字后的标点并不能用作项目符号：句点(.)、逗号(,)、右括号())、右尖括号(>)、右方括号(])和右花括号(})。

续表

选项	含义	
指定对角点	“文字编辑器”选项卡	⑧ 允许项目符号和列表：如果选择此选项，列表格式将应用到外观类似列表的多行文字对象中的所有纯文本。 (15) 拼写检查：确定输入时拼写检查处于打开还是关闭状态。 (16) 编辑词典：显示“词典”对话框，从中可添加或删除在拼写检查过程中使用的自定义词典。 (17) 标尺：在编辑器顶部显示标尺。拖动标尺末尾的箭头可更改文字对象的宽度。列模式处于活动状态时，还显示高度和列夹点。 (18) 段落：为段落和段落的第一行设置缩进。指定制表位和缩进，控制段落对齐方式、段落间距和段落行距，如图 3-61 所示。 (19) 输入文字：选择此项，系统打开“选择文件”对话框，如图 3-62 所示。可以选择任意 TXT 或 RTF 格式的文件。输入的文字保留原始字符格式和样式特性，但可以在多行文字编辑器中编辑和格式化输入的文字。选择要输入的文本文件后，可以替换选定的文字或全部文字，或在文字边界内将插入的文字附加到选定的文字中。输入文字的文件必须小于 32kB

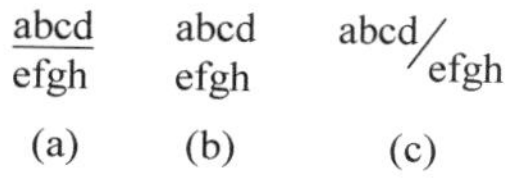

$\frac{\text{abcd}}{\text{efgh}}$ (a)　abcd efgh (b)　abcd/efgh (c)

图 3-57 文本层叠

建筑设计

建筑设计

建筑设计

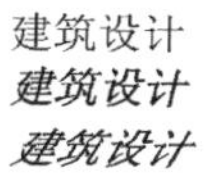

图 3-58 倾斜角度与斜体效果

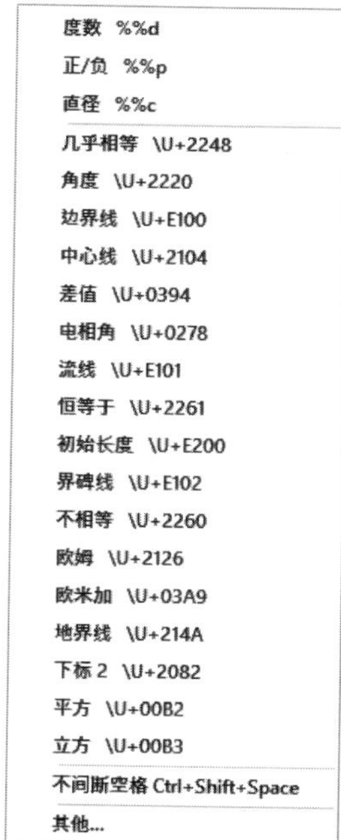

图 3-59 符号列表

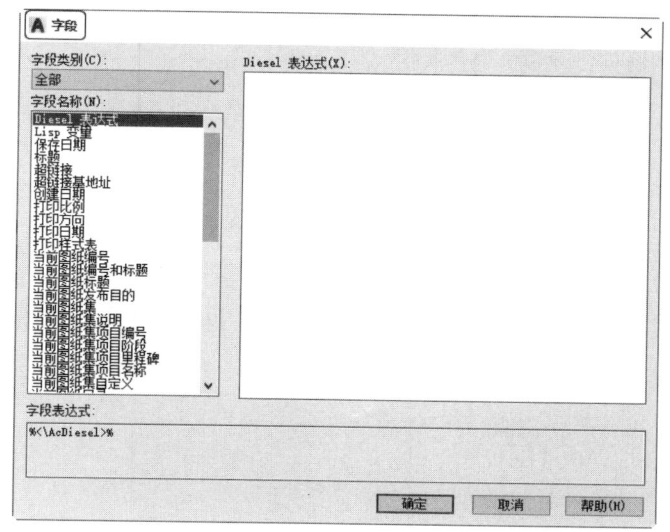

图 3-60 “字段”对话框

Note

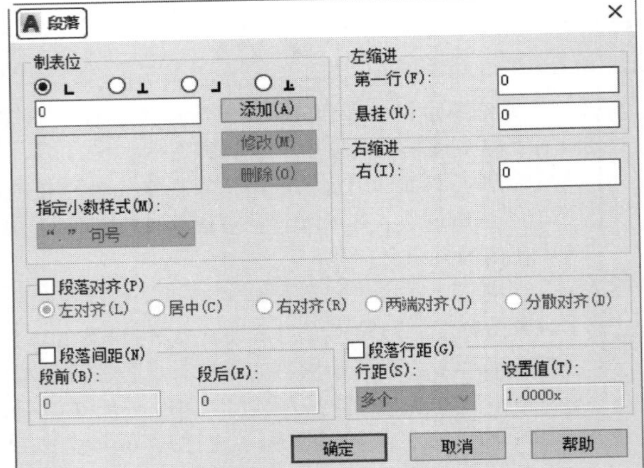

图 3-61 “段落”对话框

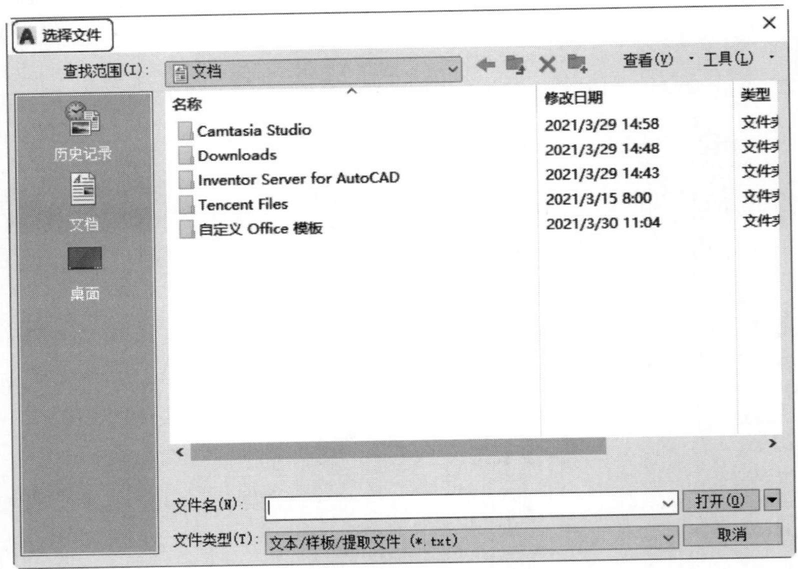

图 3-62 “选择文件”对话框

高手支招：多行文字是由任意数目的文字行或段落组成的，布满指定的宽度，还可以沿垂直方向无限延伸。多行文字中，无论行数是多少，单个编辑任务中创建的每个段落集将构成单个对象；用户可对其进行移动、旋转、删除、复制、镜像或缩放操作。

3.7.4 文字编辑

1. 执行方式

命令行：DDEDIT(缩写名：ED)。

菜单栏：选择菜单栏中的“修改”→“对象”→“文字”→“编辑”命令。

工具栏：单击“文字”工具栏中的“编辑”按钮 。

快捷菜单：选择快捷菜单中的“编辑多行文字”命令或“编辑文字”命令。

2. 操作格式

选择相应的菜单项，或在命令行输入 DDEDIT 命令后按 Enter 键，AutoCAD 2022 提示：

```
命令：DDEDIT↙
TEXTEDIT
当前设置：编辑模式 = Multiple
选择注释对象或[放弃(U)/模式(M)]:
```

系统要求选择想要修改的文本，同时光标变为拾取框。用拾取框单击对象，如果选取的文本是用 TEXT 命令创建的单行文本，则亮显该文本，此时可对其进行修改；如果选取的文本是用 MTEXT 命令创建的多行文本，选取后则打开多行文字编辑器(图 3-56)，可根据前面的介绍对各项设置或内容进行修改。

3.7.5　上机练习——绘制接地符号

3-10

练习目标

绘制如图 3-63 所示的接地符号。

设计思路

首先利用直线命令绘制两条互相垂直的直线，然后利用多行文字命令输入文字。

图 3-63　接地符号

操作步骤

(1) 单击“默认”选项卡“绘图”面板中的“直线”按钮／，绘制长为 15mm 的水平直线，如图 3-64 所示。

(2) 单击“默认”选项卡“绘图”面板中的“直线”按钮／，捕捉水平直线中点，绘制长为 10mm 的竖直直线，如图 3-65 所示。

(3) 单击“默认”选项卡“注释”面板中的“多行文字”按钮**A**，输入文字 GND，绘制的图形如图 3-63 所示。

图 3-64　绘制水平直线

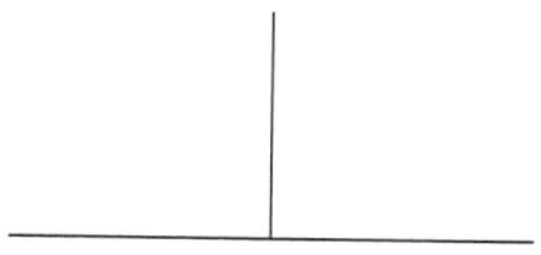

图 3-65　绘制竖直直线

3.8　表　　格

使用 AutoCAD 2022 提供的“表格”功能可轻松创建表格，用户可以直接插入设置好样式的表格，而不用绘制由单独的图线组成的栅格。

Note

3.8.1 定义表格样式

表格样式是用来控制表格基本形状和间距的一组设置。和文字样式一样，所有AutoCAD 2022图形中的表格都有与其相对应的表格样式。当插入表格对象时，AutoCAD 2022使用当前设置的表格样式。模板文件ACAD. DWT和ACADISO. DWT中定义了名为STANDARD的默认表格样式。

1. 执行方式

命令行：TABLESTYLE。

菜单栏：选择菜单栏中的“格式”→“表格样式”命令。

工具栏：单击“样式”工具栏中的“表格样式”按钮。

功能区：单击“默认”选项卡“注释”面板中的“表格样式”按钮，或单击“注释”选项卡“表格”面板上的“表格样式”下拉菜单中的“管理表格样式”字样，或单击“注释”选项卡“表格”面板中“对话框启动器”按钮。

2. 操作格式

```
命令：TABLESTYLE↙
```

执行上述操作后，AutoCAD 2022将打开“表格样式”对话框，如图3-66所示。

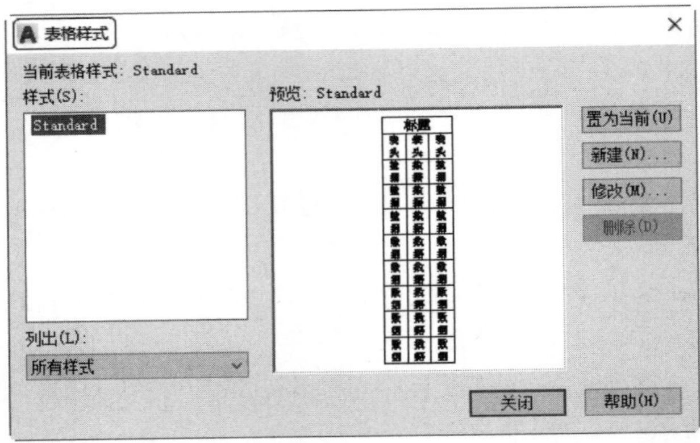

图3-66 “表格样式”对话框

3. 选项说明

“定义表格样式”命令各选项的含义如表3-17所示。

表3-17 “定义表格样式”命令各选项的含义

选　项	含　义
“新建”按钮	单击该按钮，❶系统打开“创建新的表格样式”对话框，如图3-67所示。❷输入新的表格样式名后，❸单击“继续”按钮，❹系统打开“新建表格样式”对话框，如图3-68所示，从中可以定义新的表格样式。 “新建表格样式”对话框中有3个选项卡：“常规”“文字”“边框”，如图3-68所示。它们分别控制表格中数据、表头和标题的有关参数，如图3-69所示

续表

<table>
<tr><th>选　项</th><th colspan="2">含　义</th></tr>
<tr><td rowspan="2">“常规”选项卡</td><td>“特性”选项区</td><td>填充颜色：指定填充颜色。
对齐：为单元内容指定一种对正方式。
格式：设置表格中各行的数据类型和格式。
类型：将单元样式指定为标签或数据，在包含起始表格的表格样式中插入默认文字时使用。也用于在工具选项板上创建表格工具的情况</td></tr>
<tr><td>“页边距”选项区</td><td>水平：设置单元中的文字或块与左右单元边界之间的距离。
垂直：设置单元中的文字或块与上下单元边界之间的距离。
创建行/列时合并单元：将使用当前单元样式创建的所有新行或列合并到一个单元中</td></tr>
<tr><td rowspan="4">“文字”选项卡</td><td>文字样式</td><td>指定文字样式</td></tr>
<tr><td>文字高度</td><td>指定文字高度</td></tr>
<tr><td>文字颜色</td><td>指定文字颜色</td></tr>
<tr><td>文字角度</td><td>设置文字角度</td></tr>
<tr><td rowspan="4">“边框”选项卡</td><td>线宽</td><td>设置要用于显示边界的线宽</td></tr>
<tr><td>线型</td><td>通过单击“边框”按钮，设置线型以应用于指定边框</td></tr>
<tr><td>颜色</td><td>指定颜色以应用于显示的边界</td></tr>
<tr><td>双线</td><td>指定选定的边框为双线型</td></tr>
<tr><td>修改</td><td colspan="2">对当前表格样式进行修改，方法与新建表格样式相同</td></tr>
</table>

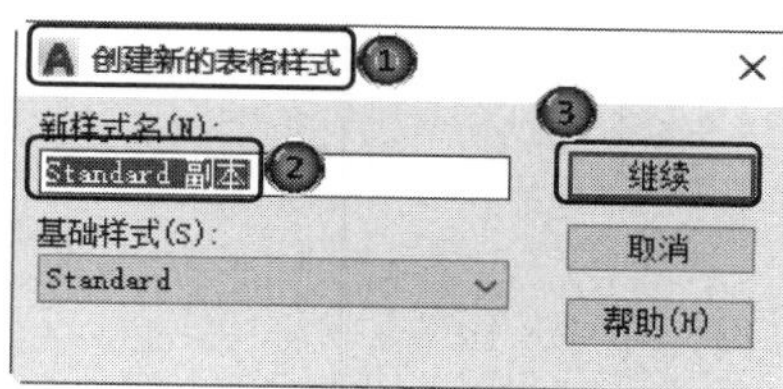

图 3-67 “创建新的表格样式”对话框

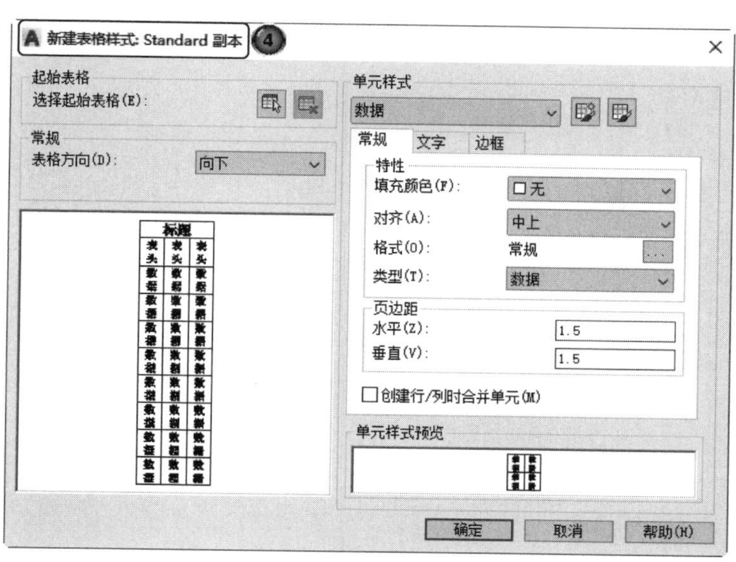

图 3-68 “新建表格样式：Standard 副本”对话框

标题——

标题		
表头	表头	表头
数据	数据	数据
数据	数据	数据
数据	数据	数据
数据	数据	数据
数据	数据	数据
数据	数据	数据
数据	数据	数据
数据	数据	数据

——表头
——数据

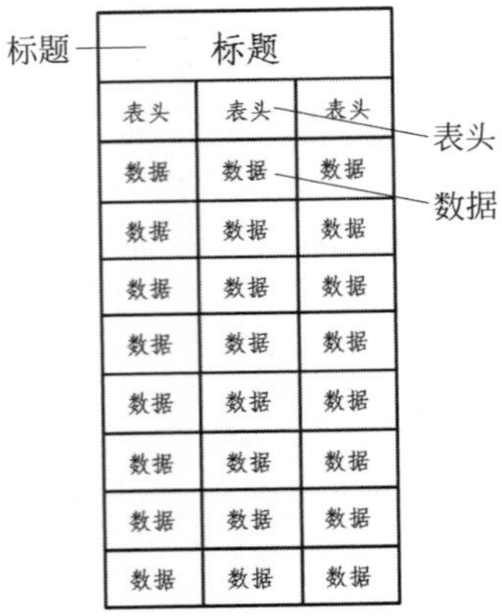

图 3-69　表格样式

3.8.2　创建表格

在设置好表格样式后，用户可以利用 TABLE 命令创建表格。

1. 执行方式

命令行：TABLE。

菜单栏：选择菜单栏中的"绘图"→"表格"命令。

工具栏：单击"绘图"工具栏中的"表格"按钮▦。

功能区：单击"默认"选项卡"注释"面板中的"表格"按钮▦，或单击"注释"选项卡"表格"面板中的"表格"按钮▦。

2. 操作格式

```
命令：TABLE↙
```

执行上述操作后，AutoCAD 2022 将打开"插入表格"对话框，如图 3-70 所示。

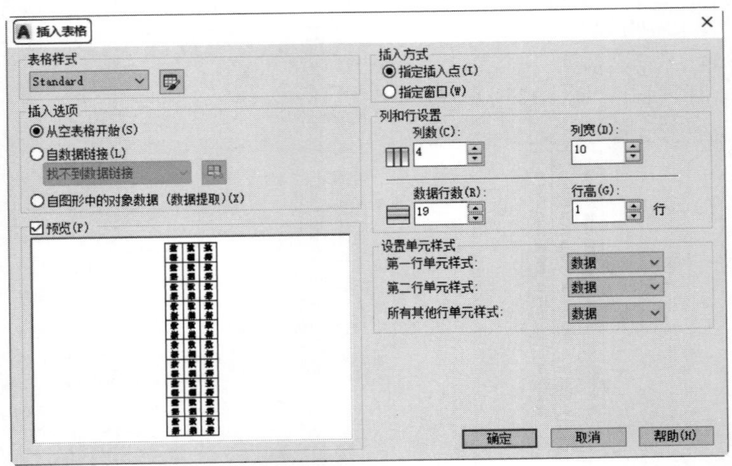

图 3-70　"插入表格"对话框

Note

3. 选项说明

“创建表格”命令各选项的含义如表 3-18 所示。

表 3-18　“创建表格”命令各选项的含义

选　　项		含　　义
“表格样式”选项区		可以在“表格样式”下拉列表框中选择一种表格样式，也可以通过单击后面的按钮来新建或修改表格样式
“插入选项”选项区	“从空表格开始”单选按钮	创建可以手动填充数据的空表格
	“自数据链接”单选按钮	通过启动数据连接管理器来创建表格
	“自图形中的对象数据”（数据提取）单选按钮	通过启动“数据提取”向导来创建表格
“插入方式”选项区	“指定插入点”单选按钮	指定表格的左上角的位置。可以使用定点设备，也可以在命令行中输入坐标值。如果表格样式将表格的方向设置为由下而上读取，则插入点位于表格的左下角
	“指定窗口”单选按钮	指定表格的大小和位置。可以使用定点设备，也可以在命令行中输入坐标值。选择此选项时，行数、列数、列宽和行高取决于窗口的大小以及列和行设置
“列和行设置”选项区		指定列和数据行的数目以及列宽与行高
“设置单元样式”选项区		指定“第一行单元样式”“第二行单元样式”“所有其他行单元样式”分别为标题、表头或者数据样式

注意： 一个单位行高的高度为文字高度与垂直边距的和。列宽设置必须不小于文字宽度与水平边距的和，如果列宽小于此值，则实际列宽以文字宽度与水平边距的和为准。

在“插入表格”对话框中进行相应的设置后，单击“确定”按钮，系统在指定的插入点或窗口自动插入一个空表格，并显示多行文字编辑器，用户可以逐行逐列输入相应的文字或数据，如图 3-71 所示。

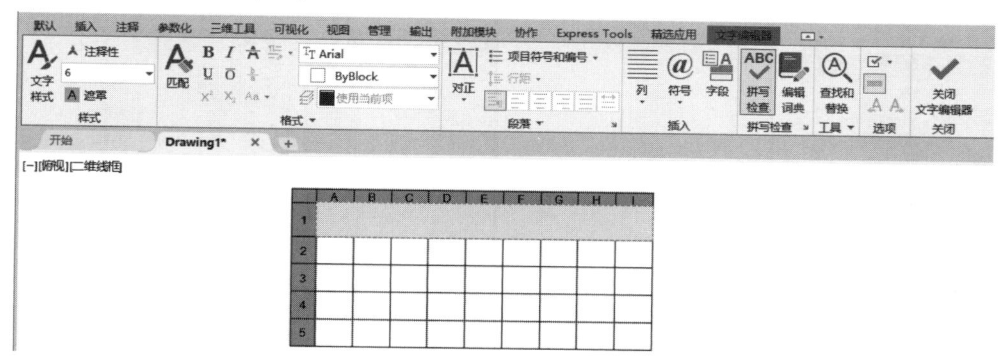

图 3-71　空表格和多行文字编辑器

Note

3.8.3 表格文字编辑

1. 执行方式

命令行：TABLEDIT。

快捷菜单：选定表和一个或多个单元后右击，从弹出的快捷菜单中选择“编辑文字”命令(图 3-72)。

定点设备：在表单元内双击。

2. 操作格式

```
命令: TABLEDIT↙
```

执行上述命令后，系统打开多行文字编辑器，用户可以对指定单元格中的文字进行编辑。

在 AutoCAD 2022 中，可以在表格中插入简单的公式，用于计算总计、计数和平均值，以及定义简单的算术表达式。要在选定的单元格中插入公式，可以右击单元格，从弹出的快捷菜单中选择❶“插入点”→❷“公式”→❸“方程式”命令，如图 3-73 所示。也可以使用在位文字编辑器来输入公式。选择一个公式项后，系统提示：

```
选择表单元:(在表格内指定一点)
```

指定单元范围后，系统对范围内单元格的数值按指定公式进行计算，给出最终计算值，如图 3-71 所示。

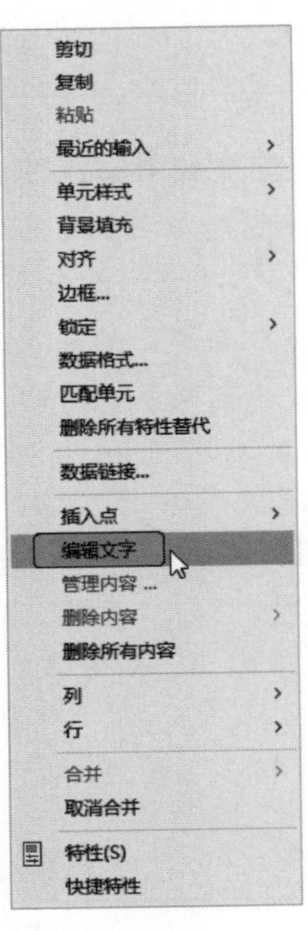

图 3-72　快捷菜单

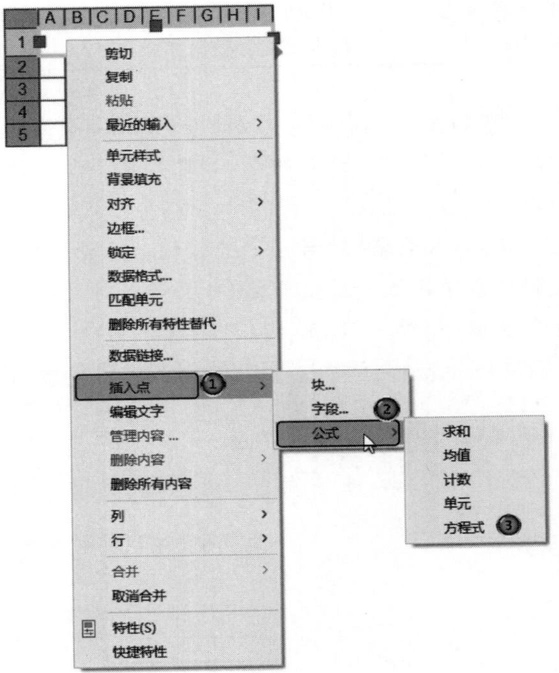

图 3-73　插入公式

3-11

Note

3.9　实例精讲——电气制图 A3 样板图

练习目标

绘制如图 3-74 所示的 A3 样板图。

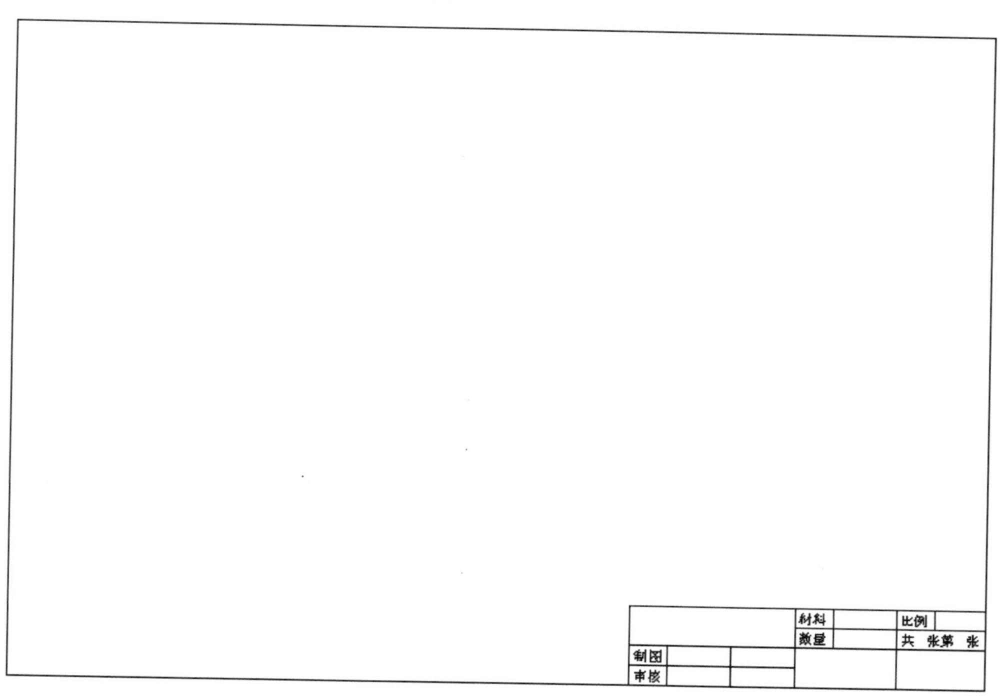

图 3-74　A3 样板图

设计思路

首先利用矩形命令绘制 A3 样板图的外框，然后设置表格的样式，新建表格，并利用多行文字命令为图形添加文字，最后完成对 A3 样板图的绘制。

操作步骤

1. 绘制图框

单击“默认”选项卡“绘图”面板中的“矩形”按钮▭，绘制一个矩形。命令行中的提示与操作如下。

```
命令: _RECTANG
指定第一个角点或[倒角(C)/标高(E)/圆角(F)/厚度(T)/宽度(W)]: 25,10↙
指定另一个角点或[面积(A)/尺寸(D)/旋转(R)]: 410,287↙
```

☎ **注意：**国家标准规定 A3 图纸的幅面大小是 420mm×297mm，这里留出了带

装订边的图框到纸面边界的距离。

Note

2. 绘制标题栏

标题栏结构如图 3-75 所示，由于分隔线并不整齐，所以可以先绘制一个 28×4(每个单元格的尺寸是 5mm×8mm)的标准表格，然后在此基础上编辑合并单元格，则可形成图 3-75 所示的形式。

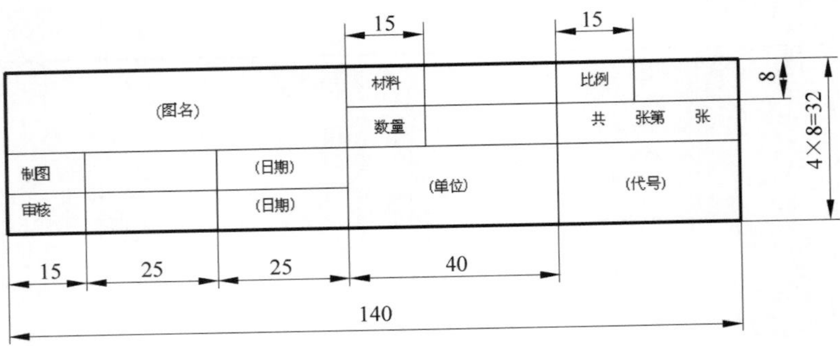

图 3-75　标题栏示意图

(1) 打开“表格样式”对话框。单击“默认”选项卡“注释”面板中的“表格样式”按钮，❶打开“表格样式”对话框，如图 3-76 所示。

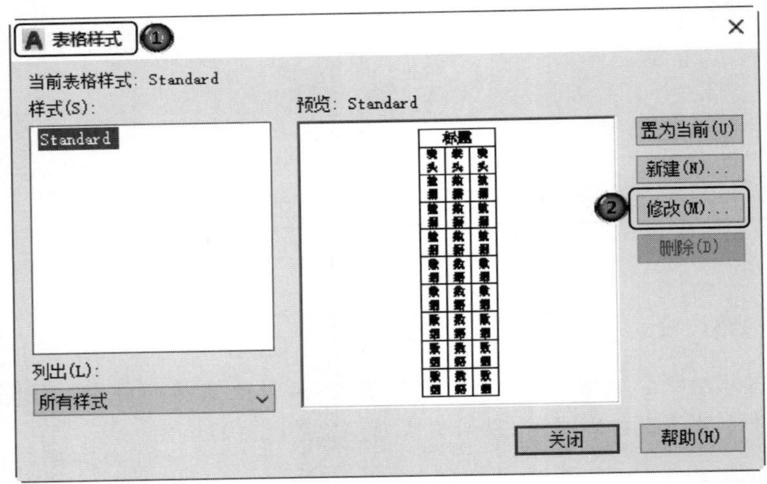

图 3-76　“表格样式”对话框

(2) 设置“修改表格样式”对话框。❷单击“修改”按钮(图 3-76)，❸打开“修改表格样式：Standard”对话框，❹在“单元样式”下拉列表框中选择“数据”选项，❺在下面的“文字”选项卡中，❻将文字高度设置为 3，如图 3-77 所示。❼再切换到“常规”选项卡，❽将“页边距”选项区中的“水平”和“垂直”选项都设置成 1，如图 3-78 所示。

注意： 表格的行高＝文字高度＋2×垂直面边距，此处设置为 3＋2×1＝5。

(3) 单击“确定”按钮，系统返回“表格样式”对话框，单击“关闭”按钮退出。

(4) 设置“插入表格”对话框。单击“默认”选项卡“注释”面板中的“表格”按钮，❶打开“插入表格”对话框，❷在“列和行设置”选项区中将“列数”设置为 28，将“列宽”

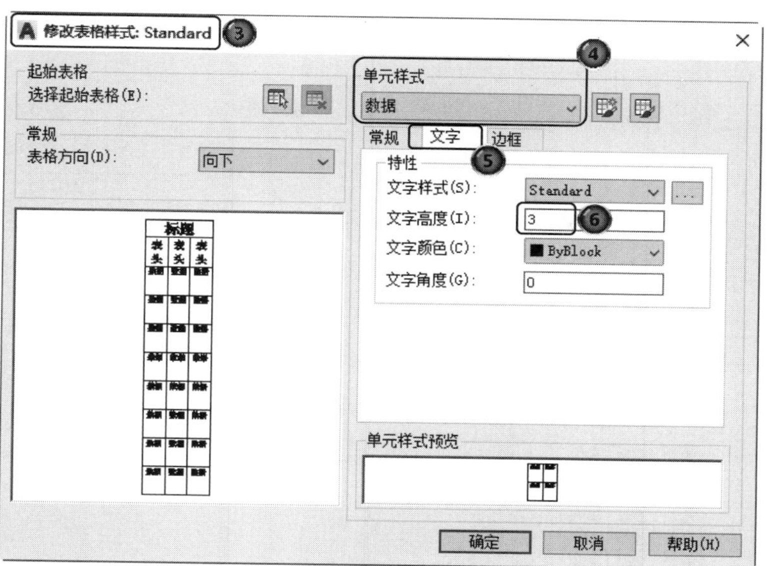

图 3-77　“修改表格样式：Standard”对话框

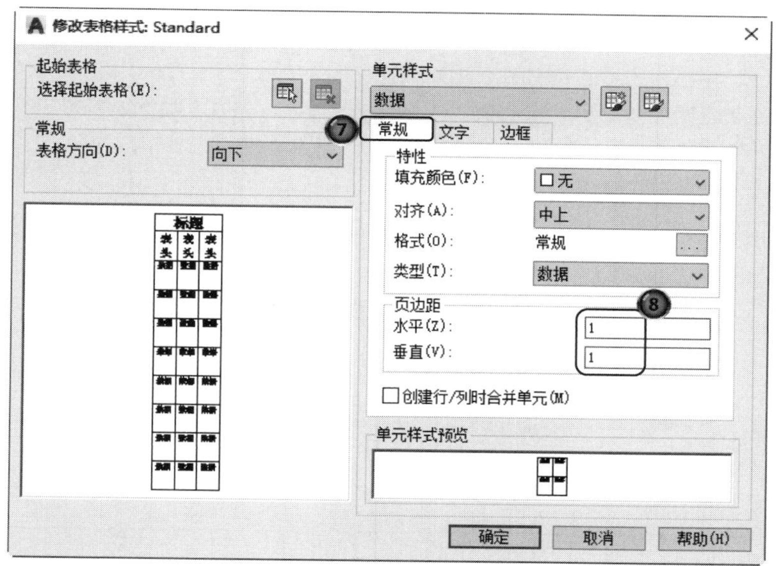

图 3-78　设置“常规”选项卡

设置为 5，将“数据行数”设置为 2（加上标题行和表头行共 4 行），将“行高”设置为 1 行（即为 10）；❸在“设置单元样式”选项区中将“第一行单元样式”与“第二行单元样式”和“所有其他行单元样式”都设置为“数据”，如图 3-79 所示。

（5）生成表格。在图框线右下角附近指定表格位置，系统生成表格，同时打开多行文字编辑器，如图 3-80 所示。直接按 Enter 键，不输入文字，生成的表格如图 3-81 所示。

（6）修改表格高度。单击表格的一个单元格，系统显示其编辑夹点，右击，❶从弹

Note

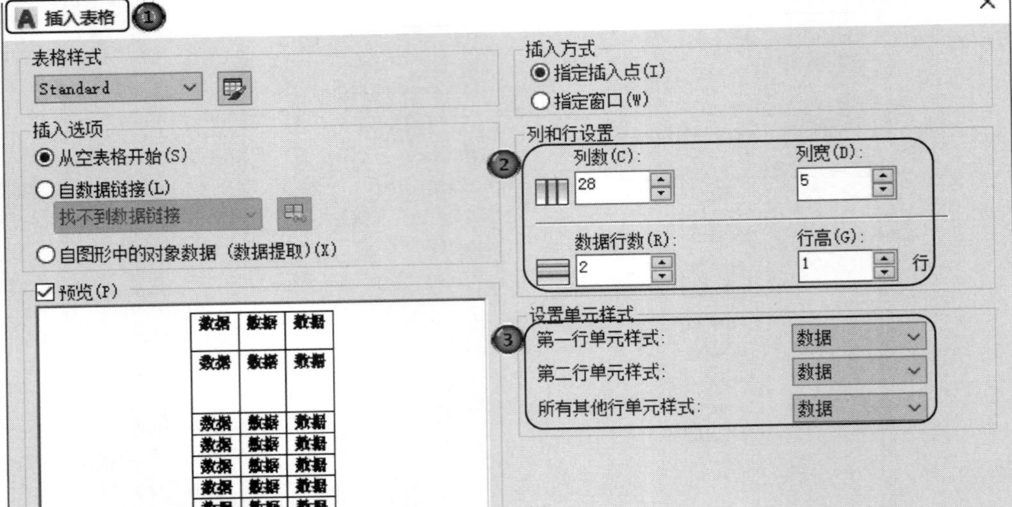

图 3-79 “插入表格”对话框

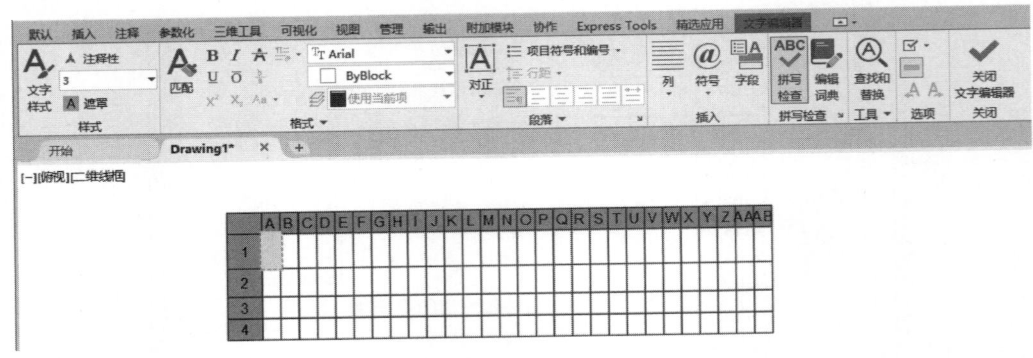

图 3-80 表格和文字编辑器

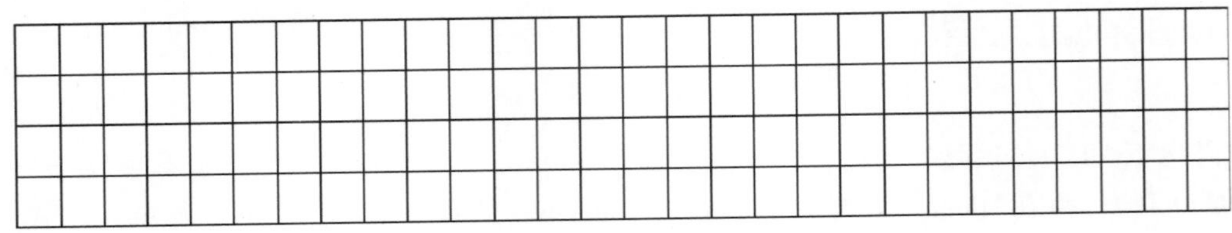

图 3-81 生成表格

出的快捷菜单中选择“特性”命令，如图 3-82 所示，❷ 系统弹出“特性”对话框，❸ 将单元高度参数改为 8，如图 3-83 所示，这样该单元格所在行的高度就统一变为 8。采用同样方法将其他行的高度改为 8。

图 3-82　快捷菜单

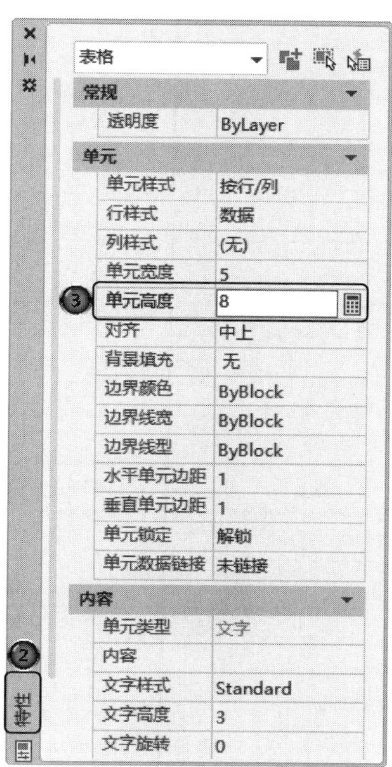

图 3-83　“特性”对话框

（7）合并单元格。选择 A1 单元格，按住 Shift 键，再次选择 M2 单元格后右击，从弹出的快捷菜单中选择❶“合并”→❷“全部”命令，如图 3-84 所示，完成合并的单元格如图 3-85 所示。采用同样方法合并其他单元格，结果如图 3-86 所示。

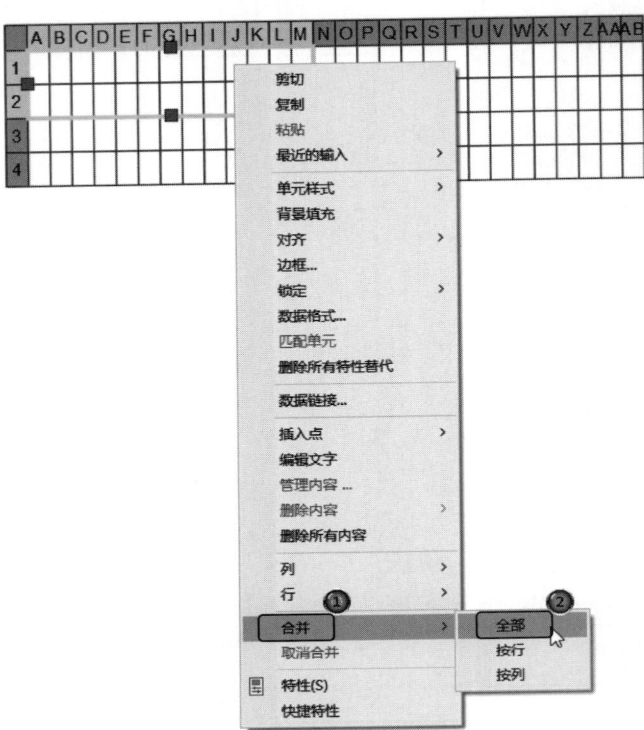

图 3-84　快捷菜单

图 3-85　合并单元格

图 3-86　完成表格绘制

（8）输入文字。在单元格中单击 3 次，打开文字编辑器，❶在单元格中输入文字，❷将文字大小改为 4，如图 3-87 所示。采用同样方法输入其他单元格文字，结果如图 3-88 所示。

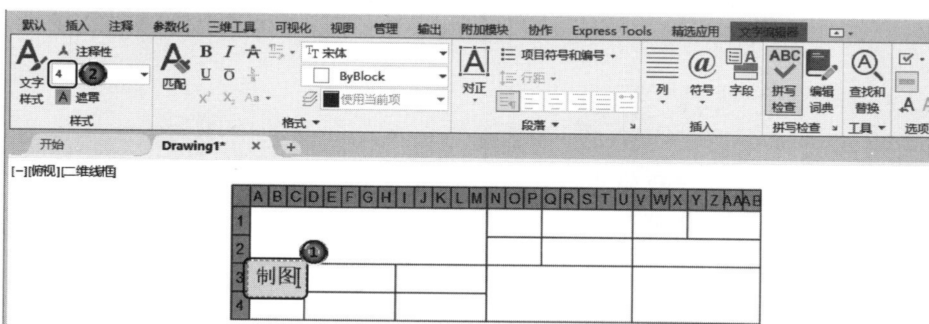

图 3-87　输入文字

制图			材料		比例	
			数量		共　张第　张	
制图						
审核						

图 3-88　完成标题栏文字输入

3. 保存样板图

单击“快速访问”工具栏中的“另存为”按钮，弹出“图形另存为”对话框，将图形保存为 dwt 格式文件即可，如图 3-89 所示。

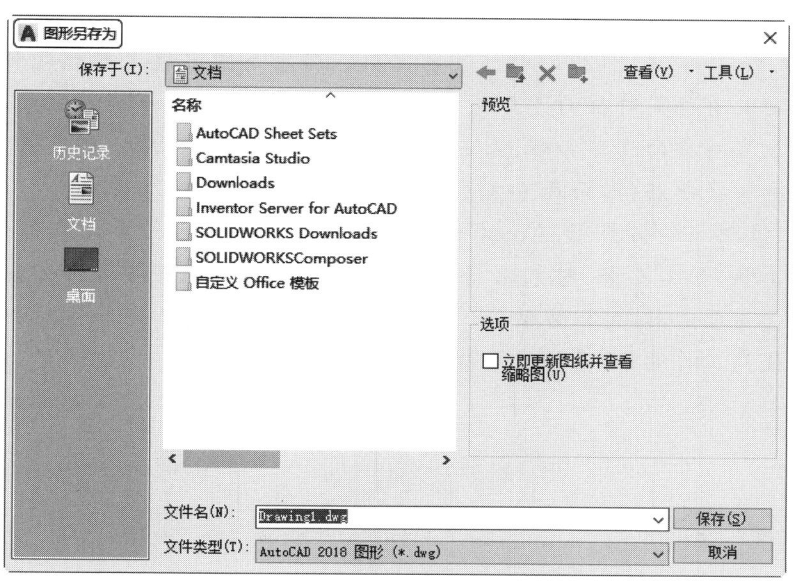

图 3-89　“图形另存为”对话框

第4章

基本绘图工具

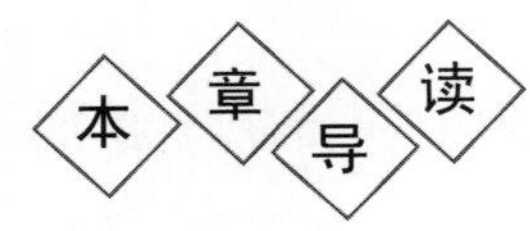

AutoCAD 2022 提供了图层工具。对每个图层规定其颜色和线型，并把具有相同特征的图形对象放在同一层上绘制，这样绘图时就不用分别设置对象的线型和颜色，不仅方便，而且存储图形时只需存储几何数据和所在图层，因而既节省了存储空间，又可以提高工作效率。为了快捷、准确地绘制图形，AutoCAD 2022 还提供了多种必要的和辅助的绘图工具，如工具条、对象选择工具、对象捕捉工具、栅格和正交模式等。利用这些工具，可以方便、迅速、准确地实现图形的绘制和编辑，不仅可以提高工作效率，而且能更好地保证图形的质量。

学习要点

- 图层设计
- 精确定位工具
- 对象捕捉工具
- 对象约束

Note

4.1　图层设计

图层的概念类似于投影片，将不同属性的对象分别画在不同的投影片（图层）上，例如将图形的主要线段、中心线、尺寸标注等分别画在不同的图层上，每个图层可设定不同的线型、线条颜色，然后把不同的图层堆栈在一起成为一张完整的视图，如此可使视图层次分明、有条理，便于图形对象的编辑与管理。一个完整的图形就是把它所包含的所有图层上的对象叠加在一起，如图 4-1 所示。

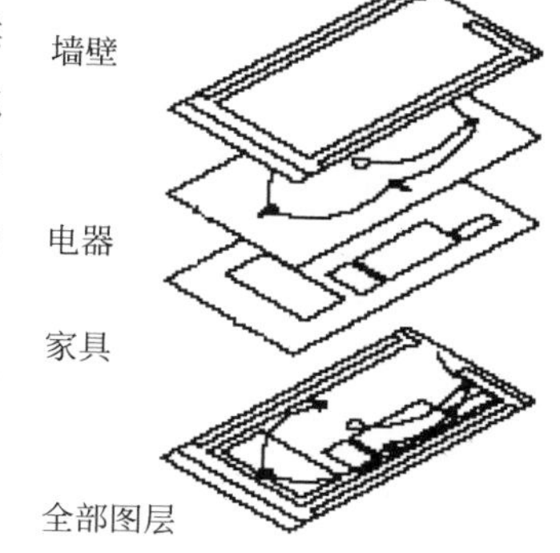

图 4-1　图层效果

在用图层功能绘图之前，首先要对图层的各项特性进行设置，包括建立和命名图层，设置当前图层，设置图层的颜色和线型，以及设置图层是否关闭、是否冻结、是否锁定和图层删除等。本节主要介绍图层的这些相关操作。

4.1.1　设置图层

AutoCAD 2022 提供了详细、直观的“图层特性管理器”选项板，用户可以方便地通过对该对话框中的各选项及其二级对话框进行设置，从而实现建立新图层、设置图层颜色及线型等各种操作。

1. 执行方式

命令行：LAYER。

菜单栏：选择菜单栏中的“格式”→“图层”命令。

工具栏：单击“图层”工具栏中的“图层特性管理器”按钮。

功能区：修改“视图”选项卡“选项板”面板中的“图层特性”按钮，或单击“视图”选项卡“选项板”面板中的“图层特性”按钮。

2. 操作格式

```
命令：LAYER↙
```

执行上述命令后，系统打开如图 4-2 所示的“图层特性管理器”选项板。

3. 选项说明

“设置图层”命令各选项的含义如表 4-1 所示。

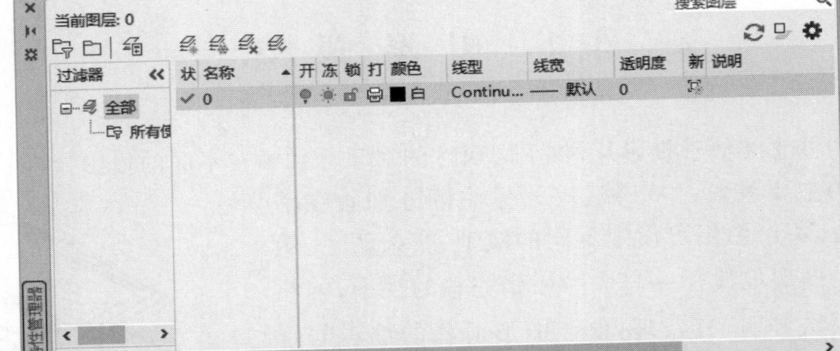

图 4-2 “图层特性管理器”选项板

表 4-1 “设置图层”命令各选项的含义

<table>
<tr><th>选 项</th><th colspan="2">含 义</th></tr>
<tr><td>“新建特性过滤器”按钮</td><td colspan="2">显示“图层过滤器特性”对话框，如图 4-3 所示。从中可以基于一个或多个图层特性创建图层过滤器</td></tr>
<tr><td>“新建组过滤器”按钮</td><td colspan="2">创建一个图层过滤器，其中包含用户选定并添加到该过滤器的图层</td></tr>
<tr><td>“图层状态管理器”按钮</td><td colspan="2">显示“图层状态管理器”对话框，如图 4-4 所示。从中可以将图层的当前特性设置保存到命名图层状态中，以后可以再恢复这些设置</td></tr>
<tr><td>“新建图层”按钮</td><td colspan="2">建立新图层。单击此按钮，图层列表中出现一个新的图层名字“图层 1”，用户可使用此名字，也可改名。要想同时产生多个图层，可选中一个图层名后输入多个名字，各名字之间以逗号分隔。图层的名字可以包含字母、数字、空格和特殊符号，AutoCAD 2022 支持长达 255 个字符的图层名字。新的图层继承了建立新图层时所选中的已有图层的所有特性（颜色、线型、ON/OFF 状态等），如果新建图层时没有图层被选中，则新图层具有默认的设置</td></tr>
<tr><td>“删除图层”按钮</td><td colspan="2">删除所选层。在图层列表中选中某一图层，然后单击此按钮，则把该层删除</td></tr>
<tr><td>“置为当前”按钮</td><td colspan="2">设置当前图层。在图层列表中选中某一图层，然后单击此按钮，则把该层设置为当前层，并在“当前图层”一栏中显示其名字。当前层的名字存储在系统变量 CLAYER 中。另外，双击图层名也可把该层设置为当前层</td></tr>
<tr><td>“搜索图层”文本框</td><td colspan="2">输入字符时，按名称快速过滤图层列表。关闭图层特性管理器时，并不保存此过滤器</td></tr>
<tr><td>“反转过滤器”复选框</td><td colspan="2">选中此复选框，显示所有不满足选定图层特性过滤器中条件的图层</td></tr>
<tr><td rowspan="2">图层列表区</td><td colspan="2">显示已有的图层及其特性。要修改某一图层的某一特性，单击它所对应的图标即可。右击空白区域或利用快捷菜单可快速选中所有图层。列表区中各列的含义如下：</td></tr>
<tr><td>名称</td><td>显示满足条件的图层的名字。如果要对某层进行修改，首先要选中该层，使其逆反显示</td></tr>
</table>

Note

续表

选　项	含　义	
图层列表区	状态转换图标	在“图层特性管理器”选项板的名称栏分别有一列图标，移动指针到图标上单击可以打开或关闭该图标所代表的功能，或从详细数据区中选中或取消选中关闭（ / ）、锁定（ / ）、在所有视口内冻结（ / ）及不打印（ / ）等项目，各图标功能说明如表 4-2 所示
	颜色	显示和改变图层的颜色。如果要改变某一层的颜色，单击其对应的颜色图标，AutoCAD 2022 将打开如图 4-5 所示的“选择颜色”对话框，用户可从中选取需要的颜色
	线型	显示和修改图层的线型。如果要修改某一层的线型，可单击该层的“线型”项，打开“选择线型”对话框，如图 4-6 所示，其中列出了当前可用的线型，用户可从中选取。具体内容将在 4.1.2 节详细介绍
	线宽	显示和修改图层的线宽。如果要修改某一层的线宽，可单击该层的“线宽”项打开“线宽”对话框，如图 4-7 所示，其中列出了 AutoCAD 2022 设定的线宽，用户可从中选取。其中，“线宽”列表框显示可以选用的线宽值，包括一些绘图中经常用到的线宽，用户可从中选取需要的线宽。“旧的”显示行显示前面赋予图层的线宽。当建立一个新图层时，采用默认线宽（其值为 0.01in，即 0.25mm），默认线宽的值由系统变量 LWDEFAULT 设置。“新的”显示行显示赋予图层的新的线宽
	打印样式	修改图层的打印样式，所谓打印样式是指打印图形时各项属性的设置
特性面板	AutoCAD 2022 提供了一个“特性”面板，如图 4-8 所示。用户可以利用面板下拉列表框中的选项，快速地查看和改变所选对象的图层、颜色、线型和线宽特性。“特性”面板上的图层颜色、线型、线宽和打印样式的控制增强了查看和编辑对象属性的命令。在绘图屏幕上选择任何对象都将在工具栏上自动显示它所在的图层、颜色、线型等属性。下面简单说明“特性”面板各部分的功能	
	“颜色控制”下拉列表框	单击右侧的下三角按钮，弹出一下拉列表，用户可从中选择某一种颜色使之成为当前颜色，如果选择“选择颜色”选项，AutoCAD 2022 将打开“选择颜色”对话框以选择其他颜色。修改当前颜色之后，不论在哪个图层上绘图都采用这种颜色，但对各个图层的颜色设置没有影响
	“线型控制”下拉列表框	单击右侧的下三角按钮，弹出一下拉列表，用户可从中选择某一线型使之成为当前线型。修改当前线型之后，不论在哪个图层上绘图都采用这种线型，但对各个图层的线型设置没有影响
	“线宽”下拉列表框	单击右侧的下三角按钮，弹出一下拉列表，用户可从中选择一个线宽使之成为当前线宽。修改当前线宽之后，不论在哪个图层上绘图都采用这种线宽，但对各个图层的线宽设置没有影响
	“打印类型控制”下拉列表框	单击右侧的下三角按钮，弹出一下拉列表，用户可从中选择一种打印样式使之成为当前打印样式

Note

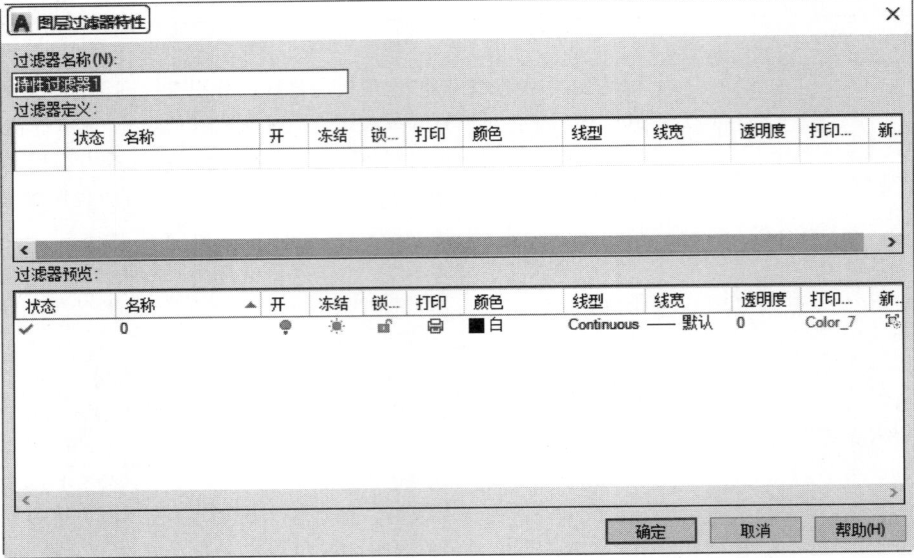

图 4-3 “图层过滤器特性”对话框

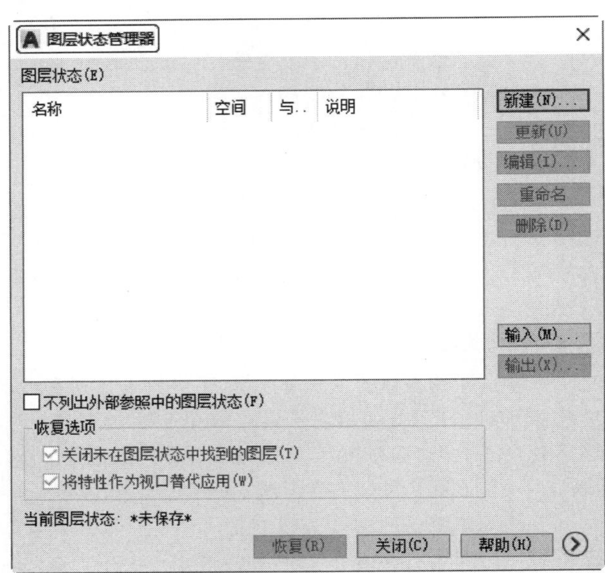

图 4-4 “图层状态管理器”对话框

表 4-2 各图标功能

图示	名称	功 能 说 明
💡/💡	打开/关闭	将图层设定为打开或关闭状态，当呈现关闭状态时，该图层上的所有对象将隐藏不显示，只有打开状态的图层会在屏幕上显示或由打印机打印出来。因此，绘制复杂的视图时，先将不编辑的图层暂时关闭，可降低图形的复杂性。图 4-9(a)和(b)分别示出文字标注图层打开和关闭的情形

续表

图示	名称	功能说明
/	解冻/冻结	将图层设定为解冻或冻结状态。当图层呈现冻结状态时，该图层上的对象均不会显示在屏幕上或由打印机打出，而且不会执行重生(REGEN)、缩放(ROOM)、平移(PAN)等命令的操作，因此若将视图中不编辑的图层暂冻结，可加快执行绘图编辑的速度。而 / (打开/关闭)功能只是单纯将对象隐藏，因此并不会加快执行速度
/	解锁/锁定	将图层设定为解锁或锁定状态。被锁定的图层仍然显示在画面上，但不能以编辑命令修改被锁定的对象，只能绘制新的对象，如此可防止重要的图形被修改
/	打印/不打印	设定该图层是否可以打印图形

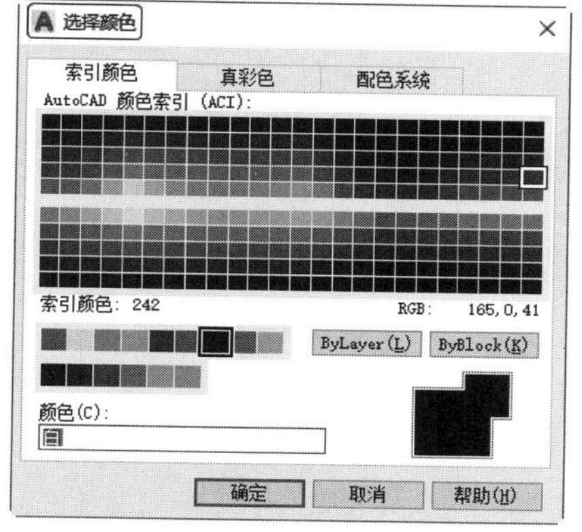

图 4-5　“选择颜色”对话框

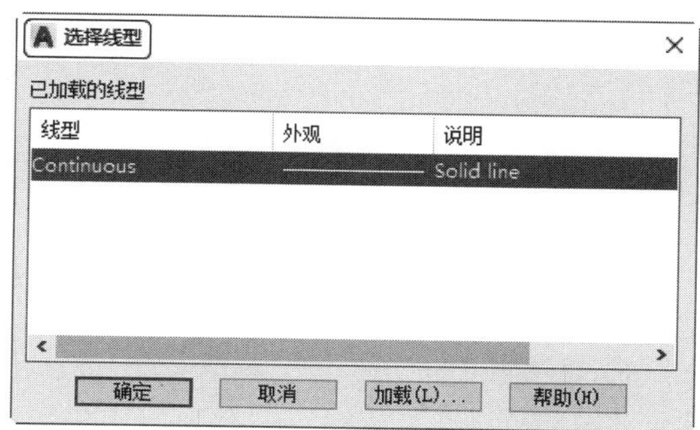

图 4-6　“选择线型”对话框

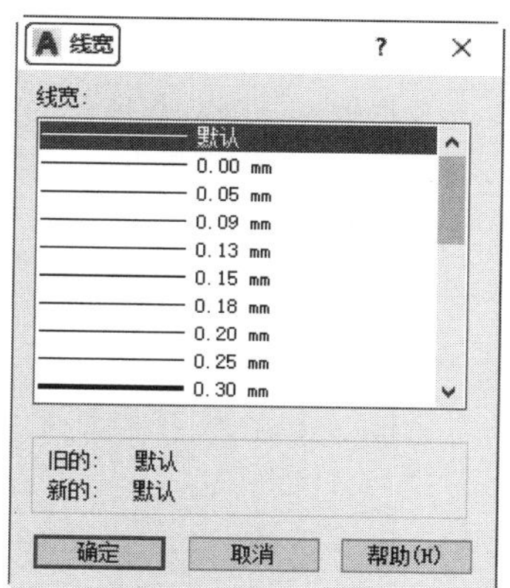

图 4-7　“线宽”对话框

图 4-8　“特性”面板

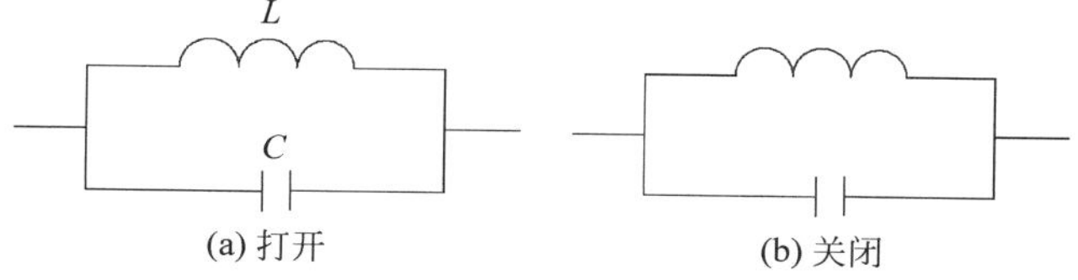

图 4-9　打开或关闭文字标注图层

Note

4.1.2 图层的线型

《机械制图　图样画法　图线》GB/T 4457.4—2002 对机械图样中使用的各种图线的名称、线型、线宽以及在图样中的应用作了规定，如表 4-3 所示，其中常用的图线有 4 种，即粗实线、细实线、虚线、细点划线。图线分为粗、细两种，粗线的宽度 b 应按图样的大小和图形的复杂程度，在 0.5～2.0mm 之间选择，细线的宽度约为 $b/3$。根据电气图的需要，一般只使用 4 种图线，如表 4-4 所示。

表 4-3　图线的形式及应用

图线名称	线型	线宽	主 要 用 途
粗实线	————	b=0.5～2	可见轮廓线、可见过渡线
细实线	————	约 $b/2$	尺寸线、尺寸界线、剖面线、引出线、弯折线、牙底线、齿根线、辅助线等
细点划线	——-——	约 $b/2$	轴线、对称中心线、齿轮节线等
虚线	--------	约 $b/2$	不可见轮廓线、不可见过渡线
波浪线	〰〰	约 $b/2$	断裂处的边界线、剖视与视图的分界线
双折线	—\/\—\/\—	约 $b/2$	断裂处的边界线
粗点划线	——-——	b	有特殊要求的线或面的表示线
双点划线	——--——	约 $b/2$	相邻辅助零件的轮廓线、极限位置的轮廓线、假想投影的轮廓线

表 4-4　电气图用图线的形式及应用

图线名称	线型	线宽	主 要 用 途
实线	————	约 $b/2$	基本线、简图主要内容用线、可见轮廓线、可见导线
点划线	——-——	约 $b/2$	分界线、结构图框线、功能图框线、分组图框线
虚线	--------	约 $b/2$	辅助线、屏蔽线、机械连接线、不可见轮廓线、不可见导线、计划扩展内容用线
双点划线	——--——	约 $b/2$	辅助图框线

按照 4.1.1 节的方法，打开“图层特性管理器”选项板，如图 4-2 所示。在图层列表的线型项下单击线型名，系统打开“选择线型”对话框，如图 4-6 所示。对话框中各选项的含义如下。

(1)“已加载的线型”列表框：显示在当前绘图中加载的线型，可供用户选用，其右侧显示出线型的形式。

(2)“加载”按钮：单击此按钮，打开“加载或重载线型”对话框，如图 4-10 所示，用户可通过此对话框加载线型并把它添加到线型列表中，不过加载的线型必须在线型库(LIN)文件中定义过。标准线型都保存在 acadiso.lin 文件中。

设置图层线型的方法如下：

```
命令行：LINETYPE
```

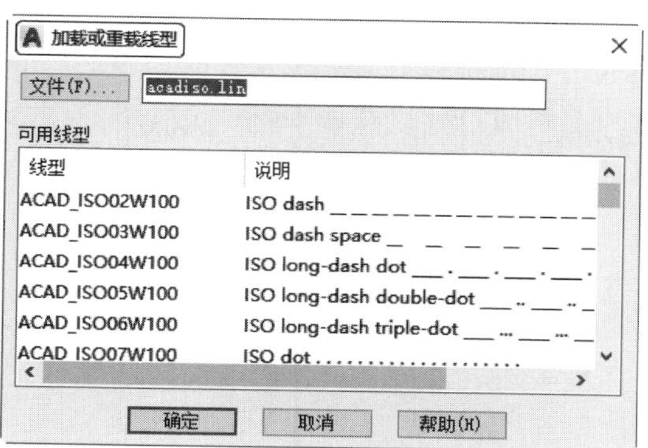

图 4-10 “加载或重载线型”对话框

在命令行输入上述命令后，系统打开“线型管理器”对话框，如图 4-11 所示。该对话框中选项的功能与前面讲述的相关知识相同，不再赘述。

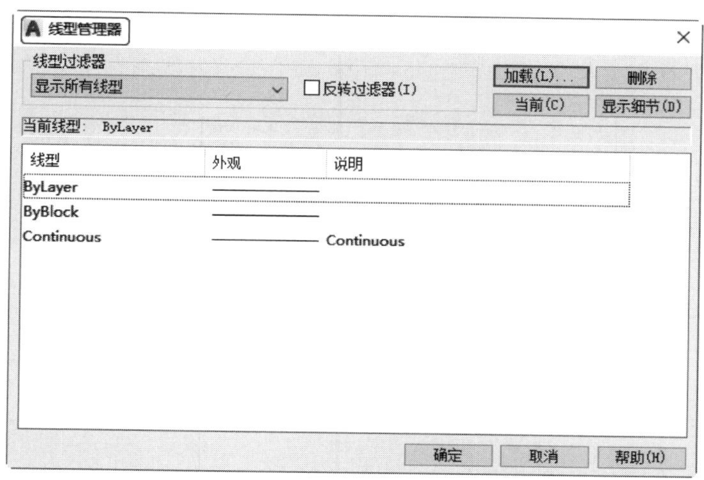

图 4-11 “线型管理器”对话框

4.1.3 上机练习——绘制蓄电池符号

练习目标

利用图层命令绘制如图 4-12 所示的蓄电池符号。

设计思路

首先创建两个图层，设置图层属性，然后利用直线命令完成蓄电池符号的绘制。

操作步骤

(1) 新建两个图层。

① 图层 1，颜色黑色，线型 Continuous，其他默认。

② 图层 2，颜色红色，线型 ACAD_ISO02W100，其他默认。

Note

（2）将图层2设为当前图层，单击“默认”选项卡“绘图”面板中的“直线”按钮╱，选取适当坐标绘制蓄电池符号中间虚线，如图4-13所示。

（3）将图层1设为当前图层，单击“默认”选项卡“绘图”面板中的“直线”按钮╱，选取适当坐标绘制其余图形，结果如图4-12所示。

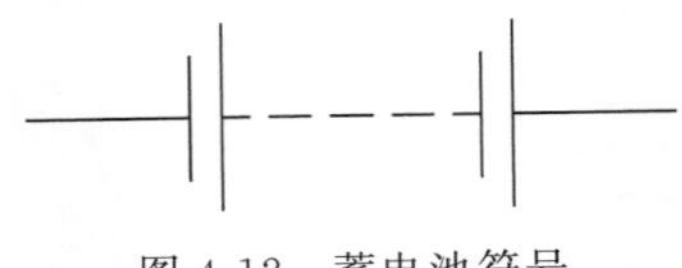

图4-12　蓄电池符号

图4-13　绘制虚线

4.2　精确定位工具

精确定位工具是指能够帮助用户快速准确地定位某些特殊点（如端点、中点、圆心等）和特殊位置（如水平位置、垂直位置）的工具。

精确定位工具主要集中在状态栏上，如图4-14所示为状态栏中显示的部分按钮。

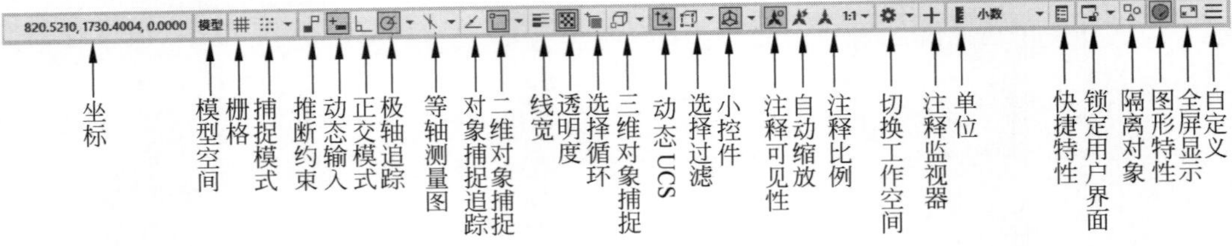

图4-14　状态栏按钮

4.2.1　捕捉工具

为了准确地在屏幕上捕捉点，AutoCAD 2022提供了捕捉工具，可以在屏幕上生成一个隐含的栅格（捕捉栅格），这个栅格能够捕捉光标，约束它只能落在栅格的某一个节点上，使用户能够高精确度地捕捉和选择这个栅格上的点。本节介绍捕捉栅格的参数设置方法。

1. 执行方式

命令行：DSETTINGS。

菜单栏：选择菜单栏中的“工具”→“绘图设置”命令。

状态栏：⠿（仅限于打开与关闭）。

快捷键：F9（仅限于打开与关闭）。

2. 操作格式

执行上述操作，❶打开“草图设置”对话框，❷切换到“捕捉和栅格”选项卡，如图4-15所示。

3. 选项说明

“捕捉工具”命令各选项的含义如表4-5所示。

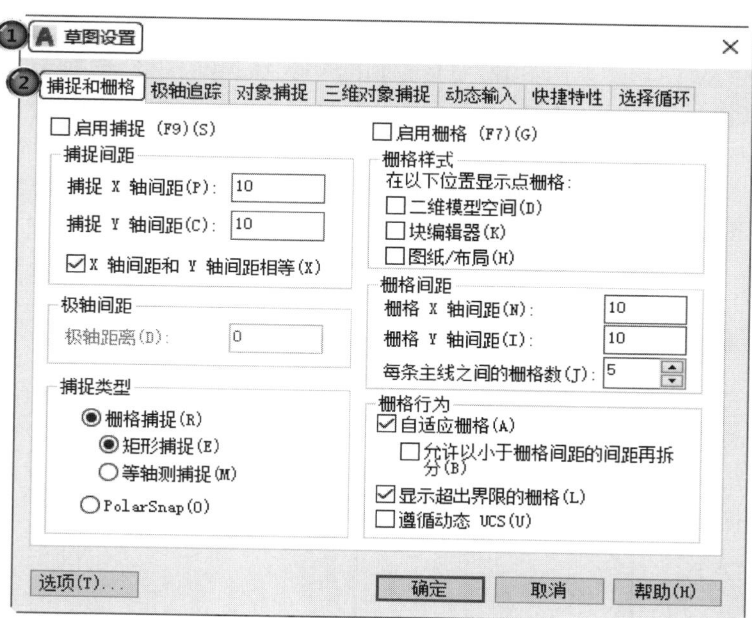

图 4-15　“草图设置”对话框

表 4-5　“捕捉工具”命令各选项的含义

选　　项	含　　义
“启用捕捉”复选框	控制捕捉功能的开关，与 F9 快捷键或状态栏上的“捕捉”功能相同
“捕捉间距”选项区	设置捕捉各参数。其中，“捕捉 X 轴间距”与“捕捉 Y 轴间距”确定捕捉栅格点在水平和垂直两个方向上的间距
“极轴间距”选项区	该选项区只有在“极轴捕捉”类型时才可用。可在“极轴距离”文本框中输入距离值，也可以通过命令行命令 SNAP 设置捕捉有关参数
“捕捉类型”选项区	确定捕捉类型。包括“栅格捕捉”“矩形捕捉”“等轴测捕捉”3 种方式。栅格捕捉是指按正交位置捕捉位置点。在“矩形捕捉”方式下，捕捉栅格是标准的矩形，在“等轴测捕捉”方式下，捕捉栅格和光标十字线不再互相垂直，而是成绘制等轴测图时的特定角度，这种方式对于绘制等轴测图是十分方便的

4.2.2　栅格工具

用户可以应用显示栅格工具使绘图区域上出现可见的网格，它是一个形象的画图工具，就像传统的坐标纸一样。本节介绍控制栅格的显示及设置栅格参数的方法。

1. 执行方式

菜单栏：选择菜单栏中的“工具”→“绘图设置”命令。

状态栏：#(仅限于打开与关闭)。

快捷键：F7(仅限于打开与关闭)。

2. 操作格式

Note

执行上述操作打开“草图设置”对话框，切换到“捕捉和栅格”选项卡，其中的“启用栅格”复选框控制是否显示栅格。“栅格 X 轴间距”和“栅格 Y 轴间距”文本框用来设置栅格在水平与垂直方向的间距，如果“栅格 X 轴间距”和“栅格 Y 轴间距”设置为 0，则 AutoCAD 2022 会自动将捕捉栅格间距应用于栅格，且其原点和角度总是分别与捕捉栅格的原点和角度相同。还可以通过 Grid 命令在命令行设置栅格间距，此处不再赘述。

4.2.3 正交模式

在用 AutoCAD 2022 绘图的过程中，经常需要绘制水平直线和垂直直线，但是用鼠标拾取线段的端点时，很难保证两个点严格沿水平或垂直方向，为此，AutoCAD 2022 提供了正交功能。当启用正交模式时，画线或移动对象时，只能沿水平方向或垂直方向移动光标，因此只能画平行于坐标轴的正交线段。

1. 执行方式

命令行：ORTHO。

状态栏：。

快捷键：F8。

2. 操作格式

```
命令：ORTHO↙
输入模式[开(ON)/关(OFF)] <开>:(设置开或关)
```

4.3 对象捕捉工具

在利用 AutoCAD 2022 画图时，经常用到一些特殊的点，例如圆心、切点、线段或圆弧的端点及中点等，如果用鼠标拾取的话，要准确地找到这些点是十分困难的。为此，AutoCAD 2022 提供了对象捕捉工具，通过这些工具可轻易找到这些点。

4.3.1 特殊位置点捕捉

在用 AutoCAD 2022 绘制图形时，有时需要指定一些特殊位置的点，比如圆心、端点、中点、平行线上的点等，这些点如表 4-6 所示。可以通过对象捕捉功能来捕捉这些点。

表 4-6 特殊位置点捕捉

捕捉模式	命令	功　　能
临时追踪点	TT	建立临时追踪点
两点之间的中点	M2P	捕捉两个独立点之间的中点

续表

捕捉模式	命令	功　　能
捕捉自	FROM	建立一个临时参考点，作为指出后继点的基点
点过滤器	.X (Y、Z)	由坐标选择点
端点	ENDP	线段或圆弧的端点
中点	MID	线段或圆弧的中点
交点	INT	线、圆弧或圆等的交点
外观交点	APPINT	图形对象在视图平面上的交点
延长线	EXT	指定对象的延伸线
圆心	CEN	圆或圆弧的圆心
象限点	QUA	距光标最近的圆或圆弧上可见部分的象限点，即圆周上 0°、90°、180°、270°位置上的点
切点	TAN	最后生成的一个点到选中的圆或圆弧上引切线的切点位置
垂足	PER	在线段、圆、圆弧或它们的延长线上捕捉一个点，使之与最后生成的点的连线与该线段、圆或圆弧正交
平行线	PAR	绘制与指定对象平行的图形对象
节点	NOD	捕捉用 Point 或 DIVIDE 等命令生成的点
插入点	INS	文本对象和图块的插入点
最近点	NEA	离拾取点最近的线段、圆、圆弧等对象上的点
无	NON	关闭对象捕捉模式
对象捕捉设置	OSNAP	设置对象捕捉

AutoCAD 2022 提供了命令行、工具栏和快捷菜单三种执行特殊点对象捕捉的方法。

1. 命令方式

绘图时，当在命令行中提示输入一点时输入相应特殊位置点的命令，如表 4-6 所示，然后根据提示操作即可。

2. 工具栏方式

使用如图 4-16 所示的"对象捕捉"工具栏，可以使用户更方便地实现捕捉点的目的。当命令行提示输入一点时，在"对象捕捉"工具栏上单击相应的按钮。当把光标放在某一图标上时，界面会显示出该图标功能的提示，然后根据提示进行操作即可。

图 4-16 "对象捕捉"工具栏

3. 快捷菜单方式

快捷菜单可通过同时按 Shift 键和鼠标右键来激活，菜单中列出了 AutoCAD 2022 提供的对象捕捉模式，如图 4-17 所示。其操作方法与工具栏相似，只要在 AutoCAD 2022 提示输入点时单击快捷菜单上相应的菜单项，然后按提示操作即可。

Note

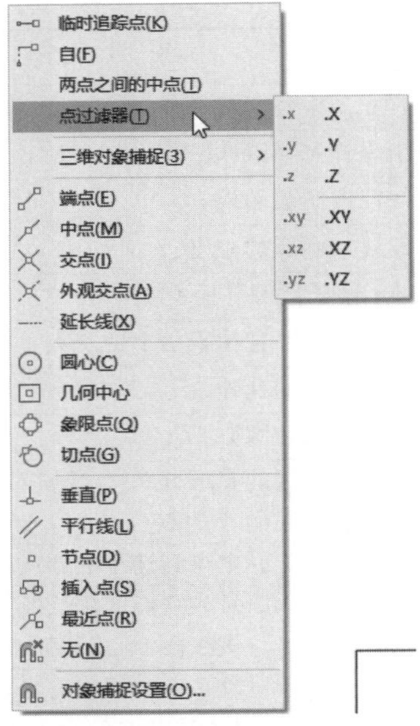

图 4-17　对象捕捉快捷菜单

4.3.2　上机练习——绘制电阻

4-2

练习目标

绘制如图 4-18 所示的电阻。

图 4-18　电阻

设计思路

利用矩形命令绘制一个矩形，然后利用直线命令，并结合捕捉中点的方法绘制两条直线，完成电阻的绘制。

操作步骤

（1）单击“默认”选项卡“绘图”面板中的“矩形”按钮▭，绘制一个矩形，如图 4-19 所示。

（2）单击“默认”选项卡“绘图”面板中的“直线”按钮╱，绘制导线，命令行提示与操作如下。结果如图 4-18 所示。

```
命令：_LINE
指定第一个点:MID（捕捉中点）
于:(用鼠标选取矩形左边,系统自动捕捉左边中点)
指定下一个点或[放弃(U)]： <正交 开>(单击状态栏上的 按钮,向左适当指定一点)
指定下一个点或[放弃(U)]：↙(如图 4-20 所示)
命令：_LINE
指定第一个点：MID（捕捉中点）
于:(用鼠标选取矩形右边,系统自动捕捉右边中点)
```

```
指定下一个点或[放弃(U)]:(向右适当指定一点)
指定下一个点或[放弃(U)]: ↙
```

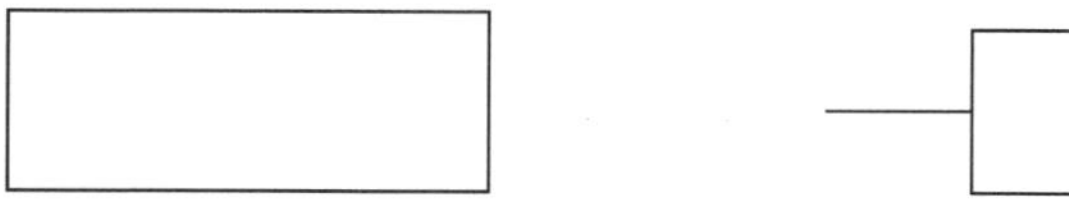

图 4-19　绘制矩形

图 4-20　绘制左边导线

4.3.3　设置对象捕捉

在用 AutoCAD 2022 绘图之前，可以根据需要事先设置运行一些对象捕捉模式。绘图时，AutoCAD 2022 能自动捕捉这些特殊点，从而加快绘图速度，提高绘图质量。

1. 执行方式

命令行：DDOSNAP。

菜单栏：选择菜单栏中的"工具"→"绘图设置"命令。

工具栏：单击"对象捕捉"工具栏中的"对象捕捉设置"按钮 。

状态栏：对象捕捉 (功能仅限于打开与关闭)。

快捷键：F3(功能仅限于打开与关闭)。

快捷菜单：对象捕捉设置(图 4-21)。

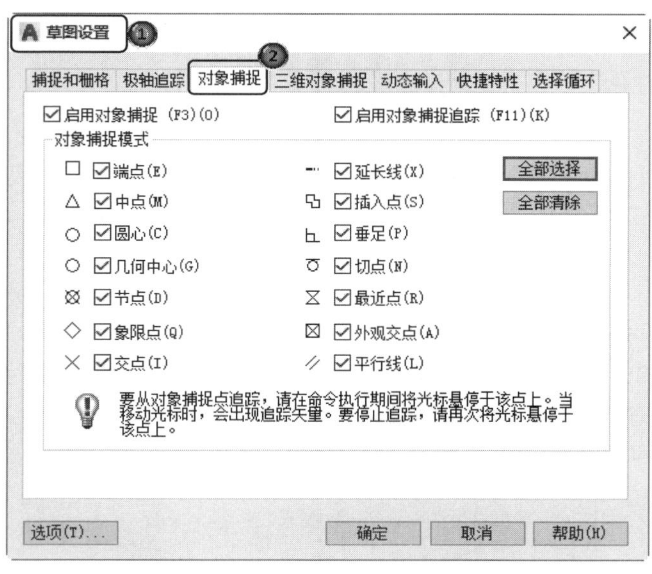

图 4-21　"草图设置"对话框中"对象捕捉"选项卡

2. 操作格式

```
命令:DDOSNAP ↙
```

执行上述操作后，❶系统打开"草图设置"对话框，在该对话框中，❷单击"对象

捕捉"标签打开"对象捕捉"选项卡，如图 4-21 所示。利用此对话框可以设置对象捕捉方式。

Note

3. 选项说明

"对象捕捉"命令各选项的含义如表 4-7 所示。

表 4-7 "对象捕捉"命令各选项的含义

选　项	含　义
"启用对象捕捉"复选框	打开或关闭对象捕捉方式。当选中此复选框时，在"对象捕捉模式"选项区中选中的捕捉模式处于激活状态
"启用对象捕捉追踪"复选框	打开或关闭自动追踪功能
"对象捕捉模式"选项区	该选项区中列出各种捕捉模式的复选框，选中则该模式被激活。单击"全部清除"按钮，则所有模式均被清除。单击"全部选择"按钮，则所有模式均被选中
"选项"按钮	另外，对话框的左下角有一个"选项"按钮 选项(T)... ，单击它可打开"选项"对话框的"绘图"选项卡，利用该对话框可决定捕捉模式的各项设置

4-3

4.3.4 上机练习——绘制灯符号

练习目标

绘制如图 4-22 所示的灯符号。

设计思路

首先利用圆命令绘制适当大小的圆，然后利用多边形命令并结合对象捕捉在圆内绘制四边形，最后利用直线命令在正方形内绘制两条直线，并将四边形删除。

操作步骤

(1) 绘制圆。单击"默认"选项卡"绘图"面板中的"圆"按钮，在绘图区任意拾取一点作为圆心，绘制半径为 50mm 的圆，如图 4-23 所示。

(2) 设置对象捕捉。右击状态栏上"对象捕捉"按钮，从弹出的快捷菜单中选择"对象捕捉设置"命令，打开"草图设置"对话框中的"对象捕捉"选项卡，单击"全部选择"按钮，选择所有的捕捉模式，并选中"启用对象捕捉"复选框(图 4-21)，单击"确定"按钮。

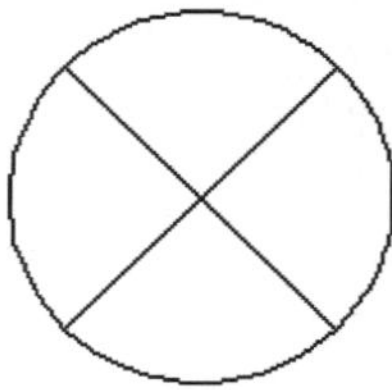

图 4-22　灯符号

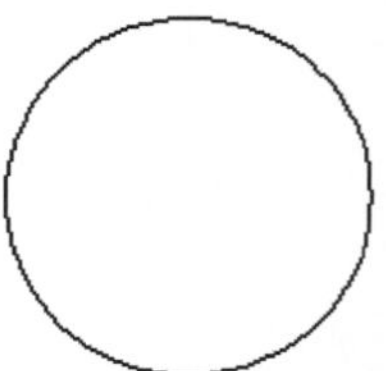

图 4-23　绘制圆

命令：_POLYGON 输入侧面数<4>：↙
指定正多边形的中心点或[边(E)]：(系统自动捕捉圆心，如图 4-24 所示，选择圆心作为正方形的中心)
输入选项[内接于圆(I)/外切于圆(C)]<I>：↙(正方形内接于圆)
指定圆的半径：50↙(输入圆的半径为 50)

(3) 绘制正多边形。单击"默认"选项卡"绘图"面板中的"多边形"按钮⬠，命令行中的提示与操作如下。绘制效果如图 4-25 所示。

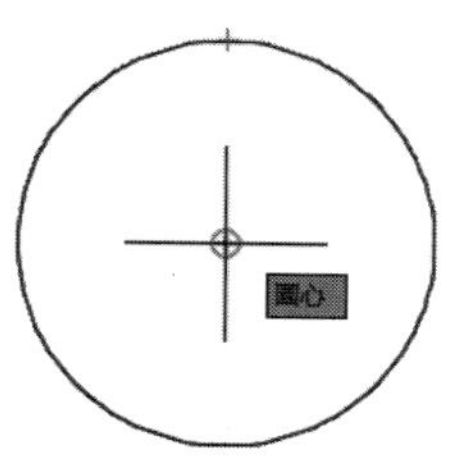

图 4-24　捕捉圆心

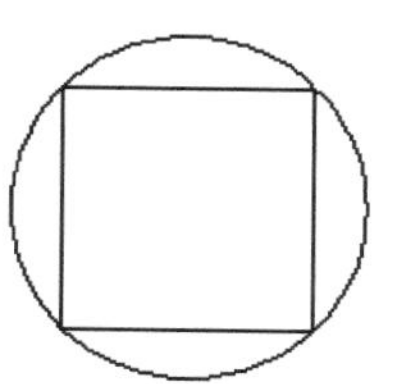

图 4-25　绘制内接正方形

(4) 绘制对角线。单击"默认"选项卡"绘图"面板中的"直线"按钮╱，开启"对象捕捉"模式，系统自动捕捉圆上的一点作为正方形的顶点，如图 4-26 所示。采用相同的方法绘制另一条对角线。绘制对角线后的效果如图 4-27 所示。

(5) 删除正方形。单击"默认"选项卡"修改"面板中的"删除"按钮，选择正方形将其删除，即可得到灯符号，绘制结果如图 4-22 所示。

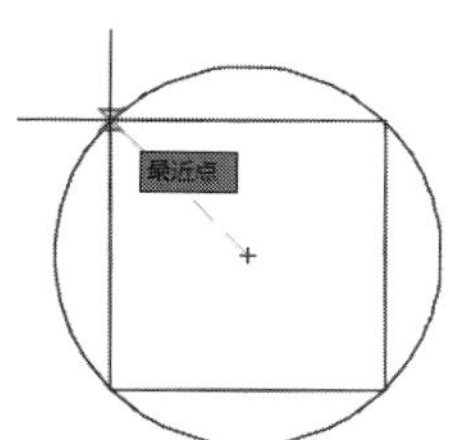

图 4-26　捕捉正方形的顶点

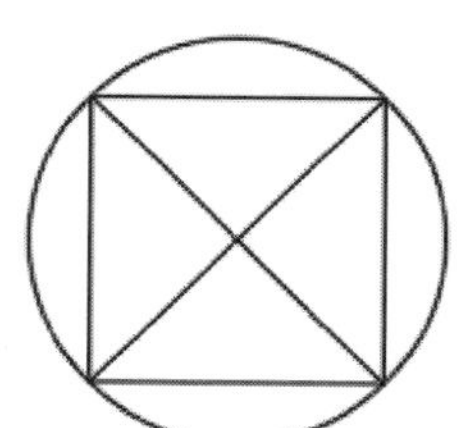

图 4-27　绘制对角线

4.4　对象约束

约束能够用于精确地控制草图中的对象。草图约束有两种类型：几何约束和尺寸约束。

几何约束可建立草图对象的几何特性(如要求某一直线具有固定长度)，或是两个或更多草图对象的关系类型(如要求两条直线垂直或平行，或是几个弧具有相同的半径)。在图形区，用户可以使用"参数化"选项卡内的"全部显示""全部隐藏"或"显示"命令来显示有关信息，并显示代表这些约束的直观标记，如图 4-28 所示的水平标记和共线标记。

尺寸约束可建立草图对象的大小(如直线的长度、圆弧的半径等)，或是两个对象之

间的关系(如两点之间的距离)。如图 4-29 所示为一带有尺寸约束的示例。

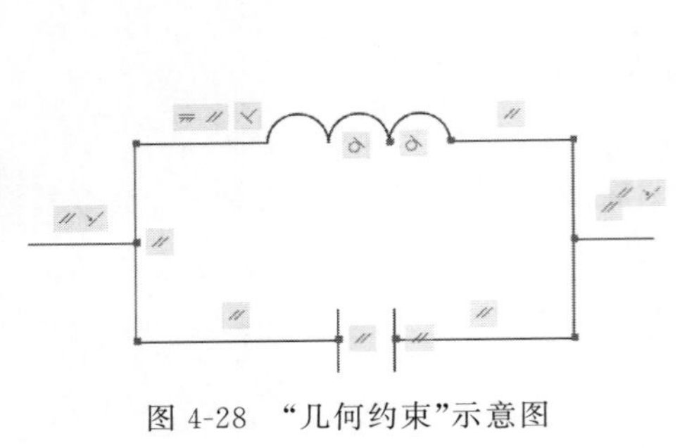

图 4-28 "几何约束"示意图

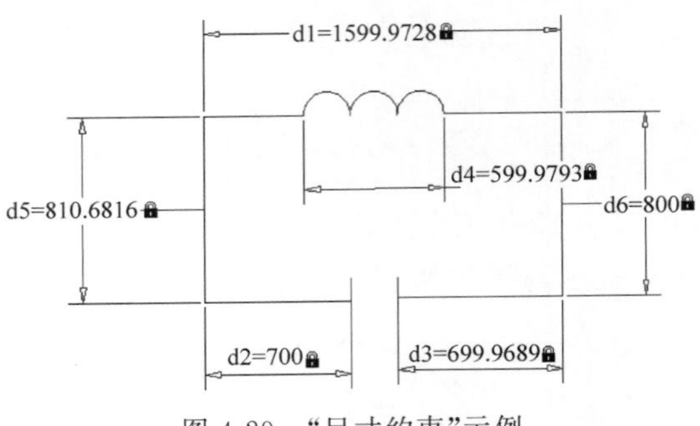

图 4-29 "尺寸约束"示例

4.4.1 几何约束

使用几何约束，可以指定草图对象必须遵守的条件，或是草图对象之间必须维持的关系。"几何约束"面板及工具栏(面板在❶"参数化"选项卡内的❷"几何"面板中)如图 4-30 所示，其主要"几何约束"选项功能如表 4-8 所示。

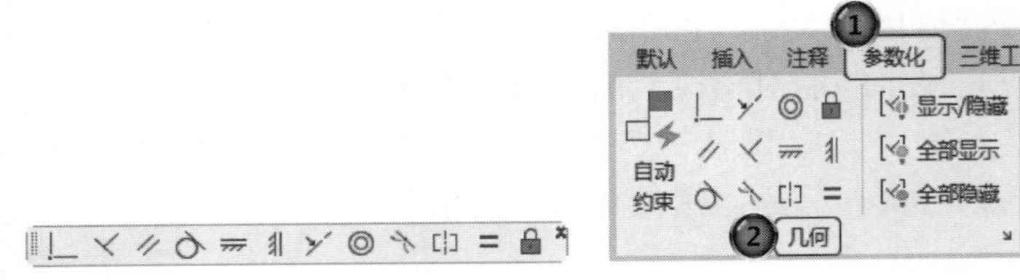

图 4-30 "几何约束"面板及工具栏

表 4-8 主要"几何约束"选项功能

约束模式	功　能
重合	约束两个点使其重合，或者约束一个点使其位于曲线(或曲线的延长线)上。可以使对象上的约束点与某个对象重合，也可以使其与另一对象上的约束点重合
共线	使两条或多条直线段沿同一直线方向
同心	将两个圆弧、圆或椭圆约束到同一个中心点。结果与将重合约束应用于曲线的中心点所产生的结果相同
固定	将几何约束应用于一对对象时，选择对象的顺序以及选择每个对象的点可能会影响对象彼此间的放置方式
平行	使选定的直线位于彼此平行的位置。平行约束在两个对象之间应用
垂直	使选定的直线位于彼此垂直的位置。垂直约束在两个对象之间应用
水平	使直线或点对位于与当前坐标系的 X 轴平行的位置。默认选择类型为对象
竖直	使直线或点对位于与当前坐标系的 Y 轴平行的位置
相切	将两条曲线约束为保持彼此相切，或使其延长线保持彼此相切。相切约束在两个对象之间应用
平滑	将样条曲线约束为连续，并与其他样条曲线、直线、圆弧或多段线保持连续性
对称	使选定对象受对称约束，相对于选定直线对称
相等	将选定圆弧和圆的尺寸重新调整为半径相同，或将选定直线的尺寸重新调整为长度相同

绘图时，可指定二维对象或对象上的点之间的几何约束。之后编辑受约束的几何图形时，将保留约束。因此，通过使用几何约束，可以在图形中添加约束使其符合设计要求。

在用 AutoCAD 2022 绘图时，可以控制约束栏的显示，使用"约束设置"对话框，可控制约束栏上显示或隐藏的几何约束类型。可单独或全局显示/隐藏几何约束和约束栏。可执行以下操作：

（1）显示（或隐藏）所有的几何约束；

（2）显示（或隐藏）指定类型的几何约束；

（3）显示（或隐藏）所有与选定对象相关的几何约束。

1. 执行方式

命令行：CONSTRAINTSETTINGS(缩写名：CSETTINGS)。

菜单栏：选择菜单栏中的"参数"→"约束设置"命令。

工具栏：单击"参数化"工具栏中的"约束设置"按钮。

功能区：单击"参数化"选项卡"几何"面板中的"对话框启动器"按钮。

2. 操作格式

```
命令：CONSTRAINTSETTINGS↙
```

执行上述命令后，❶系统打开"约束设置"对话框，❷切换到"几何"选项卡，如图 4-31 所示。利用此对话框可以控制约束栏上约束类型的显示。

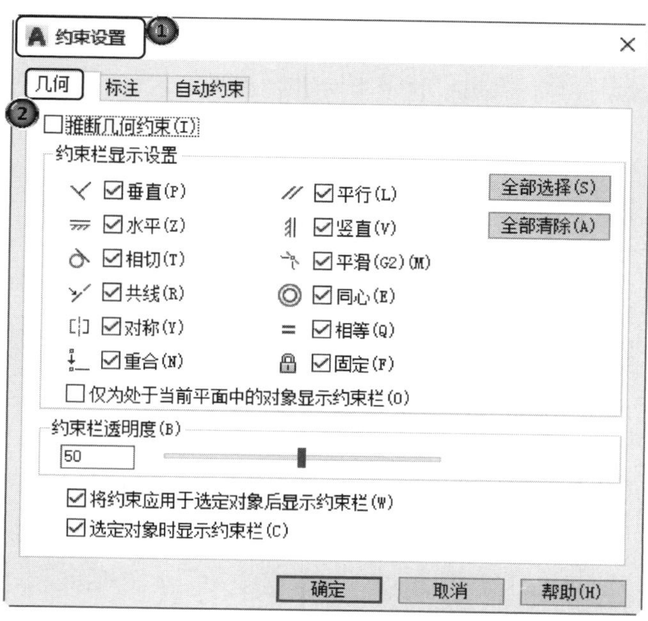

图 4-31 "约束设置"对话框

3. 选项说明

"几何约束"命令各选项的含义如表 4-9 所示。

表 4-9 “几何约束”命令各选项的含义

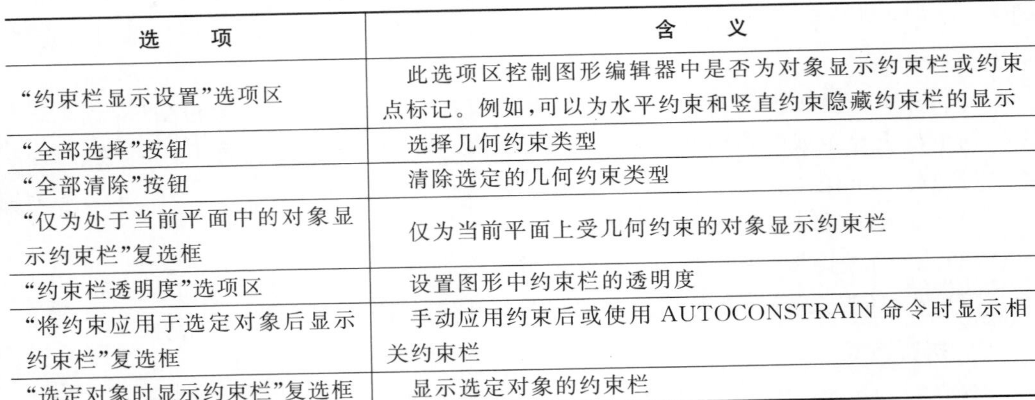

选　　项	含　　义
“约束栏显示设置”选项区	此选项区控制图形编辑器中是否为对象显示约束栏或约束点标记。例如，可以为水平约束和竖直约束隐藏约束栏的显示
“全部选择”按钮	选择几何约束类型
“全部清除”按钮	清除选定的几何约束类型
“仅为处于当前平面中的对象显示约束栏”复选框	仅为当前平面上受几何约束的对象显示约束栏
“约束栏透明度”选项区	设置图形中约束栏的透明度
“将约束应用于选定对象后显示约束栏”复选框	手动应用约束后或使用 AUTOCONSTRAIN 命令时显示相关约束栏
“选定对象时显示约束栏”复选框	显示选定对象的约束栏

Note

4-4

4.4.2 上机练习——绘制带磁芯的电感器符号

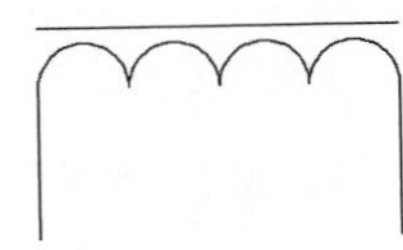

图 4-32 电感符号

练习目标

绘制如图 4-32 所示带磁芯的电感符号。

设计思路

利用圆弧命令绘制四段圆弧，然后利用直线命令，并结合几何约束中的相切方法，绘制直线。

操作步骤

(1) 绘制绕线组。单击“默认”选项卡“绘图”面板中的“圆弧”按钮，绘制半径为 10mm 的半圆弧。命令行提示与操作如下。

```
命令: _ARC
指定圆弧的起点或[圆心(C)]:(指定一点作为圆弧起点)
指定圆弧的第二个点或[圆心(C)/端点(E)]: E↙(采用端点方式绘制圆弧)
指定圆弧的端点: @-20,0↙(指定圆弧的第二个端点,采用相对方式输入点的坐标值)
指定圆弧的中心点(按住 Ctrl 键以切换方向)或[角度(A)/方向(D)/半径(R)]: R↙
指定圆弧的半径(按住 Ctrl 键以切换方向): 10↙(指定圆弧半径)
```

用相同方法绘制另外 3 段相同的圆弧，每段圆弧的起点为上一段圆弧的终点，如图 4-33 所示。

(2) 绘制引线。单击“默认”选项卡“绘图”面板中的“直线”按钮，打开“正交模式”，绘制竖直向下的电感两端引线，如图 4-34 所示。

图 4-33 绕组图

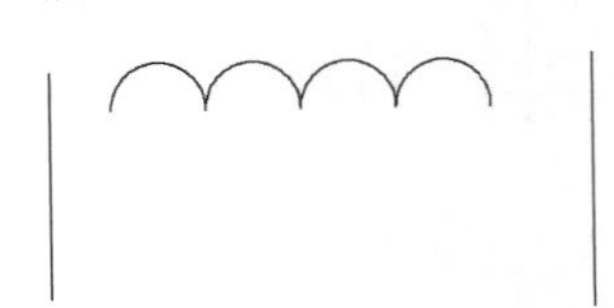

图 4-34 绘制引线

（3）相切对象。单击“参数化”选项卡“几何”面板中的“相切”按钮，使直线与圆弧相切，命令行提示与操作如下。

```
命令：_GCTANGENT
选择第一个对象：(使用鼠标选择最左端圆弧)
选择第二个对象：(使用鼠标选择最左端竖直直线)
```

（4）系统自动将竖直直线与圆弧相切，用同样的方式建立右端相切的关系。

（5）单击“默认”选项卡“修改”面板中的“修剪”按钮，将多余的部分剪切掉（“修剪”命令将在后面的章节中详细介绍）。

（6）单击“默认”选项卡“绘图”面板中的“直线”按钮，在电感器上方绘制水平直线表示磁芯，效果如图 4-32 所示。

4.4.3　尺寸约束

建立尺寸约束是限制图形几何对象的大小，与在草图上标注尺寸相似，同样需要设置尺寸标注线，与此同时建立相应的表达式，不同的是可以在后续的编辑工作中实现尺寸的参数化驱动。“标注约束”面板及工具栏（面板在“参数化”选项卡的“标注”面板中）如图 4-35 所示。

在生成尺寸约束时，用户可以选择草图曲线、边、基准平面或基准轴上的点，以生成水平、竖直、平行、垂直和角度尺寸。

生成尺寸约束时，系统会生成一个表达式，其名称和值显示在一弹出的对话框文本区域中，如图 4-36 所示，用户可以接着编辑该表达式的名称和值。

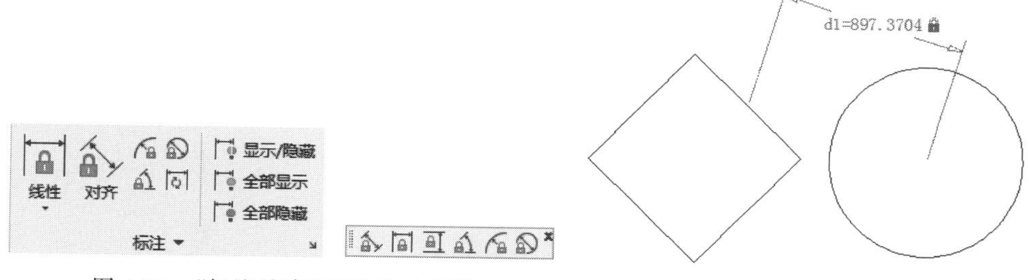

图 4-35　“标注约束”面板及工具栏　　图 4-36　“尺寸约束编辑”示意图

生成尺寸约束时，只要选中了几何体，其尺寸及其延伸线和箭头就会全部显示出来。将尺寸拖动到位，然后单击。完成尺寸约束后，用户还可以随时更改尺寸约束。只需在图形区选中该值双击，然后可以使用生成过程所采用的同一方式编辑其名称、值或位置。

在用 AutoCAD 2022 绘图时，可以控制约束栏的显示，使用“约束设置”对话框内的“标注”选项卡，可控制显示标注约束时的系统配置。标注约束用来控制设计的大小和比例，可以约束以下内容：

（1）对象之间或对象上的点之间的距离；

（2）对象之间或对象上的点之间的角度。

Note

1. 执行方式

命令行：CONSTRAINTSETTINGS(缩写名：CSETTINGS)。

菜单栏：选择菜单栏中的"参数"→"约束设置"命令。

工具栏：单击"参数化"工具栏中的"约束设置"按钮。

功能区：单击"参数化"选项卡"标注"面板中的"对话框启动器"按钮。

2. 操作格式

```
命令：CONSTRAINTSETTINGS↙
```

执行上述命令后，❶系统打开"约束设置"对话框，❷切换到"标注"选项卡，如图 4-37 所示。利用此对话框可以控制约束栏上约束类型的显示。

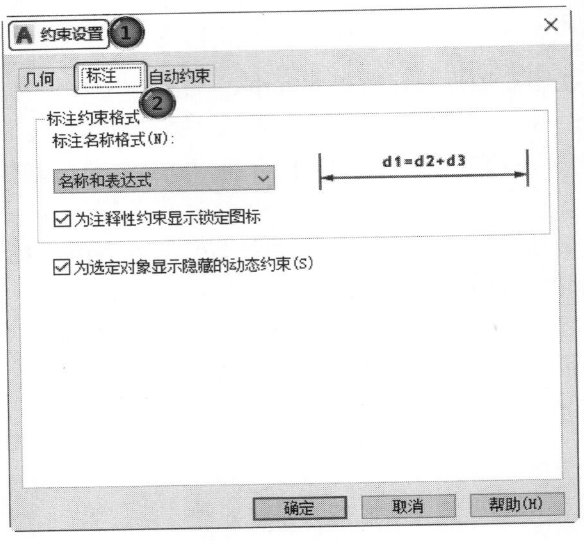

图 4-37 "约束设置"对话框

3. 选项说明

"尺寸约束"命令各选项的含义如表 4-10 所示。

表 4-10 "尺寸约束"命令各选项的含义

选 项	含 义
"标注约束格式"选项区	利用该选项区可以设置标注名称格式和锁定图标的显示
"标注名称格式"下拉列表框	为应用标注约束时显示的文字指定格式。将名称格式设置为显示名称、值或名称和表达式。例如：宽度＝长度/2
"为注释性约束显示锁定图标"复选框	针对已应用注释性约束的对象显示锁定图标
"为选定对象显示隐藏的动态约束"复选框	显示选定时已设置为隐藏的动态约束

Note

4.4.4 上机练习——利用尺寸驱动更改电阻尺寸

练习目标

绘制如图 4-38 所示的电阻。

设计思路

首先利用绘图命令绘制电阻的大体轮廓，然后利用几何约束和尺寸约束绘制电阻图形。

操作步骤

（1）单击“默认”选项卡“绘图”面板中的“直线”按钮╱和“矩形”按钮▭，绘制的电阻如图 4-39 所示。

（2）单击“参数化”选项卡“几何”面板中的“相等”按钮 = ，使最上端水平线与下面各条水平线建立相等的几何约束，如图 4-40 所示。

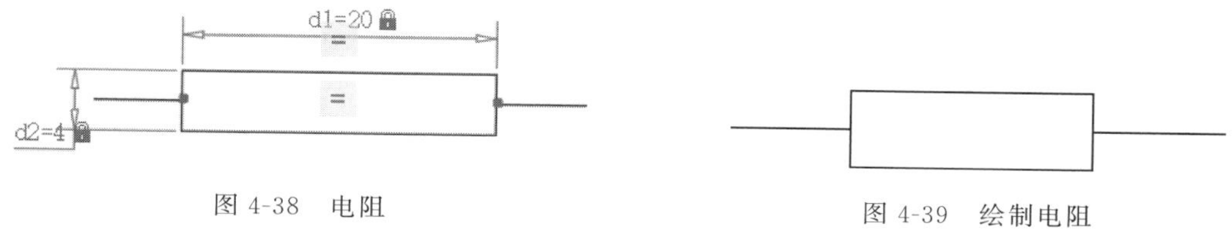

图 4-38 电阻　　　　图 4-39 绘制电阻

（3）单击“参数化”选项卡“几何”面板中的“重合”按钮∟，使线 1 右端点和线 2 的中点以及线 4 左端点和线 3 的中点建立重合的几何约束，如图 4-41 所示。

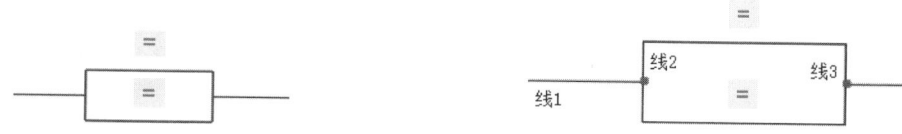

图 4-40 建立相等的几何约束　　　　图 4-41 建立重合的几何约束

（4）单击“参数化”选项卡“标注”面板中的“水平”按钮，或选择菜单栏中的“参数”→“标注约束”→“水平”命令，更改水平尺寸。命令行提示与操作如下。

```
命令：_DcHorizontal
指定第一个约束点或[对象(O)] <对象>:(单击最上端直线左端)
指定第二个约束点：(单击最上端直线右端)
指定尺寸线位置(在合适位置单击)
标注文字 = 10(输入长度 20)
```

（5）系统自动将长度 10 调整为 20，最终结果如图 4-38 所示。

4-6

Note

4.5 实例精讲——励磁发电机

练习目标

绘制如图 4-42 所示的励磁发电机图形。

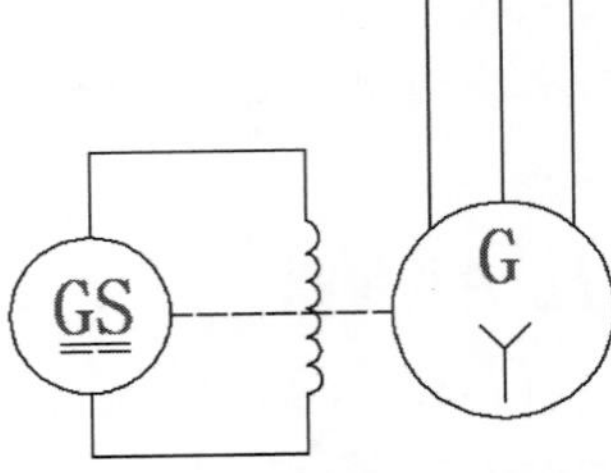

图 4-42 励磁发电机图形

设计思路

首先设置图层，然后利用二维绘图和修改命令绘制励磁发电机图形，在绘制的过程中，结合对象捕捉和极轴追踪的方法来进行绘制。

操作步骤

(1) 单击“默认”选项卡“图层”面板中的“图层特性”按钮，打开“图层特性管理器”选项板。

(2) 单击“新建图层”按钮创建一个新层，把该层的名字由默认的“图层 1”改为“实线”，如图 4-43 所示。

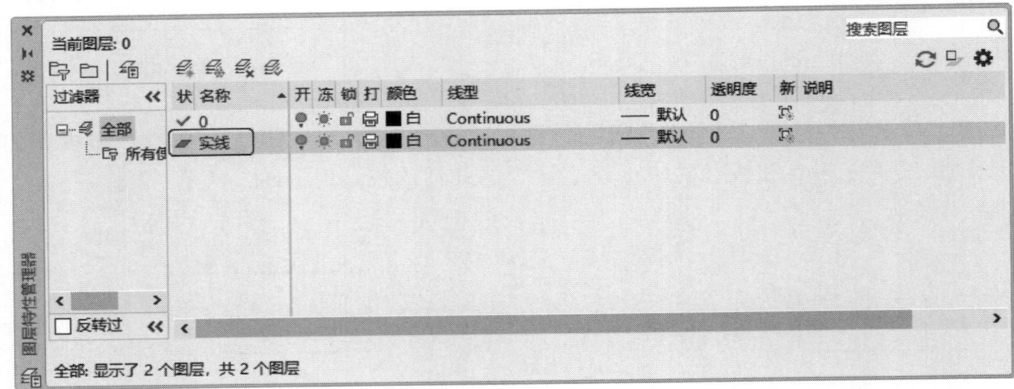

图 4-43 更改图层名

(3) 单击“实线”层对应的“线宽”项，❶打开“线宽”对话框，如图 4-44 所示。❷选择 0.09mm 线宽，❸单击“确定”按钮。

(4) 单击“新建”按钮创建一个新层，把该层的名字命名为“虚线”。

(5) 单击“虚线”层对应的“颜色”项，❶打开“选择颜色”对话框，❷选择蓝色为该层颜色，如图 4-45 所示。❸单击“确定”按钮，返回“图层特性管理器”选项板。

(6) 单击“虚线”层对应“线型”项，❶打开“选择线型”对话框，如图 4-46 所示。

(7) 在“选择线型”对话框中，❷单击“加载”按钮，❸系统打开“加载或重载线型”对话框，❹选择 ACAD_ISO02W100 线型，如图 4-47 所示，❺单击“确定”按钮。在“选择线型”对话框中选择 ACAD_ISO02W100 为该层线型，单击“确定”按钮，返回“图层特性管理器”选项板。

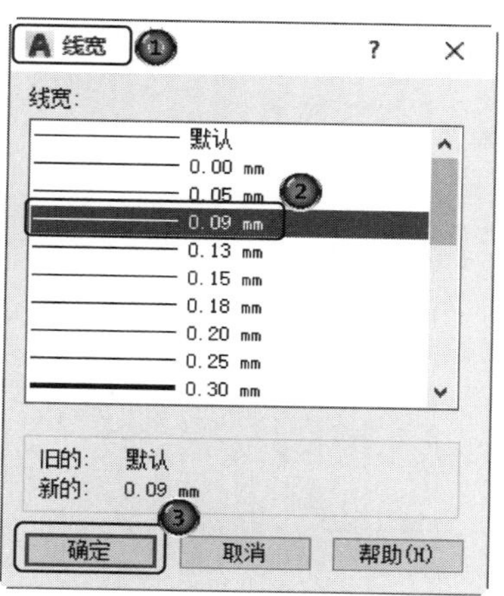

图 4-44 选择线宽

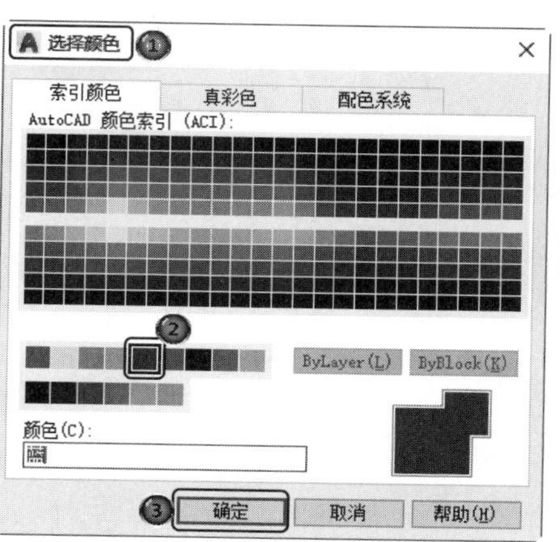

图 4-45 选择颜色

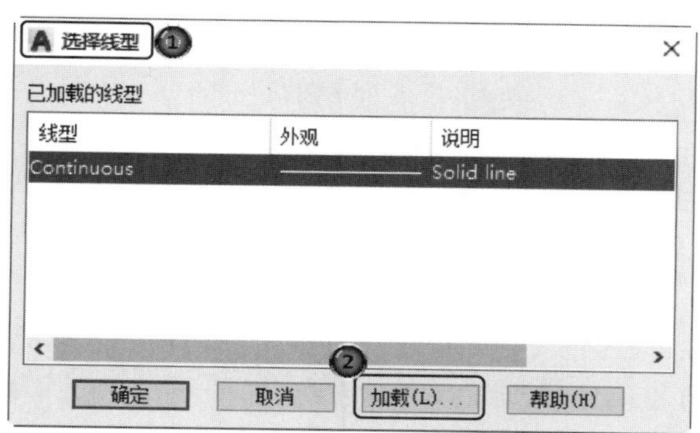

图 4-46 “选择线型”对话框

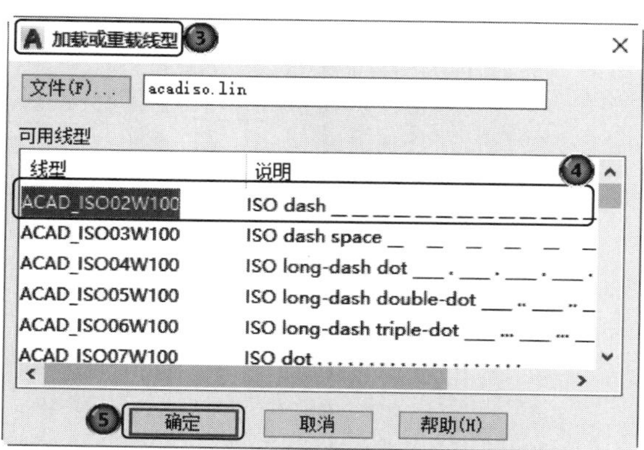

图 4-47 “加载或重载线型”对话框

(8) 采用同样方法将“虚线”层的线宽设置为 0.09mm。

(9) 采用相同的方法再建立新层，命名为“文字”。“文字”层的颜色设置为红色，线型为 Continuous，线宽为 0.09mm。让 3 个图层均处于打开、解冻和解锁状态，各项设置如图 4-48 所示。

Note

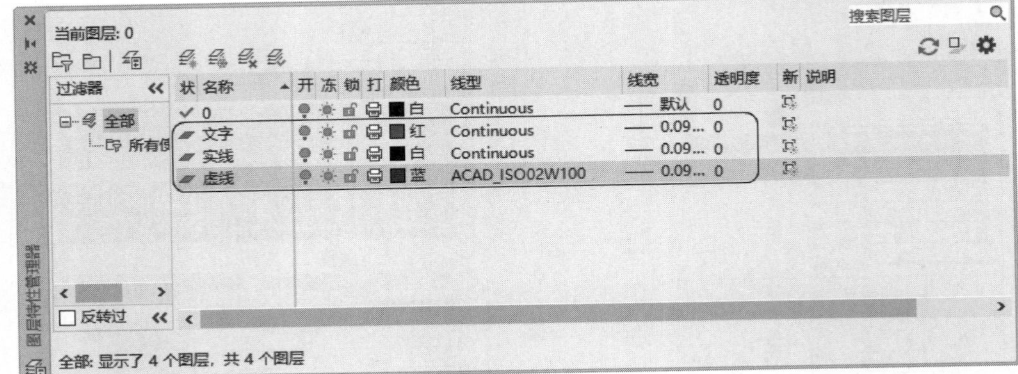

图 4-48 设置图层

(10) 选中“实线”层,单击“置为当前”按钮,将其设置为当前层,然后关闭“图层特性管理器”选项板。

(11) 单击“默认”选项卡“绘图”面板中的“直线”按钮╱、“圆”按钮⊙和“圆弧”按钮⌒,绘制一系列图线,如图 4-49 所示。

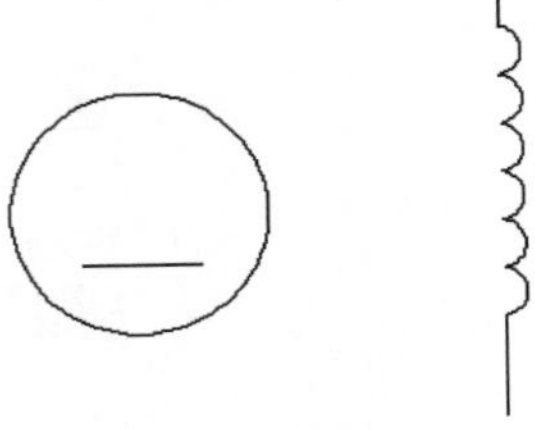

图 4-49 绘制初步图形

(12) 右击状态栏上的“对象捕捉”按钮,从弹出的快捷菜单中❶选择“对象捕捉设置”命令(图 4-50),❷系统打开“草图设置”对话框的❸“对象捕捉”选项卡,❹选中“启用对象捕捉追踪”复选框,如图 4-51 所示,❺单击“全部选择”按钮,将所有特殊位置点设置为可捕捉状态。❻切换到“极轴追踪”选项卡,如图 4-52 所示,❼选中“启用极轴追踪”复选框,❽在“增量角”下拉列表框中选择 90,❾选择“用所有极轴角设置追踪”单选按钮。

图 4-50 快捷菜单

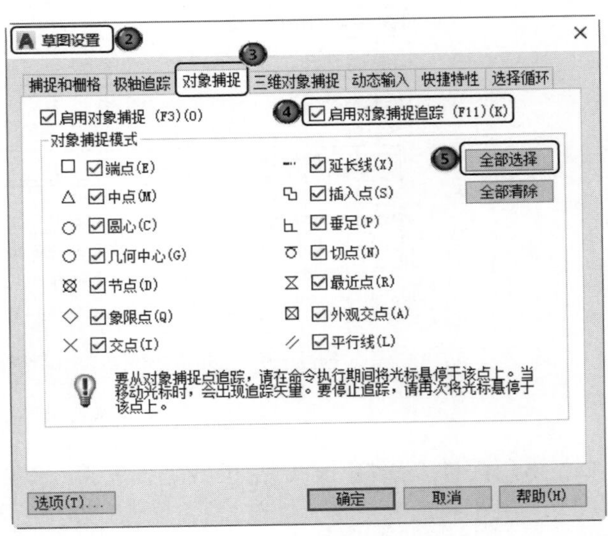

图 4-51 “对象捕捉”设置

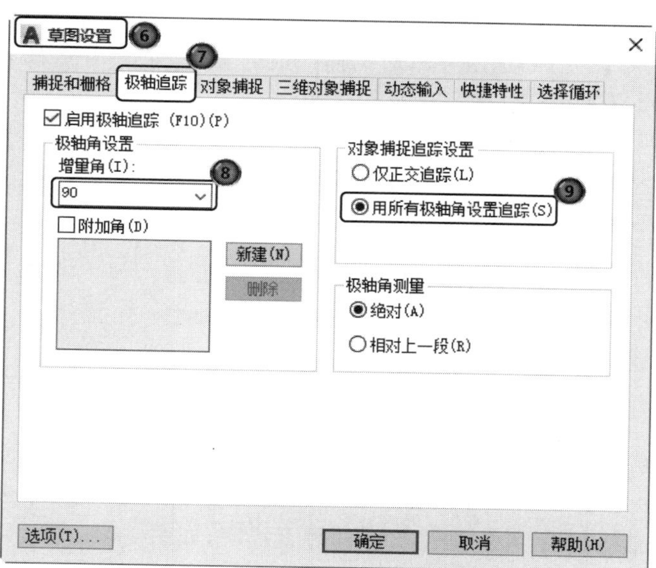

图 4-52　“极轴追踪”设置

（13）单击状态栏上的、和按钮。单击“默认”选项卡“绘图”面板中的“直线”按钮，将鼠标指针移向表示电感的多段线顶端，系统自动捕捉该端点为直线起点，单击确认，如图 4-53 所示。继续移动光标指向左边圆，捕捉到圆的圆心或象限点，向上移动光标，这时显示对象捕捉追踪虚线和水平垂直线交点，如图 4-54 所示，在显示的交点处单击确认完成水平线段绘制。继续向下移动光标捕捉圆的上象限点，如图 4-55 所示，单击确认，最后按 Enter 键，结果如图 4-56 所示。

（14）采用同样的方法绘制下面的导线，如图 4-57 所示。

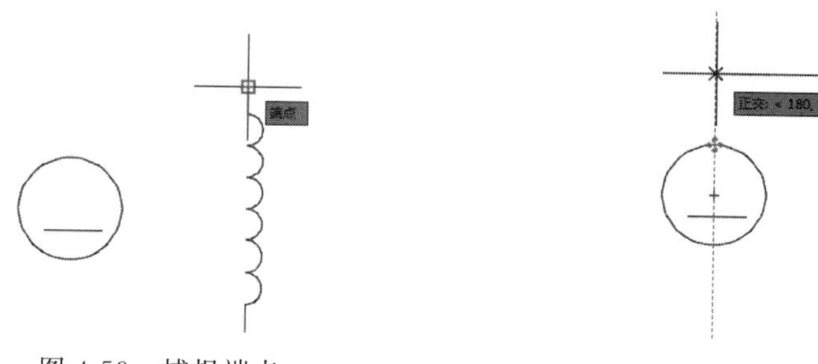

图 4-53　捕捉端点

图 4-54　对象追踪

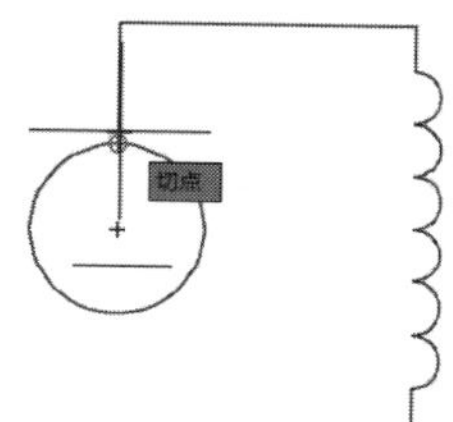

图 4-55　捕捉象限点

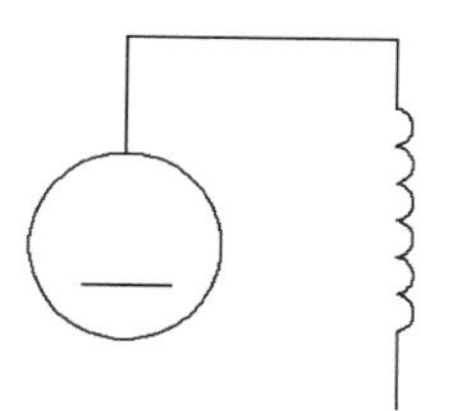

图 4-56　完成垂直直线绘制

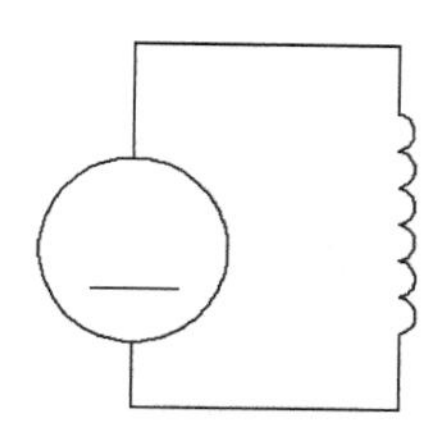

图 4-57　完成另一导线绘制

Note

(15) 单击“默认”选项卡“绘图”面板中的“圆”按钮⊘,移动光标指向左边圆,捕捉到圆的圆心,向右移动光标,这时显示对象捕捉追踪虚线,如图 4-58 所示。在追踪虚线上适当指定一点作为圆心,绘制适当大小的圆,如图 4-59 所示。

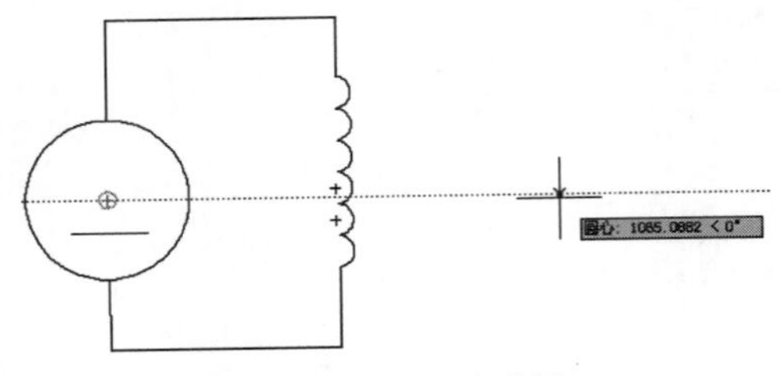

图 4-58 圆心追踪线

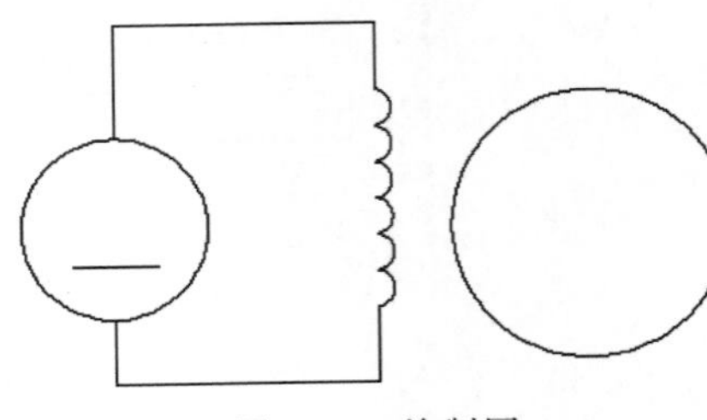

图 4-59 绘制圆

(16) 单击“默认”选项卡“绘图”面板中的“直线”按钮╱,移动光标指向右边圆捕捉到圆心,向下移动光标,这时显示对象捕捉追踪虚线,如图 4-60 所示。在追踪虚线上适当指定一点作为直线端点,绘制适当长度的竖直线段,如图 4-61 所示。

注意: 在指定竖直下端点时,可以利用“实时缩放”功能将图形局部适当放大,这样可以避免系统自动捕捉到圆象限点作为端点。

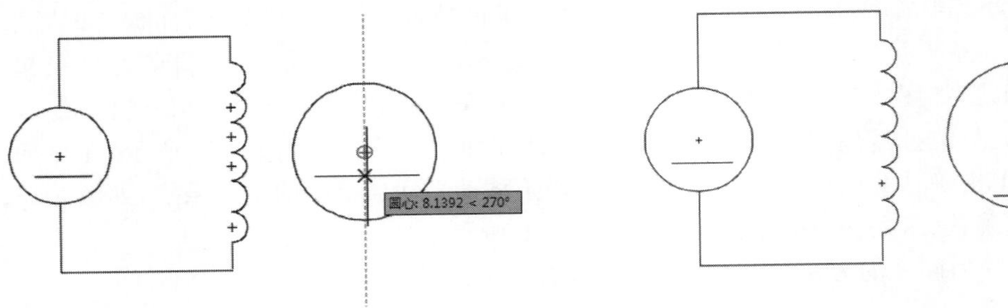

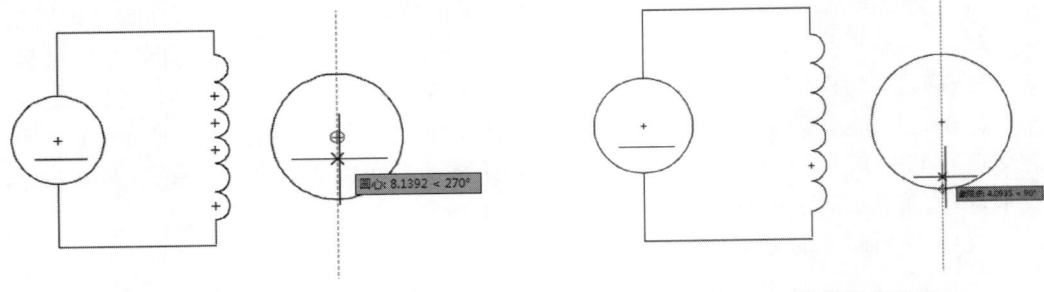

图 4-60 追踪捕捉线段端点

图 4-61 绘制竖直线段

(17) 单击状态栏上的“正交”按钮∟,关闭正交功能。单击“默认”选项卡“绘图”面板中的“直线”按钮╱,捕捉刚绘制的线段的上端点为起点,绘制两条倾斜线段,利用“极轴追踪”功能,捕捉倾斜角度为±45°,结果如图 4-62 所示。

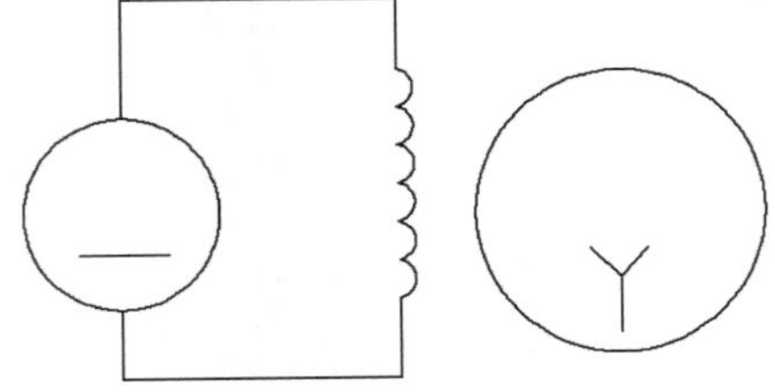

图 4-62 绘制斜线

(18) 单击状态栏上的“正交”按钮∟,打开正交功能。单击“默认”选项卡“绘图”面板中的“直线”按钮╱,捕捉右边圆上象限点为起点,绘制一条适当长度的竖直线段。再次执行“直线”命令,在圆弧上适当位置捕捉一个“最近点”作为直线起点,如图 4-63

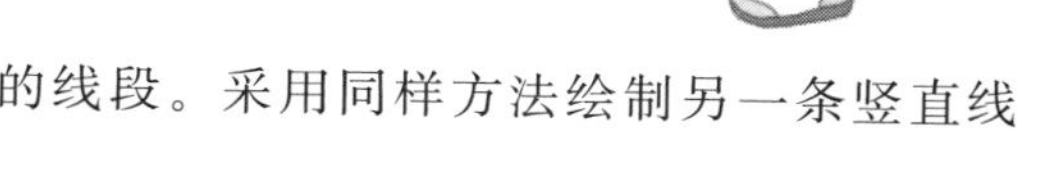

所示，绘制一条与刚绘制竖直线段顶端平齐的线段。采用同样方法绘制另一条竖直线段，如图 4-64 所示。

Note

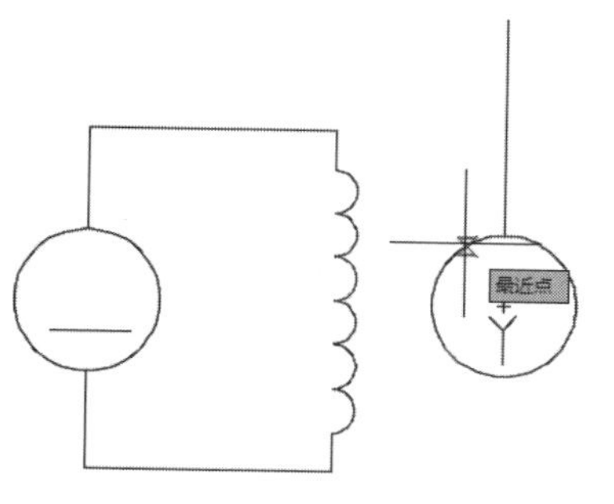

图 4-63　指定线段起点

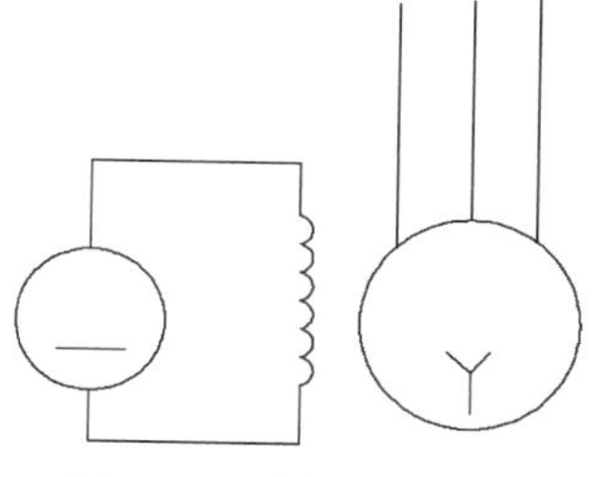

图 4-64　绘制竖直线段

☎ **注意**：这里是利用“对象捕捉追踪”功能捕捉线段的终点，保证竖直线段顶端平齐。

(19) 单击“图层”面板中“图层”下拉列表框的下拉按钮，将“虚线”层设置为当前层。

(20) 单击“默认”选项卡“绘图”面板中的“直线”按钮╱，捕捉左边圆右象限点为起点(图 4-65)，右边圆左象限点为起点，绘制一条适当长度水平线段，同时在左侧单击符号内部绘制水平短虚线，如图 4-66 所示。

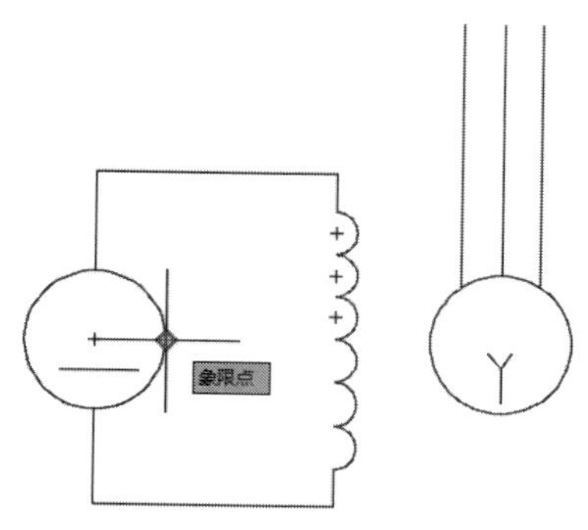

图 4-65　指定线段起点

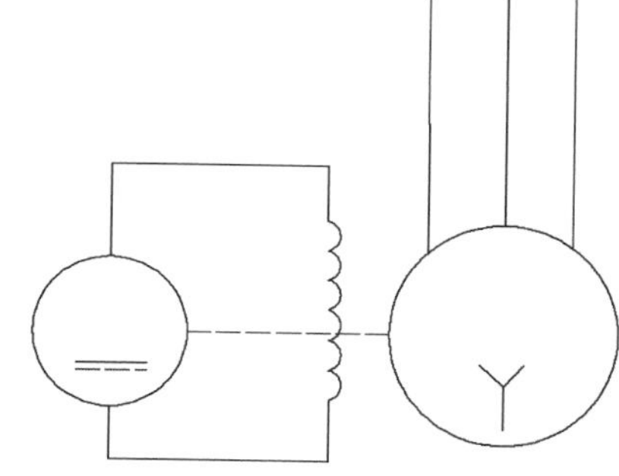

图 4-66　绘制虚线

(21) 将当前层设置为“文字”层，并在“文字”层上绘制文字，最终结果如图 4-42 所示。

☎ **注意**：有时绘制出的虚线在计算机屏幕上仍然显示为实线，这是由显示比例过小所致，放大图形后就可以显示出虚线。如果要在当前图形大小下明确显示出虚线，可以单击选择该虚线，这时该虚线显示被选中状态，然后双击，系统打开“特性”选项板，该选项板中包含对象的各种参数，可以将其中的“线型比例”参数设置成比较大的数值，如图 4-67 所示，这样就可以在正常图形显示状态下清楚地看到虚线的细线段和间隔。

“特性”选项板非常方便，读者应注意灵活使用。

Note

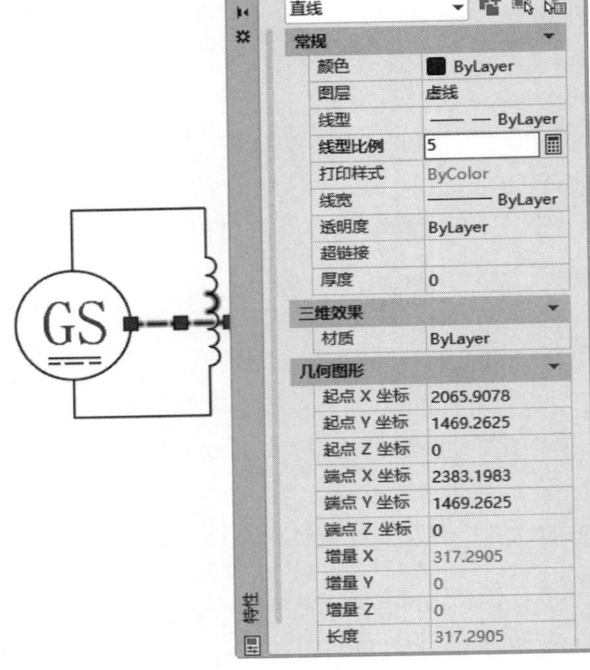

图 4-67　修改虚线参数

第5章

编辑命令

二维图形编辑操作配合绘图命令的使用可以进一步完成复杂图形对象的绘制工作，并可使用户合理安排和组织图形，保证作图准确，减少重复。因此，熟练掌握和使用编辑命令有助于提高设计和绘图的效率。本章主要介绍以下内容：复制类命令，改变位置类命令，删除、恢复类命令，改变几何特性类编辑命令和对象编辑命令等。

学习要点

- 删除及恢复类命令
- 复制类命令
- 改变位置类命令
- 改变几何特性类命令

Note

5.1 选择对象

AutoCAD 2022 提供了两种途径编辑图形：

(1) 先执行编辑命令，然后选择要编辑的对象；

(2) 先选择要编辑的对象，然后执行编辑命令。

这两种途径的执行效果是相同的。选择对象是进行编辑的前提，AutoCAD 2022 提供了多种对象选择方法，如点取方法、用选择窗口选择对象、用选择线选择对象、用对话框选择对象等。AutoCAD 2022 可以把选择的多个对象组成整体，如选择集和对象组，进行整体编辑与修改。

选择集可以仅由一个图形对象构成，也可以由一个复杂的对象组，如位于某一特定层上具有某种特定颜色的一组对象构成。选择集的构造可以在调用编辑命令之前或之后。

AutoCAD 2022 提供了以下几种方法构造选择集。

(1) 先选择一个编辑命令，然后选择对象，按 Enter 键结束操作。

(2) 使用 SELECT 命令。在命令提示行输入“SELECT”，然后对命令行中的选项进行选择，根据提示命令行中的选择对象，按 Enter 键结束。

(3) 用点取设备选择对象，然后调用编辑命令。

(4) 定义对象组。

无论使用哪种方法，AutoCAD 2022 都将提示用户选择对象，并且光标的形状由十字光标变为拾取框。此时，可以用下面介绍的方法选择对象。

下面结合 SELECT 命令说明选择对象的方法。SELECT 命令可以单独使用，也可以在执行其他编辑命令时被自动调用。此时屏幕提示：

```
选择对象:
```

等待用户以某种方式选择对象作为回答。AutoCAD 2022 提供了多种选择方式，可以输入“?”查看这些选择方式。选择该选项后，出现如下提示：

```
需要点或窗口(W)/上一个(L)/窗交(C)/框(BOX)/全部(ALL)/栏选(F)/圈围(WP)/圈交(CP)/编组
(G)/添加(A)/删除(R)/多个(M)/前一个(P)/放弃(U)/自动(AU)/单个(SI)/子对象(SU)/对象(O)
选择对象:
```

部分选项含义如下。

(1) 窗口(W)：用由两个对角顶点确定的矩形窗口选取位于其范围内部的所有图形，与边界相交的对象不会被选中，如图 5-1 所示。应该按照从左向右的顺序指定对角顶点。

(2) 窗交(C)：该方式与上述“窗口”方式类似。区别在于它不但选择矩形窗口内部的对象，也选中与矩形窗口边界相交的对象。选择的对象如图 5-2 所示。

(3) 框(BOX)：使用时，系统根据用户在屏幕上给出的两个对角点的位置而自动引用“窗口”或“窗交”选择方式。若从左向右指定对角点，为“窗口”方式；反之，为“窗交”方式。

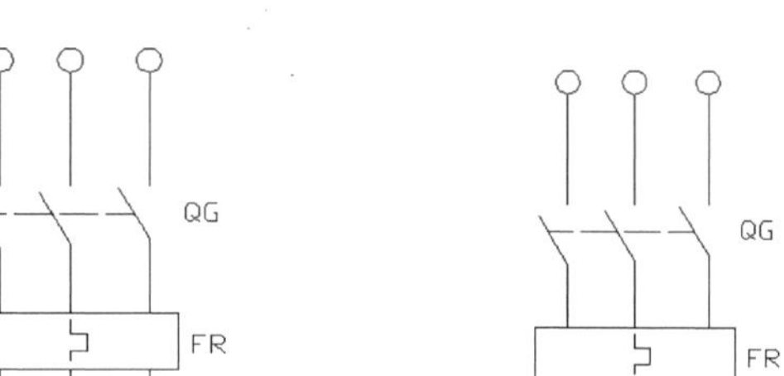

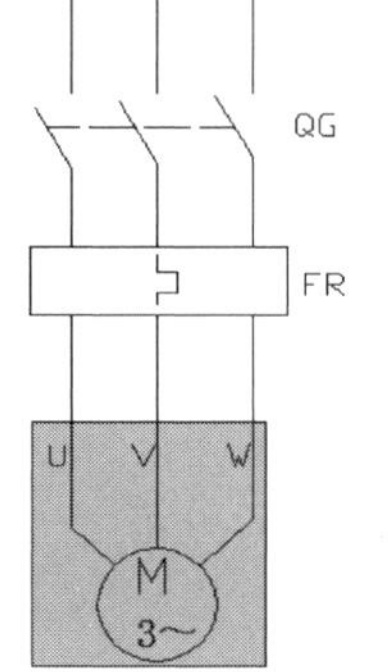

(a) 图中阴影覆盖区域为选择框　　(b) 选择后的图形

图 5-1　“窗口”对象选择方式

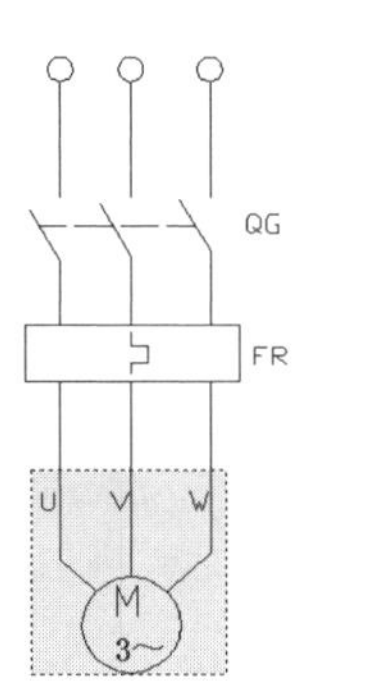

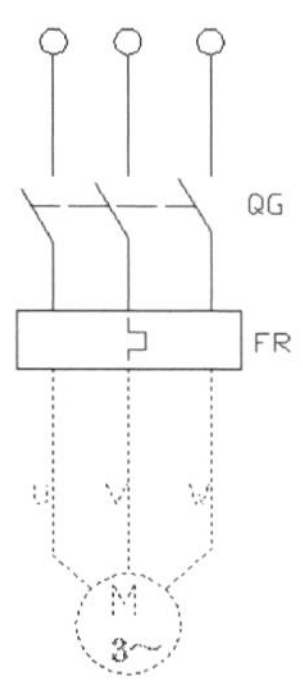

(a) 图中阴影覆盖区域为选择框　　(b) 选择后的图形

图 5-2　“窗交”对象选择方式

(4) 栏选(F)：用户临时绘制一些直线，这些直线不必构成封闭图形，凡是与这些直线相交的对象均被选中。执行结果如图 5-3 所示。

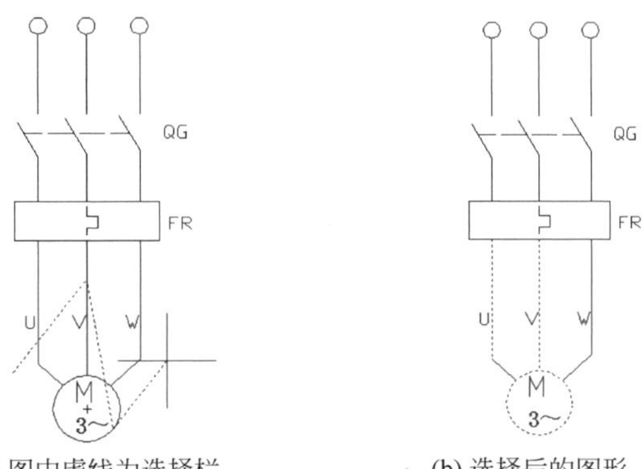

(a) 图中虚线为选择栏　　(b) 选择后的图形

图 5-3　“栏选”对象选择方式

(5) 圈围(WP)：使用一个不规则的多边形来选择对象。根据提示，用户顺次输入构成多边形所有顶点的坐标，直到最后按 Enter 键结束操作，系统将自动连接第一个顶

Note

点与最后一个顶点形成封闭的多边形。凡是被多边形围住的对象均被选中(不包括边界)。执行结果如图 5-4 所示。

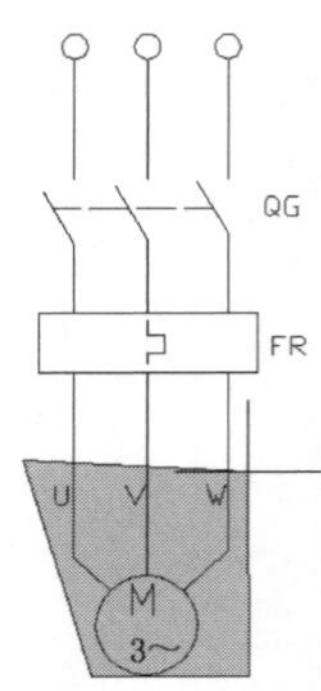

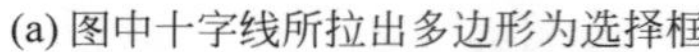

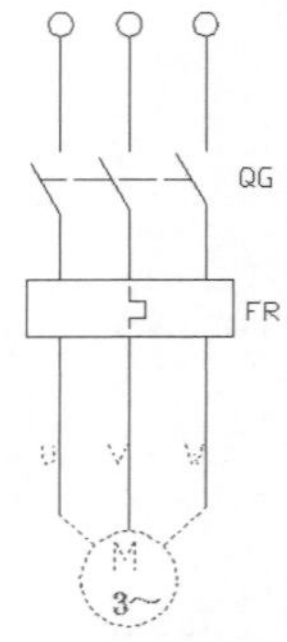

(a) 图中十字线所拉出多边形为选择框　　(b) 选择后的图形

图 5-4　“圈围”对象选择方式

(6) 添加(A)：添加下一个对象到选择集。也可用于从移走模式(Remove)到选择模式的切换。

5.2　删除及恢复类命令

这一类命令主要用于删除图形的某部分，或对已被删除的部分进行恢复，包括删除、恢复、清除等命令。

5.2.1　删除命令

如果所绘制的图形不符合要求，或不小心错绘了图形，可以使用删除命令 ERASE 把它删除。

1. 执行方式

命令行：ERASE。

菜单栏：选择菜单栏中的“修改”→“删除”命令。

工具栏：单击“修改”工具栏中的“删除”按钮。

快捷菜单：选择要删除的对象，在绘图区域右击，从弹出的快捷菜单中选择“删除”命令。

功能区：单击“默认”选项卡“修改”面板中的“删除”按钮。

2. 操作格式

可以先选择对象后调用删除命令，也可以先调用删除命令然后再选择对象。选择对象时，可以使用前面介绍的各种方法。

当选择多个对象时，多个对象都被删除；若选择的对象属于某个对象组，则该对象组的所有对象都被删除。

注意：在绘图过程中，如果出现了绘制错误或者不太满意的图形，需要删除时，

可以利用标准工具栏中的 按钮，也可以用键盘上的 Del 键。在“_ERASE:”提示下，单击要删除的图形，右击即可。删除命令可以一次删除一个或多个图形，如果删除错误，可以利用 按钮来补救。

5.2.2　恢复命令

若不小心误删除了图形，可以使用恢复命令 OOPS 恢复误删除的对象。

1. 执行方式

命令行：OOPS 或 U。

工具栏：单击“标准”工具栏中的“放弃”按钮 或单击“快速访问”工具栏中的“放弃”按钮 。

快捷键：Ctrl+Z。

2. 操作格式

在命令窗口的提示行上输入 OOPS，按 Enter 键。

5.2.3　清除命令

此命令与删除命令功能完全相同。

1. 执行方式

菜单栏：选择菜单栏中的“编辑”→“删除”命令。

快捷键：Del。

2. 操作格式

用菜单或快捷键选择上述命令后，系统提示：

```
选择对象:(选择要清除的对象，按 Enter 键执行清除命令)
```

5.3　对象编辑

在对图形进行编辑时，还可以对图形对象本身的某些特性进行编辑，从而便于进行图形绘制。

5.3.1　钳夹功能

利用钳夹功能可以快速方便地编辑对象。AutoCAD 2022 在图形对象上定义了一些特殊点，称为夹持点，利用夹持点可以灵活地控制对象，如图 5-5 所示。

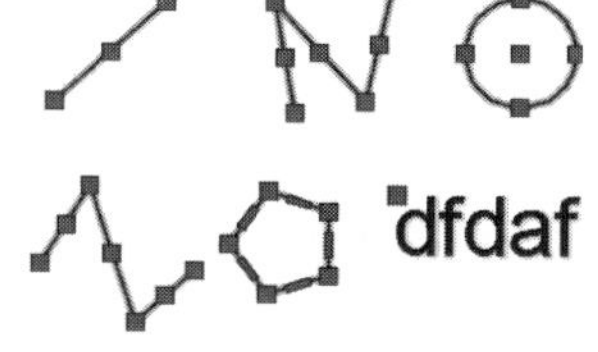

图 5-5　夹持点

要使用钳夹功能编辑对象，必须先打开钳夹功能，打开方法如下：选择菜单栏中的“工具”→“选项”→“选择集”命令。

在“选择集”选项卡的“夹点”选项区下面，选中“显示

夹点”复选框。在该选项卡中，还可以设置代表夹点的小方格的尺寸和颜色。也可以通过 GRIPS 系统变量控制是否打开钳夹功能，1 代表打开，0 代表关闭。

打开了钳夹功能后，应该在编辑对象之前先选择对象。夹点表示对象的控制位置。使用夹点编辑对象，要选择一个夹点作为基点，称为基准夹点。然后，选择一种编辑操作——镜像、移动、旋转、拉伸和缩放。可以用空格键、Enter 键或键盘上的快捷键循环选择这些功能。

下面仅以其中的拉伸对象操作为例进行讲述，其他操作类似。

在图形上拾取一个夹点，该夹点则改变颜色，此点为夹点编辑的基准点。这时系统提示：

```
** 拉伸 **
指定拉伸点或[基点(B)/复制(C)/放弃(U)/退出(X)]:
```

在上述拉伸编辑提示下，输入镜像命令或右击，从弹出的快捷菜单中选择“镜像”命令。系统就会转换为“镜像”操作，其他操作类似。

5.3.2 特性选项板

1. 执行方式

命令行：DDMODIFY 或 PROPERTIES。

菜单栏：选择菜单栏中的“修改”→“特性”命令。

工具栏：单击“标准”工具栏中的“特性”按钮。

功能区：单击“视图”选项卡“选项板”面板中的“特性”按钮，或单击“默认”选项卡“特性”面板中的“对话框启动器”按钮。

2. 操作格式

```
命令: DDMODIFY↙
```

执行上述命令后，AutoCAD 2022 打开特性选项板，如图 5-6 所示。利用它可以方便地设置或修改对象的各种属性。不同的对象属性种类和值不同，修改属性值，则对象改变为新的属性。

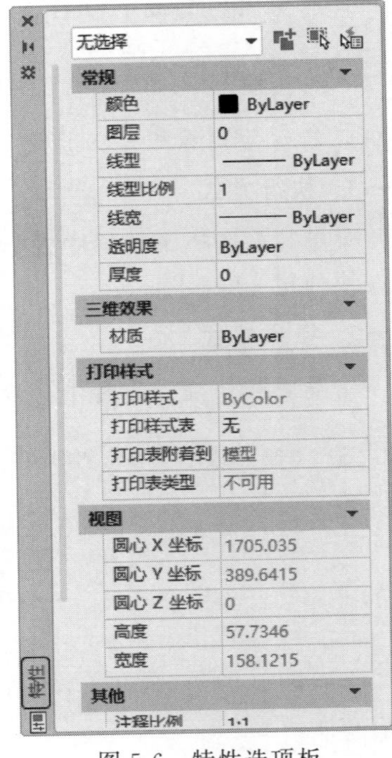

图 5-6 特性选项板

5.4 复制类命令

本节将详细介绍 AutoCAD 2022 的复制类命令。利用这些命令，可以方便地编辑绘制的图形。

5.4.1 镜像命令

镜像对象是指把选择的对象围绕一条镜像线作对称复制。镜像操作完成后，可以

保留源对象,也可以将其删除。

1. 执行方式

命令行:MIRROR。

菜单栏:选择菜单栏中的"修改"→"镜像"命令。

工具栏:单击"修改"工具栏中的"镜像"按钮。

功能区:单击"默认"选项卡"修改"面板中的"镜像"按钮。

2. 操作格式

```
命令:MIRROR↙
选择对象:↙
指定镜像线的第一个点:(指定镜像线的第一个点)
指定镜像线的第二个点:(指定镜像线的第二个点)
要删除源对象吗?[是(Y)/否(N)] <否>:(确定是否删除源对象)
```

这两点可以确定一条镜像线,被选择的对象以该线为对称轴进行镜像。包含该线的镜像平面与用户坐标系统的 XY 平面垂直,即镜像操作工作在与用户坐标系统的 XY 平面平行的平面上。

5.4.2 上机练习——绘制二极管

5-1

练习目标

绘制如图 5-7 所示的二极管。

设计思路

首先利用直线命令绘制一系列线段,然后利用镜像命令镜像图形,得到二极管。

操作步骤

(1) 绘制直线。单击"默认"选项卡"绘图"面板中的"直线"按钮,采用相对或者绝对输入方式绘制一系列适当长度的直线,如图 5-8 所示。

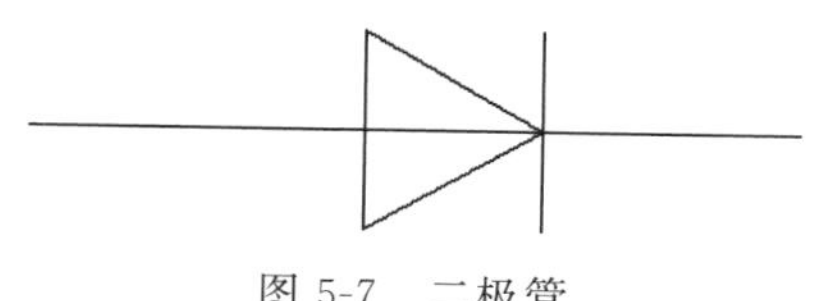

图 5-7 二极管

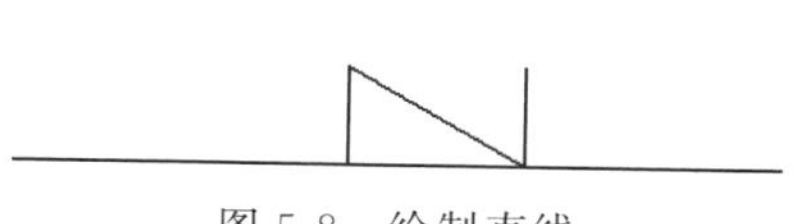

图 5-8 绘制直线

(2) 镜像图形。单击"默认"选项卡"修改"面板中的"镜像"按钮,将绘制的多段线以水平直线为轴进行镜像,生成二极管符号。命令行提示与操作如下,结果如图 5-7 所示。

```
命令:MIRROR↙
选择对象:↙
指定镜像线的第一个点:(指定水平直线上的一个点)
指定镜像线的第二个点:(指定水平直线上的另一个点)
要删除源对象吗?[是(Y)/否(N)] <否>:↙
```

5.4.3 复制命令

1. 执行方式

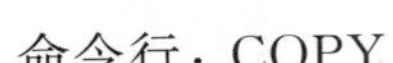

命令行：COPY。

Note

菜单栏：选择菜单栏中的“修改”→“复制”命令。

工具栏：单击“修改”工具栏中的“复制”按钮 。

功能区：单击“默认”选项卡“修改”面板中的“复制”按钮 。

快捷菜单：选择要复制的对象，在绘图区域右击，从弹出的快捷菜单中选择“复制选择”命令。

2. 操作格式

```
命令：COPY↙
选择对象：(选择要复制的对象)
```

用前面介绍的对象选择方法选择一个或多个对象，按 Enter 键结束选择操作。系统继续提示：

```
当前设置：复制模式 = 多个
指定基点或 [位移(D)/模式(O)] <位移>：(指定基点或位移)
指定第二个点或 [阵列(A)] <使用第一个点作为位移>:
指定第二个点或 [阵列(A)/退出(E)/放弃(U)] <退出>:
```

3. 选项说明

“复制”命令各选项的含义如表 5-1 所示。

表 5-1 “复制”命令各选项的含义

选　项	含　义
指定基点	指定一个坐标点后，AutoCAD 2022 把该点作为复制对象的基点，并提示： 指定第二个点或 [阵列(A)] <使用第一个点作为位移>: 指定第二个点后，系统将根据这两点确定的位移矢量把选择的对象复制到第二个点处。如果此时直接按 Enter 键，即选择默认的“用第一个点作位移”，则第一个点被当作相对于 X、Y 的位移。例如，如果指定基点为(2,3)并在下一个提示下按 Enter 键，则该对象从它当前的位置开始在 X 方向上移动 2 个单位，在 Y 方向上移动 3 个单位。复制完成后，系统会继续提示： 指定第二个点或 [阵列(A)/退出(E)/放弃(U)] <退出>: 这时，可以不断指定新的第二个点，从而实现多重复制
位移(D)	直接输入位移值，表示以选择对象时的拾取点为基准，以拾取点坐标为移动方向，移动指定位移后确定的点作为基点。例如，选择对象时拾取点坐标为(2,3)，输入位移为 5，则表示以(2,3)点为基准，沿纵横比为 3∶2 的方向移动 5 个单位所确定的点为基点
模式(O)	控制是否自动重复该命令，该设置由 COPYMODE 系统变量控制

5-2

Note

5.4.4　上机练习——绘制电桥

练习目标

绘制如图 5-9 所示的电桥符号。

设计思路

首先利用直线和镜像命令，并结合极轴追踪的方法绘制一系列线段，然后利用复制命令复制短线，最后利用直线命令绘制剩余图形，并删除多余直线，完成电桥符号的绘制。

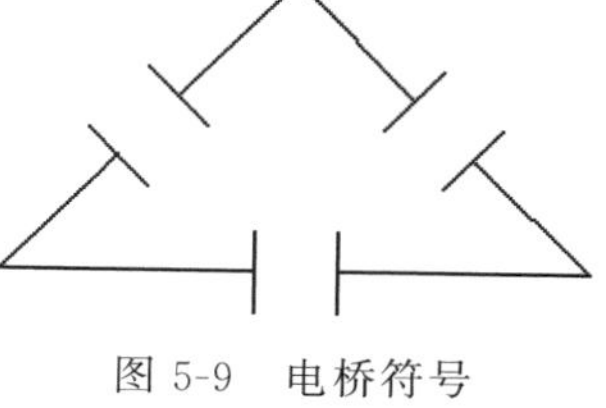

图 5-9　电桥符号

操作步骤

(1) 绘制直线。单击“默认”选项卡“绘图”面板中的“直线”按钮／，开启“极轴追踪”模式，以点(100,100)为起点，绘制一条长度为 20mm，与水平方向成 45°的直线 *AB*。

(2) 单击“默认”选项卡“绘图”面板中的“直线”按钮／，以点 *B* 为起点，沿 *AB* 方向绘制长度为 10mm 的直线 *BC*。采用同样的方法，以点 *C* 为起点，绘制长度为 20mm 的直线 *CD*，如图 5-10 所示。

(3) 采用同样的方法，以 *D* 为起点绘制 3 条与水平方向成 135°，长度分别为 20mm、10mm 和 20mm 的直线 *DE*、*EF* 和 *FG*，如图 5-11 所示。

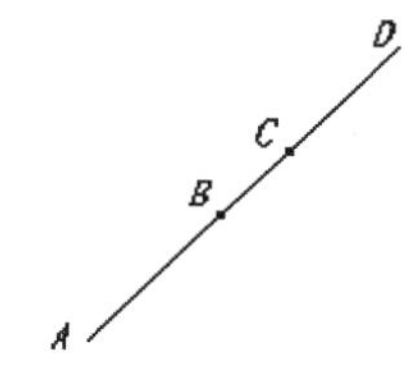

图 5-10　绘制倾斜直线 1

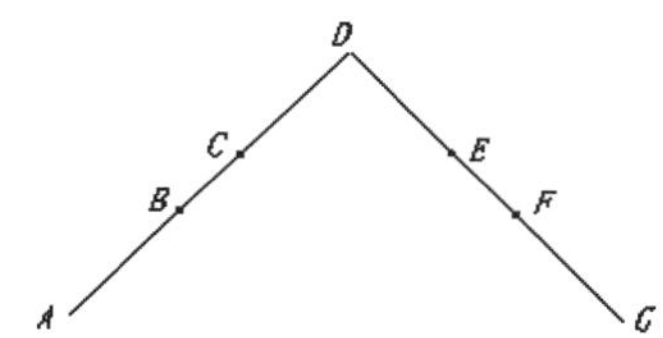

图 5-11　绘制倾斜直线 2

(4) 绘制水平直线。单击“默认”选项卡“绘图”面板中的“直线”按钮／，开启“对象捕捉”模式，捕捉点 *A* 作为起点，向右绘制一条长度为 30.4mm 的水平直线；捕捉 *G* 点作为起点，向左绘制一条长度为 30.4mm 的水平直线。

(5) 绘制倾斜直线。单击“默认”选项卡“绘图”面板中的“直线”按钮／，开启“对象捕捉”和“极轴追踪”模式，捕捉 *B* 点作为起点，绘制一条与水平方向成 135°、长度为 5mm 的直线 L1。

(6) 镜像直线。单击“默认”选项卡“修改”面板中的“镜像”按钮⚠，选择直线 L1 为镜像对象，以直线 *BC* 为镜像线进行镜像操作，得到直线 L2。

(7) 平移直线。单击“默认”选项卡“修改”面板中的“复制”按钮，复制直线 L1 和直线 L2，得到直线 L3 和直线 L4，命令行提示与操作如下：

```
命令：_COPY
选择对象：(选择直线 L1)
选择对象：(选择直线 L2)
```

```
当前设置: 复制模式 = 多个
指定基点或 [位移(D)/模式(O)] <位移>:(指定 B 点为基点)
指定第二个点或 [阵列(A)] <使用第一个点作为位移>:(指定 C 点为复制放置点)
指定第二个点或 [阵列(A)/退出(E)/放弃(U)] <退出>:↙
```


(8) 绘制直线。采用同样的方法,在其余位置绘制直线,如图 5-12 所示。

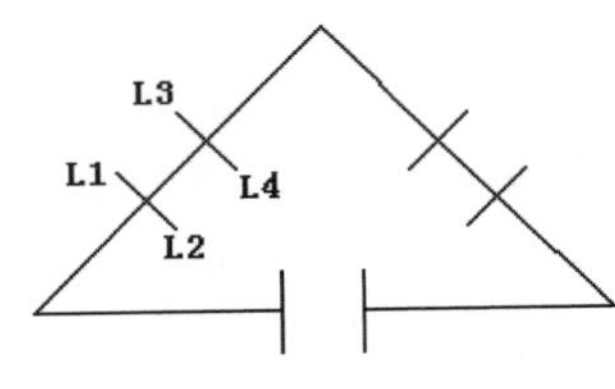

图 5-12　绘制直线

(9) 删除直线。单击“默认”选项卡“修改”面板中的“删除”按钮,将图中多余的直线删除,得到如图 5-9 所示的结果,完成电桥符号的绘制。

5.4.5　阵列命令

建立阵列是指多重复制所选择的对象,并把这些副本按矩形或环形排列。把副本按矩形排列称为建立矩形阵列,把副本按环形排列称为建立极阵列。建立极阵列时,应该控制复制对象的次数和对象是否被旋转;建立矩形阵列时,应该控制行和列的数量以及对象副本之间的距离。

AutoCAD 2022 提供了 ARRAY 命令来建立阵列。用该命令可以建立矩形阵列、极阵列(环形)和旋转的矩形阵列。

1. 执行方式

命令行:ARRAY。

菜单栏:选择菜单栏中的“修改”→“阵列”→“矩形阵列”“路径阵列”或“环形阵列”命令。

工具栏:单击“修改”工具栏中的“矩形阵列”按钮,或单击“修改”工具栏中的“路径阵列”按钮,或单击“修改”工具栏中的“环形阵列”按钮。

功能区:单击“默认”选项卡“修改”面板中的“矩形阵列”按钮、“路径阵列”按钮或“环形阵列”按钮。

2. 操作格式

```
命令: ARRAY↙
选择对象:(使用对象选择方法)
输入阵列类型[矩形(R)/路径(PA)/极轴(PO)]<矩形>:
```

3. 选项说明

“阵列”命令各选项的含义如表 5-2 所示。

表 5-2 “阵列”命令各选项的含义

选　　项	含　　义
矩形(R)	将选定对象的副本分布到行数、列数和层数的任意组合。选择该选项后，界面出现如下提示： 选择夹点以编辑阵列或 [关联(AS)/基点(B)/计数(COU)/间距(S)/列数(COL)/行数(R)/层数(L)/退出(X)] <退出>:(通过夹点，调整阵列间距、列数、行数和层数；也可以分别选择各选项输入数值)
路径(PA)	沿路径或部分路径均匀分布选定对象的副本。选择该选项后，界面出现如下提示： 选择路径曲线:(选择一条曲线作为阵列路径) 选择夹点以编辑阵列或 [关联(AS)/方法(M)/基点(B)/切向(T)/项目(I)/行(R)/层(L)/对齐项目(A)/Z 方向(Z)/退出(X)] <退出>:(通过夹点，调整阵行数和层数；也可以分别选择各选项输入数值)
极轴(PO)	在绕中心点或旋转轴的环形阵列中均匀分布对象副本。选择该选项后，界面出现如下提示： 指定阵列的中心点或 [基点(B)/旋转轴(A)]:(选择中心点、基点或旋转轴) 选择夹点以编辑阵列或 [关联(AS)/基点(B)/项目(I)/项目间角度(A)/填充角度(F)/行(ROW)/层(L)/旋转项目(ROT)/退出(X)] <退出>:(通过夹点，调整角度，填充角度，也可以分别选择各选项输入数值)

注意：阵列在平面作图时有两种方式，即可以在矩形或环形(圆形)阵列中创建对象的副本。对于矩形阵列，可以控制行和列的数目以及它们之间的距离；对于环形阵列，可以控制对象副本的数目并决定是否旋转副本。

5.4.6 上机练习——绘制点火分离器

5-3

练习目标

绘制如图 5-13 所示的点火分离器符号。

设计思路

首先利用圆、多段线和直线命令绘制圆和箭头，然后利用环形阵列命令阵列箭头，完成点火分离器符号的绘制。

操作步骤

(1) 绘制圆。单击“默认”选项卡“绘图”面板中的“圆”按钮，以(50,50)为圆心，分别绘制半径为 1.5mm 和 20mm 的圆，如图 5-14 所示。

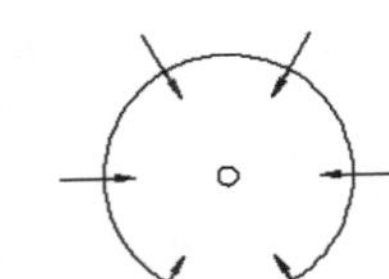

图 5-13　点火分离器符号

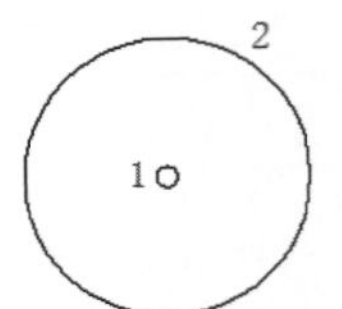

图 5-14　绘制圆

Note

(2) 绘制箭头。单击“默认”选项卡“绘图”面板中的“多段线”按钮，通过改变线宽绘制箭头。起点宽度为 0,终点宽度为 1mm,其方法在前面绘制三极管时已讲解,箭头尺寸如图 5-15 所示。利用对象捕捉功能,使箭头的尾部位于圆 2 的最右边象限点上,如图 5-16 所示。

(3) 绘制水平直线。单击“默认”选项卡“绘图”面板中的“直线”按钮，启动“对象捕捉”和“正交模式”,以箭头尾部为起点,向右绘制一条长度为 7mm 的水平直线,如图 5-17 所示。

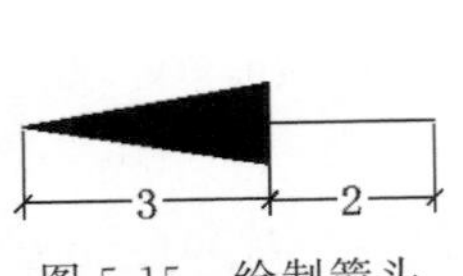

图 5-15　绘制箭头

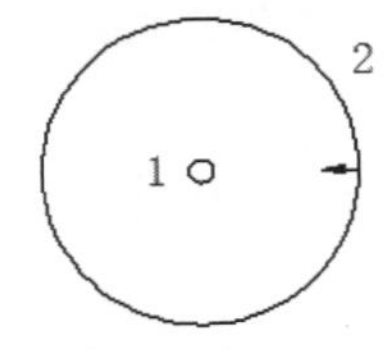

图 5-16　添加箭头

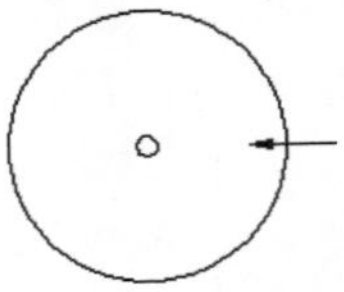

图 5-17　绘制直线

(4) 阵列箭头。单击“默认”选项卡“修改”面板中的“环形阵列”按钮，阵列上步绘制的箭头和直线。命令行中的操作与提示如下：

```
命令:_ARRAYPOLAR
选择对象:(选择箭头和直线)
选择对象:↙
类型 = 极轴　关联 = 否
指定阵列的中心点或[基点(B)/旋转轴(A)]:(捕捉圆心)
选择夹点以编辑阵列或 [关联(AS)/基点(B)/项目(I)/项目间角度(A)/填充角度(F)/行(ROW)/层(L)/旋转项目(ROT)/退出(X)] <退出>: I↙
输入阵列中的项目数或 [表达式(E)] <6>: 6↙
选择夹点以编辑阵列或 [关联(AS)/基点(B)/项目(I)/项目间角度(A)/填充角度(F)/行(ROW)/层(L)/旋转项目(ROT)/退出(X)] <退出>:↙
```

阵列效果如图 5-13 所示,从而完成点火分离器符号的绘制。

5.4.7　偏移命令

偏移对象是指保持选择的对象的形状,在不同的位置以不同的尺寸大小新建一个对象。

1. 执行方式

命令行：OFFSET。

菜单栏：选择菜单栏中的“修改”→“偏移”命令。

工具栏：单击“修改”工具栏中的“偏移”按钮⊆。

功能区：单击“默认”选项卡“修改”面板中的“偏移”按钮⊆。

2. 操作格式

```
命令：OFFSET↙
当前设置：删除源 = 否　图层 = 源　OFFSETGAPTYPE = 0
指定偏移距离或 [通过(T)/删除(E)/图层(L)] <通过>:(指定距离值)
选择要偏移的对象,或 [退出(E)/放弃(U)] <退出>:(选择要偏移的对象.按 Enter 键会结束操作)
指定要偏移的那一侧上的点,或 [退出(E)/多个(M)/放弃(U)] <退出>:(指定偏移方向)
选择要偏移的对象,或 [退出(E)/放弃(U)] <退出>:
```

3. 选项说明

“偏移”命令各选项的含义如表 5-3 所示。

表 5-3　“偏移”命令各选项的含义

选　项	含　义
指定偏移距离	输入一个距离值，或按 Enter 键使用当前的距离值，系统把该距离值作为偏移距离，如图 5-18(a)所示
通过(T)	指定偏移的通过点。选择该选项后，界面出现如下提示： 选择要偏移的对象或<退出>:(选择要偏移的对象，按 Enter 键会结束操作) 指定通过点:(指定偏移对象的一个通过点) 操作完毕后，系统根据指定的通过点绘出偏移对象，如图 5-18(b)所示
删除(E)	偏移源对象后将其删除，如图 5-19(a)所示。选择该项，系统提示： 要在偏移后删除源对象吗？[是(Y)/否(N)] <否>:(输入 Y 或 N)
图层(L)	确定将偏移对象创建在当前图层上还是源对象所在的图层上，这样就可以在不同图层上偏移对象。选择该项，系统提示： 输入偏移对象的图层选项 [当前(C)/源(S)] <当前>:(输入选项) 如果偏移对象的图层选择为当前层，则偏移对象的图层特性与当前图层相同，如图 5-19(b)所示
多个(M)	使用当前偏移距离重复进行偏移操作，并接受附加的通过点，如图 5-20 所示

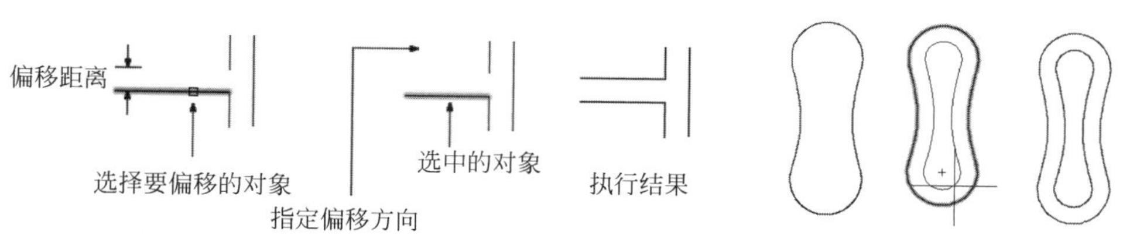

(a) 指定偏移距离　　(b) 通过点

图 5-18　偏移选项说明一

Note

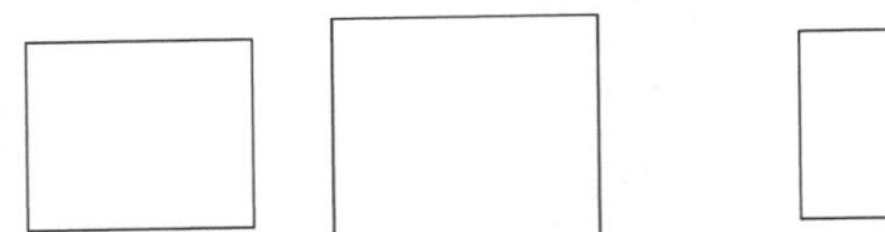

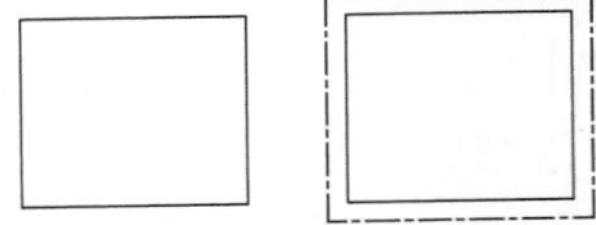

(a) 删除源对象　　　　(b) 偏移对象的图层为当前层

图 5-19　偏移选项说明二

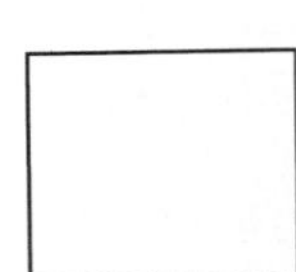

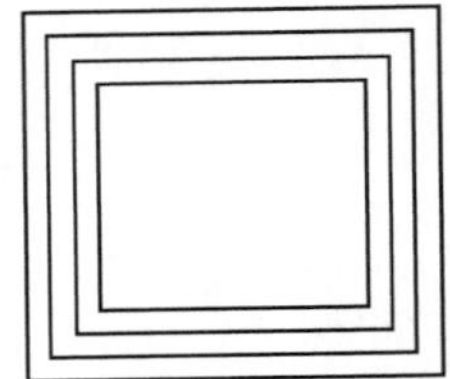

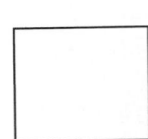

图 5-20　偏移选项说明三

注意： 在 AutoCAD 2022 中，可以使用“偏移”命令对指定的直线、圆弧、圆等对象作定距离偏移复制。在实际应用中，常利用“偏移”命令的特性创建平行线或等距离分布图形，效果与“阵列”相同。在默认情况下，需要指定偏移距离，再选择要偏移复制的对象，然后指定偏移方向，以复制出对象。

5-4

5.4.8　上机练习——绘制电容

练习目标

绘制如图 5-21 所示的电容。

设计思路

首先利用直线命令绘制水平直线，然后利用偏移命令偏移水平线，最后利用直线命令绘制电容。

操作步骤

(1) 单击“快速访问”工具栏中的“新建”按钮，新建图形文件，单击“快速访问”工具栏中的“保存”按钮，将文件另存为“电容”。

(2) 单击“默认”选项卡“绘图”面板中的“直线”按钮╱，利用“正交”命令，绘制长为 10mm 的水平直线。

(3) 单击“默认”选项卡“修改”面板中的“偏移”按钮⊆，将直线向下偏移 4mm，命令行提示与操作如下：

```
命令: _OFFSET
当前设置: 删除源 = 否　图层 = 源　OFFSETGAPTYPE = 0
指定偏移距离或 [通过(T)/删除(E)/图层(L)] <通过>:4 ↙
选择要偏移的对象,或 [退出(E)/放弃(U)] <退出>:
指定要偏移的那一侧上的点,或 [退出(E)/多个(M)/放弃(U)] <退出>:(在直线下方选择一点,
偏移后图形如图 5-22 所示)
选择要偏移的对象,或 [退出(E)/放弃(U)] <退出>:
```

(4) 单击“默认”选项卡“绘图”面板中的“直线”按钮╱，利用“对象捕捉”“正交”命令捕捉直线中点，分别向上、向下绘制长为5mm的竖直直线，结果如图5-21所示。

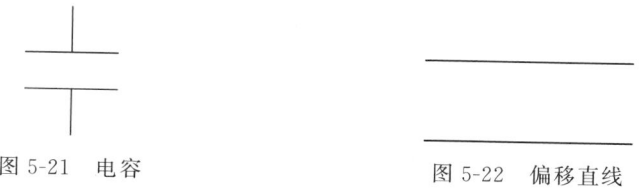

图5-21　电容　　　图5-22　偏移直线

5.5　改变位置类命令

这一类编辑命令的功能是按照指定要求改变当前图形或图形的某部分的位置，主要包括移动、旋转和缩放等命令。

5.5.1　移动命令

1. 执行方式

命令行：MOVE。

菜单栏：选择菜单栏中的“修改”→“移动”命令。

工具栏：单击“修改”工具栏中的“移动”按钮✥。

功能区：单击“默认”选项卡“修改”面板中的“移动”按钮✥。

快捷菜单：选择要复制的对象，在绘图区域右击，从弹击的快捷菜单中选择“移动”命令。

2. 操作格式

```
命令:MOVE↙
选择对象:(选择对象)
用前面介绍的对象选择方法选择要移动的对象，按 Enter 键结束选择。系统继续提示:
指定基点或位移:(指定基点或移至点)
指定基点或 [位移(D)] <位移>:(指定基点或位移)
指定第二个点或 <使用第一个点作为位移>:
```

命令中选项的功能与“复制”命令类似。

5.5.2　旋转命令

1. 执行方式

命令行：ROTATE。

菜单栏：选择菜单栏中的“修改”→“旋转”命令。

工具栏：单击“修改”工具栏中的“旋转”按钮↻。

功能区：单击“默认”选项卡“修改”面板中的“旋转”按钮↻。

快捷菜单：选择要旋转的对象，在绘图区域右击，从弹出的快捷菜单中选择“旋

转”命令。

2. 操作格式

Note

```
命令:ROTATE↙
UCS 当前的正角方向:  ANGDIR = 逆时针   ANGBASE = 0
选择对象:(选择要旋转的对象)
指定基点:(指定旋转的基点,在对象内部指定一个坐标点)
指定旋转角度,或 [复制(C)/参照(R)] < 0 >:(指定旋转角度或其他选项)
```

3. 选项说明

“旋转”命令各选项的含义如表 5-4 所示。

表 5-4 “旋转”命令各选项的含义

选　　项	含　　义
复制(C)	选择该项,旋转对象的同时,保留源对象,如图 5-23 所示
参照(R)	采用参考方式旋转对象时,系统提示: 指定参照角< 0 >:(指定要参考的角度,默认值为 0) 指定新角度,或,[点(P)]< 0 >:(输入旋转后的角度值) 操作完毕后,对象被旋转至指定的角度位置

☎ **注意**:可以用拖动鼠标的方法旋转对象。选择对象并指定基点后,从基点到当前光标位置会出现一条连线,移动鼠标,选择的对象会动态地随着该连线与水平方向的夹角的变化而旋转,按 Enter 键会确认旋转操作,如图 5-24 所示。

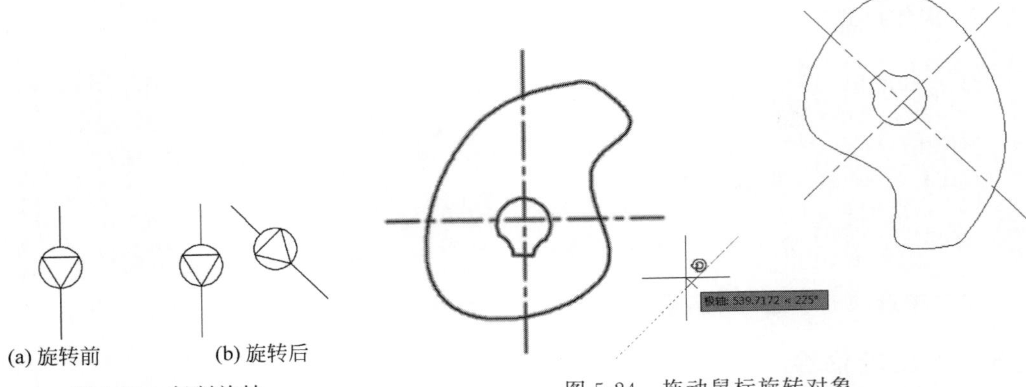

(a) 旋转前　　(b) 旋转后

图 5-23　复制旋转

图 5-24　拖动鼠标旋转对象

5-5

5.5.3 上机练习——绘制电极探头符号

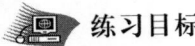

练习目标

绘制如图 5-25 所示的电极探头符号。

设计思路

首先利用二维绘图和修改命令绘制电极探头的左侧部分，然后利用旋转命令将其旋转复制，最后利用圆和图案填充命令绘制节点。

操作步骤

(1) 绘制三角形。单击“默认”选项卡“绘图”面板中的“直线”按钮╱，分别绘制直线1{(10,0),(21,0)}、直线2{(10,0),(10,−4)}和直线3{(10,−4),(21,0)}，这3条直线构成一个直角三角形，如图5-26所示。

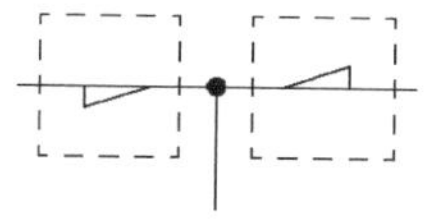

图5-25　电极探头符号

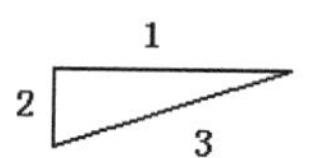

图5-26　绘制直角三角形

(2) 拉长直线。单击“默认”选项卡“修改”面板中的“拉长”按钮╱，将直线1向左拉长11mm，向右拉长12mm，结果如图5-27所示。

(3) 绘制竖直直线。单击“默认”选项卡“绘图”面板中的“直线”按钮╱，开启“对象捕捉”和“正交模式”，捕捉直线1的左端点，以其为起点，向上绘制长度为12mm的直线4，如图5-28所示。

图5-27　拉长直线　　图5-28　绘制直线

(4) 移动直线。单击“默认”选项卡“修改”面板中的“移动”按钮✥，将直线4向右平移3.5mm。

(5) 修改直线线型。新建一个名为“虚线层”的图层，线型为虚线。选中直线4，单击“默认”选项卡“图层”面板的“图层特性”下拉列表框中的“虚线层”选项，将其图层属性设置为“虚线层”，更改后的效果如图5-29所示。

(6) 镜像直线。单击“默认”选项卡“修改”面板中的“镜像”按钮⚠，选择直线4为镜像对象，以直线1为镜像线进行镜像操作，得到直线5，如图5-30所示。

图5-29　修改直线线型　　图5-30　镜像直线

(7) 偏移直线。单击“默认”选项卡“修改”面板中的“偏移”按钮⋐，将直线4和直线5向右偏移24mm，如图5-31所示。

(8) 绘制水平直线。单击“默认”选项卡“绘图”面板中的“直线”按钮╱，在“对象捕

Note

捉”绘图方式下，用鼠标分别捕捉直线 4 和直线 6 的上端点，绘制直线 8。采用相同的方法绘制直线 9，得到两条水平直线。

（9）更改图层属性。选中直线 8 和 9，单击“默认”选项卡“图层”面板的“图层特性”下拉列表框中的“虚线层”选项，将其图层属性设置为“虚线层”，如图 5-32 所示。

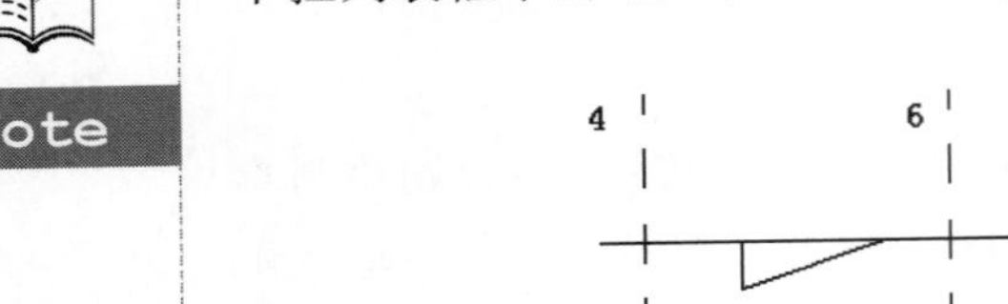

图 5-31　偏移直线

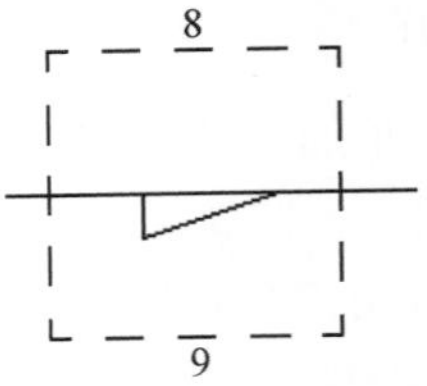

图 5-32　更改图层属性

（10）绘制竖直直线。返回实线层，单击“默认”选项卡“绘图”面板中的“直线”按钮╱，开启“对象捕捉”和“正交模式”，捕捉直线 1 的右端点，以其为起点向下绘制一条长度为 20mm 的竖直直线 10，如图 5-33 所示。

（11）旋转图形。单击“默认”选项卡“修改”面板中的“旋转”按钮，选择直线 8 以左的图形作为旋转对象，选择 O 点作为旋转基点，进行旋转操作。命令行中的提示与操作如下：

```
命令：_ROTATE
UCS 当前的正角方向： ANGDIR＝逆时针  ANGBASE＝0
选择对象：指定对角点：找到 9 个（用矩形框选择旋转对象）↙
指定基点：(选择 O 点)↙
指定旋转角度，或［复制(C)/参照(R)］<180>：C↙
旋转一组选定对象
指定旋转角度，或［复制(C)/参照(R)］<180>：180↙
```

旋转结果如图 5-34 所示。

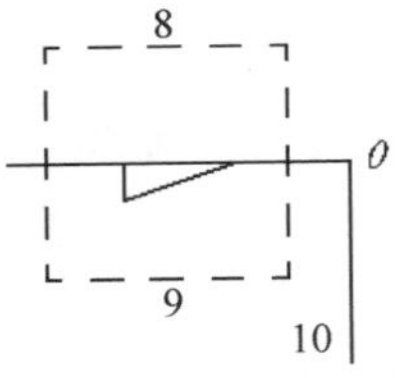

图 5-33　绘制竖直直线

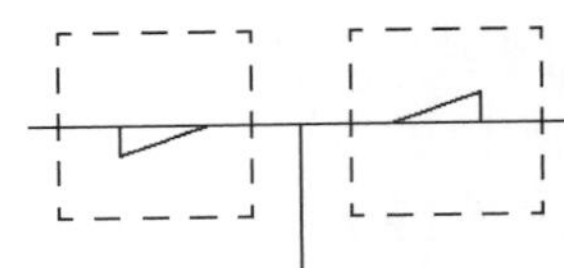

图 5-34　旋转图形

（12）绘制圆。单击“默认”选项卡“绘图”面板中的“圆”按钮，捕捉 O 点作为圆心，绘制一个半径为 1.5mm 的圆。

（13）填充圆。单击“默认”选项卡“绘图”面板中的“图案填充”按钮，切换到“图案填充创建”选项卡，选择 SOLID 图案，其他选项保持系统默认设置。选择上步中绘制的圆作为填充边界，填充结果如图 5-25 所示。至此，电极探头符号绘制完成。

5.5.4　缩放命令

1. 执行方式

命令行：SCALE。

菜单栏：选择菜单栏中的“修改”→“缩放”命令。

工具栏：单击“修改”工具栏中的“缩放”按钮◻。

功能区：单击“默认”选项卡“修改”面板中的“缩放”按钮◻。

快捷菜单：选择要缩放的对象，在绘图区域右击，从弹出的快捷菜单中选择“缩放”命令。

2. 操作格式

```
命令：SCALE↙
选择对象：(选择要缩放的对象)
指定基点：(指定缩放操作的基点)
指定比例因子,或[复制(C)/参照(R)]:
```

3. 选项说明

“缩放”命令各选项的含义如表 5-5 所示。

表 5-5　“缩放”命令各选项的含义

选　　项	含　　义
缩放对象	采用参考方向缩放对象时，系统提示： 指定参照长度 <1>:(指定参考长度值) 指定新的长度,或 [点(P)] <1.0000>:(指定新长度值) 若新长度值大于参考长度值，则放大对象；否则，缩小对象。操作完毕后，系统以指定的基点按指定的比例因子缩放对象。如果选择“点(P)”选项，则指定两点来定义新的长度
缩放操作	可以用拖动鼠标的方法缩放对象。选择对象并指定基点后，从基点到当前光标位置会出现一条连线，线段的长度即为比例大小。移动鼠标，选择的对象会动态地随着该连线长度的变化而缩放，按 Enter 键会确认缩放操作
复制缩放	选择“复制(C)”选项时，可以复制缩放对象，即缩放对象时，保留源对象，如图 5-35 所示

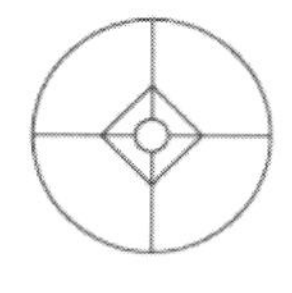

(a) 缩放前

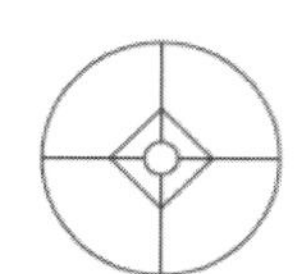

(b) 缩放后

图 5-35　复制缩放

5.6　改变几何特性类命令

采用这一类编辑命令对指定对象进行编辑后，可使编辑对象的几何特性发生改变，包括倒斜角、倒圆角、断开、修剪、延长、加长、伸展等命令。

Note

5.6.1 分解命令

1. 执行方式

命令行：EXPLODE。

菜单栏：选择菜单栏中的“修改”→“分解”命令。

工具栏：单击“修改”工具栏中的“分解”按钮。

功能区：单击“默认”选项卡“修改”面板中的“分解”按钮。

2. 操作格式

```
命令：EXPLODE↙
选择对象：(选择要分解的对象)
```

选择一个对象后，该对象会被分解。系统继续提示该行信息，允许分解多个对象。

注意：分解命令会将一个合成图形分解为若干部件。比如，一个矩形被分解之后会变成 4 条直线，而一个有宽度的直线分解之后会失去其宽度属性。

5.6.2 合并命令

采用合并命令，可以将直线、圆、椭圆弧和样条曲线等独立的线段合并为一个对象，如图 5-36 所示。

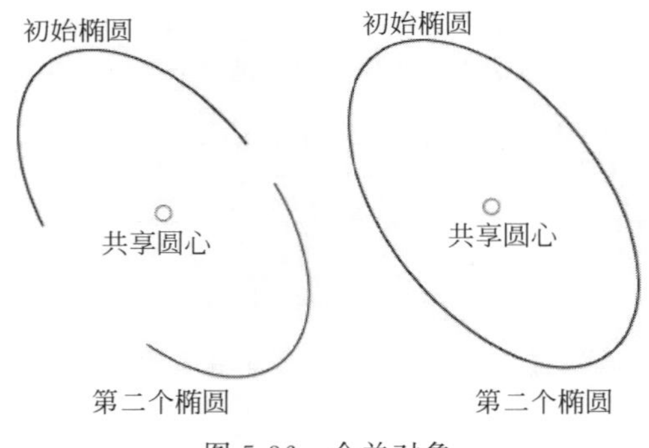

图 5-36　合并对象

1. 执行方式

命令行：JOIN。

菜单栏：选择菜单栏中的“修改”→“合并”命令。

工具栏：单击“修改”工具栏中的“合并”按钮。

功能区：单击“默认”选项卡“修改”面板中的“合并”按钮。

2. 操作格式

```
命令：JOIN↙
选择源对象或要一次合并的多个对象：(选择一个对象)
找到 1 个
```

Note

```
选择要合并的对象:(选择另一个对象)
找到 1 个,总计 2 个
选择要合并的对象:↙
2 条直线已合并为 1 条直线
```

5.6.3 修剪命令

1. 执行方式

命令行：TRIM。

菜单栏：选择菜单栏中的“修改”→“修剪”命令。

工具栏：单击“修改”工具栏中的“修剪”按钮。

功能区：单击“默认”选项卡“修改”面板中的“修剪”按钮。

2. 操作格式

```
命令:TRIM↙
当前设置:投影 = UCS,边 = 无,模式 = 标准
选择剪切边...
选择对象或[模式(O)]<全部选择>:(选择用作修剪边界的对象)
```

按 Enter 键结束对象选择，系统提示：

```
选择要修剪的对象,或按住 Shift 键选择要延伸的对象,或[剪切边(T)/栏选(F)/窗交(C)/模式(O)/投影(P)/边(E)/删除(R)/放弃(U)]:
```

3. 选项说明

“修剪”命令各选项的含义如表 5-6 所示。

表 5-6 “修剪”命令各选项的含义

<table>
<tr><th>选　　项</th><th colspan="2">含　　义</th></tr>
<tr><td>修剪</td><td colspan="2">在选择对象时，如果按住 Shift 键，系统就自动将“修剪”命令转换成“延伸”命令。“延伸”命令将在后文中介绍</td></tr>
<tr><td rowspan="3">延伸与不延伸</td><td colspan="2">选择“边”选项时，可以选择对象的修剪方式，有以下两种方式</td></tr>
<tr><td>延伸(E)</td><td>延伸边界进行修剪。在此方式下，如果剪切边没有与要修剪的对象相交，系统会延伸剪切边直至与对象相交，然后再修剪</td></tr>
<tr><td>不延伸(N)</td><td>不延伸边界修剪对象。只修剪与剪切边相交的对象</td></tr>
<tr><td>栏选(F)</td><td colspan="2">选择“栏选(F)”选项时，系统以栏选的方式选择被修剪对象，如图 5-37 所示</td></tr>
<tr><td>窗交(C)</td><td colspan="2">选择“窗交(C)”选项时，系统以栏选的方式选择被修剪对象，如图 5-38 所示</td></tr>
<tr><td>判断边界</td><td colspan="2">被选择的对象可以互为边界和被修剪对象，此时系统会在选择的对象中自动判断边界</td></tr>
</table>

Note

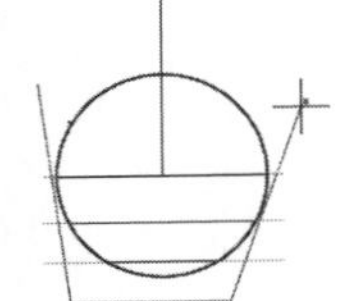
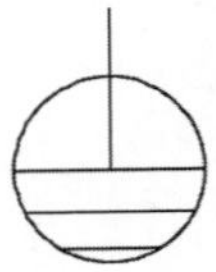

(a) 选定剪切边　(b) 使用栏选选定的要修剪的对象　(c) 结果

图 5-37　栏选修剪对象

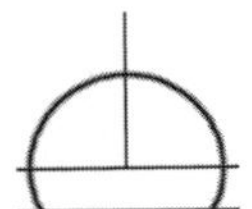
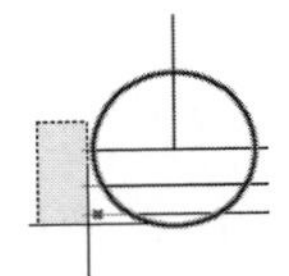
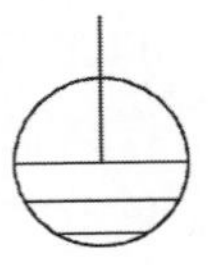

(a) 使用窗交选择选定的边　(b) 选定要修剪的对象　(c) 结果

图 5-38　窗交选择修剪对象

5-6

5.6.4 上机练习——绘制电缆接线头

练习目标

绘制如图 5-39 所示的电缆接线头。

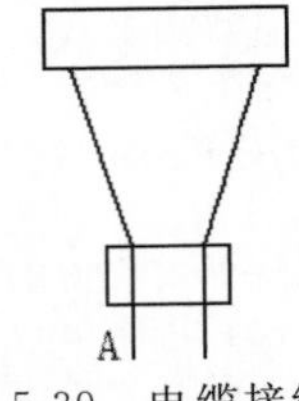

图 5-39　电缆接线头

设计思路

首先利用矩形、偏移和直线命令绘制初步图形，然后利用修剪命令修剪初步图形，最后利用偏移、直线和修剪命令完成电缆接线头的绘制。

操作步骤

(1) 绘制矩形。单击“默认”选项卡“绘图”面板中的“矩形”按钮□，绘制长为 20mm、宽为 5mm 的矩形，如图 5-40 所示。

(2) 分解矩形。单击“默认”选项卡“修改”面板中的“分解”按钮，将绘制的矩形进行分解。

(3) 偏移直线。单击“默认”选项卡“修改”面板中的“偏移”按钮⊆，将直线 3 向右分别偏移 5mm 和 15mm，得到直线 5 和直线 6，如图 5-41 所示。

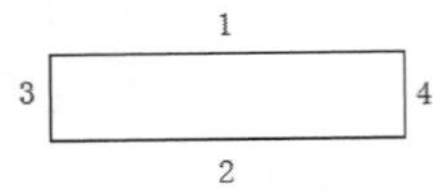

图 5-40　绘制矩形

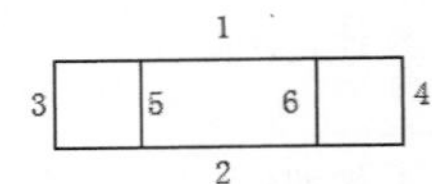

图 5-41　偏移直线

(4) 延长直线。单击“默认”选项卡“绘图”面板中的“直线”按钮╱，在直线 5 和直线 6 的下端延长线方向上分别向下绘制 35mm 长的线段，如图 5-42 所示。

(5) 偏移直线。单击“默认”选项卡“修改”面板中的“偏移”按钮⊆，将直线 2 分别向下偏移 15mm 和 20mm，得到直线 7 和直线 8，如图 5-43 所示。

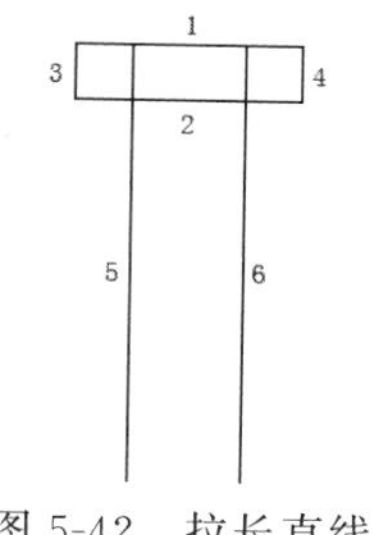

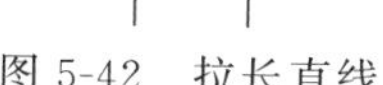
图 5-42 拉长直线

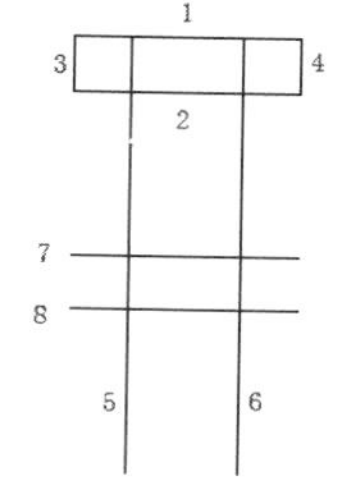

图 5-43 偏移直线

(6) 修剪图形。单击“默认”选项卡“修改”面板中的“修剪”按钮✂，对图形进行修剪。命令行提示与操作如下。

```
命令: TRIM↙
当前设置:投影 = UCS,边 = 无,模式 = 标准
选择剪切边...
选择对象或 <全部选择>:(选择直线 5、6、7、8)
⋮
选择对象: ↙
选择要修剪的对象,或按住 Shift 键选择要延伸的对象,或[剪切边(T)/栏选(F)/窗交(C)/模式
(O)/投影(P)/边(E)/删除(R)]:(依次选择直线 5、6、7、8 外端)
⋮
选择要修剪的对象,或按住 Shift 键选择要延伸的对象,或[剪切边(T)/栏选(F)/窗交(C)/模式
(O)/投影(P)/边(E)/删除(R)/放弃(U)]: ↙
```

删除多余的线段，修剪结果如图 5-44 所示。

(7) 偏移直线。单击“默认”选项卡“修改”面板中的“偏移”按钮⊆，分别将直线 5 和直线 6 向内偏移 2mm，得到直线 9 和直线 10，偏移后的图形如图 5-45 所示。

图 5-44 修剪结果

图 5-45 偏移后图形

(8) 绘制倾斜直线。单击“默认”选项卡“绘图”面板中的“直线”按钮╱，开启“对象捕捉”和“极轴追踪”模式，捕捉直线 9 的上端点作为起点，向上绘制一条和水平方向成 72°且与直线 2 相交的直线。采用同样的方法绘制一条与水平方向成 108°、与直线 2 相交的直线，如图 5-46 所示。

(9) 修剪倾斜直线。单击“默认”选项卡“修改”面板中的“修剪”按钮✂，对图形进行修剪，修剪结果如图 5-47 所示。

(10) 绘制竖直直线。关闭“极轴追踪”模式，开启“正交模式”。单击“默认”选项卡“绘图”面板中的“直线”按钮╱，分别以直线 9 和直线 10 的下端点为起点，绘制长度为 5mm 的竖直直线，如图 5-39 所示，最终完成电缆接线头符号的绘制。

Note

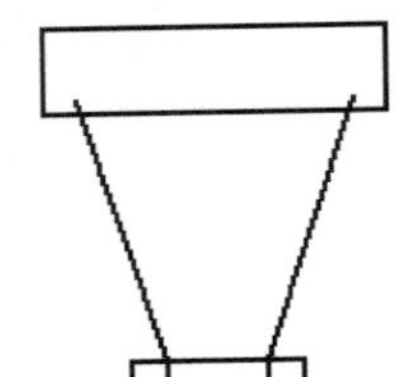

图 5-46　绘制倾斜直线

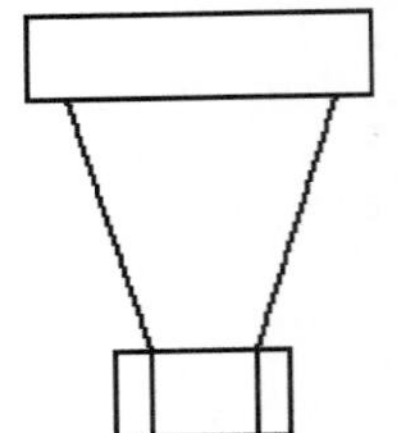

图 5-47　修剪倾斜直线

5.6.5　延伸命令

延伸对象是指将对象延伸至另一个对象的边界线，如图 5-48 所示。

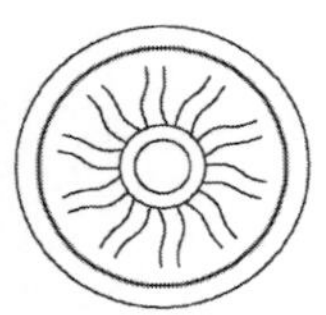

(a) 选择边界

(b) 选择要延伸的对象

(c) 执行结果

图 5-48　延伸对象

1. 执行方式

命令行：EXTEND。

菜单栏：选择菜单栏中的"修改"→"延伸"命令。

工具栏：单击"修改"工具栏中的"延伸"按钮 。

功能区：单击"默认"选项卡"修改"面板中的"延伸"按钮 。

2. 操作格式

```
命令:EXTEND↙
当前设置:投影 = UCS,边 = 无,模式 = 标准
选择边界边...
选择对象或[模式(O)] <全部选择>:(选择边界对象)
```

此时可以选择对象来定义边界。若直接按 Enter 键，则选择所有对象作为可能的边界对象。

系统规定可以用作边界对象的有直线段、射线、双向无限长线、圆弧、圆、椭圆、二维和三维多段线、样条曲线、文本、浮动的视口、区域。如果选择二维多段线作为边界对象，系统会忽略其宽度而把对象延伸至多段线的中心线。

选择边界对象后，系统继续提示：

```
选择要延伸的对象,或按住 Shift 键选择要修剪的对象,或[边界边(B)/栏选(F)/窗交(C)/模式(O)/投影(P)/边(E)/放弃(U)]:
```

3. 选项说明

"延伸"命令各选项的含义如表 5-7 所示。

表 5-7　"延伸"命令各选项的含义

选　　项	含　　义
延伸对象	如果要延伸的对象是适配样条多段线,则延伸后会在多段线的控制框上增加新节点。如果要延伸的对象是锥形的多段线,系统会修正延伸端的宽度,使多段线从起始端平滑地延伸至新终止端。如果延伸操作导致终止端宽度可能为负值,则取宽度值为 0,如图 5-49 所示
修剪命令	选择对象时,如果按住 Shift 键,系统就自动将"延伸"命令转换成"修剪"命令

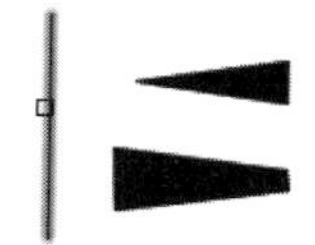

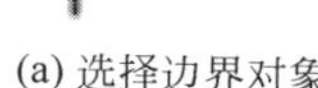

(a) 选择边界对象

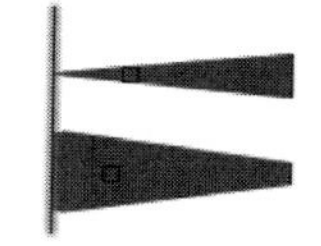

(b) 选择要延伸的多段线

(c) 延伸后的结果

图 5-49　延伸对象

5.6.6　上机练习——绘制三极管符号

5-7

练习目标

绘制如图 5-50 所示的三极管符号。

设计思路

首先利用直线命令绘制相互垂直的直线,然后利用多边形命令绘制三角形,接着利用分解、偏移、延伸和修剪命令补全图形,最后利用直线命令绘制箭头。

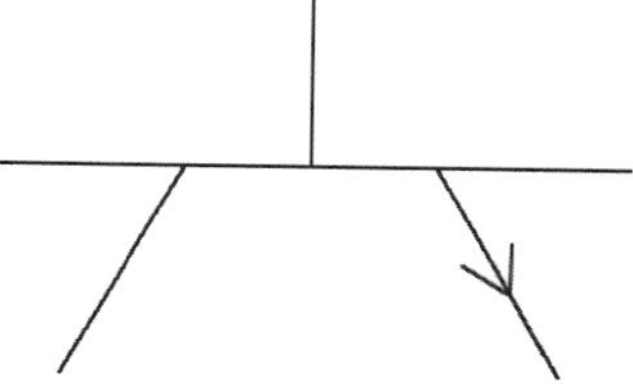

图 5-50　三极管符号

操作步骤

(1) 单击"快速访问"工具栏中的"新建"按钮,新建图形文件。单击"快速访问"工具栏中的"保存"按钮,将文件另存为"三极管"。

(2) 单击"默认"选项卡"绘图"面板中的"直线"按钮,绘制长度为 15mm 的水平直线。

(3) 单击"默认"选项卡"绘图"面板中的"直线"按钮,捕捉直线中点,绘制长度为 5mm 的竖直直线,如图 5-51 所示。

(4) 单击"默认"选项卡"绘图"面板中的"多边形"按钮,绘制正三角形,命令行提示与操作如下:

```
命令: _POLYGON 输入侧面数 <3>:
指定正多边形的中心点或 [边(E)]:
输入选项 [内接于圆(I)/外切于圆(C)] <I>:
指定圆的半径: 5↙
```

绘制完成的图形如图 5-52 所示。

图 5-51　绘制直线

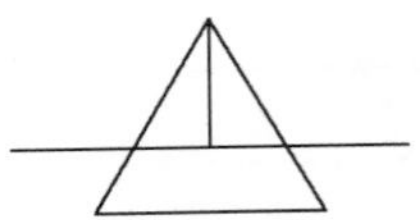
图 5-52　绘制三角形

Note

(5) 单击“默认”选项卡“修改”面板中的“分解”按钮，分解三角形。

(6) 单击“默认”选项卡“修改”面板中的“偏移”按钮，将水平直线向下偏移 5mm。

(7) 单击“默认”选项卡“修改”面板中的“延伸”按钮，延伸三角形两侧边，命令行提示与操作如下：

```
命令: EXTEND↙
当前设置:投影 = UCS,边 = 无,模式 = 标准
选择边界边...
选择对象或 <全部选择>:(选择最下面水平线)
选择要延伸的对象,或按住 Shift 键选择要修剪的对象,或[边界边(B)/栏选(F)/窗交(C)/模式(O)/投影(P)/边(E)/]:(选择三角形两侧边)
选择要延伸的对象,或按住 Shift 键选择要修剪的对象,或[边界边(B)/栏选(F)/窗交(C)/模式(O)/投影(P)/边(E)/放弃(U)]:↙
```

结果如图 5-53 所示。

(8) 单击“默认”选项卡“修改”面板中的“修剪”按钮和“删除”按钮，修剪掉多余线段，完成的图形如图 5-54 所示。

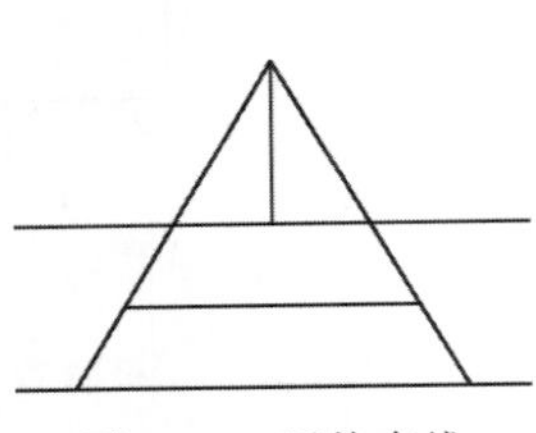
图 5-53　延伸直线

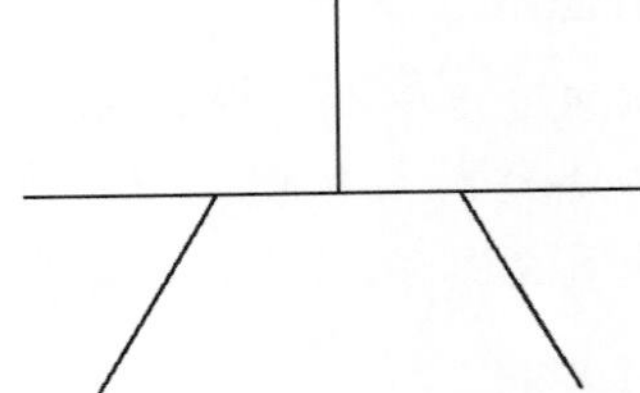
图 5-54　修剪线段

(9) 单击“默认”选项卡“绘图”面板中的“直线”按钮，绘制箭头，结果如图 5-50 所示。

5.6.7　拉伸命令

拉伸对象是指拖拉选择的对象，且对象的形状发生改变，如图 5-55 所示。拉伸对象时，应指定拉伸的基点和移至点。利用一些辅助工具如捕捉、钳夹功能及相对坐标等，可以提高拉伸的精度。

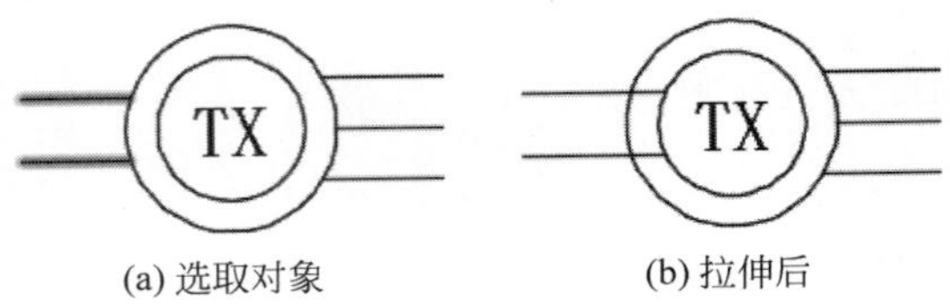

(a) 选取对象　(b) 拉伸后

图 5-55　拉伸

1. 执行方式

命令行：STRETCH。

菜单栏：选择菜单栏中的"修改"→"拉伸"命令。

工具栏：单击"修改"工具栏中的"拉伸"按钮。

功能区：单击"默认"选项卡"修改"面板中的"拉伸"按钮。

Note

2. 操作格式

```
命令：STRETCH↙
以交叉窗口或交叉多边形选择要拉伸的对象...
选择对象：C↙
指定第一个角点：指定对角点：找到 2 个(采用交叉窗口的方式选择要拉伸的对象)
指定基点或 [位移(D)] <位移>:(指定拉伸的基点)
指定第二个点或 <使用第一个点作为位移>:(指定拉伸的移至点)
```

此时，若指定第二个点，系统将根据这两点决定的矢量拉伸对象。若直接按 Enter 键，系统会把第一个点作为 X 轴和 Y 轴的分量值。

使用 STRETCH 命令移动完全包含在交叉窗口内的顶点和端点，部分包含在交叉选择窗口内的对象将被拉伸。

5.6.8 拉长命令

1. 执行方式

命令行：LENGTHEN。

菜单栏：选择菜单栏中的"修改"→"拉长"命令。

功能区：单击"默认"选项卡"修改"面板中的"拉长"按钮。

2. 操作格式

```
命令:LENGTHEN↙
选择要测量的对象或[增量(DE)/百分比(P)/总计(T)/动态(DY)]<总计(T)>:(选定对象)
当前长度: 30.5001(给出选定对象的长度,如果选择圆弧则还将给出圆弧的包含角)
选择要测量的对象或[增量(DE)/百分比(P)/总计(T)/动态(DY)]<总计(T)>: DE↙(选择拉长或缩短的方式,如选择"增量(DE)"方式)
输入长度增量或[角度(A)] <0.0000>: 10↙(输入长度增量数值.如果选择圆弧段,则可输入 A 给定角度增量)
选择要修改的对象或[放弃(U)]:(选定要修改的对象,进行拉长操作)
选择要修改的对象或[放弃(U)]:(继续选择,按 Enter 键结束命令)
```

3. 选项说明

"拉长"命令各选项的含义如表 5-8 所示。

表 5-8 "拉长"命令各选项的含义

选　　项	含　　义
增量(DE)	用指定增加量的方法改变对象的长度或角度
百分比(P)	用指定占总长度的百分比的方法改变圆弧或直线段的长度

续表

选　　项	含　　义
总计(T)	用指定新的总长度或总角度值的方法来改变对象的长度或角度
动态(DY)	打开动态拖拉模式。在这种模式下,可以使用拖拉鼠标的方法来动态地改变对象的长度或角度

5-8

5.6.9　上机练习——绘制二极管符号

练习目标

绘制如图 5-56 所示的二极管符号。

设计思路

首先利用矩形和直线命令绘制一个矩形和水平线,然后利用拉长命令将水平线向两侧拉长,最后利用直线和修剪命令完成二极管符号的绘制。

操作步骤

(1) 单击"快速访问"工具栏中的"新建"按钮,新建图形文件。单击"快速访问"工具栏中的"保存"按钮,将文件另存为"二极管"。

(2) 单击"默认"选项卡"绘图"面板中的"矩形"按钮,绘制大小为 8mm×10mm 的矩形。

(3) 单击"默认"选项卡"绘图"面板中的"直线"按钮,捕捉矩形两个侧边的中点,绘制长度为 10mm 的水平直线,如图 5-57 所示。

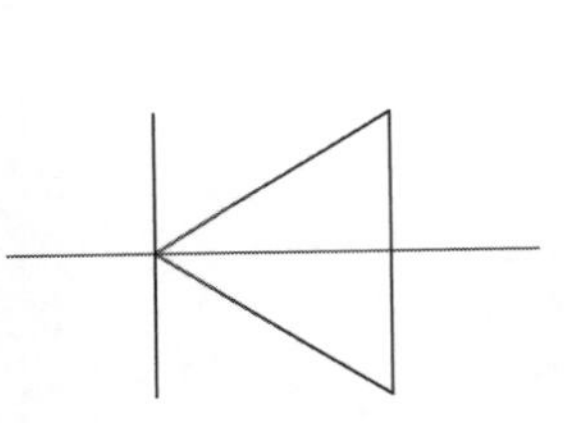

图 5-56　二极管符号

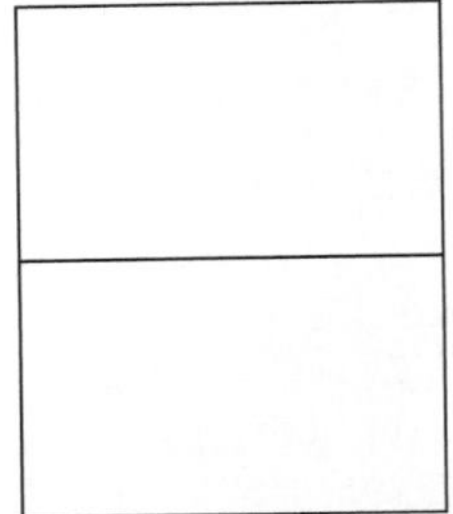

图 5-57　绘制直线

(4) 单击"默认"选项卡"修改"面板中的"拉长"按钮,将上步绘制的水平直线向左、右两侧拉长 5mm(图 5-58),命令行提示与操作如下。

```
命令: _LENGTHEN
选择要测量的对象或 [增量(DE)/百分比(P)/总计(T)/动态(DY)]<总计(T)>: DE↙
输入长度增量或 [角度(A)] <0.0000>: 5↙
选择要修改的对象或 [放弃(U)]:(单击图 5-59 中的直线 1 处,拉伸左边)
选择要修改的对象或 [放弃(U)]:(单击图 5-59 中的直线 2 处,拉伸右边)
选择要修改的对象或 [放弃(U)]:
```

(5) 单击"默认"选项卡"绘图"面板中的"直线"按钮,捕捉矩形与直线交点绘制斜向线,如图 5-59 所示。

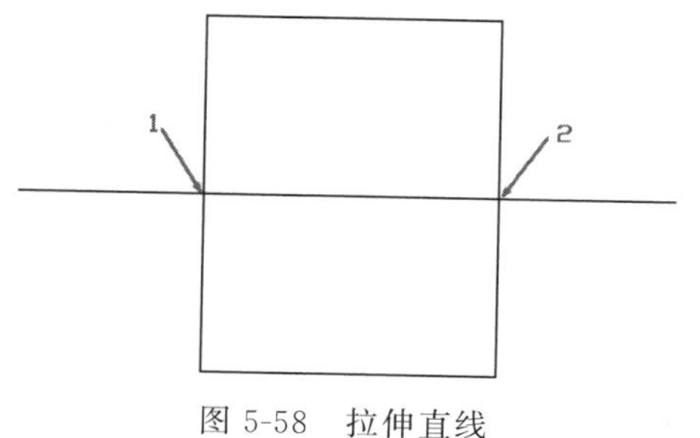

图 5-58　拉伸直线

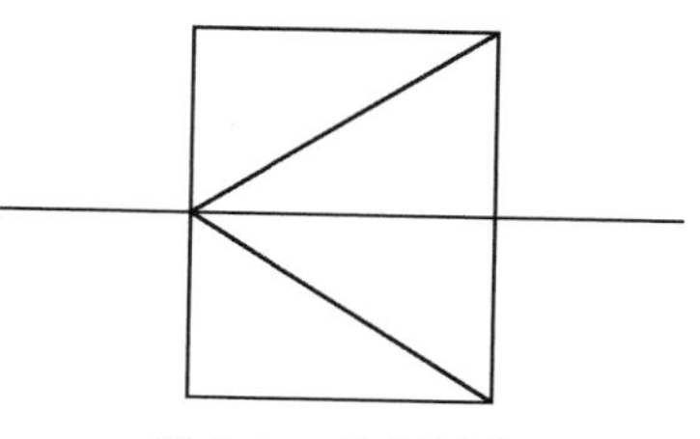

图 5-59　绘制斜线

（6）单击“默认”选项卡“修改”面板中的“修剪”按钮，删除矩形上、下边线，完成图形绘制，结果如图 5-56 所示。

5.6.10　倒角命令

倒角是指用斜线连接两个不平行的线型对象。可以用斜线连接直线段、双向无限长线、射线和多段线。

系统采用两种方法确定连接两个线型对象的斜线：指定斜线距离和指定斜线角度。下面分别介绍这两种方法。

1. 指定斜线距离

斜线距离是指从被连接的对象与斜线的交点到被连接的两对象的可能的交点之间的距离，如图 5-60 所示。

2. 指定斜线角度和一个斜线距离连接选择的对象

采用这种方法斜线连接对象时，需要输入两个参数：斜线与一个对象的斜线距离和斜线与该对象的夹角，如图 5-61 所示。

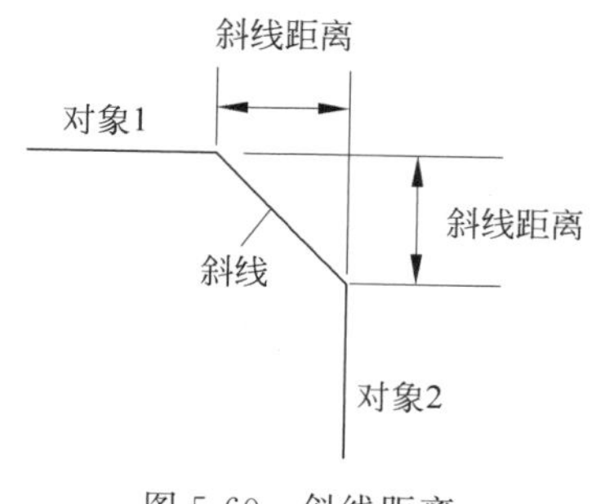

图 5-60　斜线距离

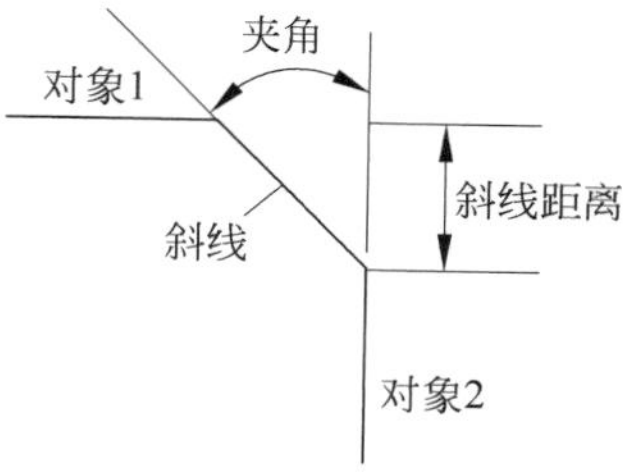

图 5-61　斜线距离与夹角

1）执行方式

命令行：CHAMFER。

菜单栏：选择菜单栏中的“修改”→“倒角”命令。

工具栏：单击“修改”工具栏中的“倒角”按钮。

功能区：单击“默认”选项卡“修改”面板中的“倒角”按钮。

2）操作格式

```
命令:CHAMFER↙
("不修剪"模式)当前倒角距离 1 = 0.0000,距离 2 = 0.0000
选择第一条直线或[放弃(U)/多段线(P)/距离(D)/角度(A)/修剪(T)/方式(E)/多个(M)]:(选择第一条直线或别的选项)
选择第二条直线,或按住 Shift 键选择直线以应用角点或[距离(D)/角度(A)/方法(M)]:(选择第二条直线)
```

Note

3）选项说明

"倒角"命令各选项的含义如表 5-9 所示。

表 5-9 "倒角"命令各选项的含义

选　　项	含　　义
多段线(P)	对多段线的各个交叉点倒斜角。为了得到最好的连接效果，一般设置斜线是相等的值。系统根据指定的斜线距离把多段线的每个交叉点都作斜线连接，连接的斜线成为多段线新添加的构成部分，如图 5-62 所示
距离(D)	选择倒角的两个斜线距离。这两个斜线距离可以相同或不相同，若二者均为0，则系统不绘制连接的斜线，而是把两个对象延伸至相交，并修剪超出的部分
角度(A)	选择第一条直线的斜线距离和第一条直线的倒角角度
修剪(T)	与圆角连接命令 FILLET 相同，该选项决定连接对象后是否剪切源对象
方式(E)	决定采用"距离"方式还是"角度"方式来倒斜角
多个(M)	同时对多个对象进行倒斜角操作

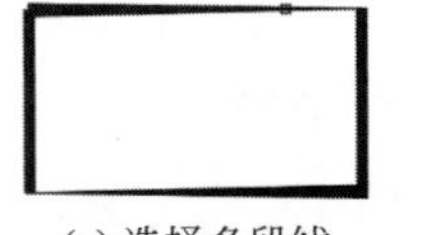

(a) 选择多段线

(b) 倒斜角结果

图 5-62　斜线连接多段线

5.6.11　圆角命令

圆角是指用指定的半径决定的一段平滑的圆弧连接两个对象。系统规定可以圆滑连接一对直线段、非圆弧的多段线段、样条曲线、双向无限长线、射线、圆、圆弧和椭圆。可以在任何时刻圆滑连接多段线的每个节点。

1. 执行方式

命令行：FILLET。

菜单栏：选择菜单栏中的"修改"→"圆角"命令。

工具栏：单击"修改"工具栏中的"圆角"按钮 。

功能区：单击"默认"选项卡"修改"面板中的"圆角"按钮 。

2. 操作格式

```
命令:FILLET↙
当前设置:模式 = 修剪,半径 = 0.0000
```

Note

选择第一个对象或[放弃(U)/多段线(P)/半径(R)/修剪(T)/多个(M)]:(选择第一个对象或别的选项)
选择第二个对象,或按住 Shift 键选择对象以应用角点或[半径(R)]:(选择第二个对象)

3. 选项说明

"圆角"命令各选项的含义如表 5-10 所示。

表 5-10 "圆角"命令各选项的含义

选 项	含 义
多段线(P)	在一条二维多段线的两段直线段的节点处插入圆滑的弧。选择多段线后,系统会根据指定的圆弧的半径把多段线各顶点用圆滑的弧连接起来
修剪(T)	决定在圆滑连接两条边时,是否修剪这两条边,如图 5-63 所示
多个(M)	同时对多个对象进行圆角操作,而不必重新起用命令
选择第二个对象	按住 Shift 键并选择两条直线,可以快速创建零距离倒角或零半径圆角

(a) 修剪方式　(b) 不修剪方式

图 5-63 圆角连接

5.6.12 上机练习——绘制变压器

5-9

练习目标

绘制如图 5-64 所示的变压器。

设计思路

首先绘制矩形及中心线,然后利用圆角命令将两个矩形的四边进行倒圆角操作,最后利用二维绘图和修改命令完成变压器的绘制。

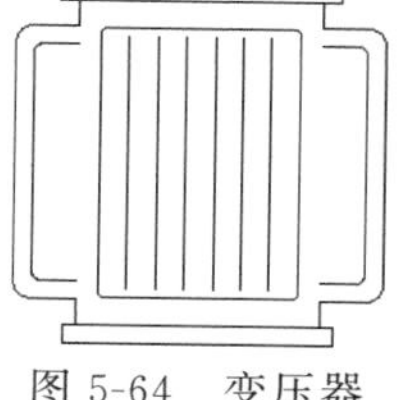

图 5-64 变压器

操作步骤

(1) 绘制矩形及中心线。

① 单击"默认"选项卡"绘图"面板中的"矩形"按钮▭,绘制一个长为 630mm、宽为 455mm 的矩形,如图 5-65 所示。

② 单击"默认"选项卡"修改"面板中的"分解"按钮,将绘制的矩形分解为直线 1、2、3、4。

③ 单击"默认"选项卡"修改"面板中的"偏移"按钮⊆,将直线 1 向下偏移 227.5mm,将直线 3 向右偏移 315mm,得到两条中心线,设置中心线为虚线。选择菜单栏中的"修改"→"拉长"命令,将两条中心线向端点方向分别拉长 50mm,结果如图 5-66 所示。

Note

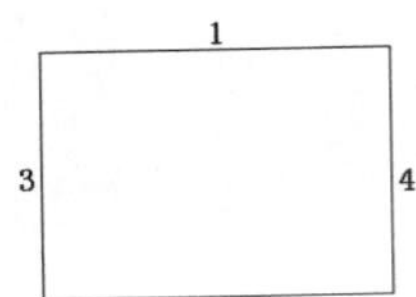

图 5-65　绘制矩形

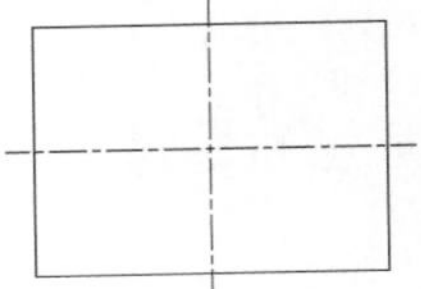

图 5-66　绘制中心线

(2) 修剪直线。

① 单击“默认”选项卡“修改”面板中的“偏移”按钮⊆，将直线 1 向下偏移 35mm，将直线 2 向上偏移 35mm，将直线 3 向右偏移 35mm，将直线 4 向左偏移 35mm。然后利用“修剪”按钮修剪掉多余的直线，结果如图 5-67 所示。

② 单击“默认”选项卡“修改”面板中的“圆角”按钮，设置圆角半径为 35mm，对图形进行圆角处理。命令行提示与操作如下。结果如图 5-68 所示。

```
命令: _FILLET
当前设置: 模式 = 修剪,半径 = 0.0000
选择第一个对象或 [放弃(U)/多段线(P)/半径(R)/修剪(T)/多个(M)]: R↙
指定圆角半径 <0.0000>: 35↙
选择第一个对象或 [放弃(U)/多段线(P)/半径(R)/修剪(T)/多个(M)]: M↙
选择第一个对象或 [放弃(U)/多段线(P)/半径(R)/修剪(T)/多个(M)]:(选择大矩形的一边)
选择第二个对象,或按住 Shift 键选择对象以应用角点或 [半径(R)]: (选择大矩形的相邻另一边)
选择第一个对象或 [放弃(U)/多段线(P)/半径(R)/修剪(T)/多个(M)]:
```

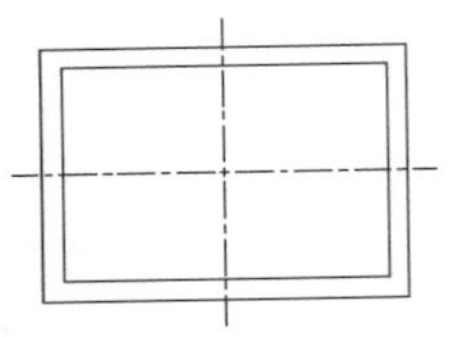

图 5-67　偏移修剪直线

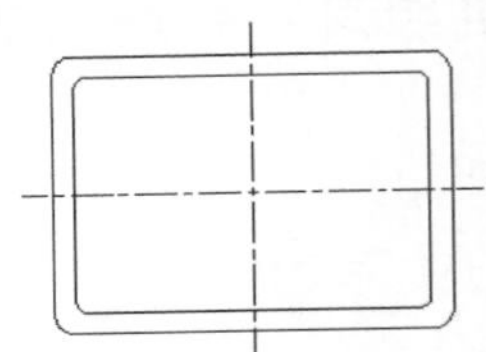

图 5-68　圆角处理

(3) 单击“默认”选项卡“修改”面板中的“偏移”按钮⊆，将竖直中心线分别向左和向右各偏移 230mm，将偏移后的直线设置为实线，结果如图 5-69 所示。

(4) 单击“默认”选项卡“绘图”面板中的“直线”按钮╱，在“对象追踪”绘图方式下，以直线 1、2 的上端点为两端点绘制水平直线 3，并调用“拉长”命令，将水平直线向两端分别拉长 35mm，结果如图 5-70 所示。将图中的水平直线 3 向上偏移 20mm 得到直线 4，分别连接直线 3 和 4 的左、右端点，如图 5-71 所示。

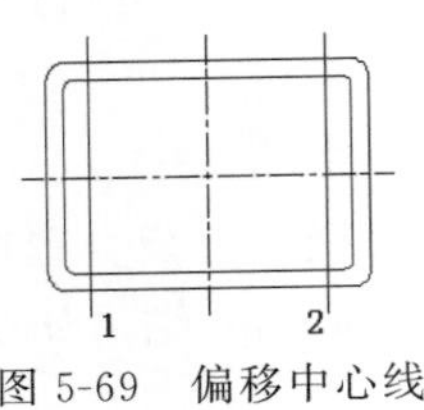

图 5-69　偏移中心线

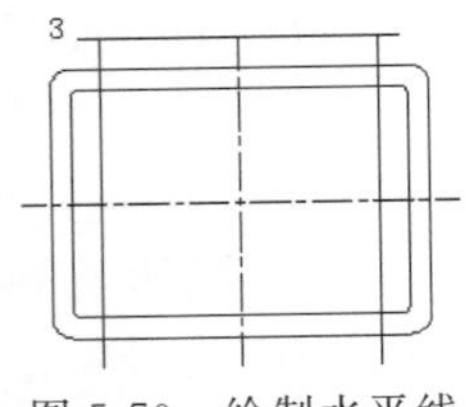

图 5-70　绘制水平线

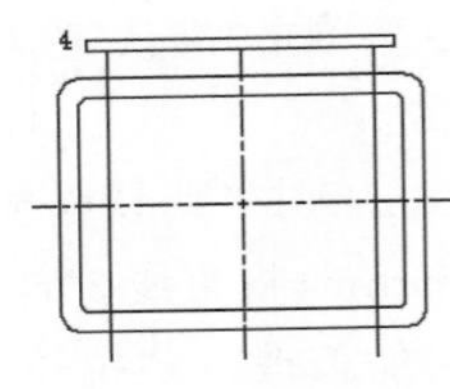

图 5-71　偏移水平线

(5) 用和前面相同的方法绘制下半部分,下半部分两水平直线的距离是35mm,其他操作与绘制上半部分完全相同。完成后,单击"默认"选项卡"修改"面板中的"修剪"按钮,修剪掉多余的直线,结果如图5-72所示。

(6) 单击"默认"选项卡"绘图"面板中的"矩形"按钮,以两中心线交点为中心绘制一个带圆角的矩形,矩形的长为380mm、宽为460mm,圆角的半径为35mm。命令行提示与操作如下。结果如图5-73所示。

```
命令: _RECTANG
指定第一个角点或 [倒角(C)/标高(E)/圆角(F)/厚度(T)/宽度(W)]: F↙
指定矩形的圆角半径 <0.0000>: 35↙
指定第一个角点或 [倒角(C)/标高(E)/圆角(F)/厚度(T)/宽度(W)]: FROM↙
基点:选择中心线交点
<偏移>: @-190,-230↙
指定另一个角点或 [面积(A)/尺寸(D)/旋转(R)]: D↙
指定矩形的长度 <0.0000>: 380↙
指定矩形的宽度 <0.0000>: 460↙
指定另一个角点或 [面积(A)/尺寸(D)/旋转(R)]:(移动光标到中心线的右上角,单击确定另一个角点的位置)
```

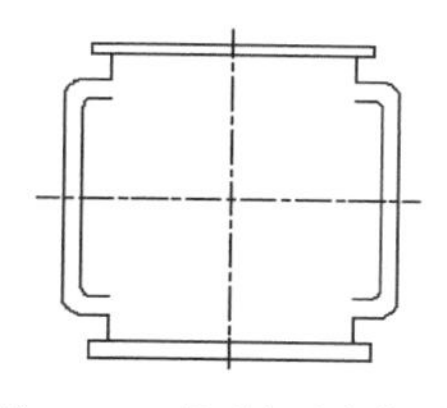

图5-72 绘制下半部分

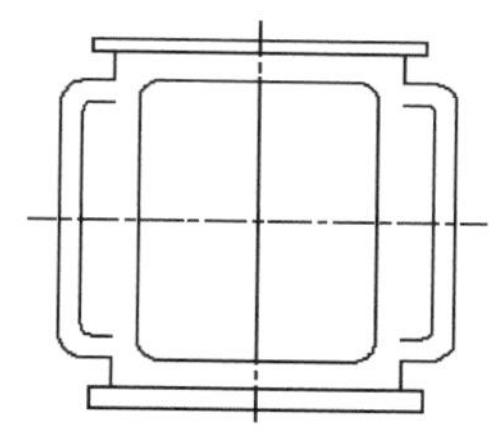

图5-73 插入矩形

(7) 绘制竖直直线。以竖直中心线为对称轴,绘制6条竖直直线,长度均为420mm,相邻直线间的距离为55mm,效果如图5-64所示。至此,变压器图形绘制完毕。

5.6.13 打断命令

1. 执行方式

命令行:BREAK。

菜单栏:选择菜单栏中的"修改"→"打断"命令。

工具栏:单击"修改"工具栏中的"打断"按钮。

功能区:单击"默认"选项卡"修改"面板中的"打断"按钮。

2. 操作格式

```
命令:BREAK↙
选择对象:(选择要打断的对象)
指定第二个打断点或[第一个点(F)]:(指定第二个断开点或输入F)
```

3. 选项说明

"打断"命令选项的含义如表5-11所示。

表 5-11 “打断”命令的选项的含义

选 项	含 义
第一个点(F)	如果选择“第一个点(F)”,系统将丢弃前面的第一个选择点,重新提示用户指定两个断开点

Note

5-10

5.6.14 上机练习——绘制弯灯

练习目标

绘制如图 5-74 所示的弯灯。

设计思路

首先利用直线、圆和偏移命令绘制初步图形,然后利用打断命令将外圆进行打断处理,最后利用修剪命令修剪多余直线。

操作步骤

(1) 绘制直线和圆。单击“默认”选项卡“绘图”面板中的“直线”按钮╱,绘制一条水平直线。单击“默认”选项卡“绘图”面板中的“圆”按钮⊙,以直线的端点为圆心,绘制半径为 10mm 的圆,如图 5-75 所示。

图 5-74 弯灯

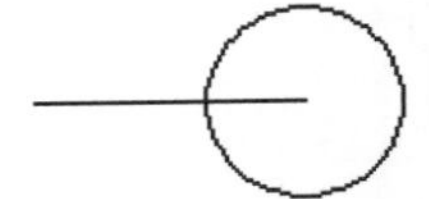

图 5-75 绘制直线和圆

(2) 偏移圆。单击“默认”选项卡“修改”面板中的“偏移”按钮⊆,将圆向外偏移 3mm,如图 5-76 所示。

(3) 打断曲线。单击“默认”选项卡“修改”面板中的“打断”按钮凵,命令行操作如下:

```
命令:BREAK↙
选择对象:(选择外半圆与水平直线的交点)
指定第二个打断点或[第一个点(F)]:(开启“正交模式”,选择第二个点为外圆右象限点)
```

打断后的图形如图 5-77 所示。

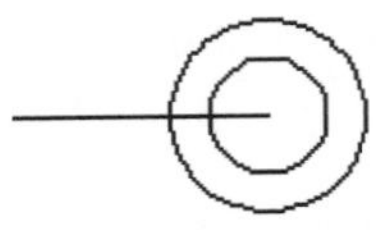

图 5-76 偏移圆

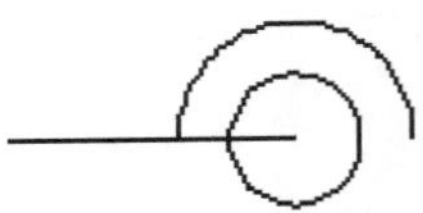

图 5-77 打断曲线

(4) 修剪曲线。单击“默认”选项卡“修改”面板中的“修剪”按钮✂,将圆内部分多余的线段剪切掉,得到的图形如图 5-74 所示。

5-11

Note

5.7　实例精讲——绘制耐张铁帽三视图

练习目标

图 5-78 所示为架空线路施工中常用的耐张铁帽的三视图，本图的绘制过程必须满足机械制图中“长对正、宽平齐、高相等”的规定。本节通过绘制此图学习架空线路图的绘制方法，希望达到举一反三的目的。

设计思路

首先根据三视图中各部件的位置确定图样布局，得到各个视图的轮廓线，然后分别绘制正视图、左视图和俯视图，最后进行标注。

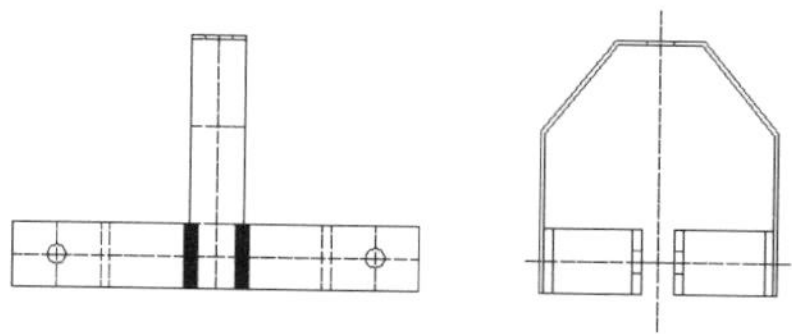

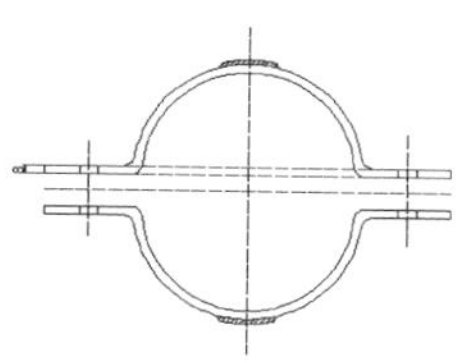

图 5-78　耐张铁帽三视图

5.7.1　设置绘图环境

操作步骤

(1) 建立新文件。打开 AutoCAD 2022 应用程序，单击“快速访问”工具栏中的“新建”按钮，以“无样板打开-公制”方式创建一个新的文件，并将其保存为“耐张铁帽三视图.dwg”。

(2) 设置图层。单击“默认”选项卡“图层”面板中的“图层特性”按钮，❶打开“图层特性管理器”对话框，❷设置“轮廓线层”“实体符号层”和“虚线层”共 3 个图层，将“轮廓线层”设置为当前图层。设置好的各图层的属性如图 5-79 所示。

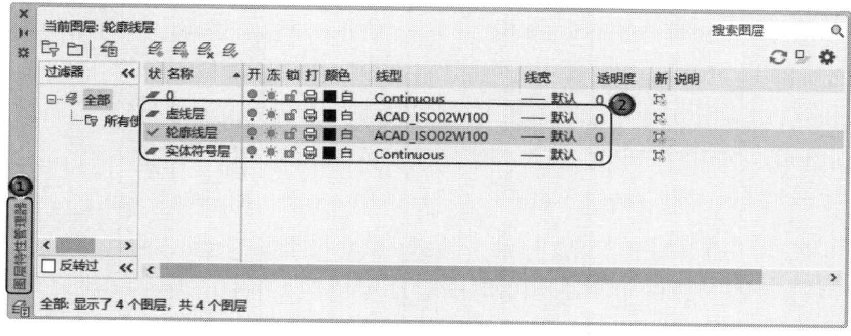

图 5-79　图层设置

5.7.2　图样布局

操作步骤

(1) 绘制水平线。单击“默认”选项卡“绘图”面板中的“构造线”按钮，在“正交”

绘图方式下绘制一条横贯整个屏幕的水平线 1,命令行提示与操作如下:

```
命令: _XLINE
指定点或[水平(H)/垂直(V)/角度(A)/二等分(B)/偏移(O)]: (输入 H↙)
指定通过点: (在屏幕上合适位置指定一点)
指定通过点: (右击或按 Enter 键)
```

(2) 偏移水平线。单击"默认"选项卡"修改"面板中的"偏移"按钮⊆,将直线 1 依次向下偏移 85mm、90mm、30mm、30mm、150mm、108mm、108mm,得到 7 条直线,结果如图 5-80 所示。

(3) 绘制竖直线。单击"默认"选项卡"绘图"面板中的"直线"按钮╱,绘制竖直直线,如图 5-81 所示。

(4) 偏移竖直直线。单击"默认"选项卡"修改"面板中的"偏移"按钮⊆,将直线 2 依次向右偏移 40mm、40mm、8mm、71mm、25mm、25mm、71mm、8mm、40mm、40mm、108mm、108mm、108mm,得到 13 条直线,结果如图 5-82 所示。

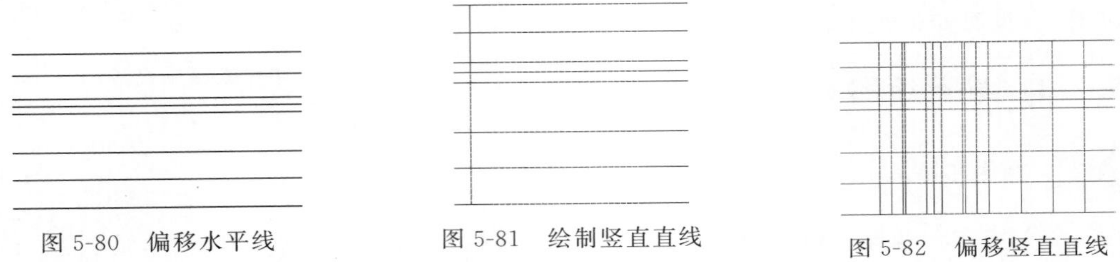

图 5-80　偏移水平线　　图 5-81　绘制竖直直线　　图 5-82　偏移竖直直线

(5) 修剪直线。单击"默认"选项卡"修改"面板中的"修剪"按钮,修剪掉多余的线段,得到图样布局,如图 5-83 所示。

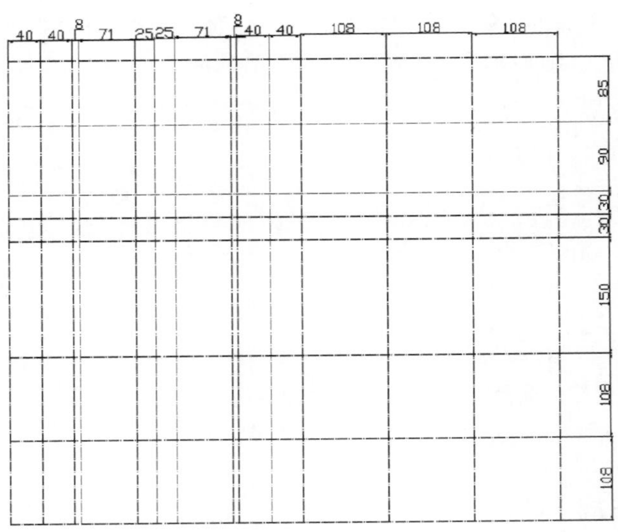

图 5-83　图样布局

(6) 绘制三视图布局。单击"默认"选项卡"修改"面板中的"修剪"按钮和"删除"按钮,将图 5-83 裁剪成图 5-84 所示的 3 个区域,每个区域对应一个视图。

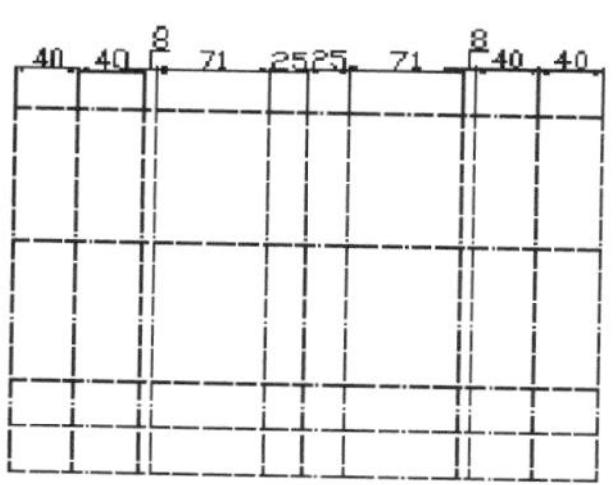

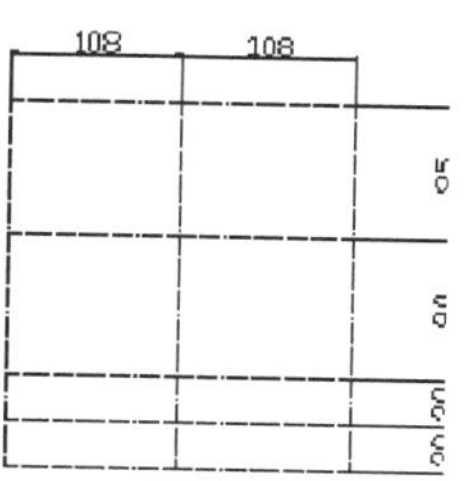

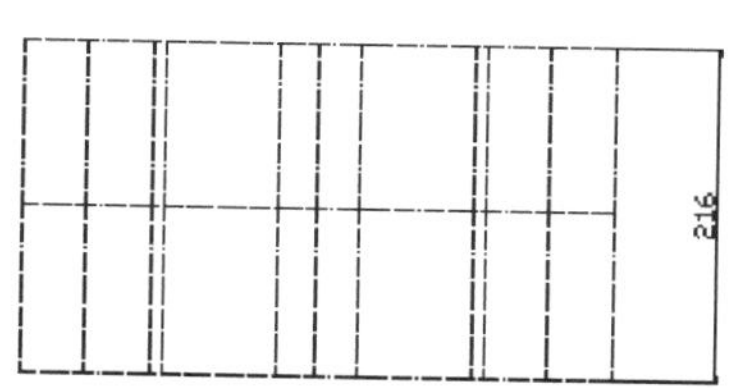

图 5-84 裁剪图样

5.7.3 绘制主视图

操作步骤

1. 修剪图形

单击“默认”选项卡“修改”面板中的“修剪”按钮，修剪图 5-84 中的左上角区域，得到主视图的大致轮廓，如图 5-85 所示。

2. 绘制主视图左半部分

(1) 单击“默认”选项卡“修改”面板中的“偏移”按钮，将图 5-85 所示的直线 1 向下偏移 4mm，选中偏移后的直线，将其图层特性设为“虚线层”。单击“默认”选项卡“修改”面板中的“修剪”按钮，保留图形的左半部分，如图 5-86 所示。

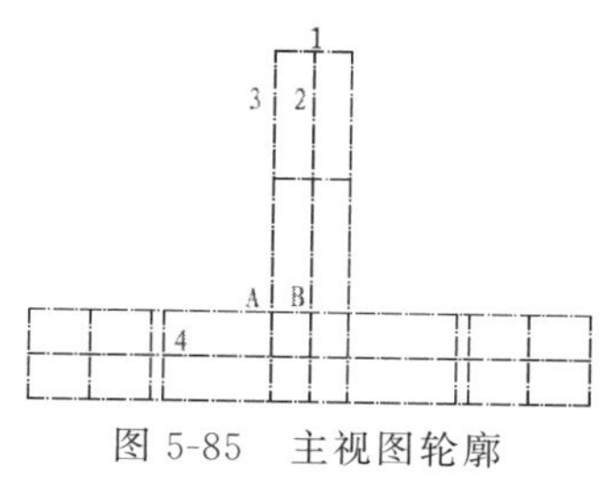

图 5-85 主视图轮廓

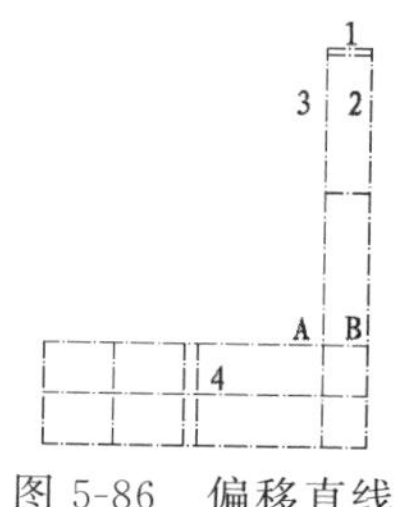

图 5-86 偏移直线

(2) 单击“默认”选项卡“修改”面板中的“偏移”按钮，将图 5-85 所示的直线 2 向左偏移 17.5mm，选中偏移后的直线，将其图层特性改为“虚线层”。单击“默认”选项卡“修改”面板中的“修剪”按钮，得到表示圆孔的隐线。

(3) 单击“默认”选项卡“修改”面板中的“偏移”按钮，将图 5-85 所示的直线 3 向左偏移 4mm，并将其图形特性改为“实体图形符号层”。单击“默认”选项卡“修改”面板

Note

中的“修剪”按钮，得到表示架板与抱箍板连接斜面的小矩形。

(4) 单击“默认”选项卡“绘图”面板中的“图案填充”按钮，系统打开“图案填充和渐变色”对话框的“图案填充创建”选项卡，设置“图案填充图案”为 SOLID，“图案填充角度”设置为 0，“填充图案比例”设置为 1，其他采用默认值。

(5) 单击“拾取点”按钮，依次选择小矩形的 4 个边作为填充边界，按 Enter 键，完成图案的填充，如图 5-87 所示。

(6) 将当前图层由“轮廓线层”切换为“实体符号层”，单击“默认”选项卡“绘图”面板中的“圆”按钮，以图 5-88 所示的交点为圆心，绘制直径为 17.5mm 的表示螺孔的小圆形，结果如图 5-89 所示。

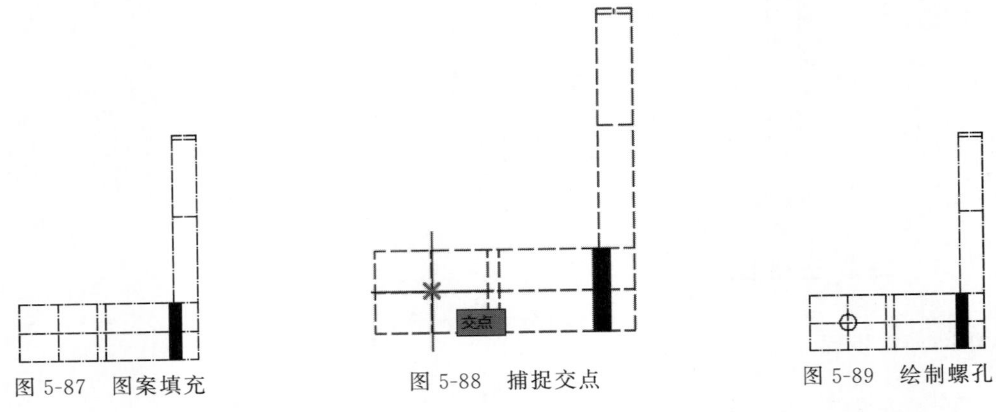

图 5-87　图案填充　　图 5-88　捕捉交点　　图 5-89　绘制螺孔

(7) 单击“默认”选项卡“绘图”面板中的“多段线”按钮，画出主视图外轮廓线的左半部分，关闭轮廓线层后的结果如图 5-90 所示。

(8) 打开“轮廓线”图层，单击“默认”选项卡“修改”面板中的“镜像”按钮，以中心线为对称轴，把左边图形对称复制一份，结果如图 5-91 所示。

(9) 选择最左边和最右边第 3 条竖线，将其图层特性改为“轮廓线层”，得到如图 5-92 所示图形。

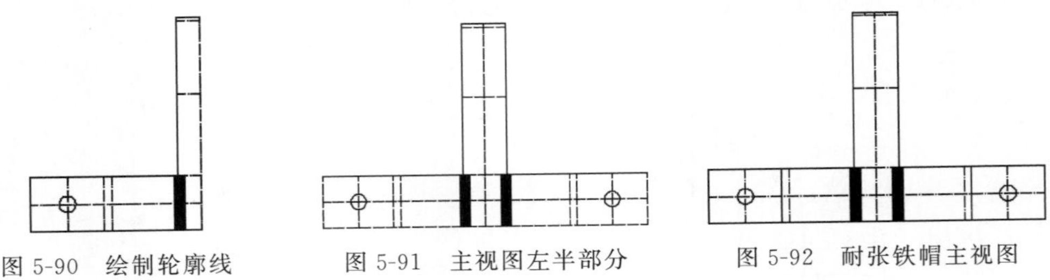

图 5-90　绘制轮廓线　　图 5-91　主视图左半部分　　图 5-92　耐张铁帽主视图

5.7.4　绘制左视图

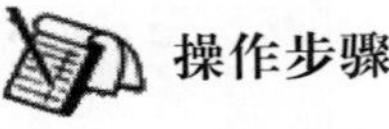

操作步骤

(1) 单击“默认”选项卡“修改”面板中的“偏移”按钮，在左视图区域补充绘制定位线，如图 5-93 所示。

（2）将“实体符号层”设置为当前图层，单击“默认”选项卡“绘图”面板中的“多段线”按钮，通过捕捉端点和交点绘制出架板的外轮廓线，如图 5-94 所示。

（3）单击“默认”选项卡“修改”面板中的“偏移”按钮，将架板的外轮廓线向内偏移 4mm，得到架板的内轮廓线，如图 5-95 所示。

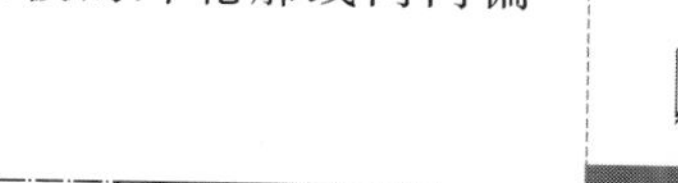

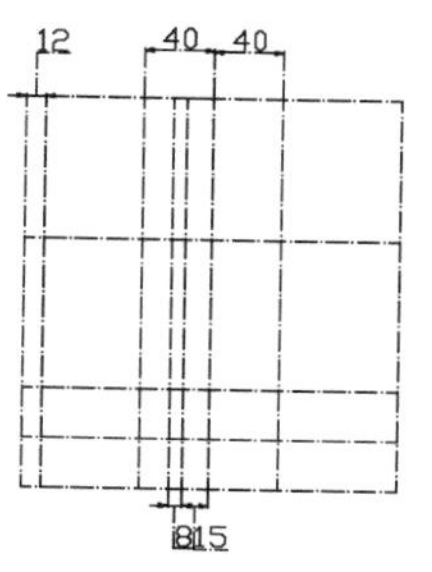

图 5-93　在左视图添加定位线

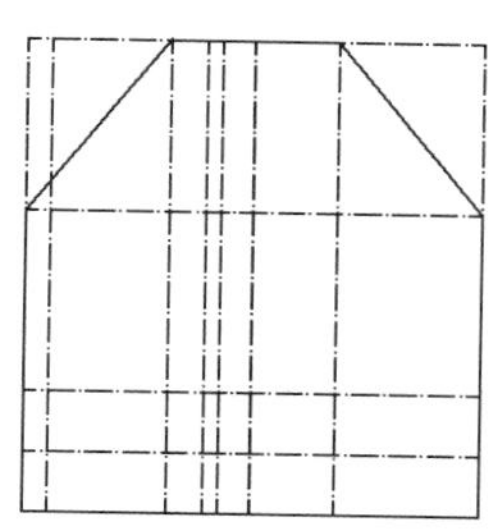

图 5-94　架板外轮廓

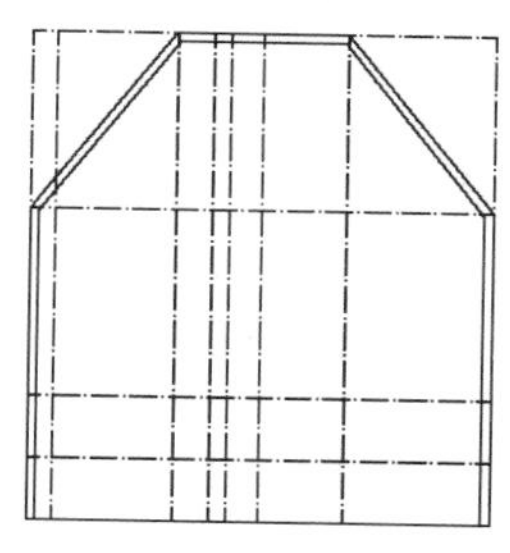

图 5-95　绘制内轮廓线

（4）单击“默认”选项卡“修改”面板中的“修剪”按钮，对左视图区域的左下方轴线进行修剪，得到抱箍板的大致轮廓，如图 5-96 所示。

（5）单击“默认”选项卡“绘图”面板中的“多段线”按钮，绘制出抱箍板的轮廓，如图 5-97 所示。

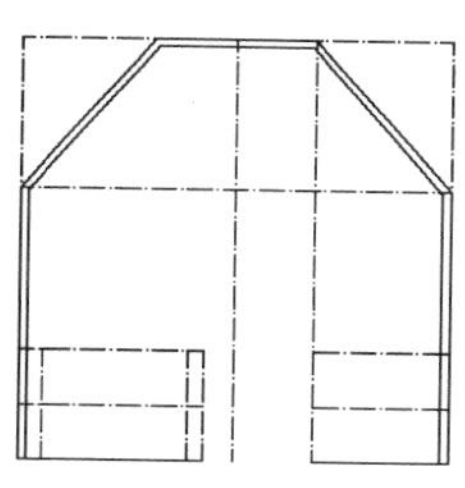

图 5-96　修剪图形

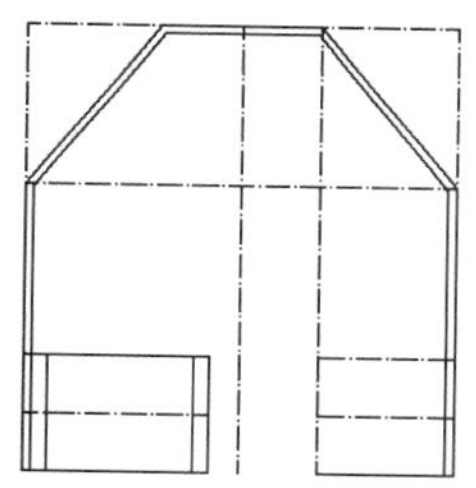

图 5-97　抱箍板轮廓

（6）绘制表示抱箍板上的螺孔的虚线。

① 将“虚线层”设置为当前图层。

② 选择菜单栏中的“工具”→“草图设置”命令，设置象限点、交点、垂足、中点和端点为可捕捉模式。

③ 单击“默认”选项卡“绘图”面板中的“直线”按钮，在“对象追踪”绘图方式下，通过追踪主视图中螺孔的象限点，确定直线的第一个端点，如图 5-98 所示。捕捉垂足确定直线的第二个端点，绘制好的直线如图 5-99 所示。

④ 单击“默认”选项卡“修改”面板中的“镜像”按钮，将图 5-99 所示的抱箍板的左半部分镜像复制，得到抱箍板的右半部分。

⑤ 单击“默认”选项卡“修改”面板中的“偏移”按钮，将中心线向左右各偏移 12.5mm。单击“默认”选项卡“修改”面板中的“修剪”按钮，修剪掉多余直线，至此，左视图绘制基本完成。关闭轮廓线层后，显示结果如图 5-100 所示。

Note

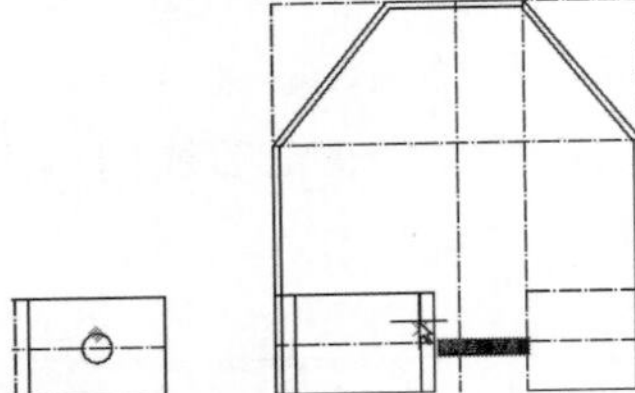
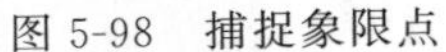

图 5-98　捕捉象限点

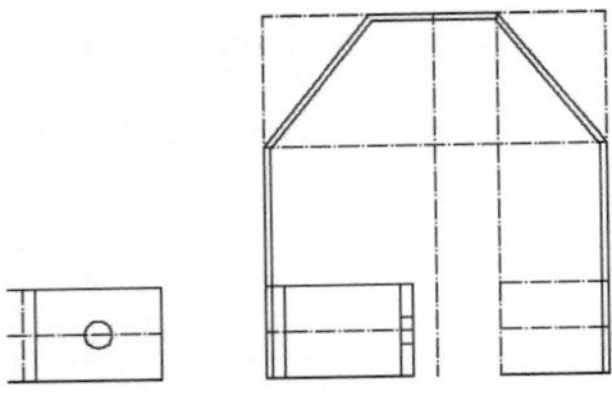

图 5-99　绘制直线

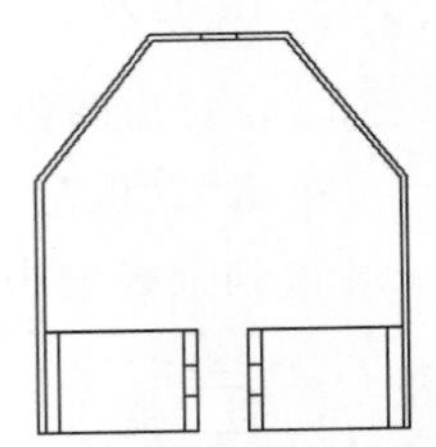

图 5-100　耐张铁帽左视图

5.7.5　绘制俯视图

操作步骤

(1) 单击“默认”选项卡“修改”面板中的“偏移”按钮⊆,在俯视图区域补充绘制定位线,如图 5-101 所示。

(2) 将“实体符号层”设置为当前图层,单击“默认”选项卡“绘图”面板中的“圆”按钮⊙,绘制抱箍板图形部分的轮廓,两个圆的半径分别为 96mm 和 104mm。

(3) 单击“默认”选项卡“绘图”面板中的“多段线”按钮⊃,绘制抱箍板的左上平板部分的轮廓,如图 5-102 所示。

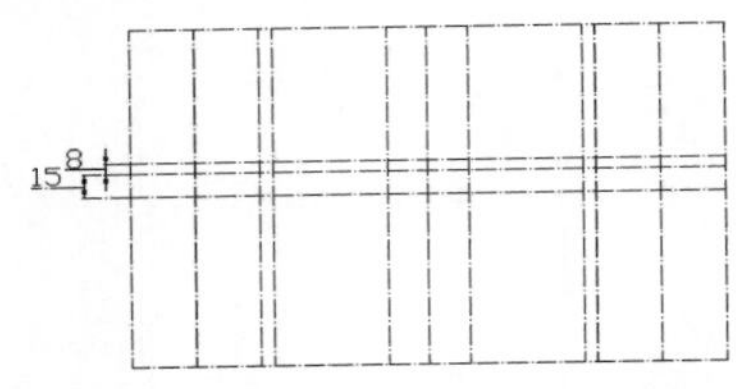

图 5-101　俯视区添加定位线

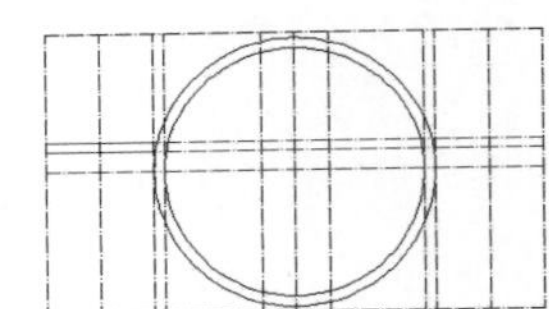

图 5-102　定位抱箍板轮廓的图形

(4) 关闭轮廓线层,将“虚线层”设置为当前图层。单击“默认”选项卡“绘图”面板中的“直线”按钮╱,绘制表示抱箍板上的螺孔。

(5) 单击“默认”选项卡“修改”面板中的“圆角”按钮⌐,设置圆角半径为 10mm,然后分别对抱箍板平板向圆板过渡处的内侧及外侧进行倒圆角,如图 5-103 所示。

(6) 单击“默认”选项卡“修改”面板中的“镜像”按钮⚠,镜像复制出抱箍板的右上平板部分。

(7) 单击“默认”选项卡“修改”面板中的“修剪”按钮✂,修剪掉两个圆形的多余部分,如图 5-104 所示。

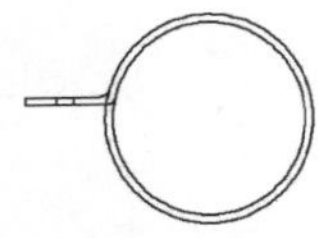

图 5-103　绘制圆角

图 5-104　完成抱箍板绘制

(8) 绘制架板在俯视图上的投影。

① 打开轮廓线层,然后把“实体符号层”设置为当前图层。

② 单击“默认”选项卡“绘图”面板中的“圆”按钮⊙，绘制架板轮廓的定位圆，如图 5-105 所示。

③ 单击“视图”选项卡“导航”面板“范围”下拉菜单中的“窗口”按钮□，局部放大图 5-105 的顶部。

④ 单击“默认”选项卡“修改”面板中的“修剪”按钮✂，以定位线 1 和定位线 2 为修剪边，修剪掉外面圆的多余部分。

⑤ 单击“默认”选项卡“修改”面板中的“偏移”按钮⊆，将定位线 1 和定位线 2 分别向外偏移 4mm。

⑥ 单击“默认”选项卡“绘图”面板中的“直线”按钮╱，绘制架板与抱箍板连接斜面的两条短线，如图 5-106 所示。

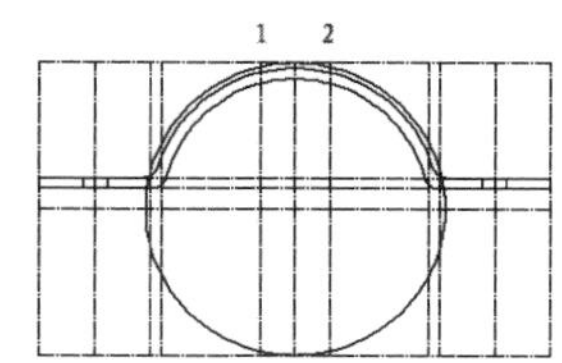

图 5-105 绘制定位架板投影的圆

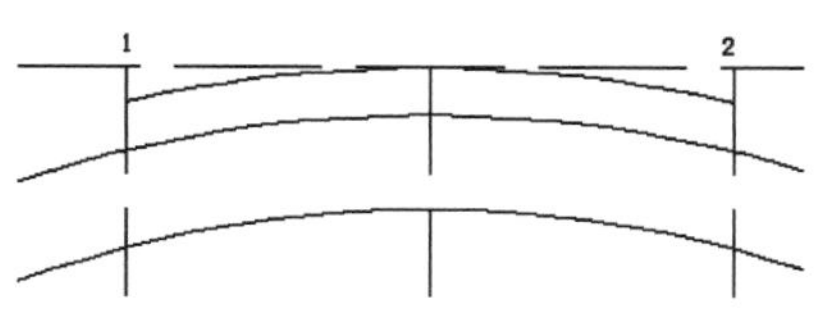

图 5-106 绘制架板投影

⑦ 单击“默认”选项卡“绘图”面板中的“图案填充”按钮▦，系统打开“图案填充和渐变色”对话框的“图案填充创建”选项卡，设置“图案填充图案”为 ANSI31，“图案填充角度”设置为 0，“填充图案比例”设置为 1，其他采用默认值。

⑧ 单击“选择对象”按钮，暂时回到绘图窗口中进行选择。选择架板内一点，再次按 Enter 键回到“图案填充和渐变色”对话框，单击“确定”按钮，完成图案的填充，如图 5-107 所示。

(9) 单击“默认”选项卡“修改”面板中的“镜像”按钮⚠，打开轮廓线层，镜像复制出俯视图另一部分，再次关闭定位线层后结果如图 5-108 所示。

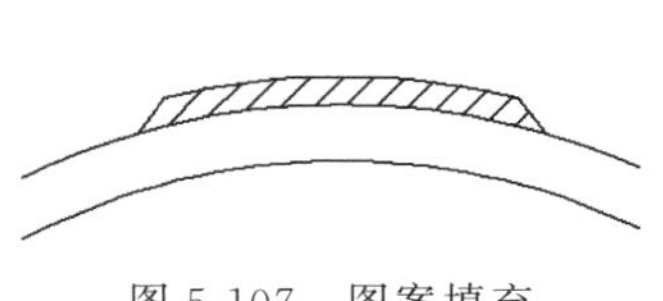

图 5-107 图案填充

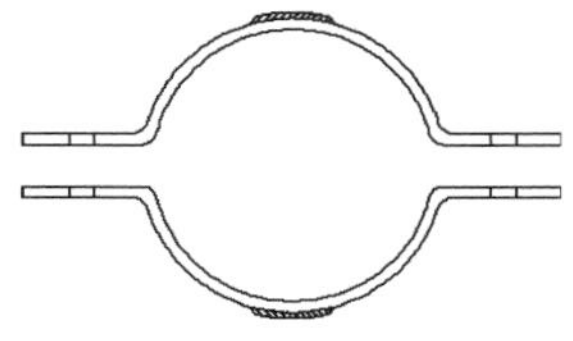

图 5-108 俯视图

(10) 单击“视图”选项卡“导航”面板“范围”下拉菜单中的“全部”按钮□，则三视图全部显示于模型空间，打开轮廓线层，删除不必要的定位线，把余下的定位线修改为轴线，最终结果如图 5-78 所示。

第6章

尺寸标注

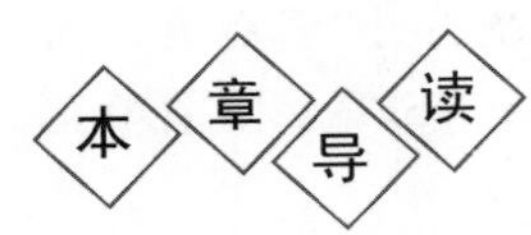

尺寸标注是绘图设计过程中相当重要的一个环节。由于图形的主要作用是表达物体的形状，而物体各部分的真实大小和各部分之间的确切位置只能通过尺寸标注来表达，因此，如果没有正确的尺寸标注，那么绘制出的图纸对于加工制造就没有实际意义。AutoCAD 2022 提供了方便、准确的尺寸标注功能。

学习要点

- 尺寸样式
- 标注尺寸
- 引线标注

Note

6.1 尺寸样式

组成尺寸标注的尺寸界线、尺寸线、尺寸文本及箭头等可以采用多种多样的形式，实际标注一个几何对象的尺寸时，它的尺寸标注以什么形态出现，取决于当前所采用的尺寸标注样式。标注样式决定尺寸标注的形式，包括尺寸线、尺寸界线、箭头和中心标记的形式，以及尺寸文本的位置、特性等。在 AutoCAD 2022 中用户可以利用“标注样式管理器”对话框方便地设置自己需要的尺寸标注样式。下面介绍如何定制尺寸标注样式。

6.1.1 新建或修改尺寸样式

在进行尺寸标注之前，要建立尺寸标注的样式。如果用户不建立尺寸样式而直接进行标注，系统则使用默认的名称为 STANDARD 的样式。如果用户认为使用的标注样式有个别设置不合适，也可以对其进行修改。

1. 执行方式

命令行：DIMSTYLE。

菜单栏：选择菜单栏中的“格式”→“标注样式”命令或选择菜单栏中的“标注”→“标注样式”命令。

工具栏：单击“标注”工具栏中的“标注样式”按钮。

功能区：单击“默认”选项卡“注释”面板中的“标注样式”按钮，或单击“注释”选项卡“标注”面板“标注样式”下拉菜单中的“管理标注样式”选项，或单击“注释”选项卡“标注”面板中“对话框启动器”按钮。

2. 操作格式

```
命令：DIMSTYLE↙
```

执行上述命令后，AutoCAD 打开“标注样式管理器”对话框，如图 6-1 所示。利用

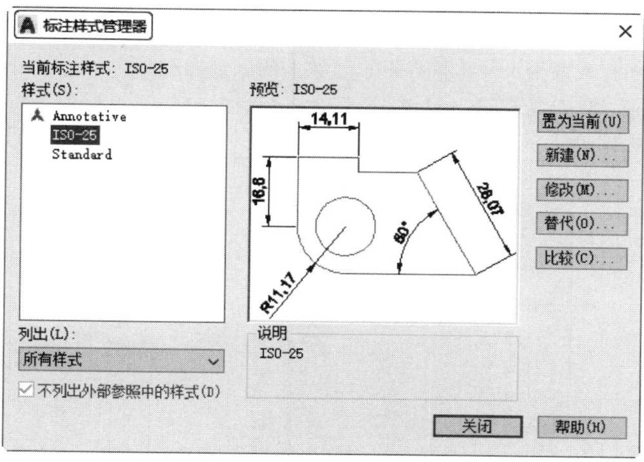

图 6-1 “标注样式管理器”对话框

此对话框可方便直观地设置和浏览尺寸标注样式，包括建立新的标注样式、修改已存在的样式、设置当前尺寸标注样式、样式重命名以及删除一个已存在的样式等。

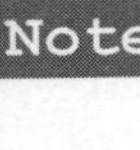

Note

3. 选项说明

“新建或修改尺寸样式”命令各选项的含义如表 6-1 所示。

表 6-1 “新建或修改尺寸样式”命令各选项的含义

<table>
<tr><th>选　项</th><th colspan="2">含　义</th></tr>
<tr><td>“置为当前”按钮</td><td colspan="2">单击此按钮，把在“样式”列表框中选中的样式设置为当前样式</td></tr>
<tr><td rowspan="5">“新建”按钮</td><td colspan="2">定义一个新的尺寸标注样式。单击此按钮，AutoCAD 2022 打开“创建新标注样式”对话框，如图 6-2 所示，利用此对话框可创建一个新的尺寸标注样式。下面介绍其中各选项的功能</td></tr>
<tr><td>“新样式名”文本框</td><td>给新的尺寸标注样式命名</td></tr>
<tr><td>“基础样式”下拉列表框</td><td>选取创建新样式所基于的标注样式。单击右侧的下三角按钮，出现当前已有的样式列表，从中选取一个作为定义新样式的基础，新的样式是在这个样式的基础上修改一些特性得到的</td></tr>
<tr><td>“用于”下拉列表框</td><td>指定新样式应用的尺寸类型。单击右侧的下三角按钮，出现尺寸类型列表，如果新建样式应用于所有尺寸，则选择“所有标注”选项；如果新建样式只应用于特定的尺寸标注(例如只在标注直径时使用此样式)，则选取相应的尺寸类型</td></tr>
<tr><td>“继续”按钮</td><td>各选项设置好以后，单击“继续”按钮，AutoCAD 打开“新建标注样式”对话框，如图 6-3 所示，利用此对话框可对新样式的各项特性进行设置。该对话框中各部分的含义和功能将在后文介绍</td></tr>
<tr><td>“修改”按钮</td><td colspan="2">修改一个已存在的尺寸标注样式。单击此按钮，AutoCAD 将弹出“修改标注样式”对话框，该对话框中的各选项与“新建标注样式”对话框中完全相同，用户可以在此对已有标注样式进行修改</td></tr>
<tr><td>“替代”按钮</td><td colspan="2">设置临时覆盖尺寸标注样式。单击此按钮，AutoCAD 打开“替代当前样式”对话框，该对话框中的各选项与“新建标注样式”对话框完全相同，用户可改变选项的设置覆盖原来的设置。但这种修改只对指定的尺寸标注起作用，而不影响当前尺寸变量的设置</td></tr>
<tr><td>“比较”按钮</td><td colspan="2">比较两个尺寸标注样式在参数上的区别，或浏览一个尺寸标注样式的参数设置。单击此按钮，AutoCAD 打开“比较标注样式”对话框，如图 6-4 所示。可以把比较结果复制到剪贴板上，再粘贴到其他的 Windows 应用软件上</td></tr>
</table>

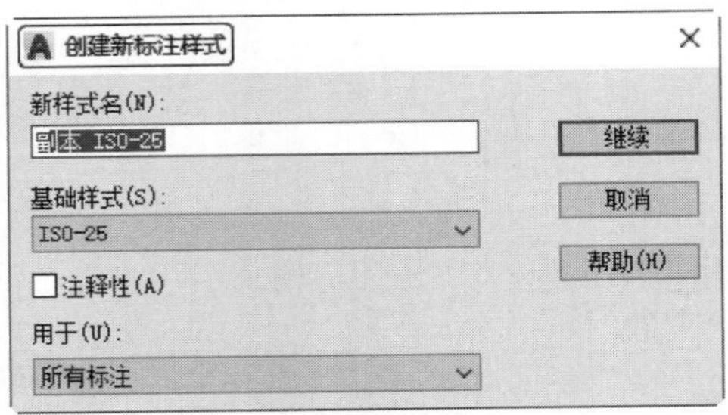

图 6-2 “创建新标注样式”对话框

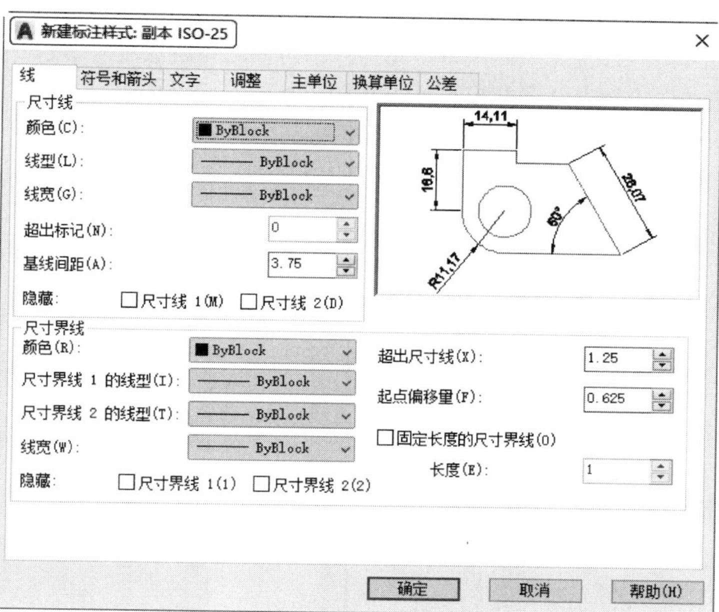

图 6-3　“新建标注样式”对话框

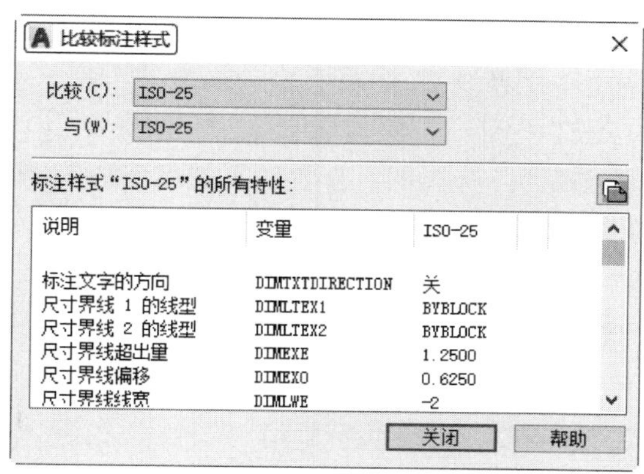

图 6-4　“比较标注样式”对话框

6.1.2　线

在“新建标注样式”对话框中，第一个选项卡就是“线”。该选项卡用于设置尺寸线、尺寸界线的形式和特性。现分别进行说明。

1. “尺寸线”选项区

该选项区用于设置尺寸线的特性，其中主要选项的含义如下。

（1）“颜色”下拉列表框：设置尺寸线的颜色。可直接输入颜色名称，也可从下拉列表中选择，如果选择“选择颜色”选项，则 AutoCAD 打开“选择颜色”对话框供用户选择其他颜色。

（2）“线宽”下拉列表框：设置尺寸线的线宽，下拉列表中列出了各种线宽的名称

和宽度。AutoCAD把设置值保存在DIMLWD变量中。

（3）“超出标记”微调框：当尺寸箭头设置为短斜线、短波浪线等，或尺寸线上无箭头时，可利用此微调框设置尺寸线超出尺寸界线的距离。其相应的尺寸变量是DIMDLE。

Note

（4）“基线间距”微调框：设置以基线方式标注尺寸时，相邻两尺寸线之间的距离，相应的尺寸变量是DIMDLI。

（5）“隐藏”复选框组：确定是否隐藏尺寸线及相应的箭头。选中“尺寸线1”复选框表示隐藏第一段尺寸线，选中“尺寸线2”复选框表示隐藏第二段尺寸线。相应的尺寸变量为DIMSD1和DIMSD2。

2. “尺寸界线”选项区

该选项区用于确定尺寸界线的形式，其中主要选项的含义如下。

（1）“颜色”下拉列表框：设置尺寸界线的颜色。

（2）“线宽”下拉列表框：设置尺寸界线的线宽，AutoCAD把其值保存在DIMLWE变量中。

（3）“超出尺寸线”微调框：确定尺寸界线超出尺寸线的距离，相应的尺寸变量是DIMEXE。

（4）“起点偏移量”微调框：确定尺寸界线的实际起始点相对于指定的尺寸界线的起始点的偏移量，相应的尺寸变量是DIMEXO。

（5）“隐藏”复选框组：确定是否隐藏尺寸界线。选中“尺寸界线1”复选框表示隐藏第一段尺寸界线，选中“尺寸界线2”复选框表示隐藏第二段尺寸界线。相应的尺寸变量为DIMSE1和DIMSE2。

（6）“固定长度的尺寸界线”复选框：选中该复选框，系统以固定长度的尺寸界线标注尺寸。可以在下面的“长度”微调框中输入长度值。

3. 尺寸样式显示框

在“新建标注样式”对话框的右上方，是一个尺寸样式显示框，该框以样例的形式显示用户设置的尺寸样式。

6.1.3 文字

在“新建标注样式”对话框中，第3个选项卡就是“文字”，如图6-5所示。该选项卡用于设置尺寸文本的形式、位置和对齐方式等。

1. “文字外观”选项区

（1）“文字样式”下拉列表框：选择当前尺寸文本采用的文本样式。可在下拉列表中选取一个样式，也可单击右侧的...按钮，打开“文字样式”对话框以创建新的文字样式，或对文字样式进行修改。AutoCAD将当前文字样式保存在DIMTXSTY系统变量中。

（2）“文字颜色”下拉列表框：设置尺寸文本的颜色，其操作方法与设置尺寸线颜色的方法相同。与其对应的尺寸变量是DIMCLRT。

（3）“文字高度”微调框：设置尺寸文本的字高，相应的尺寸变量是DIMTXT。如果选用的文字样式中已设置了具体的字高（不是0），则此处的设置无效；如果文字样式

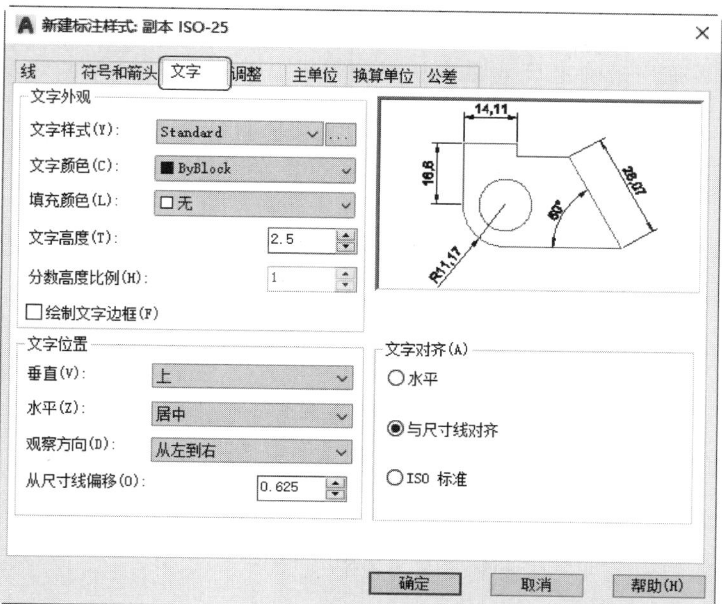

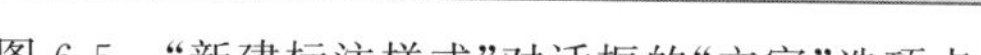

图 6-5 “新建标注样式”对话框的“文字”选项卡

中设置的字高为 0,才以此处的设置为准。

(4)“分数高度比例”微调框:确定尺寸文本的比例系数,相应的尺寸变量是 DIMTFAC。

(5)“绘制文字边框”复选框:选中此复选框,AutoCAD 将在尺寸文本的周围加上边框。

2.“文字位置”选项区

1)“垂直”下拉列表框

该下拉列表框用于确定尺寸文本相对于尺寸线在垂直方向的对齐方式,相应的尺寸变量是 DIMTAD。在该下拉列表框中,可选择的对齐方式有以下 4 种。

(1) 居中:将尺寸文本放在尺寸线的中间,此时 DIMTAD=0。

(2) 上:将尺寸文本放在尺寸线的上方,此时 DIMTAD=1。

(3) 外部:将尺寸文本放在远离第一条尺寸界线起点的位置,即和所标注的对象分列于尺寸线的两侧,此时 DIMTAD=2。

(4) JIS:使尺寸文本的放置符合 JIS(日本工业标准)规则,此时 DIMTAD=3。

上述文本布置方式如图 6-6 所示。

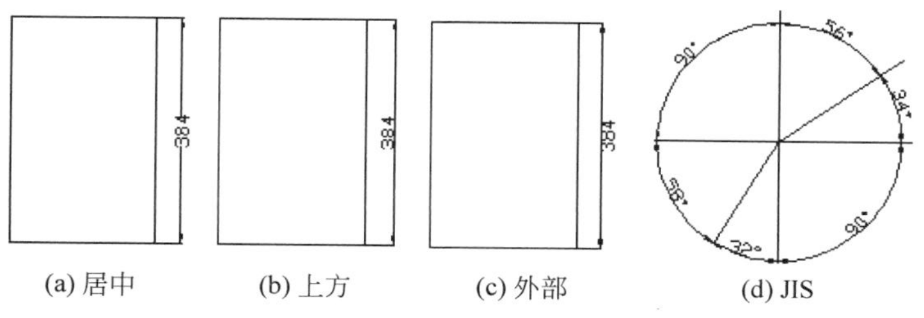

(a) 居中　(b) 上方　(c) 外部　(d) JIS

图 6-6 尺寸文本在垂直方向的放置

2）“水平”下拉列表框

该下拉列表框用来确定尺寸文本相对于尺寸线和尺寸界线在水平方向的对齐方式，相应的尺寸变量是 DIMJUST。在下拉列表框中可选择的对齐方式有以下 5 种：居中、第一个尺寸界线、第二个尺寸界线、第一个尺寸界线上方、第二个尺寸界线上方，如图 6-7(a)～(e)所示。

Note

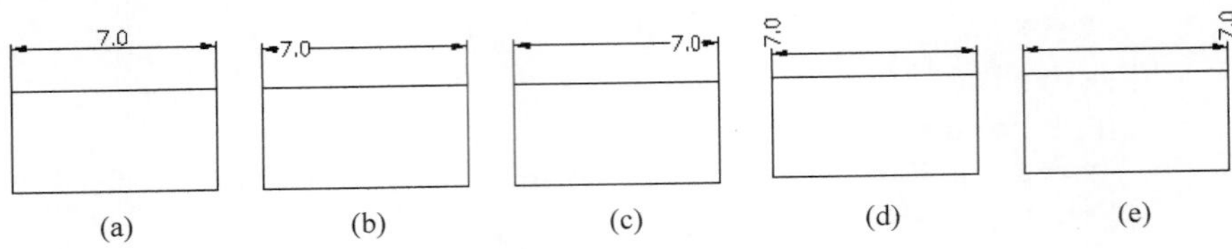

图 6-7　尺寸文本在水平方向的放置

3）“从尺寸线偏移”微调框

当尺寸文本放在断开的尺寸线中间时，此微调框用来设置尺寸文本与尺寸线之间的距离（尺寸文本间隙），这个值保存在尺寸变量 DIMGAP 中。

3. “文字对齐”选项区

此选项区用来控制尺寸文本排列的方向。当尺寸文本在尺寸界线之内时，与其对应的尺寸变量是 DIMTIH；当尺寸文本在尺寸界线之外时，与其对应的尺寸变量是 DIMTOH。

（1）“水平”单选按钮：尺寸文本沿水平方向放置。不论标注什么方向的尺寸，尺寸文本总保持水平。

（2）“与尺寸线对齐”单选按钮：尺寸文本沿尺寸线方向放置。

（3）“ISO 标准”单选按钮：当尺寸文本在尺寸界线之间时，沿尺寸线方向放置；尺寸文本在尺寸界线之外时，沿水平方向放置。

6.2　标注尺寸

正确进行尺寸标注是设计绘图工作中非常重要的环节，尺寸标注方法可方便快捷地通过执行命令实现，也可利用菜单或工具图标实现。本节重点介绍如何对各种类型的尺寸进行标注。

6.2.1　线性标注

1. 执行方式

命令行：DIMLINEAR（缩写名：DIMLIN）。

菜单栏：选择菜单栏中的“标注”→“线性”命令。

工具栏：单击“标注”工具栏中的“线性”按钮 。

功能区：单击“默认”选项卡“注释”面板中的“线性”按钮 ，或单击“注释”选项卡“标注”面板中的“线性”按钮 。

2. 操作格式

```
命令：DIMLIN↙
指定第一条尺寸界线原点或<选择对象>:
```

3. 选项说明

在此提示下有两种选择，直接按 Enter 键选择要标注的对象或确定尺寸界线的起始点，“线性标注”命令各选项的含义如表 6-2 所示。

表 6-2 “线性标注”命令各选项的含义

<table>
<tr><th>选　项</th><th colspan="2">含　义</th></tr>
<tr><td rowspan="8">直接按 Enter 键</td><td colspan="2">光标变为拾取框，并且在命令行提示：
选择标注对象：
用拾取框点取要标注尺寸的线段，AutoCAD 提示：
指定尺寸线位置或[多行文字(M)/文字(T)/角度(A)/水平(H)/垂直(V)/旋转(R)]:
各项的含义如下</td></tr>
<tr><td>指定尺寸线位置</td><td>确定尺寸线的位置。用户可移动鼠标选择合适的尺寸线位置，然后按 Enter 键或单击，AutoCAD 将自动测量所标注线段的长度并标注出相应的尺寸</td></tr>
<tr><td>多行文字(M)</td><td>用多行文字编辑器确定尺寸文本</td></tr>
<tr><td>文字(T)</td><td>在命令行提示下输入或编辑尺寸文本。选择此选项后，AutoCAD 提示：
输入标注文字<默认值>:
其中的默认值是 AutoCAD 自动测量得到的被标注线段的长度，直接按 Enter 键即可采用此长度值，也可输入其他数值代替默认值。当尺寸文本中包含默认值时，可使用尖括号“< >”表示默认值</td></tr>
<tr><td>角度(A)</td><td>确定尺寸文本的倾斜角度</td></tr>
<tr><td>水平(H)</td><td>水平标注尺寸，不论标注什么方向的线段，尺寸线均水平放置</td></tr>
<tr><td>垂直(V)</td><td>垂直标注尺寸，不论被标注线段沿什么方向，尺寸线总保持垂直</td></tr>
<tr><td>旋转(R)</td><td>输入尺寸线旋转的角度值，旋转标注尺寸</td></tr>
<tr><td>指定第一个(第二个)尺寸界线原点</td><td colspan="2">指定第一个与第二个尺寸界线的起始点</td></tr>
</table>

6.2.2 直径标注

1. 执行方式

命令行：DIMDIAMETER(缩写名：DDI)。

菜单栏：选择菜单栏中的“标注”→“直径”命令。

工具栏：单击“标注”工具栏中的“直径”按钮⊘。

功能区：单击“默认”选项卡“注释”面板中的“直径”按钮⊘。

Note

2. 操作格式

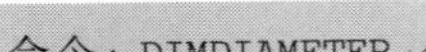

```
命令：DIMDIAMETER↙
选择圆弧或圆：(选择要标注直径的圆或圆弧)
指定尺寸线位置或 [多行文字(M)/文字(T)/角度(A)]：(确定尺寸线的位置或选择某一选项)
```

用户可以选择“多行文字”“文字”或“角度”选项来输入、编辑尺寸文本或确定尺寸文本的倾斜角度，也可以直接确定尺寸线的位置，标注出指定圆或圆弧的直径。

半径标注和直径标注类似，不再赘述。

6.2.3 基线标注

基线标注用于产生一系列基于同一条尺寸界线的尺寸标注，适用于长度尺寸标注、角度标注和坐标标注等。在使用基线标注方式之前，应该先标注出一个相关的尺寸。

1. 执行方式

命令行：DIMBASELINE。

菜单栏：选择菜单栏中的“标注”→“基线”命令。

工具栏：单击“标注”工具栏中的“基线”按钮。

功能区：单击“注释”选项卡“标注”面板中的“基线”按钮。

2. 操作格式

```
命令：DIMBASELINE↙
指定第二个尺寸界线原点或 [选择(S)/放弃(U)] <选择>：
```

3. 选项说明

“基线标注”命令各选项的含义如表 6-3 所示。

表 6-3 “基线标注”命令各选项的含义

选　　项	含　　义
指定第二个尺寸界线原点	直接确定另一个尺寸的第二个尺寸界线的起点，AutoCAD 以上次标注的尺寸为基准标注出相应尺寸
<选择>	在上述提示下直接按 Enter 键，AutoCAD 提示： 选择基准标注：(选取作为基准的尺寸标注)

6.2.4 连续标注

连续标注又叫尺寸链标注，用于产生一系列连续的尺寸标注，后一个尺寸标注均把

前一个标注的第二个尺寸界线作为它的第一个尺寸界线。连续标注适用于长度尺寸标注、角度标注和坐标标注等。在使用连续标注方式之前,应该先标注出一个相关的尺寸。

Note

1. 执行方式

命令行：DIMCONTINUE。

菜单栏：选择菜单栏中的“标注”→“连续”命令。

工具栏：单击“标注”工具栏中的“连续”按钮 ⊢⊢⊢。

功能区：单击“注释”选项卡“标注”面板中的“连续”按钮 ⊢⊢⊢。

2. 操作格式

```
命令：DIMCONTINUE↙
指定第二个尺寸界线原点或[选择(S)/放弃(U)]<选择>:
```

在此提示下的各选项与基线标注中完全相同,不再赘述。连续标注的效果如图 6-8 所示。

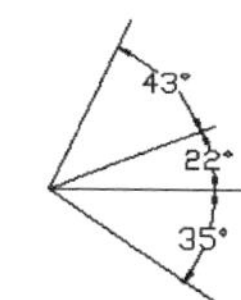

图 6-8 连续标注

6.3 引线标注

AutoCAD 2022 提供了引线标注功能,利用该功能不仅可以标注特定的尺寸,如圆角、倒角等,还可以在图中添加多行旁注、说明。在引线标注中,指引线可以是折线,也可以是曲线,指引线端部可以有箭头,也可以没有箭头。

利用 QLEADER 命令可快速生成指引线及注释,而且可以通过命令行优化对话框进行用户自定义,由此可以消除不必要的命令行提示,取得最高的工作效率。

1. 执行方式

命令行：QLEADER。

2. 操作格式

```
命令：QLEADER↙
指定第一个引线点或[设置(S)]<设置>:
```

3. 选项说明

“引线标注”命令各选项的含义如表 6-4 所示。

Note

表 6-4 “引线标注”命令各选项的含义

<table>
<tr><th>选　　项</th><th colspan="2">含　　义</th></tr>
<tr><td rowspan="4">指定第一个引线点</td><td colspan="2">在上面的提示下确定一点作为指引线的第一个点，AutoCAD 提示：
指定下一个点：(输入指引线的第二个点)
指定下一个点：(输入指引线的第三个点)
AutoCAD 提示用户输入的点的数目由“引线设置”对话框(图 6-9)确定。输入完指引线的点后 AutoCAD 提示：
指定文字宽度 <0.0000>：(输入多行文本的宽度)
输入注释文字的第一行 <多行文字(M)>：</td></tr>
<tr><td colspan="2">此时，有两种命令输入选择</td></tr>
<tr><td>输入注释文字的第一行</td><td>在命令行输入第一行文本。系统继续提示：
输入注释文字的下一行：(输入另一行文本)
输入注释文字的下一行：(输入另一行文本或按 Enter 键)</td></tr>
<tr><td><多行文字(M)></td><td>打开多行文字编辑器，输入、编辑多行文字。输入全部注释文本后，在此提示下直接按 Enter 键，AutoCAD 结束 QLEADER 命令并把多行文本标注在指引线的末端附近</td></tr>
<tr><td rowspan="2"><设置></td><td colspan="2">在上面提示下直接按 Enter 键或输入 S，AutoCAD 将打开如图 6-9 所示的“引线设置”对话框，允许对引线标注进行设置。该对话框包含“注释”“引线和箭头”“附着”3 个选项卡，下面分别进行介绍</td></tr>
<tr><td colspan="2">(1)“注释”选项卡如图 6-9 所示。
该选项卡用于设置引线标注中注释文本的类型、多行文本的格式并确定注释文本是否多次使用。
(2)“引线和箭头”选项卡如图 6-10 所示。
该选项卡用来设置引线标注中指引线和箭头的形式。其中“点数”选项区设置执行 QLEADER 命令时 AutoCAD 提示用户输入的点的数目。例如，设置点数为 3，执行 QLEADER 命令时当用户在提示下指定 3 个点后，AutoCAD 自动提示用户输入注释文本。注意，设置的点数要比用户希望的指引线的段数多 1。可利用微调框进行设置，如果选中“无限制”复选框，AutoCAD 会一直提示用户输入点直到连续按 Enter 键两次为止。“角度约束”选项区用于设置第一段和第二段指引线的角度约束。
(3)“附着”选项卡如图 6-11 所示。
该选项卡设置注释文本和指引线的相对位置。如果最后一段指引线指向右边，AutoCAD 自动把注释文本放在右侧；如果最后一段指引线指向左边，AutoCAD 自动把注释文本放在左侧。利用该选项卡中左侧和右侧的单选按钮，分别设置位于左侧和右侧的注释文本与最后一段指引线的相对位置，二者可相同也可不同</td></tr>
</table>

Note

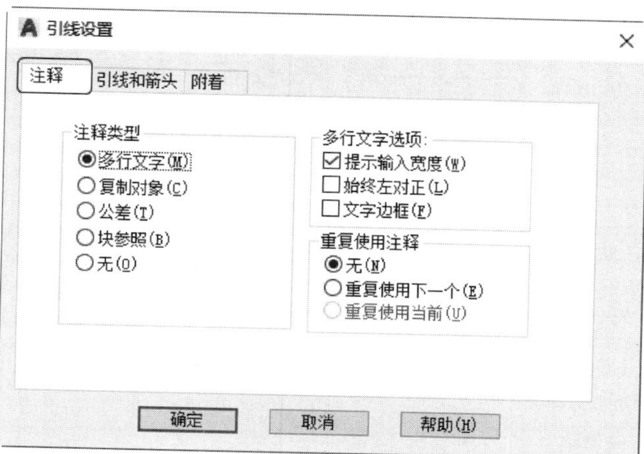

图 6-9 “引线设置”对话框

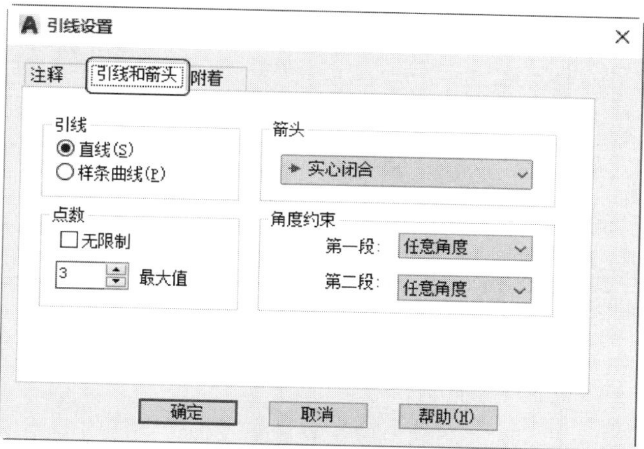

图 6-10 “引线和箭头”选项卡

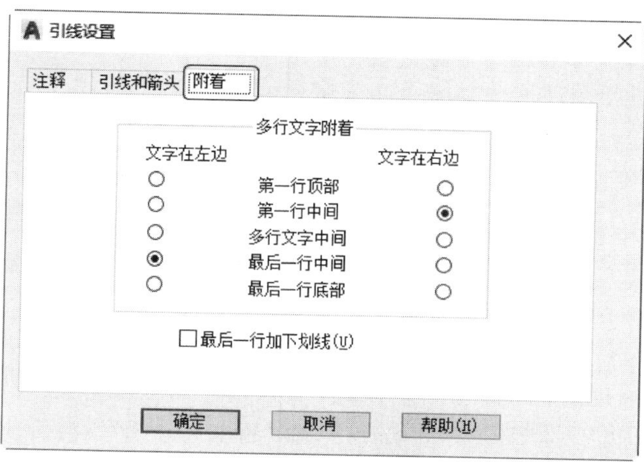

图 6-11 “附着”选项卡

6-1

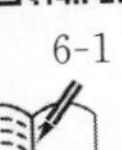

Note

6.4 实例精讲——耐张铁帽三视图尺寸标注

练习目标

本例接第 5 章的综合实例，对耐张铁帽三视图进行尺寸标注，如图 6-12 所示。

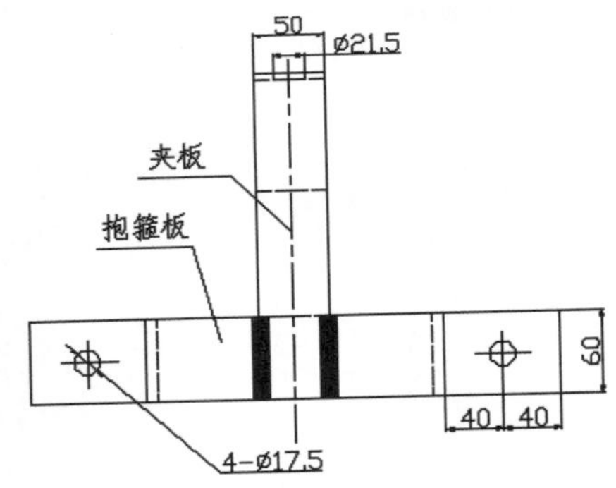

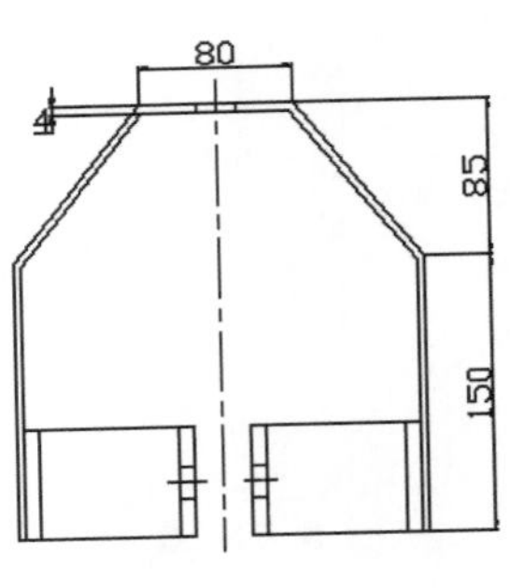

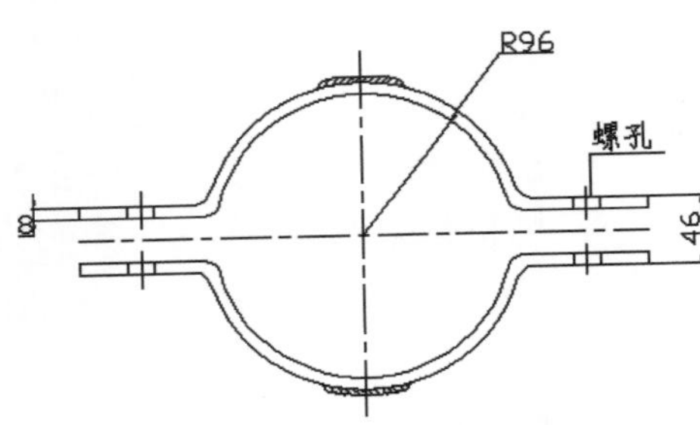

图 6-12　耐张铁帽三视图

设计思路

在本例中，将用到尺寸样式设置、线性尺寸标注、连续尺寸标注、半径尺寸标注、直径尺寸标注以及文字标注等知识。为方便操作，将用到的实例保存到源文件中，扫描二维码打开“源文件\第 6 章\耐张铁帽三视图”文件，进行以下操作。

1. 标注样式设置

(1) 单击“默认”选项卡“注释”面板中的“标注样式”按钮，❶打开“标注样式管理器”对话框，如图 6-13 所示。❷单击“新建”按钮，❸打开“创建新标注样式”对话框，如图 6-14 所示，❹在“用于”下拉列表框中选择“直径标注”选项。

(2) ❺单击“继续”按钮，❻打开“新建标注样式”对话框。其中有 7 个选项卡，通过这些选项卡可对新建的“直径标注样式”的风格进行设置。❼“线”选项卡设置如图 6-15 所示，❽将“基线间距”设置为 4.75，❾“超出尺寸线”设置为 1.25。

(3) ❶“符号和箭头”选项卡设置如图 6-16 所示，❷将“箭头大小”设置为 2，❸“折弯角度”设置为 90°。

Note

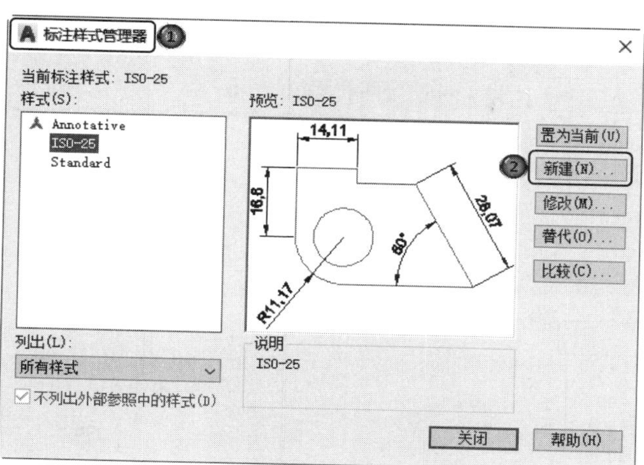

图 6-13　“标注样式管理器”对话框

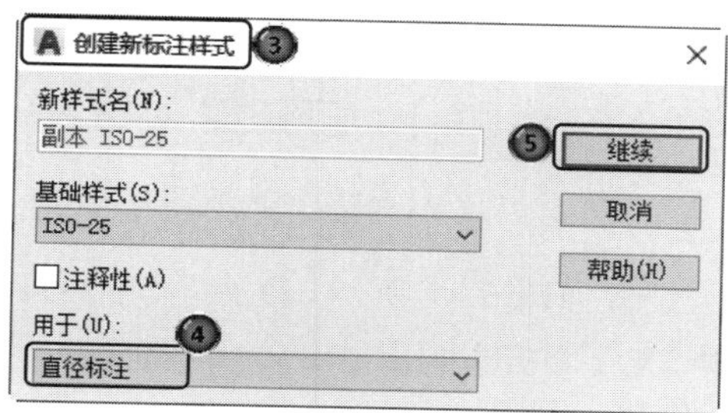

图 6-14　“创建新标注样式”对话框

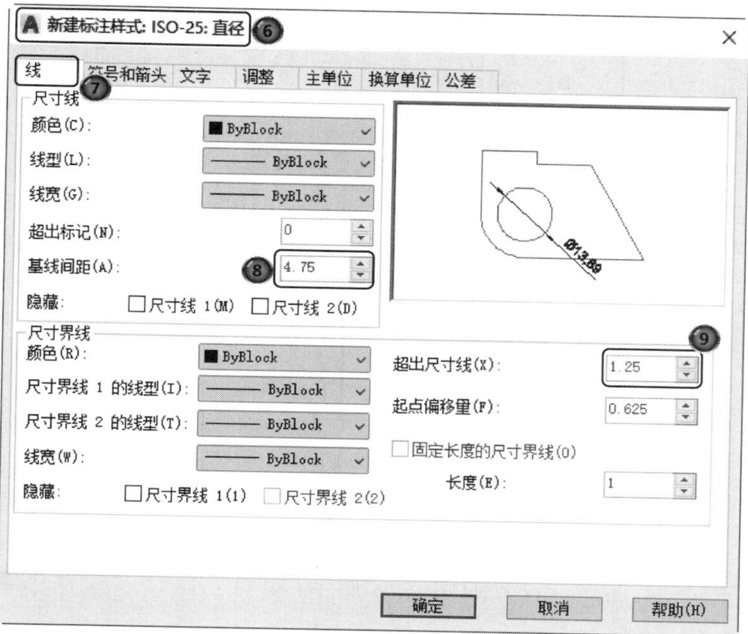

图 6-15　“线”选项卡设置

Note

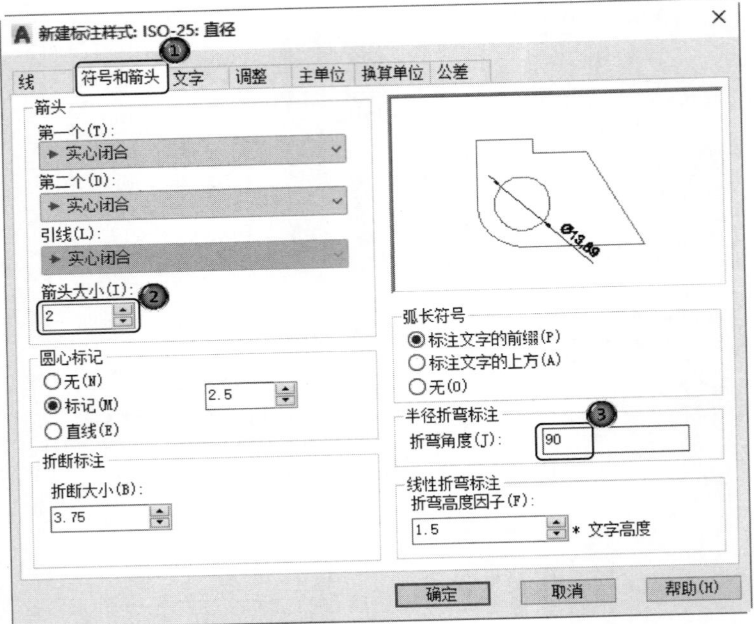

图 6-16 “符号和箭头”选项卡设置

(4) ❶“文字”选项卡设置如图 6-17 所示，❷将“文字高度”设置为 10，❸“从尺寸线偏移”设置为 0.625，❹“文字对齐”采用“水平”。

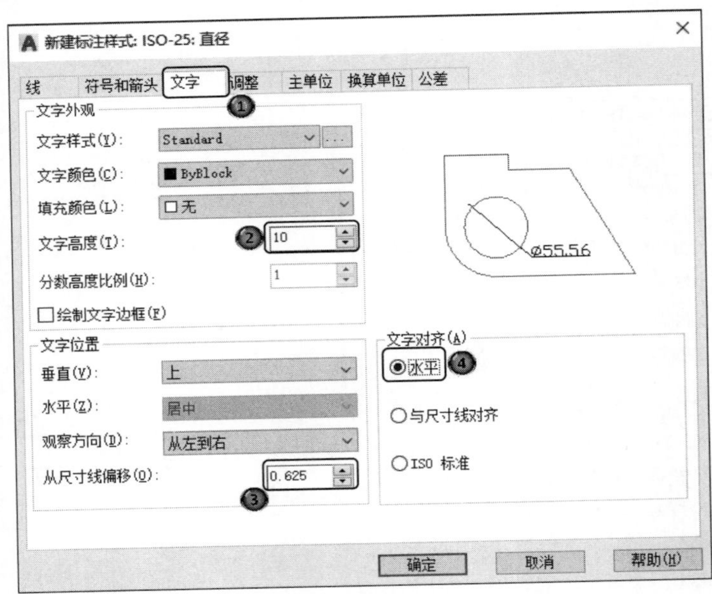

图 6-17 “文字”选项卡设置

(5) ❶“主单位”选项卡设置如图 6-18 所示，❷将“舍入”设置为 0，❸“小数分隔符”为“句点”。

(6)“调整”和“换算单位”选项卡不进行设置，后面用到的时候再进行设置。设置

完毕后，回到“标注样式管理器”对话框，单击“置为当前”按钮，将新建的标注样式设置为当前使用的标注样式。

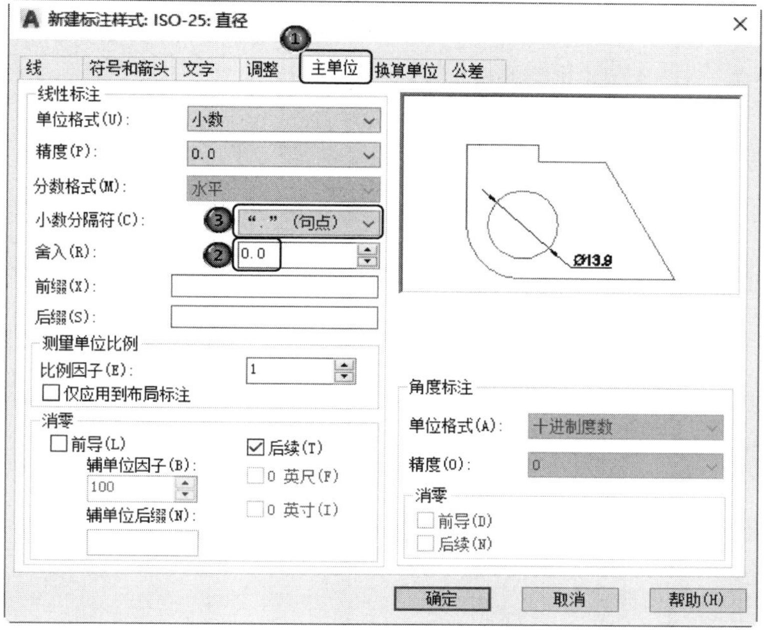

图 6-18　“主单位”选项卡设置

2. 标注直径尺寸

(1) 单击“默认”选项卡“注释”面板中的“直径”按钮⊘，标注如图 6-19 所示的直径。命令行操作如下：

```
命令：_DIMDIAMETER
选择圆弧或圆:(选择小圆)
标注文字 = 17.5
指定尺寸线位置或 [多行文字(M)/文字(T)/角度(A)]:(适当指定一个位置)
```

(2) 双击欲修改的直径标注文字，系统弹出文字格式编辑器，在已有的文字前面输入“4×”，标注结果如图 6-20 所示。

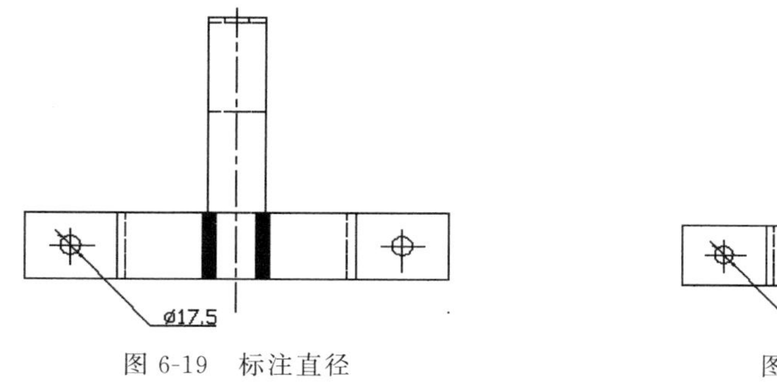

图 6-19　标注直径

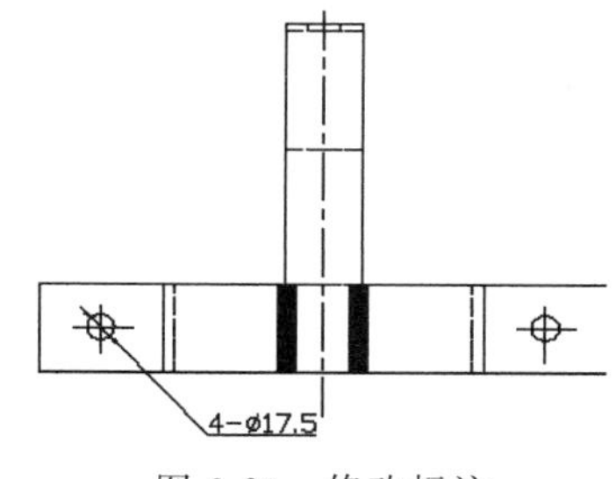

图 6-20　修改标注

3. 重新设置标注样式

使用相同的方法，重新设置用于标注半径的标注样式，具体参数和直径标注相同。

4. 标注半径尺寸

Note

单击“默认”选项卡“注释”面板中的“半径”按钮，标注如图 6-21 所示的半径。命令行提示与操作如下。

```
命令: _DIMRADIUS
选择圆弧或圆:(选择俯视图圆弧)
标注文字 = 96
指定尺寸线位置或 [多行文字(M)/文字(T)/角度(A)]:(适当指定一个位置)
```

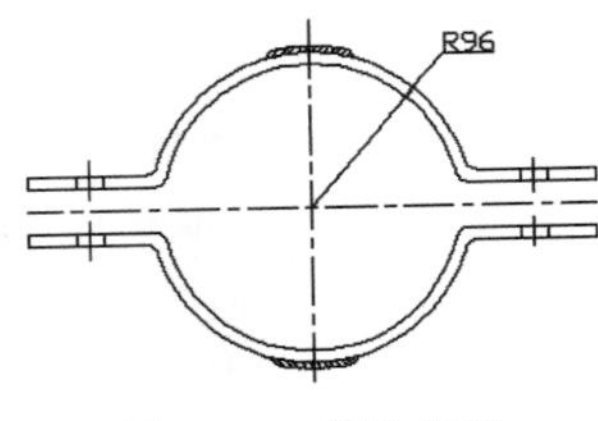

图 6-21　标注半径

5. 重新设置标注样式

使用相同的方法，重新设置用于线性标注的标注样式，在“文字”选项卡的“文字对齐”选项区中，选择“与尺寸线对齐”单选按钮，其他参数和直径标注相同。

6. 标注线性尺寸

单击“默认”选项卡“注释”面板中的“线性”按钮，标注如图 6-22 所示的线性尺寸。命令行提示与操作如下。

```
命令: _DIMLINEAR
指定第一个尺寸界线原点或 <选择对象>:(捕捉适当位置点)
指定第二个尺寸界线原点:(捕捉适当位置点)
创建了无关联的标注.
指定尺寸线位置或[多行文字(M)/文字(T)/角度(A)/水平(H)/垂直(V)/旋转(R)]: T↙
输入标注文字 <21.5>: %%C21.5↙
指定尺寸线位置或[多行文字(M)/文字(T)/角度(A)/水平(H)/垂直(V)/旋转(R)]:(指定适当位置)
```

使用相同的方法，标注其他线性尺寸。

7. 重新设置标注样式

使用相同的方法，重新设置用于连续标注的标注样式，参数设置和线性标注相同。

8. 标注连续尺寸

单击“注释”选项卡“标注”面板中的“连续”按钮，标注连续尺寸。命令行提示与操作如下。

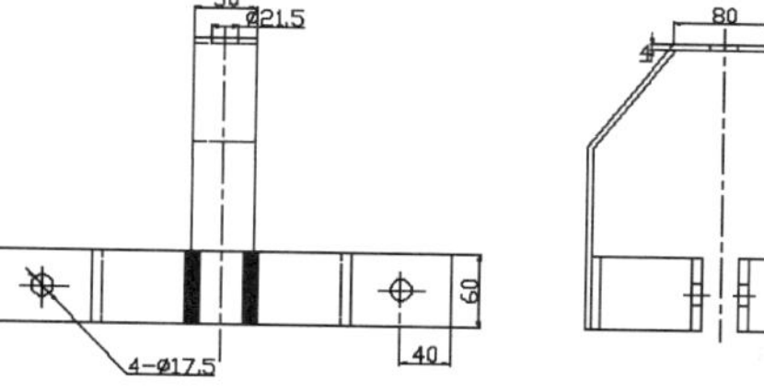

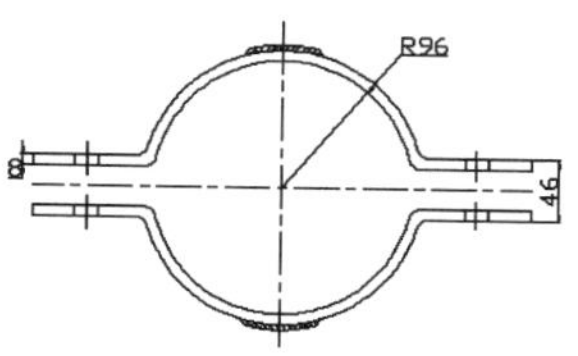

图 6-22 标注线性尺寸

```
命令: _DIMCONTINUE
选择连续标注:(选择尺寸为 150 的标注)
指定第二个尺寸界线原点或 [选择(S)/放弃(U)] <选择>:(捕捉合适的位置点)
标注文字 = 85
指定第二个尺寸界线原点或 [选择(S)/放弃(U)] <选择>:↙
```

使用相同的方法,绘制另一个连续标注尺寸 40。结果如图 6-23 所示。

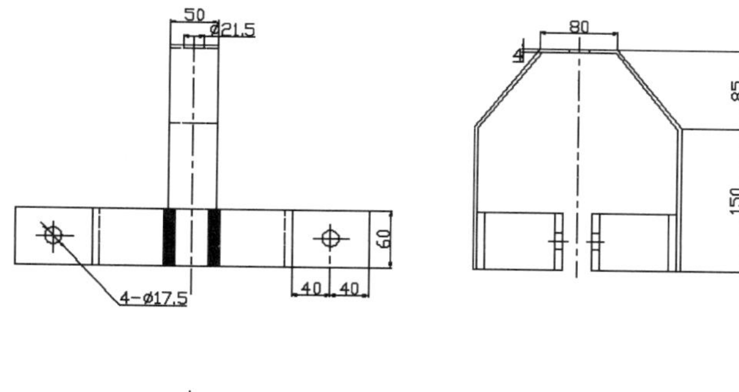

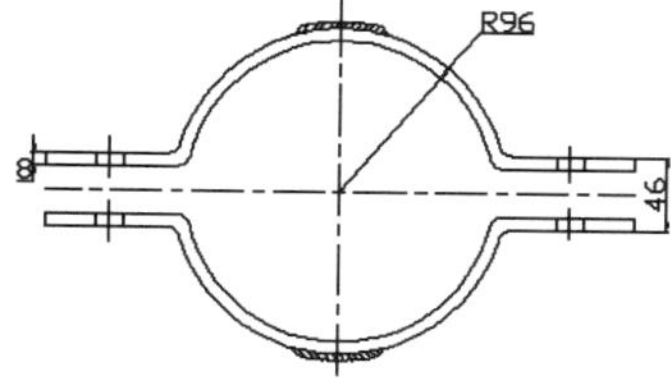

图 6-23 标注连续尺寸

9. 添加文字

(1) 创建文字样式。单击“默认”选项卡“注释”面板中的“文字样式”按钮,❶打开“文字样式”对话框,❷创建一个样式名为“防雷平面图”的文字样式。❸“字体名”为“仿宋”,❹“字体样式”为“常规”,❺“高度”为 15,❻“宽度因子”为 1,如图 6-24 所示。

(2) 添加注释文字。单击“默认”选项卡“注释”面板中的“多行文字”按钮 A,一次

Note

输入几行文字，然后调整其位置，以对齐文字。调整位置的时候，结合使用正交命令。

(3) 使用文字编辑命令修改文字来得到需要的文字。

添加注释文字后，利用“直线”命令绘制几条指引线，即完成了整张图样的绘制。

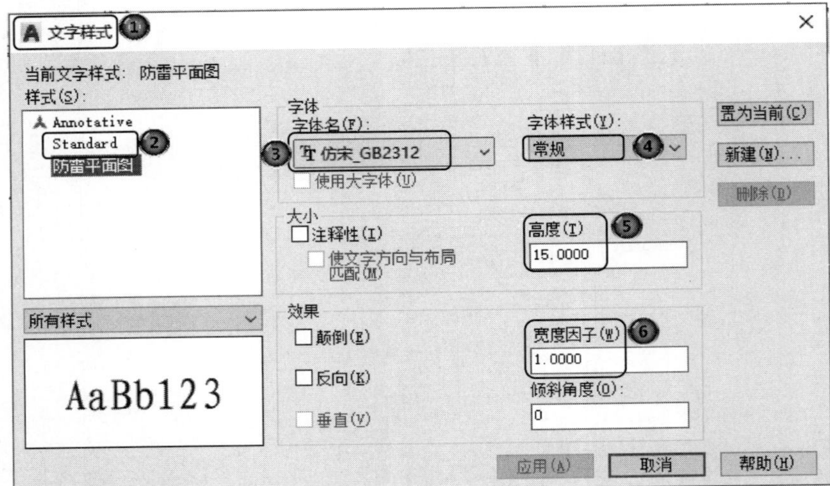

图 6-24 “文字样式”对话框

第7章

辅助绘图工具

在设计绘图过程中，经常会遇到一些重复出现的图形(例如机械设计中的螺钉、螺帽，建筑设计中的桌椅、门窗等)，如果每次都重新绘制这些图形，不仅造成大量的重复工作，而且存储这些图形及其信息要占据相当大的磁盘空间。图块、设计中心和工具选项板提供了模块化作图功能，这样不仅避免了大量的重复工作，提高绘图速度和工作效率，而且可大大节省磁盘空间。

学习要点

- 图块操作
- 图块的属性
- 设计中心

7.1 图块操作

Note

图块也叫块，它是由一组图形对象组成的集合。一组对象一旦被定义为图块，它们将成为一个整体，拾取图块中任意一个图形对象即可选中构成图块的所有对象。AutoCAD 把一个图块作为一个对象进行编辑、修改等操作，用户可根据绘图需要把图块插入图中任意指定的位置，而且在插入时还可以指定不同的缩放比例和旋转角度。如果需要对组成图块的单个图形对象进行修改，还可以利用“分解”命令把图块炸开分解成若干个对象。还可以重新定义图块，一旦图块被重新定义，则整个图中基于该块的对象都将随之改变。

7.1.1 定义图块

1. 执行方式

命令行：BLOCK。

菜单栏：选择菜单栏中的“绘图”→“块”→“创建”命令。

工具栏：单击“绘图”工具栏中的“创建块”按钮。

功能区：单击“默认”选项卡“块”面板中的“创建”按钮，或单击“插入”选项卡“块定义”面板中的“创建块”按钮。

2. 操作格式

命令：BLOCK↙

选择相应的菜单命令或单击相应的工具栏图标，或在命令行输入 BLOCK 后按 Enter 键，AutoCAD 打开如图 7-1 所示的“块定义”对话框，利用该对话框可定义图块并为之命名。

图 7-1 “块定义”对话框

3. 选项说明

“定义图块”命令各选项的含义如表 7-1 所示。

表 7-1　“定义图块”命令各选项的含义

选　　项	含　　义
“基点”选项区	确定图块的基点，默认值是(0,0,0)。也可以在下面的(X、Y、Z)文本框中输入块的基点坐标值。单击“拾取点”按钮，AutoCAD 临时切换到作图屏幕，用鼠标在图形中拾取一点后，返回“块定义”对话框，把所拾取的点作为图块的基点
“对象”选项区	该选项区用于选择制作图块的对象以及对象的相关属性。 如图 7-2 所示，把图(a)中的正五边形定义为图块，图(b)为选择“删除”单选按钮的结果，图(c)为选择“保留”单选按钮的结果
“设置”选项区	指定从 AutoCAD 设计中心拖动图块时用于测量图块的单位，以及缩放、分解和超链接等设置
“在块编辑器中打开”复选框	选中此复选框，系统打开块编辑器，可以定义动态块。对此后文将详细讲述
“方式”选项区	指定块的行为。例如，指定块为注释性，指定在图纸空间视口中的块参照的方向与布局的方向匹配，指定是否阻止块参照不按统一比例缩放，指定块参照是否可以被分解等

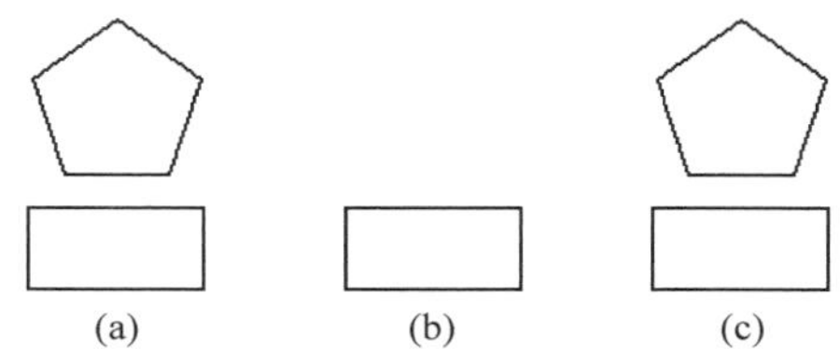

图 7-2　删除图形对象

7.1.2　图块的保存

用 BLOCK 命令定义的图块保存在其所属的图形当中，该图块只能在该图中插入，而不能插入其他图中，但是有些图块在许多图中会经常用到，这时可以用 WBLOCK 命令把图块以图形文件的形式(后缀为 dwg)写入磁盘，图形文件可以在任意图形中用 INSERT 命令插入。

1. 执行方式

命令行：WBLOCK。

功能区：单击“插入”选项卡“块定义”面板中的“写块”按钮。

2. 操作格式

```
命令：WBLOCK↙
```

在命令行输入 WBLOCK 后按 Enter 键，AutoCAD 打开“写块”对话框，如图 7-3 所示。利用此对话框可把图形对象保存为图形文件或把图块转换成图形文件。

Note

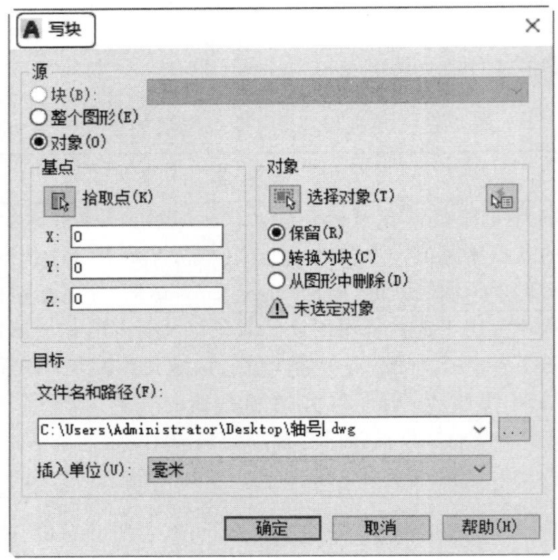

图 7-3 “写块”对话框

3. 选项说明

“图块的保存”命令各选项的含义如表 7-2 所示。

表 7-2 “图块的保存”命令各选项的含义

选　　项	含　　义
“源”选项区	确定要保存为图形文件的图块或图形对象。其中，选择“块”单选按钮后，单击其右侧的下三角按钮，在下拉列表框中选择一个图块，将其保存为图形文件；选择“整个图形”单选按钮，则把当前的整个图形保存为图形文件；选择“对象”单选按钮，则把不属于图块的图形对象保存为图形文件。对象的选取通过“对象”选项区来完成
“目标”选项区	用于指定图形文件的名称、保存路径和插入单位等

7-1

7.1.3 上机练习——非门符号图块

练习目标

将图 7-4 所示非门图形定义为图块，取名为“非门符号”，并保存。

图 7-4 非门符号图块

设计思路

首先利用创建块的方法，将非门符号创建为块，然后利用写块命令将其保存为块。

操作步骤

(1) 单击“默认”选项卡“块”面板中的“创建”按钮，打开“块定义”对话框。

(2) 在“名称”下拉列表框中输入“非门符号”。

(3) 单击“拾取点”按钮 切换到作图屏幕，选择最右端直线的右端点为插入基点，返回“块定义”对话框。

(4) 单击“选择对象”按钮 切换到作图屏幕，选择图 7-4 中的对象后，按 Enter 键返回“块定义”对话框。

(5) 单击“确定”按钮，关闭对话框。

(6) 在命令行中输入 WBLOCK 命令，系统打开“写块”对话框，在“源”选项区中选择“块”单选按钮，在后面的下拉列表框中选择“非门符号”块，并进行其他相关设置，然后单击“确定”按钮。

7.1.4　图块的插入

在用 AutoCAD 绘图的过程中，可根据需要随时把已经定义好的图块或图形文件插入当前图形的任意位置，在插入的同时，还可以改变图块的大小、旋转一定角度或把图块炸开等。插入图块的方法有多种，本节逐一进行介绍。

1. 执行方式

命令行：INSERT。

菜单栏：选择菜单栏中的“插入”→“块”选项板命令。

工具栏：单击“插入”工具栏中的“插入块”按钮 ，或单击“绘图”工具栏中的“插入块”按钮 。

功能区：单击“默认”选项卡“块”面板中的“插入”下拉菜单，或单击❶“插入”选项卡“块”面板中的❷“插入”下拉菜单，如图 7-5 所示。

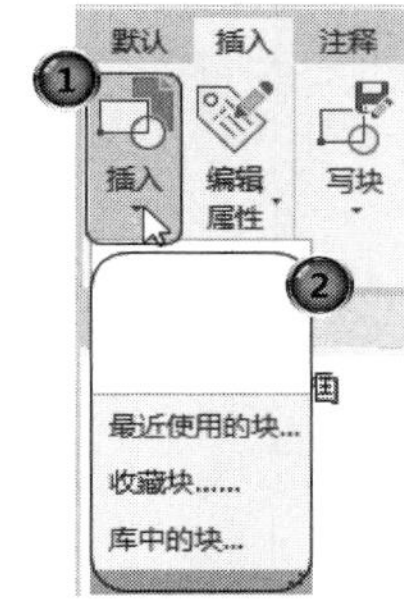

图 7-5　“插入”下拉菜单

2. 操作格式

```
命令：INSERT↙
```

执行上述命令后，在下拉菜单中选择“最近使用的块”，打开“块”选项板(图 7-6)，可以指定要插入的图块及插入位置。

3. 选项说明

“图块的插入”命令各选项的含义如表 7-3 所示。

表 7-3　“图块的插入”命令各选项的含义

选　　项	含　　义
“路径”文本框	指定图块的保存路径
“插入点”选项区	指定插入点，插入图块时该点与图块的基点重合。可以在屏幕上指定该点，也可以通过下面的文本框输入该点坐标值
“比例”选项区	确定插入图块时的缩放比例。图块被插入当前图形中时，可以以任意比例放大或缩小。如图 7-7 所示，图(a)是被插入的图块，图(b)是取比例系数为 1.5 插入该图块的结果，图(c)是取比例系数为 0.5 的结果，X 轴方向和 Y 轴方向的比例系数也可以取不同值，图(d)是 X 轴方向的比例系数为 1，Y 轴方向的比例系数为 1.5 的结果。另外，比例系数还可以是一个负数，当为负数时表示插入图块的镜像，其效果如图 7-8 所示

Note

续表

选　　项	含　　义
“旋转”选项区	指定插入图块时的旋转角度。图块被插入当前图形中时，可以绕其基点旋转一定的角度，角度可以是正数（表示沿逆时针方向旋转），也可以是负数（表示沿顺时针方向旋转）。如图7-9(b)是图(a)所示的图块旋转30°插入的效果，图(c)是旋转－30°插入的效果。 如果选中“在屏幕上指定”复选框，则系统切换到作图屏幕，在屏幕上拾取一点，AutoCAD自动测量插入点与该点连线和X轴正方向之间的夹角，并把它作为块的旋转角。也可以在“角度”文本框中直接输入插入图块时的旋转角度
“分解”复选框	选中此复选框，则在插入块的同时把其炸开，插入图形中的组成块的对象不再是一个整体，可对每个对象单独进行编辑操作

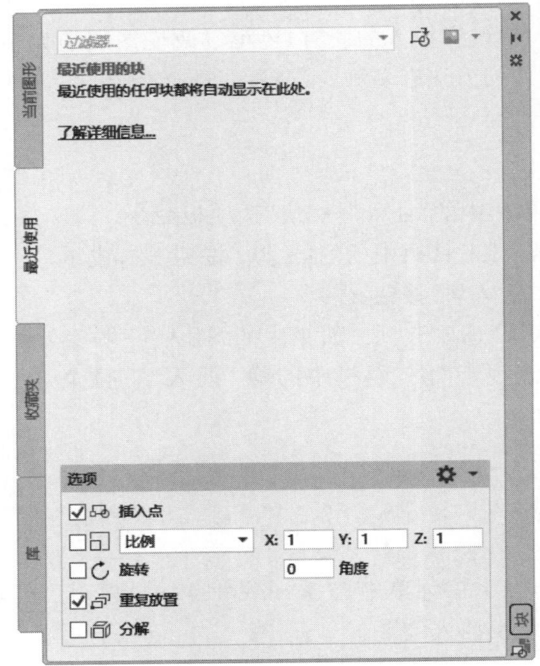

图7-6　“块”选项板

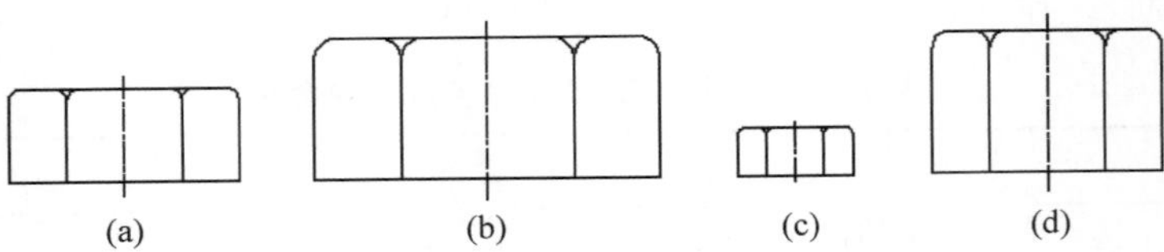

图7-7　取不同比例系数插入图块的效果

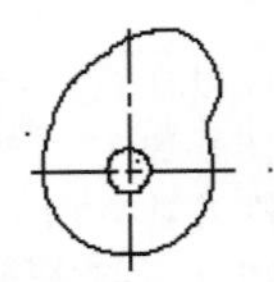

(a) X比例=1，Y比例=1

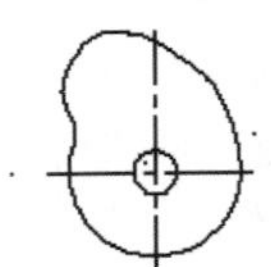

(b) X比例=－1，Y比例=1

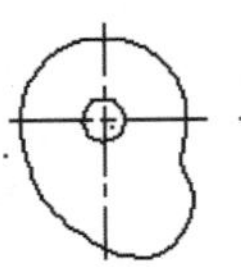

(c) X比例=1，Y比例=－1

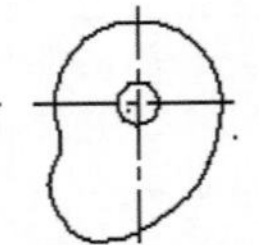

(d) X比例=－1，Y比例=－1

图7-8　取比例系数为负值插入图块的效果

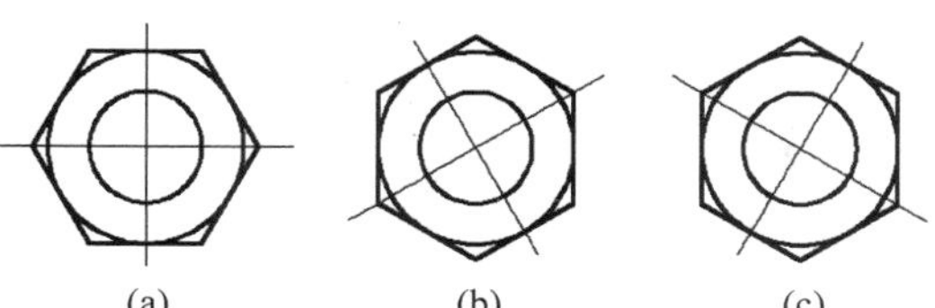

图 7-9　以不同旋转角度插入图块的效果

Note

7-2

7.1.5　上机练习——MC1413 芯片符号

练习目标

本例绘制如图 7-10 所示的 MC1413 芯片符号。

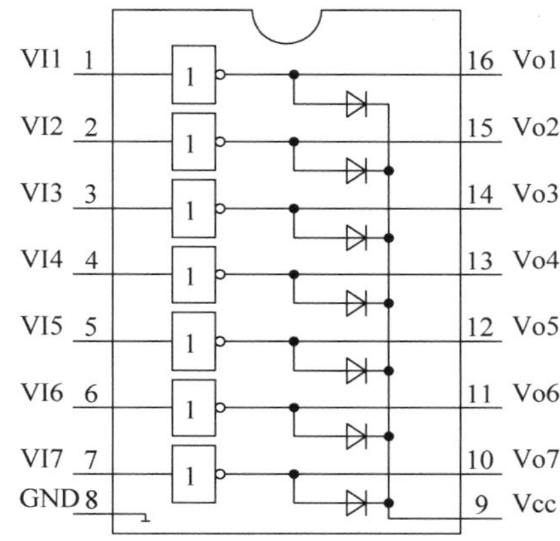

图 7-10　MC1413 芯片符号

设计思路

首先利用矩形、圆和修剪命令绘制芯片外轮廓，然后利用插入块的方法将非门符号和二极管插入图形中，最后编辑图形。

操作步骤

1. 绘制芯片外轮廓

(1) 绘制矩形。单击“默认”选项卡“绘图”面板中的“矩形”按钮▭，绘制一个 35mm×55mm 的矩形，如图 7-11 所示。

(2) 绘制圆。单击“默认”选项卡“绘图”面板中的“圆”按钮⊙，以矩形上侧边的中点为圆心，绘制一个半径为 3.5mm 的圆，如图 7-12 所示。

(3) 修剪图形。单击“默认”选项卡“修改”面板中的“修剪”按钮✂，分别以矩形上侧边和圆为剪切线，裁去上半圆和矩形上侧边在圆内的部分，如图 7-13 所示。

2. 插入块

“插入块”命令是把已经生成的块插入当前绘图窗口，进行整体操作。

Note

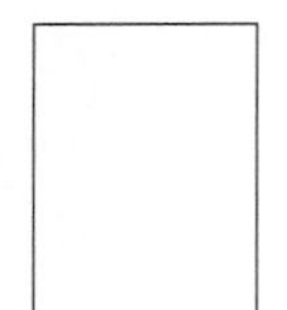
图 7-11　绘制矩形

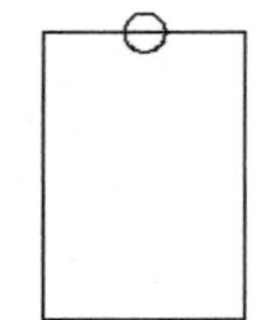
图 7-12　绘制圆

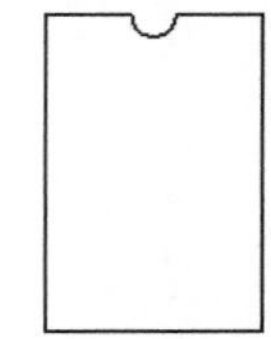
图 7-13　修剪图形

(1) 插入非门图块。单击“默认”选项卡“块”面板中的“插入”按钮，在下拉菜单中选择“库中的块”，打开“块”选项板，继续单击选项板右上侧的“浏览块库”按钮，找到非门图块的路径，单击“打开”按钮，❶将返回“块”选项板，❷参数设置如图 7-14 所示。单击“块”选项板中的图块，在当前绘图窗口中插入非门图块。

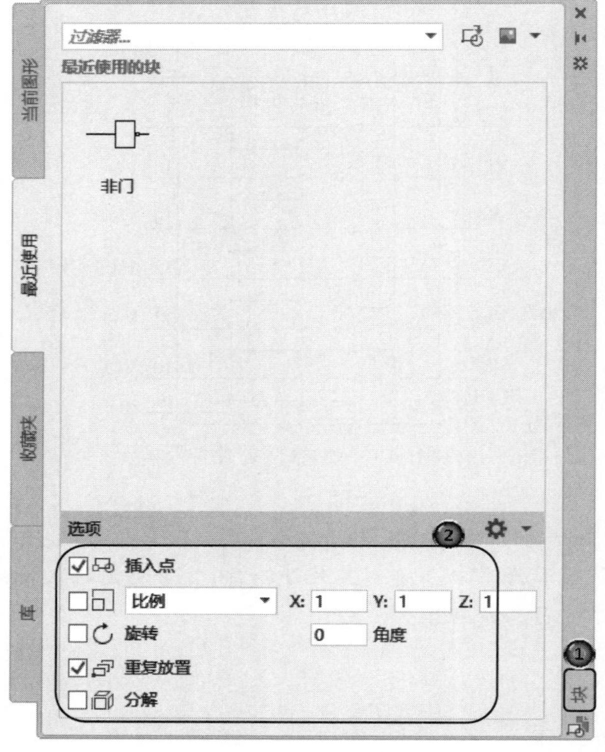

图 7-14　“块”选项板

(2) 分解非门图块。单击“默认”选项卡“修改”面板中的“分解”按钮，分解非门块，选择右侧的水平直线，拖动其端点拉伸直线，效果如图 7-15 所示。

(3) 插入二极管图块。单击“默认”选项卡“块”面板中的“插入”按钮，在当前绘图窗口中插入二极管块，然后单击“默认”选项卡“绘图”面板中的“圆”按钮和“图案填充”按钮，添加节点，如图 7-16 所示。

(4) 复制块。单击“默认”选项卡“修改”面板中的“复制”按钮，将插入的块图形向Y 轴负方向复制 6 份，距离为 7mm，如图 7-17 所示。

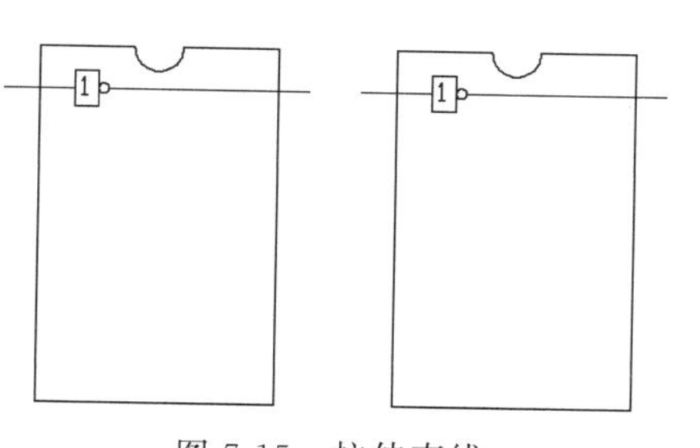

图 7-15 拉伸直线

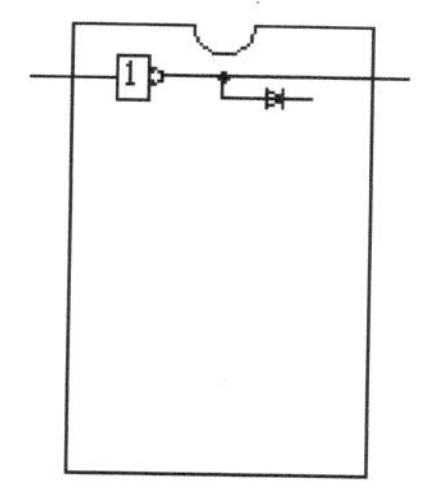

图 7-16 插入二极管图块

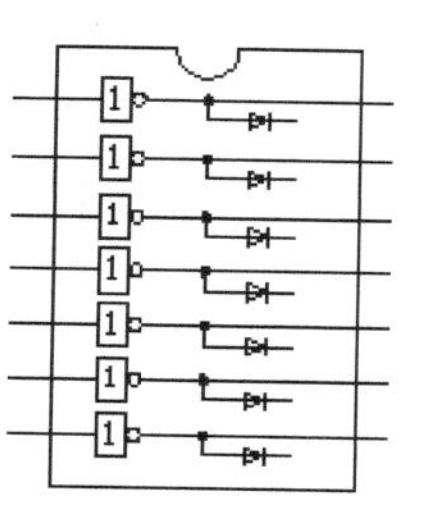

图 7-17 复制块

3. 编辑图形

(1) 绘制直线。单击“默认”选项卡“绘图”面板中的“直线”按钮╱,连接所有二极管的出头线,然后单击“默认”选项卡“绘图”面板中的“圆”按钮⊙和“图案填充”按钮▨,添加节点,如图 7-18 所示。

(2) 绘制数字地引脚。单击“默认”选项卡“绘图”面板中的“直线”按钮╱,绘制芯片的数字地引脚,如图 7-19 所示。

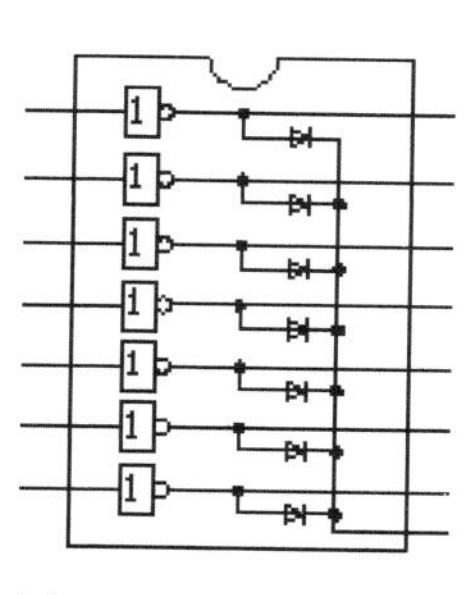

图 7-18 连接出头线

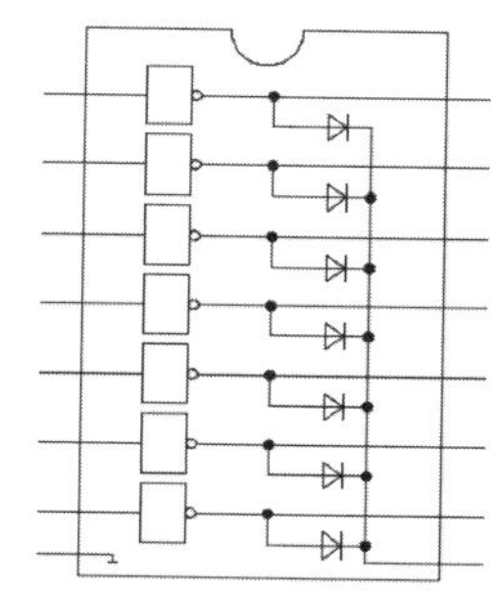

图 7-19 绘制数字地引脚

(3) 添加注释文字。单击“默认”选项卡“注释”面板中的“多行文字”按钮A,为各引脚添加数字标号和文字注释,完成芯片 MC1413 符号的绘制,结果如图 7-10 所示。

(4) 生成块。利用 WBLOCK 命令,将以上绘制的 MC1413 芯片符号生成块并保存,以方便后面绘制数字电路系统时调用。

7.2 设计中心

使用 AutoCAD 设计中心可以很容易地组织设计内容,并把它们拖动到自己的图形中。可以使用 AutoCAD 设计中心窗口的内容显示框来观察用 AutoCAD 设计中心的资源管理器所浏览资源的细目,如图 7-20 所示。左边方框为 AutoCAD 设计中心的资源管理器,右边方框为 AutoCAD 设计中心窗口的内容显示框。其中,上面窗口为文件显示框,中间窗口为图形预览显示框,下面窗口为说明文本显示框。

Note

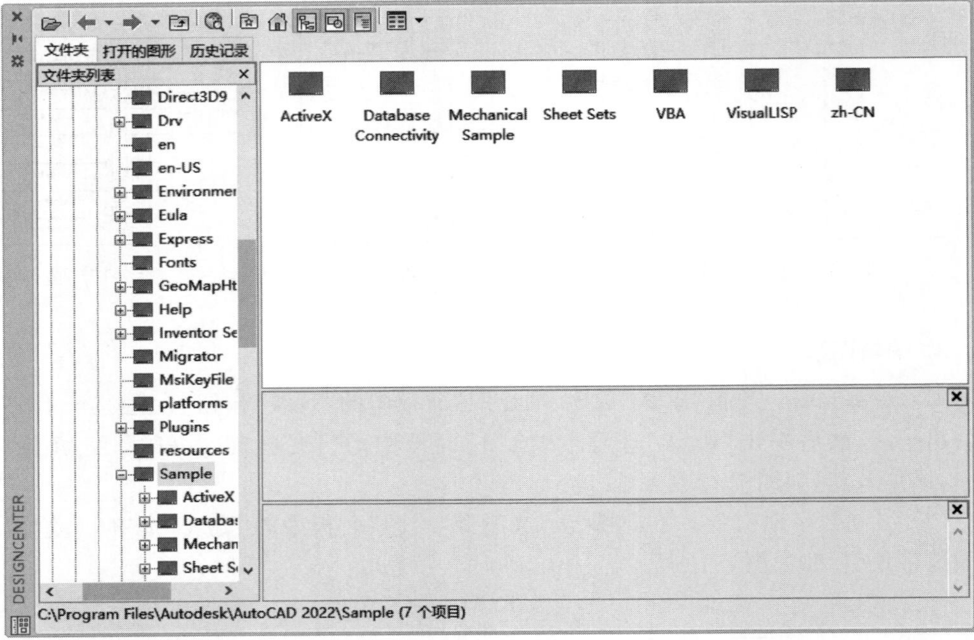

图 7-20　AutoCAD 设计中心的资源管理器和内容显示区

7.2.1　启动设计中心

1. 执行方式

命令行：ADCENTER。

菜单栏：选择菜单中的“工具”→“选项板”→“设计中心”命令。

工具栏：单击“标准”工具栏中的“设计中心”按钮 。

快捷键：Ctrl+2。

功能区：单击“视图”选项卡“选项板”面板中的“设计中心”按钮 。

2. 操作格式

```
命令：ADCENTER↙
```

执行上述命令后，系统打开设计中心。第一次启动设计中心时，默认打开的选项卡为“文件夹”。内容显示区采用大图标显示，左边的资源管理器采用 tree view 显示方式显示系统的树形结构，浏览资源的同时，在内容显示区显示所浏览资源的有关细目或内容。

可以依靠鼠标拖动边框来改变 AutoCAD 设计中心资源管理器和内容显示区以及 AutoCAD 绘图区的大小，但内容显示区的最小尺寸应能显示两列大图标。

如果要改变 AutoCAD 设计中心的位置，可在设计中心工具条的上部用鼠标拖动它，松开鼠标后，AutoCAD 设计中心便处于当前位置。到新位置后，仍可以用鼠标改变各窗口的大小，也可以通过设计中心边框左下方的“自动隐藏”按钮来自动隐藏设计中心。

7.2.2　插入图块

可以将图块插入图形中。当将一个图块插入图形中时，块定义就被复制到图形数据库中。一个图块被插入图形之后，如果原来的图块被修改，则插入图形中的图块也随之改变。

当其他命令正在执行时，不能插入图块到图形中。例如，如果在插入块时，提示行正在执行一个命令，此时光标变成一个带斜线的圆，提示操作无效。另外，一次只能插入一个图块。AutoCAD 设计中心提供了插入图块的两种方法：利用鼠标指定比例和旋转方式，精确指定坐标、比例和旋转角度方式。

1. 利用鼠标指定比例和旋转方式插入图块

采用此方式，系统根据鼠标拉出线段的长度与角度确定比例与旋转角度。插入图块的步骤如下。

（1）从文件夹列表或查找结果列表选择要插入的图块，按住鼠标，将其拖动到打开的图形。

松开鼠标左键，此时，被选择的对象被插入当前被打开的图形中。利用当前设置的捕捉方式，可以将对象插入任何存在的图形中。

（2）按下鼠标左键，指定一点作为插入点，移动鼠标，鼠标位置点与插入点之间距离为缩放比例。按下鼠标左键确定比例。采用同样方法移动鼠标，鼠标指定位置及插入点的连线与水平线的夹角为旋转角度，被选择的对象根据鼠标指定的比例和角度插入图形中。

2. 精确指定坐标、比例和旋转角度插入图块

利用该方法可以设置插入图块的参数，具体方法如下。

（1）从文件夹列表或查找结果列表框中选择要插入的对象，拖动对象到打开的图形。

（2）右击对象，从弹出的快捷菜单中选择“缩放”“旋转”等命令，如图 7-21 所示。

（3）在相应的命令行提示下输入缩放比例和旋转角度等数值。

这样，被选择的对象就根据指定的参数插入图形中。

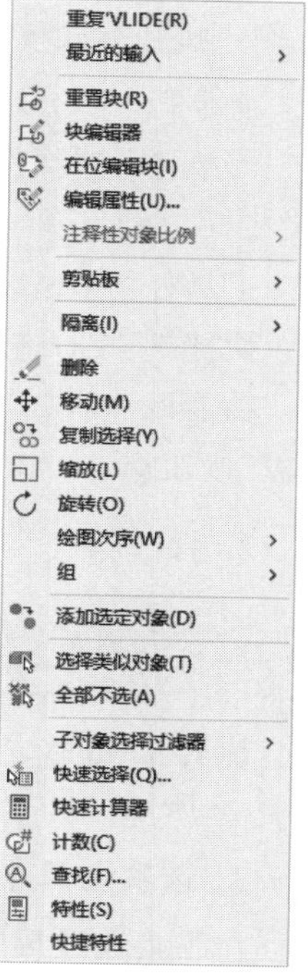

图 7-21　快捷菜单

7.2.3　图形复制

1. 在图形之间复制图块

利用 AutoCAD 设计中心可以浏览和装载需要复制的图块，然后将图块复制到剪贴板，利用剪贴板将图块粘贴到图形当中。具体方法如下。

（1）在控制板选择需要复制的图块，右击打开快捷菜单，选择“复制”命令。

（2）将图块复制到剪贴板上，然后通过“粘贴”命令粘贴到当前图形上。

2. 在图形之间复制图层

利用 AutoCAD 设计中心可以从任何一个图形复制图层到其他图形。例如，如果已经绘制了一个包括设计所需的所有图层的图形，在绘制其他图形时，可以新建一个图形，并通过 AutoCAD 设计中心将已有的图层复制到新的图形中，这样可以节省时间，并能保证图形间的一致性。

（1）拖动图层到已打开的图形：确认要复制图层的目标图形文件被打开，并且是当前的图形文件。在控制板或查找结果列表框中选择要复制的一个或多个图层，拖动图层到打开的图形文件，松开鼠标后，被选择的图层就被复制到打开的图形当中。

（2）复制或粘贴图层到打开的图形：确认要复制图层的图形文件被打开，并且是当前的图形文件。在控制板或查找结果列表框中选择要复制的一个或多个图层后右击打开快捷菜单，从弹出的快捷菜单中选择“复制到粘贴板”命令。如果要粘贴图层，应确认粘贴的目标图形文件被打开，并为当前文件。然后右击打开快捷菜单，选择“粘贴”命令。

7.3 工具选项板

该选项板是“工具选项板”窗口中选项卡形式的区域，可以提供组织、共享和放置块及填充图案的有效方法。工具选项板还可以包含由第三方开发人员提供的自定义工具。

7.3.1 打开工具选项板

1. 执行方式

命令行：TOOLPALETTES。

菜单栏：选择菜单栏中的“工具”→“工具选项板窗口”命令。

工具栏：单击“标准”工具栏中的“工具选项板”按钮。

快捷键：Ctrl＋3。

功能区：单击“视图”选项卡“选项板”面板中的“工具选项板”按钮。

2. 操作格式

```
命令：TOOLPALETTES↙
```

执行上述命令后，系统自动打开工具选项板窗口，如图 7-22 所示。

3. 选项说明

在工具选项板中，系统设置了一些常用图形选项卡，这些常用图形可以方便用户绘图。

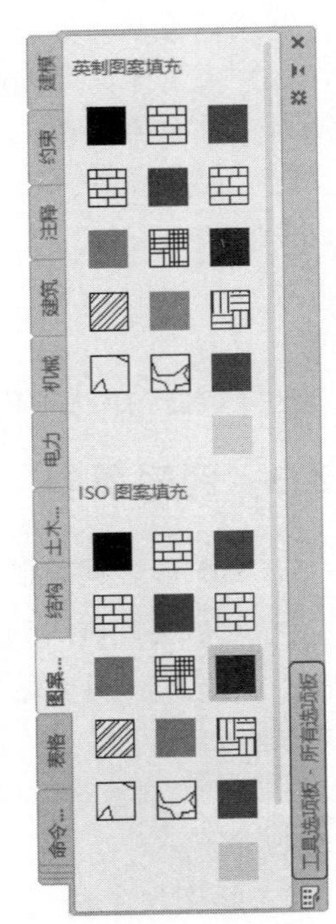

图 7-22 工具选项板窗口

☎ **注意：** 在绘图时，还可以将常用命令添加到工具选项板。打开“自定义”对话框后，就可以将工具从工具栏拖到工具选项板上，或者将工具从“自定义用户界面”(CUI)编辑器拖到工具选项板上。

7.3.2 新建工具选项板

用户可以建立新工具板，这样有利于个性化作图，也能够满足特殊作图需要。

1. 执行方式

命令行：CUSTOMIZE。

菜单栏：选择菜单栏中的“工具”→“自定义”→“工具选项板”命令。

快捷菜单：在任意工具选项板上右击，然后从弹出的快捷菜单中选择“自定义选项板”命令。

工具选项板：“特性”按钮→自定义(或新建选项板)。

2. 操作格式

```
命令：CUSTOMIZE↙
```

执行上述命令后，❶系统打开“自定义”对话框，如图 7-23 所示。在“选项板”列表框中右击，打开快捷菜单，如图 7-24 所示，❷选择“新建选项板”命令，在打开的对话框中可以为新建的工具选项板命名。然后，单击“确定”按钮，❸在工具选项板中就❹增加了一个新的选项卡，如图 7-25 所示。

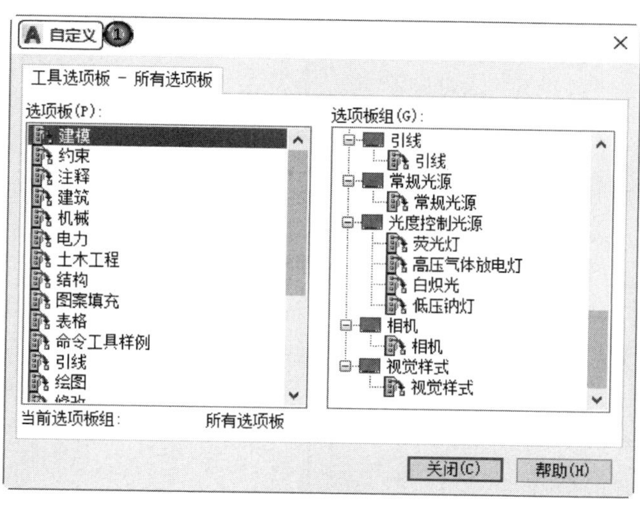

图 7-23 “自定义”对话框

7.3.3 向工具选项板添加内容

(1) 将图形、块和图案填充从设计中心拖动到工具选项板上。例如，❶在 Designcenter 文件夹上右击，❷系统打开快捷菜单，从中选择“创建块的工具选项板”命令，如图 7-26(a)所示，设计中心中储存的图元就出现❸在工具选项板中新建的❹ Designcenter

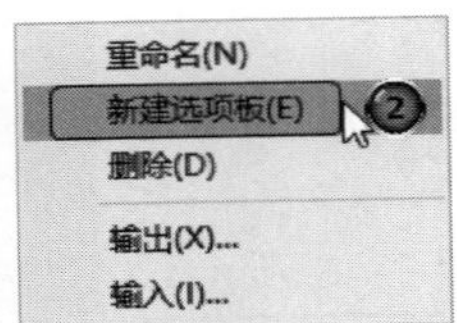

图 7-24　新建工具选项板

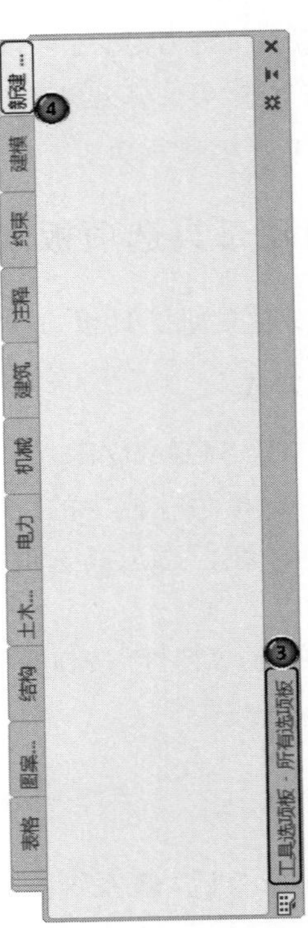

图 7-25　新增选项卡

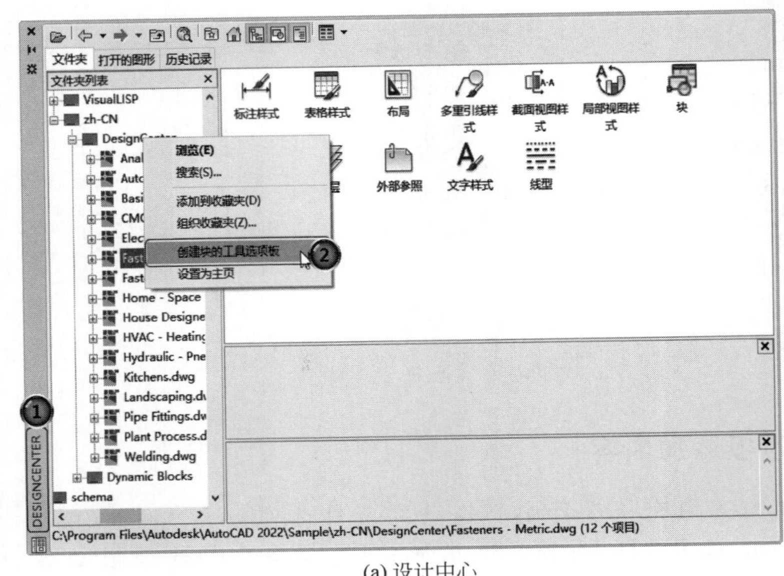

(a) 设计中心

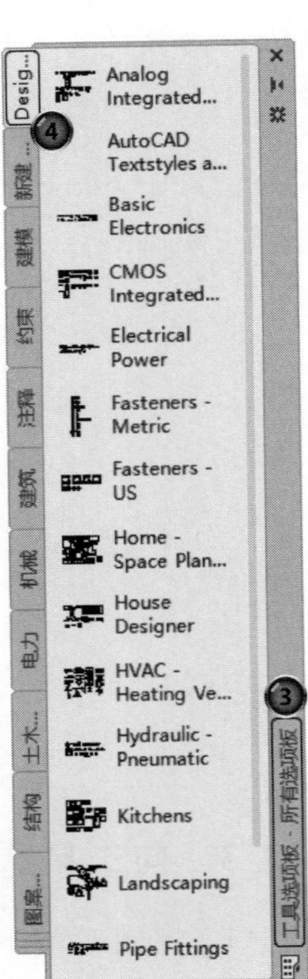

(b) 工具选项板

图 7-26　将储存图元创建成“设计中心”工具选项板

选项卡上，如图 7-26(b)所示。这样就可以将设计中心与工具选项板结合起来，建立一个快捷方便的工具选项板。将工具选项板中的图形拖动到另一个图形中时，图形将作为块插入。

(2) 使用“剪切”“复制”“粘贴”等命令将一个工具选项板中的工具移动或复制到另一个工具选项板中。

Note

7.4　实例精讲——变电工程原理图

练习目标

本实例对比讲解利用图块和设计中心及工具选项板快速绘制电气图的一般方法。图 7-27 为变电工程原理图，其基本原理是当起动电动机时，按下按钮开关 SB2，电动机串联电阻起动，待电动机转速达到额定转速时，再按下 SB3，电动机电源改为全压供电，使电动机正常运行。

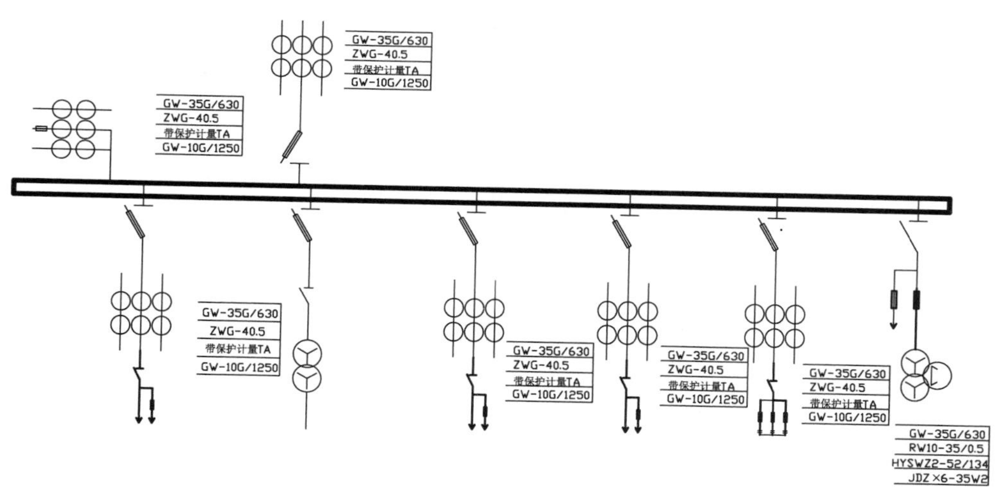

图 7-27　变电工程原理图

设计思路

绘制变电所的电气原理图有两种方法：一种是绘制简单的系统图，表明变电所的大致工作原理；另一种是绘制详细的表示电气原理的接线图。本例先绘制系统图，再绘制电器主接线图。

7.4.1　图块辅助绘制方法

操作步骤

7-3

1) 配置绘图环境。

(1) 打开 AutoCAD 2022 应用程序，单击“快速访问”工具栏中的“新建”按钮，

以“无样板打开-公制”形式创建一个新文件，并将其另存为“变电工程原理图”。

（2）单击状态栏中的“栅格”按钮，或者使用快捷键 F7，在绘图窗口中显示栅格，命令行中会提示“命令：<栅格 开>”。若想关闭栅格，可以再次单击状态栏中的“栅格”按钮，或者使用快捷键 F7。

Note

2）绘制图形符号。

（1）绘制开关。

① 单击“默认”选项卡“绘图”面板中的“直线”按钮╱，在正交方式下绘制一条竖线，命令行提示与操作如下。结果如图 7-28 所示。

```
命令: _LINE
指定第一个点: 400,400
指定下一个点或 [放弃(U)]: <正交 开> 50(向下)
指定下一个点或 [放弃(U)]:
```

② 选择菜单栏中的“工具”→“绘图设置”命令，在出现的“草图设置”对话框中，启用极轴追踪，增量角设置为 30°，如图 7-29 所示。

图 7-28　画直线

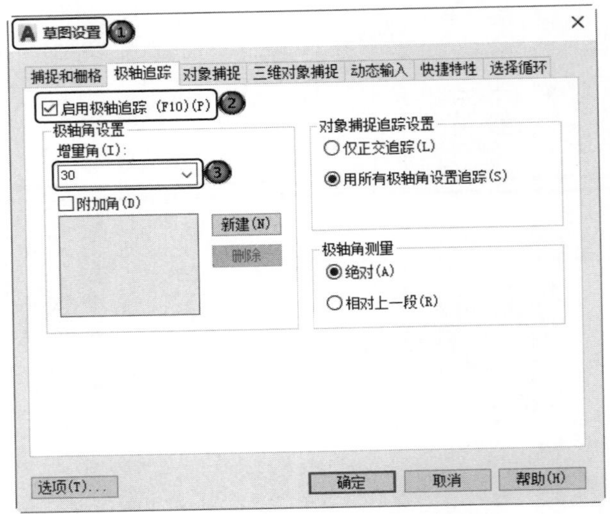

图 7-29　“草图设置”对话框

③ 单击“默认”选项卡“绘图”面板中的“直线”按钮╱，命令行提示与操作如下。结果如图 7-30 所示。

```
命令: _LINE
指定第一个点: 400,370↙
指定下一个点或 [放弃(U)]: <极轴 开> 20↙
指定下一个点或 [放弃(U)]: per 到 (捕捉竖线上的垂足)
指定下一个点或 [闭合(C)/放弃(U)]:↙
```

④ 单击“默认”选项卡“修改”面板中的“移动”按钮✥，将上步绘制的直线向右移动。命令行提示与操作如下。结果如图 7-31 所示。

```
命令: _MOVE
选择对象: 找到 1 个
选择对象: ↙
指定基点或 [位移(D)] <位移>: D↙
指定位移 <0.0000, 0.0000, 0.0000>: @5,0↙
```

⑤ 单击“默认”选项卡“修改”面板中的“修剪”按钮✂，对图 7-31 进行修剪，结果如图 7-32 所示。

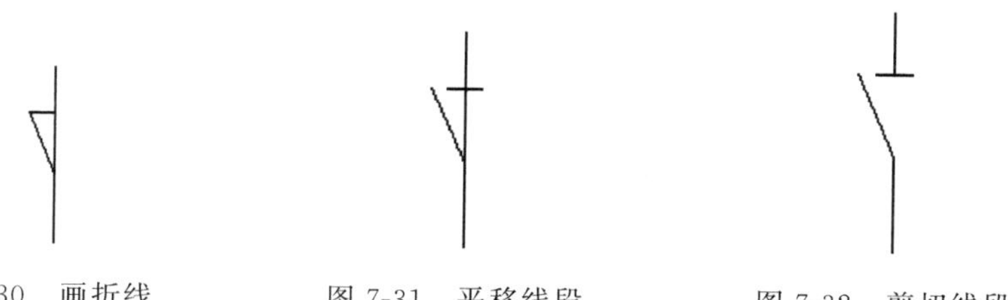

图 7-30　画折线　　　图 7-31　平移线段　　　图 7-32　剪切线段

⑥ 单击“默认”选项卡“绘图”面板中的“直线”按钮╱，命令行提示与操作如下。结果如图 7-33 所示。

```
命令: _LINE
指定第一个点:(选取竖直线的下端点)
指定下一个点或 [放弃(U)]: <正交 开> 10↙
指定下一个点或 [放弃(U)]: <正交 开> 40↙
指定下一个点或 [闭合(C)/放弃(U)]:↙
```

⑦ 单击“默认”选项卡“绘图”面板中的“直线”按钮╱，命令行提示与操作如下。结果如图 7-34 所示。

```
命令: _LINE
指定第一个点:(选取竖直线的下端点)
指定下一个点或 [放弃(U)]: <极轴 开> 5↙
指定下一个点或 [放弃(U)]: ↙
```

⑧ 单击“默认”选项卡“修改”面板中的“镜像”按钮⚠，将绘制的线段以竖线为轴进行镜像处理，结果如图 7-35 所示。

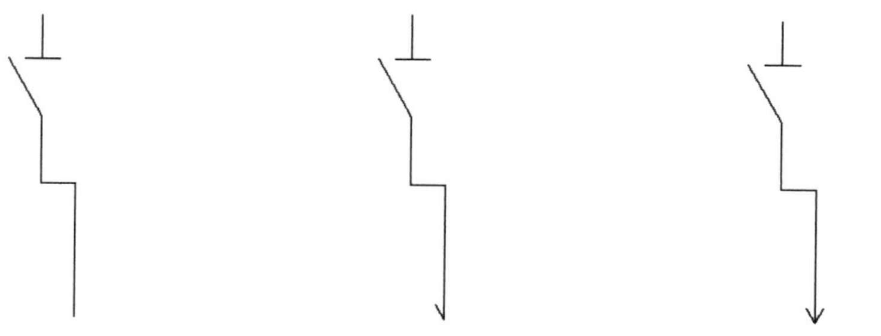

图 7-33　绘制直线(1)　　　图 7-34　绘制直线(2)　　　图 7-35　镜像复制线段

⑨ 单击“默认”选项卡“修改”面板中的“复制”按钮，在正交方式下将图 7-35 中的箭头向左方复制，结果如图 7-36 所示。

⑩ 单击“默认”选项卡“绘图”面板中的“直线”按钮╱，绘制矩形，结果如图 7-37 所示。

Note

(2) 绘制跌落式熔断器符号。

① 复制绘制开关时的图形，结果如图 7-38 所示。

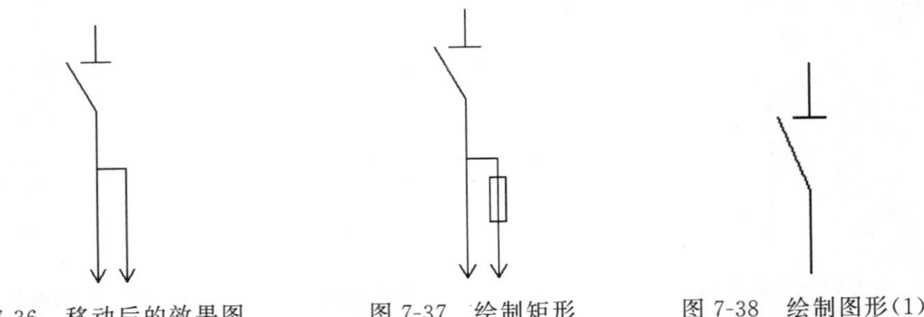

图 7-36　移动后的效果图　　图 7-37　绘制矩形　　图 7-38　绘制图形(1)

② 单击“默认”选项卡“修改”面板中的“偏移”按钮⊆，将斜线向左右适当等距偏移。结果如图 7-39 所示。

③ 单击“默认”选项卡“绘图”面板中的“直线”按钮╱，连接两偏斜线下端点，采用同样的方法，指定偏移斜线上一个点为起点，捕捉另一偏移斜线上的垂足为终点，绘制斜线的垂线，结果如图 7-40 所示。

④ 单击“默认”选项卡“修改”面板中的“修剪”按钮，对图 7-40 进行修剪，结果如图 7-41 所示。此即为熔断器符号。

图 7-39　偏移斜线　　图 7-40　绘制垂线　　图 7-41　跌落式熔断器

(3) 绘制断路器符号。

① 复制绘制开关时的图形，结果如图 7-42 所示。

② 单击“默认”选项卡“修改”面板中的“旋转”按钮↻，将图 7-42 中水平线以其与竖线的交点为基点旋转 45°，如图 7-43 所示。

③ 单击“默认”选项卡“修改”面板中的“镜像”按钮⚠，将旋转后的线以竖线为轴进行镜像处理，结果如图 7-44 所示。此即为断路器。

(4) 绘制站用变压器符号。

① 单击“默认”选项卡“绘图”面板中的“圆”按钮⊘，指定圆心坐标为(200,200)，半径为 10，绘制一个圆，并向下复制，距离为 18，结果如图 7-45 所示。

Note

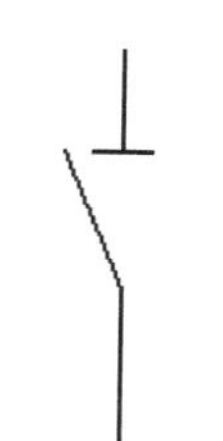

图 7-42　绘制图形(2)

图 7-43　旋转线段

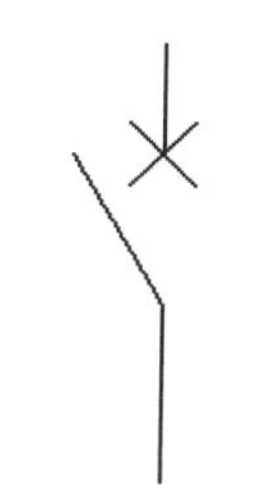

图 7-44　镜像复制线段

② 单击“默认”选项卡“绘图”面板中的“直线”按钮╱，命令行提示与操作如下。

```
命令：_LINE
指定第一个点：200,200↙
指定下一个点或 [放弃(U)]：8↙
指定下一个点或 [放弃(U)]:↙
```

③ 单击“默认”选项卡“修改”面板中的“环形阵列”按钮，进行数目为 3 的环形阵列，结果如图 7-46 所示图形。

④ 单击“默认”选项卡“修改”面板中的“复制”按钮，在正交方式下将图 7-46 中的“丫”形向下方复制，结果如图 7-47 所示。

⑤ 单击“默认”选项卡“块”面板中的“创建”按钮，将图 7-47 所示图形创建为块。

⑥ 在命令行输入 WBLOCK 命令，系统打开“写块”对话框，在“源”选项区中选择“块”单选按钮，在后面的下拉列表框中选择站用变压器块，将其保存并确认退出。

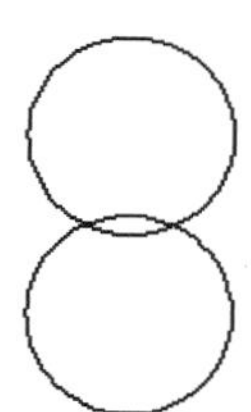

图 7-45　绘制圆

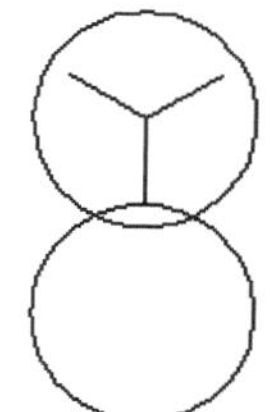

图 7-46　绘制“丫”图形

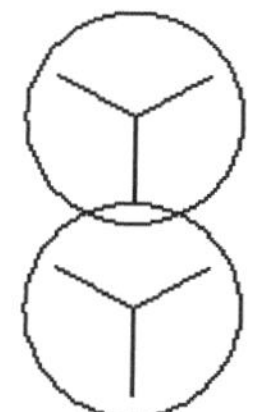

图 7-47　移动后的效果图

(5) 绘制电压互感器符号。

① 单击“默认”选项卡“绘图”面板中的“圆”按钮，绘制直径为 20mm 的圆。

② 单击“默认”选项卡“绘图”面板中的“多边形”按钮，在所绘的圆中选择一点绘制一个三角形。

③ 单击“默认”选项卡“绘图”面板中的“直线”按钮╱，在“正交”方式下绘制一直线，如图 7-48 所示。

④ 单击“默认”选项卡“修改”面板中的“修剪”按钮，修剪图形，然后单击“默认”选项卡“修改”面板中的“删除”按钮，删除直线，结果如图 7-49 所示。

⑤ 单击“默认”选项卡“块”面板中的“插入”下拉菜单中的“最近使用的块”选项，在绘图界面插入上图已绘制生成的站用变压器图形，结果如图 7-50 所示。调用图块能够大大缩短工作时间，提高效率，因此它在实际工程中有很大用处。一般设计人员都有一

Note

个自己专用的设计图库。

⑥ 单击“默认”选项卡“修改”面板中的“移动”按钮，选中站用变压器图块，打开“对象捕捉”和“对象追踪”按钮，将图7-49与图7-50结合起来，结果如图7-51所示。

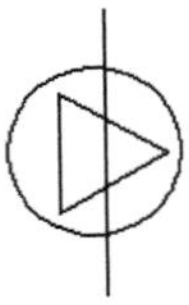

图7-48 画直线

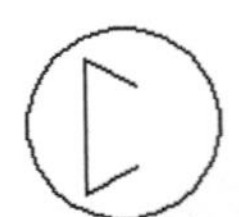

图7-49 剪切后的效果图

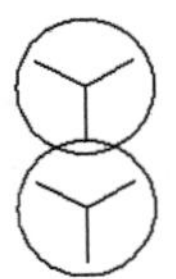

图7-50 插入站用变压器

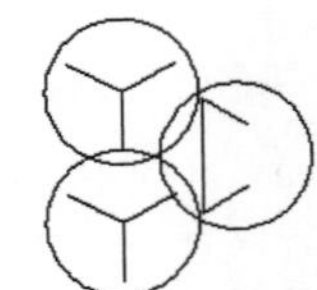

图7-51 结合后的效果图

(6) 绘制电容器和无极性电容器符号。

① 单击“默认”选项卡“绘图”面板中的“圆”按钮，绘制一个圆，如图7-52所示。再选择直线命令，开启“极轴追踪”和“对象捕捉”，在正交方式下绘一直线经过圆心，如图7-53所示。

② 绘制如图7-54所示的无极性电容器，方法与前面绘制极性电容器的方法类似，这里不再重复。

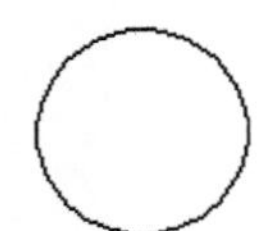

图7-52 画圆

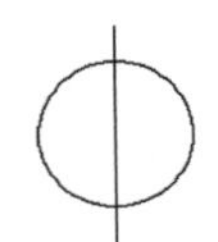

图7-53 画直线

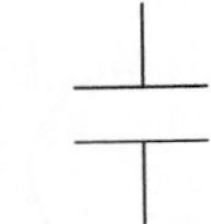

图7-54 插入电容器

③ 单击“默认”选项卡“块”面板中的“创建”按钮，将图7-53所示图形创建为块。

④ 利用WBLOCK命令打开“写块”对话框，如图7-55所示。拾取上面圆心为基点，以上面图形为对象，输入图块名称并指定路径，然后单击“确定”按钮。

绘制其他电气符号，并保存为图块。

3) 电气主接线图。

下面绘制10kV变电站的主接线图，如图7-56所示。先画出10kV母线，单击“默认”选项卡“绘图”面板中的“直线”按钮，绘制一条长1000mm的直线；然后调用“偏移”命令，在正交方式下将刚才画的直线向下平移15mm，再次调用“直线”命令，将直线两头连接并将线宽设为0.7mm，如图7-57所示。

4) 在母线上画出一主变压器及其两侧的器件设备。

① 单击“默认”选项卡“绘图”面板中的“圆”按钮，绘制一半径为10mm的圆，如图7-58所示。

② 单击“默认”选项卡“绘图”面板中的“直线”按钮，开启“极轴追踪”和“对象捕捉”方式，在正交方式下画一直线，如图7-59所示。

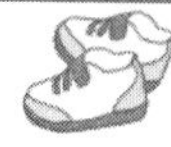

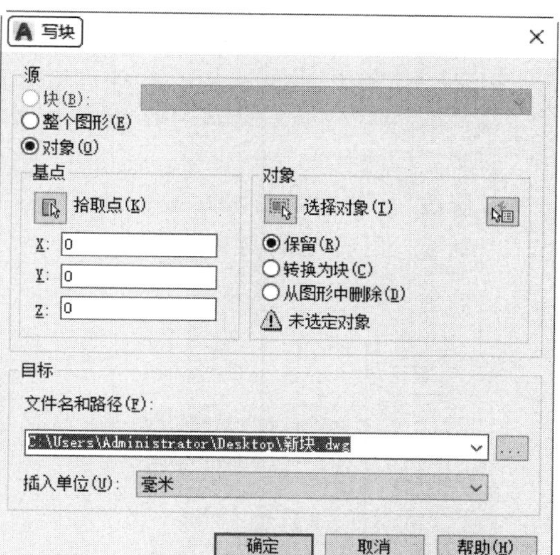

图 7-55　“写块”对话框

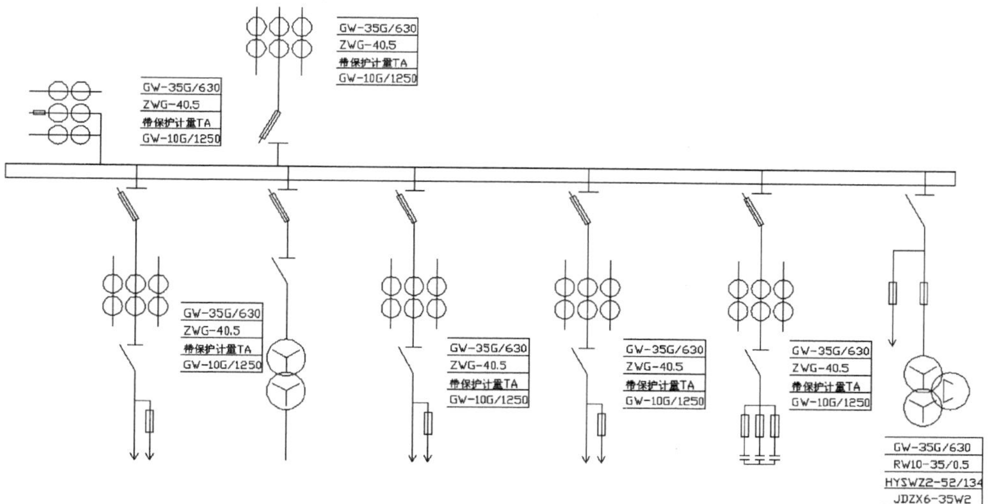

图 7-56　某 10kV 变电站主接线图

图 7-57　绘制母线

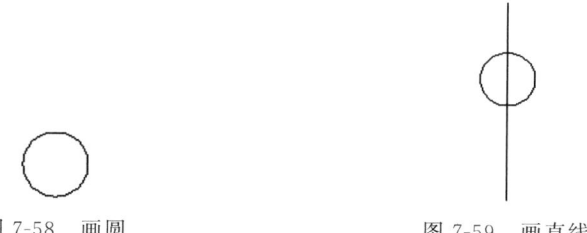

图 7-58　画圆

图 7-59　画直线

③ 单击“默认”选项卡“修改”面板中的“复制”按钮，在正交方式下，在已得到的圆的下方将圆复制一个，如图 7-60 所示。

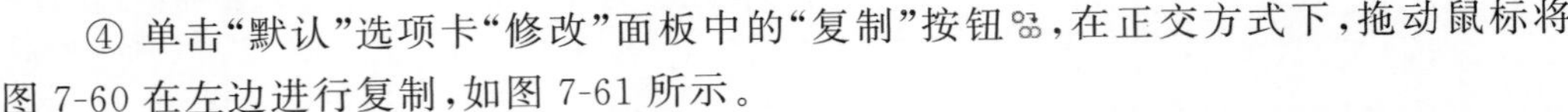

④ 单击“默认”选项卡“修改”面板中的“复制”按钮，在正交方式下，拖动鼠标将图 7-60 在左边进行复制，如图 7-61 所示。

Note

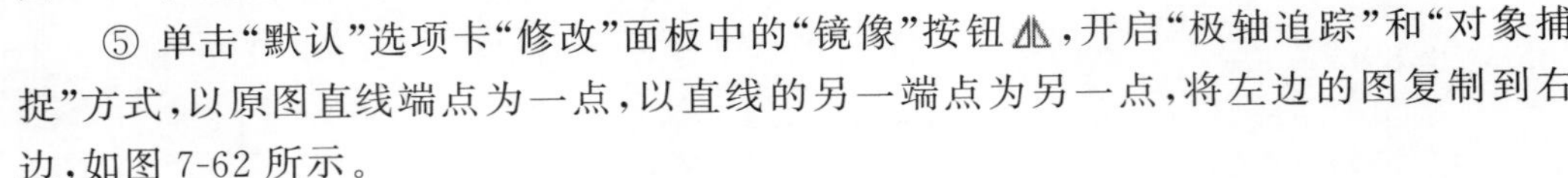

⑤ 单击“默认”选项卡“修改”面板中的“镜像”按钮，开启“极轴追踪”和“对象捕捉”方式，以原图直线端点为一点，以直线的另一端点为另一点，将左边的图复制到右边，如图 7-62 所示。

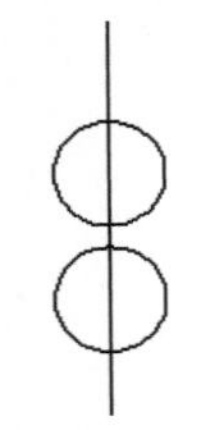

图 7-60　复制圆

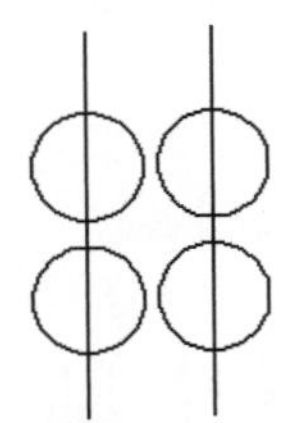

图 7-61　复制效果

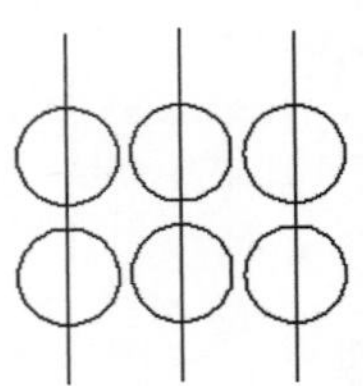

图 7-62　镜像效果

⑥ 将画好的图进行保存。

(5) 单击“插入”选项卡“块”面板中的“插入”下拉菜单中的“最近使用的块”选项，在当前绘图空间依次插入已经创建的“跌落式熔断器”和“开关”块，在当前绘图窗口上单击选择图块放置点，并调整图形缩放比例，效果如图 7-63 所示。

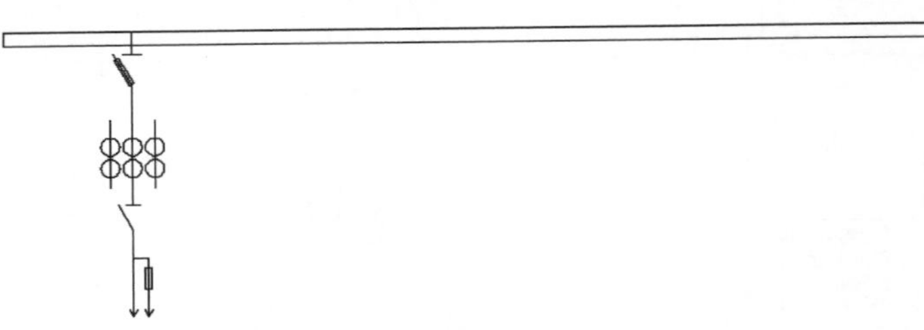

图 7-63　插入图形

(6) 单击“默认”选项卡“修改”面板中的“复制”按钮，将图 7-63 所示图形进行复制，结果如图 7-64 所示。

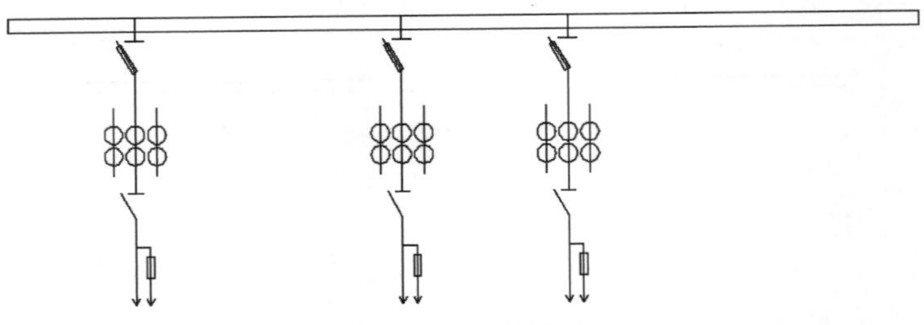

图 7-64　复制效果

(7) 采用类似的方法画出 10kV 母线上方的器件。单击“默认”选项卡“修改”面板中的“镜像”按钮，将最左边的部分向上镜像，结果如图 7-65 所示。

(8) 单击“默认”选项卡“绘图”面板中的“直线”按钮，在镜像到直线上面的图形

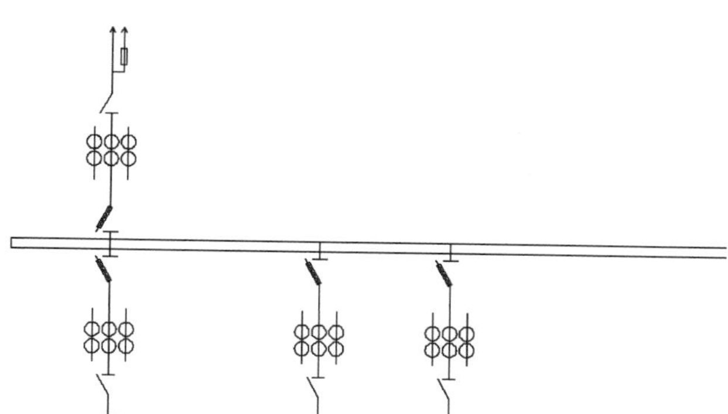

图 7-65 镜像效果

的适当位置画一直线，结果如图 7-66 所示。

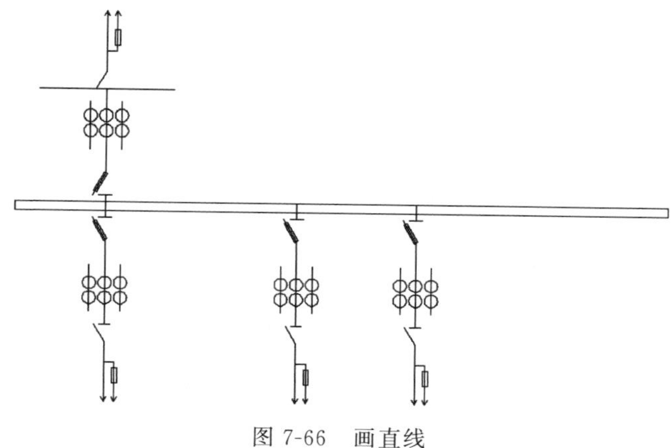

图 7-66 画直线

(9) 单击“默认”选项卡“修改”面板中的“修剪”按钮，将直线上方多余的部分去掉。然后单击“默认”选项卡“修改”面板中的“删除”命令，将刚才画的直线去掉，结果如图 7-67 所示。

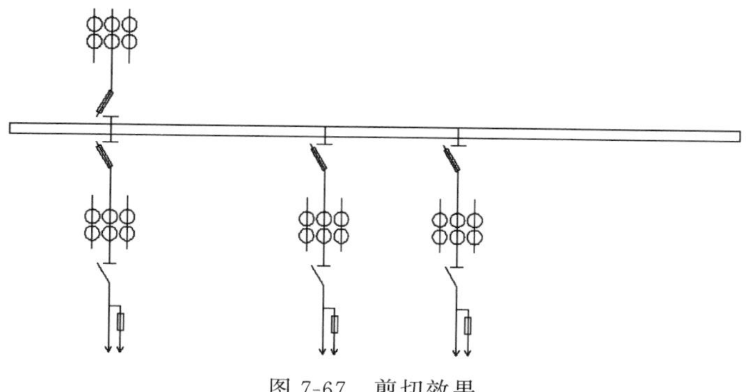

图 7-67 剪切效果

(10) 单击“默认”选项卡“修改”面板中的“移动”按钮，将图 7-67 所示图形在直线上面的部分向右平移，结果如图 7-68 所示。

Note

Note

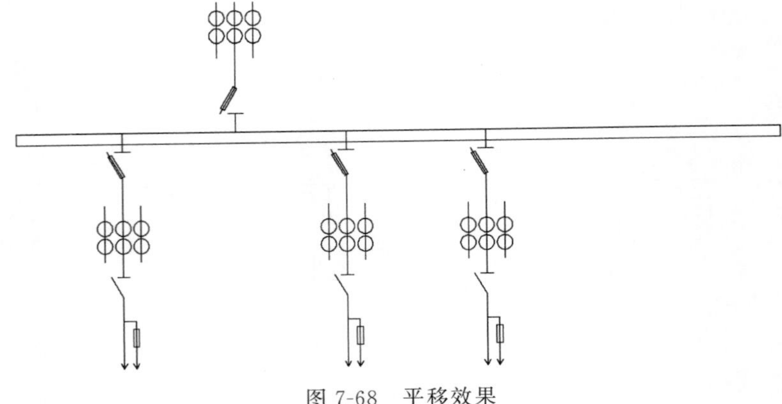
图 7-68　平移效果

(11) 单击“插入”选项卡“块”面板中的“插入”下拉菜单中的“最近使用的块”选项，在当前绘图空间插入已经创建的“主变”块，单击选择图块放置点并改变方向，绘制一矩形并将其放到直线适当位置上，效果如图 7-69 所示。

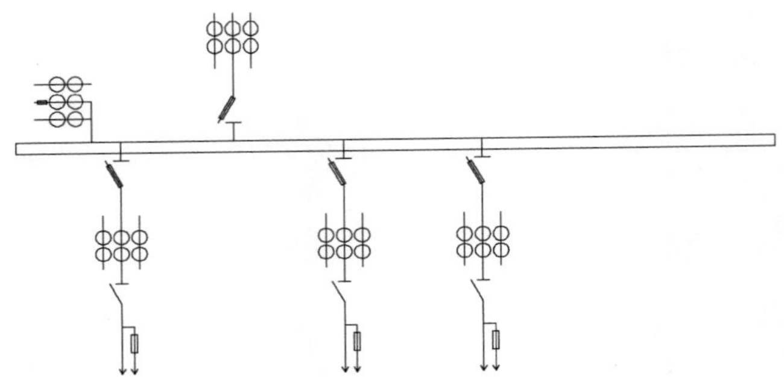
图 7-69　插入主变块

(12) 采用类似的方法绘制如下所示图形。

① 单击“默认”选项卡“修改”面板中的“复制”按钮，将直线下方图形复制一个到最右边处，结果如图 7-70 所示。

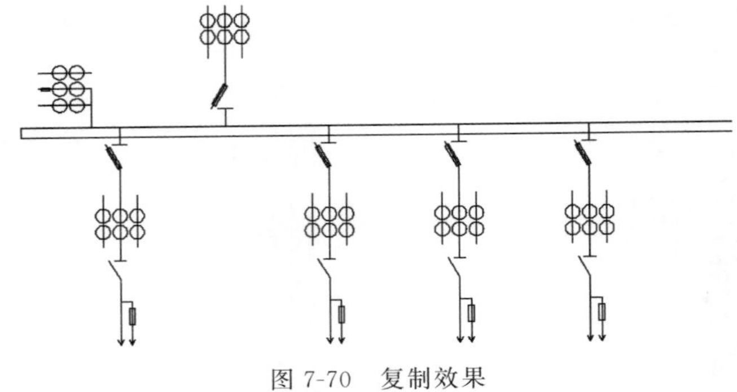
图 7-70　复制效果

② 单击“默认”选项卡“修改”面板中的“删除”按钮，将刚才复制所得到的图形的箭头去掉。单击“默认”选项卡“绘图”面板中的“直线”按钮和“默认”选项卡“绘图”

面板中的“移动”按钮✥，选择适当的位置，在电阻器下方绘制一个电容器符号，然后再单击“默认”选项卡“修改”面板中的“修剪”按钮，将电容器两极板间的线段修剪掉，结果如图 7-71 所示。

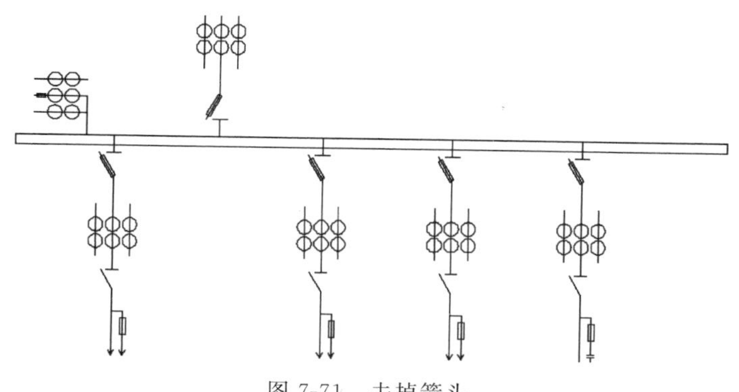

图 7-71　去掉箭头

③ 单击“默认”选项卡“修改”面板中的“复制”按钮，在正交方式下，将电阻符号和电容器符号放置到中间直线上，如图 7-72 所示。

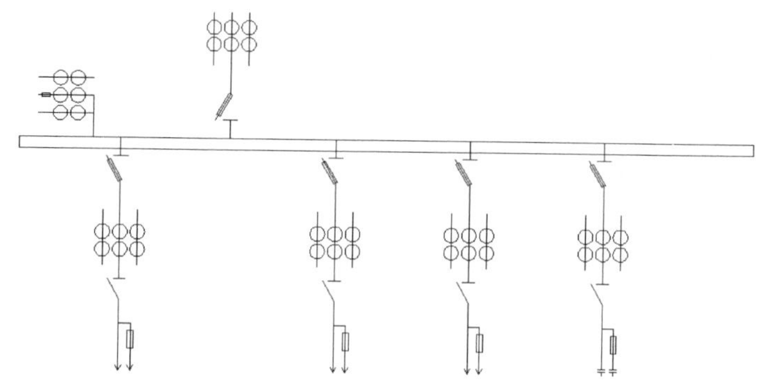

图 7-72　复制电阻电容

④ 单击“默认”选项卡“修改”面板中的“镜像”按钮，将中线右边部分复制到中线左边，并绘制连线，结果如图 7-73 所示。

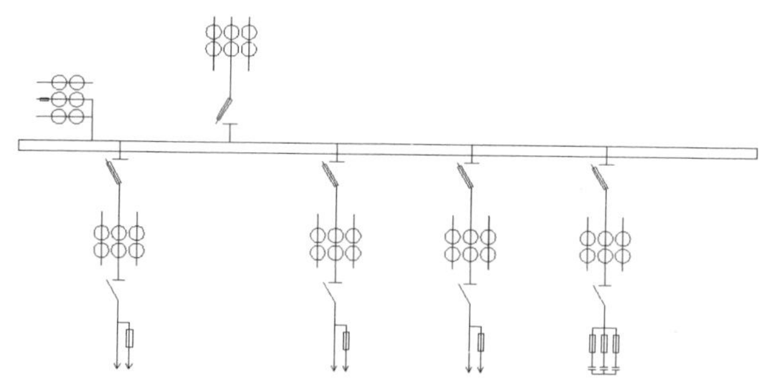

图 7-73　镜像复制连接

⑤ 单击“插入”选项卡“块”面板中的“插入”下拉菜单中的“最近使用的块”选项，在当前绘图空间插入已经创建的“站用变压器”和“开关”块，并将其插入图中，结果如

图 7-74 所示。

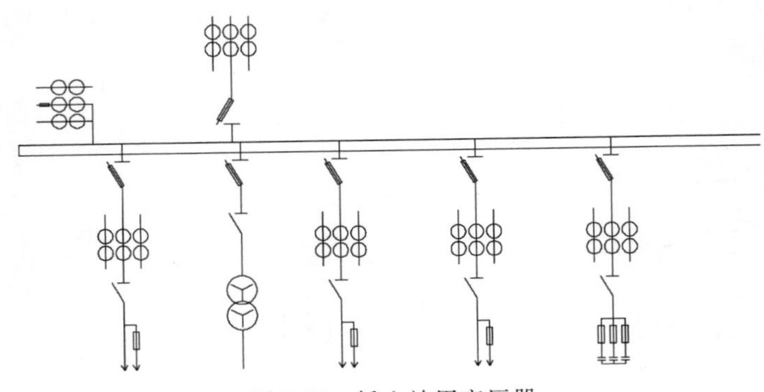

图 7-74　插入站用变压器

⑥ 单击“插入”选项卡“块”面板中的“插入”下拉菜单中的“最近使用的块”选项，在当前绘图空间插入已经创建的“电压互感器”和“开关”块，并将其插入图中，结果如图 7-75 所示。

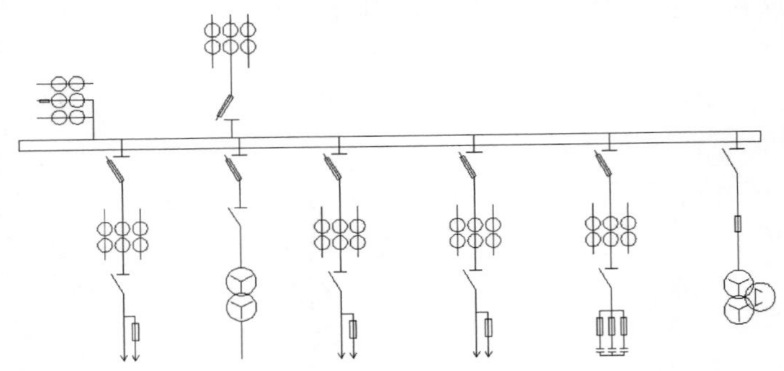

图 7-75　插入电压互感器和开关

⑦ 单击“默认”选项卡“绘图”面板中的“直线”按钮╱，开启正交模式，在电压互感器所在直线上画一折线。单击“默认”选项卡“修改”面板中的“复制”按钮%，将右侧的矩形复制到折线上，并将其他位置处的箭头复制到折线下端点处，结果如图 7-76 所示。

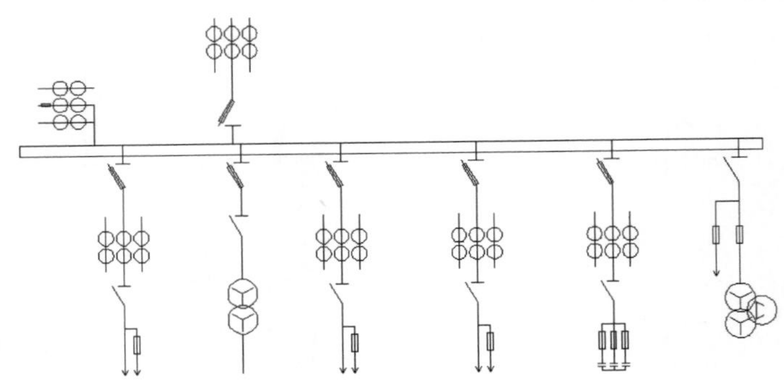

图 7-76　绘制矩形箭头

(13) 输入注释文字。

① 单击“默认”选项卡“注释”面板中的“多行文字”按钮A，在需要注释的地方画出

Note

一个区域，弹出图 7-77 所示的对话框，插入文字。在弹出的文字对话框中标注需要的信息，再单击“关闭”按钮即可。

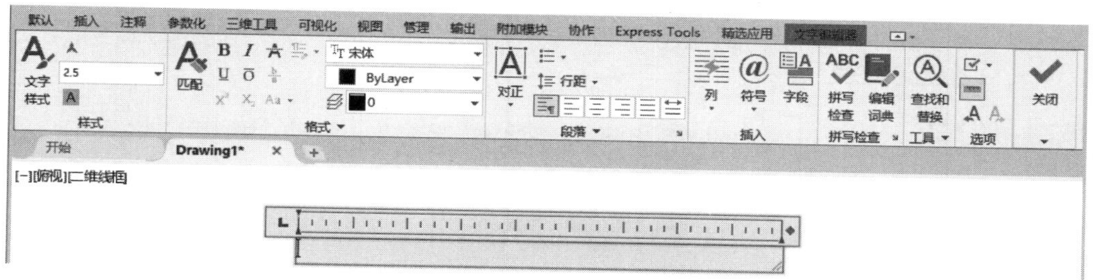

图 7-77 插入文字

② 绘制文字框线。单击“默认”选项卡“绘图”面板中的“直线”按钮╱和“默认”选项卡“修改”面板中的“复制”按钮♁，绘制文字框线。完成后的线路图如图 7-78、图 7-79 所示。

全部完成的线路图如图 7-27 所示。

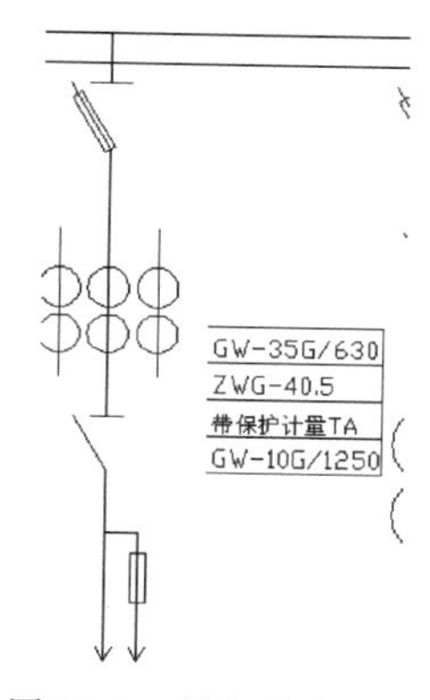

图 7-78 添加注释(一)

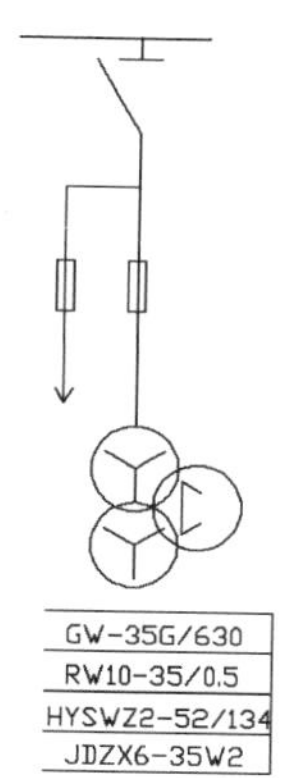

图 7-79 添加注释(二)

7.4.2 设计中心及工具选项板辅助绘制方法

7-4

操作步骤

(1) 将本例中用到的电气元件图形分别复制到新建文件中，如图 7-80 所示，并按图中代号分别保存到“电气元件”文件夹中。

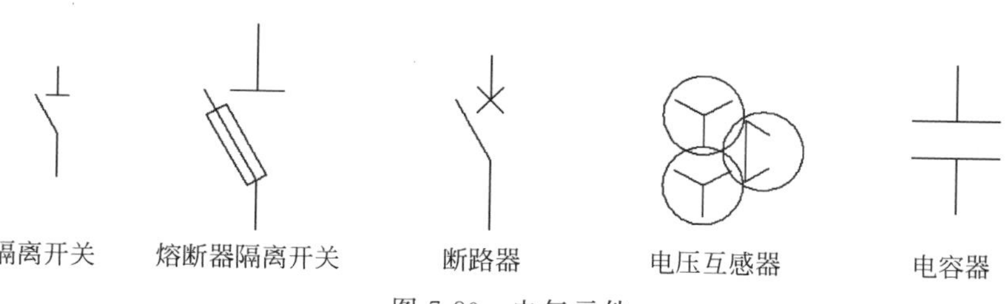

图 7-80 电气元件

Note

（2）单击“视图”选项卡“选项板”面板中的“设计中心”按钮，❶打开设计中心，如图 7-81 所示。

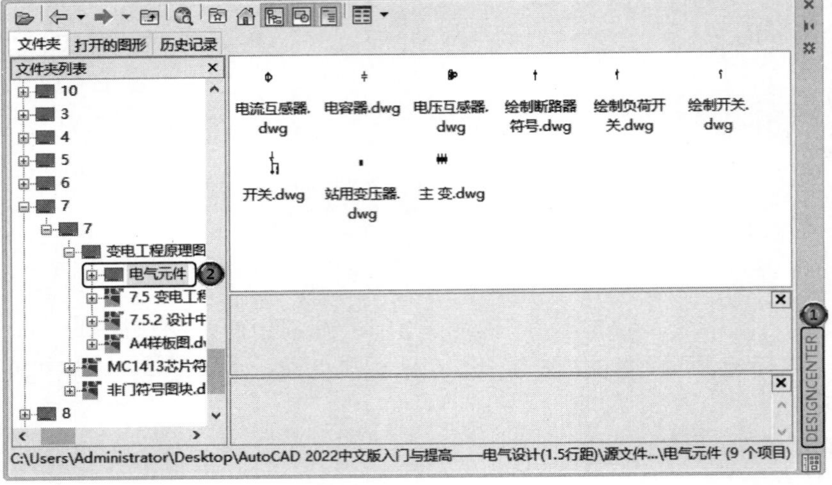

图 7-81　设计中心

（3）❷在设计中心的“文件夹”选项卡中找到刚才绘制的电气元件保存的“电气元件”文件夹，右击该文件夹，从弹出的快捷菜单中❸选择“创建块的工具选项板”命令，如图 7-82 所示。

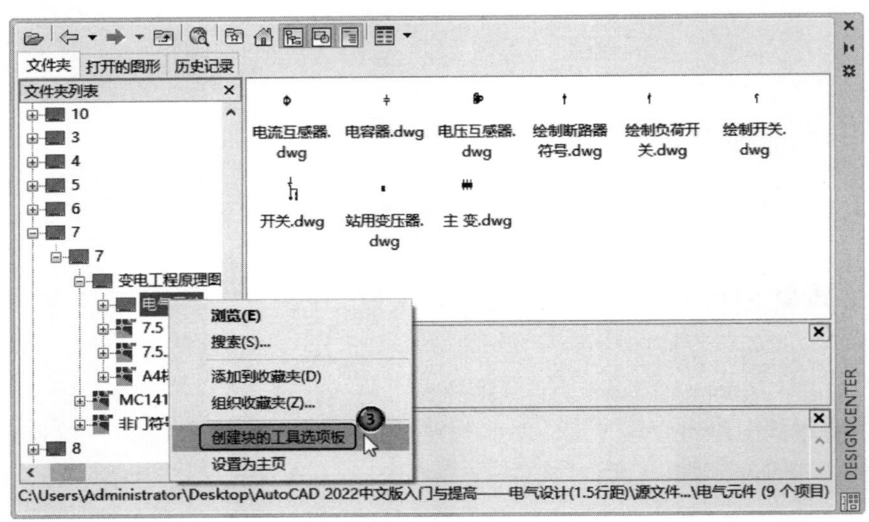

图 7-82　设计中心操作

（4）选择该命令后，❹系统自动在工具选项板上❺创建一个名为“电气元件”的工具选项板，如图 7-83 所示，该选项板上列出了“电气元件”文件夹中各图形，并将每一个图形自动转换成图块。

（5）按住鼠标，❻将“电气元件”工具选项板中的“绘制开关”图块拖动到绘图区域，电动机❼绘制开关图块就会插入新的图形文件中，如图 7-84 所示。

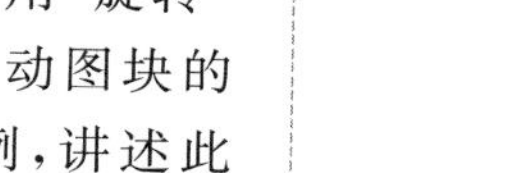

（6）工具选项板中插入的图块不能旋转，对需要旋转的图块，可单独利用“旋转”命令结合“移动”命令进行旋转和移动操作，也可以采用直接从设计中心拖动图块的方法实现。下面以图 7-85 所示绘制水平引线后需要插入旋转的图块为例，讲述此方法。

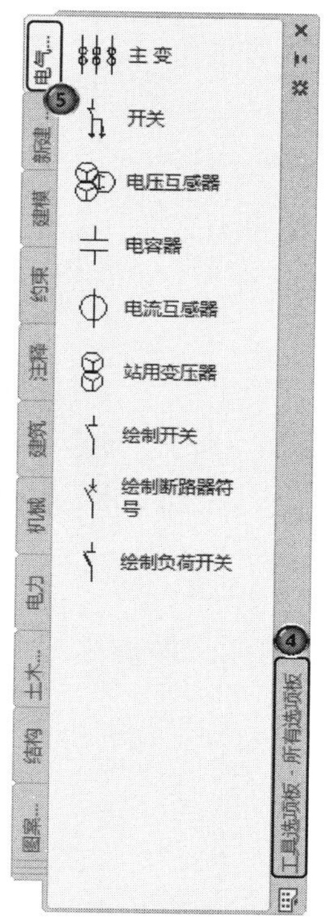

图 7-83　“电气元件”工具选项板

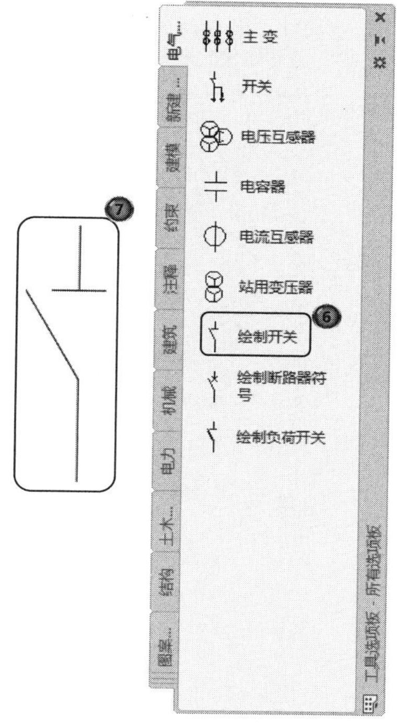

图 7-84　插入绘制开关图块

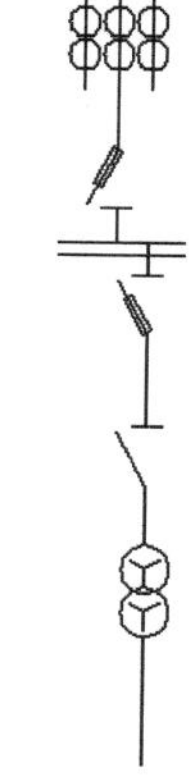

图 7-85　绘制水平引线

① ❶打开设计中心，❷找到“电气元件”文件夹，选择该文件夹，❸设计中心右边的显示框中显示该文件夹中的各图形文件，如图 7-86 所示。

② 选择其中的文件，按住鼠标将其拖动到当前绘制图形中，系统提示与操作如下。

```
命令：_-INSERT
输入块名或 [?]:“跌落式熔断器.dwg”
单位：毫米　转换：0.0394
指定插入点或 [基点(B)/比例(S)/X/Y/Z/旋转(R)]:
输入 X 比例因子，指定对角点，或 [角点(C)/XYZ(XYZ)] <1>: 1↙
输入 Y 比例因子或 <使用 X 比例因子>:↙
指定旋转角度 <0>: ↙
```

③ 利用工具选项板和设计中心插入各图块，最终结果如图 7-87 所示。

（7）如果不想保存“电气元件”工具选项板，可以在此工具选项板上右击，从弹出的快捷菜单中❶选择“删除选项板”命令，如图 7-88 所示，❷系统会打开提示框，如图 7-89

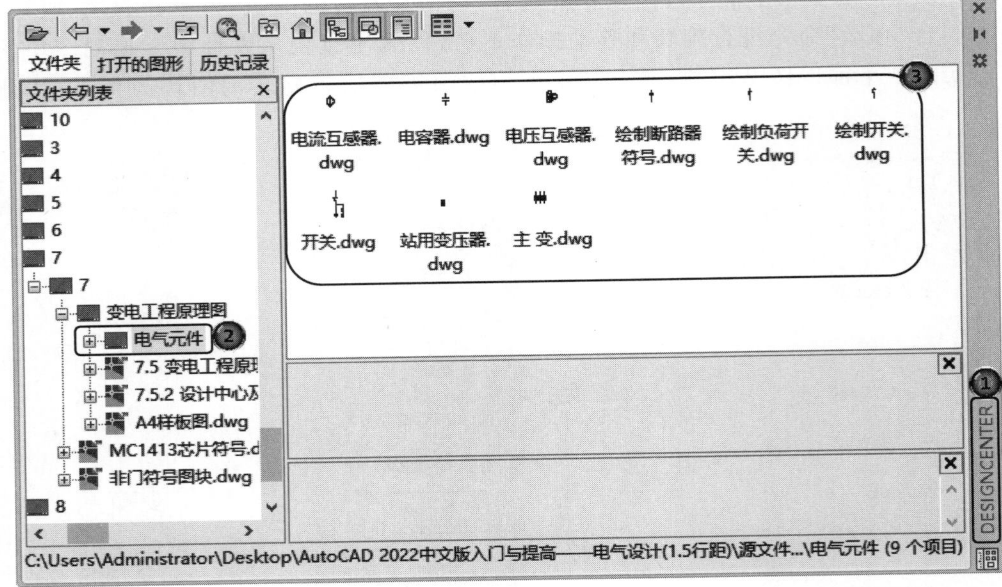

图 7-86　设计中心

所示，❸单击“确定”按钮，系统则自动将“电气元件”工具选项板删除。❹删除后的工具选项板如图 7-90 所示。

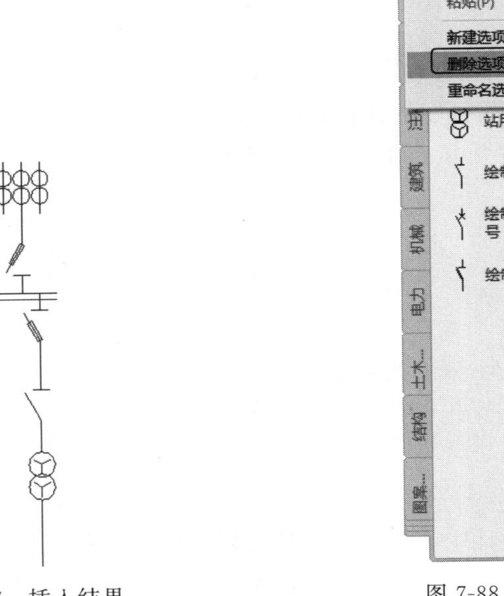

图 7-87　插入结果

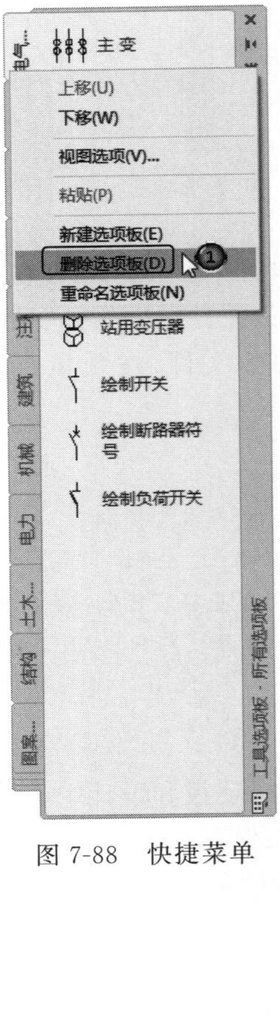

图 7-88　快捷菜单

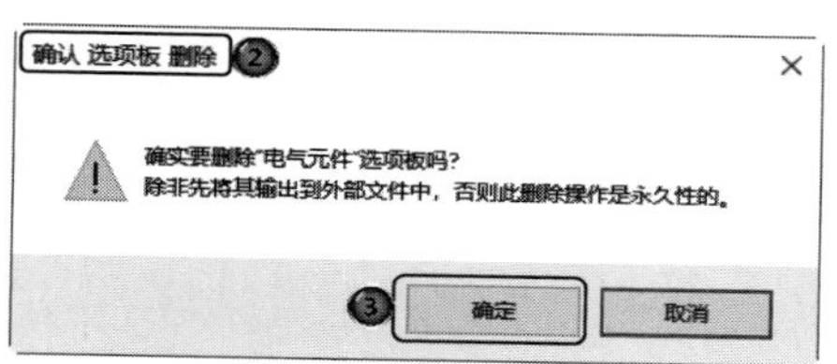

图 7-89　提示框

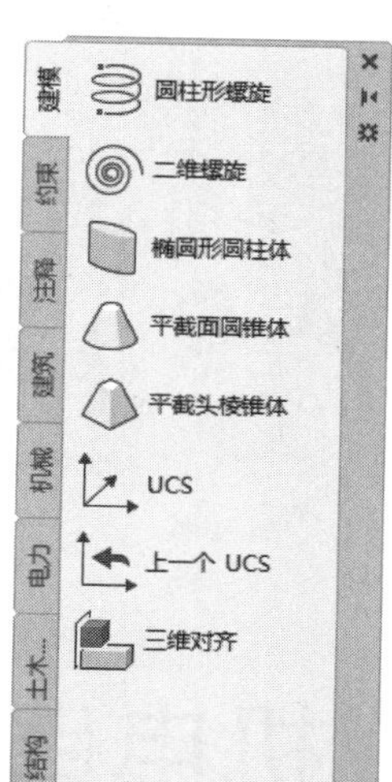

图 7-90　删除后的工具选项板

第8章

游戏机电路设计综合实例

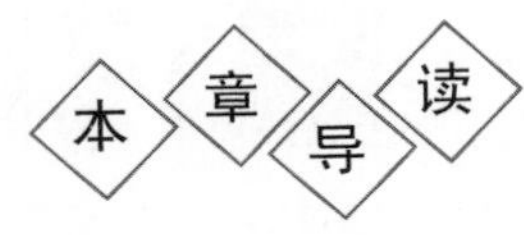

本章将围绕游戏机电路设计实例展开讲述。游戏机电路是一个大型的电路系统，包括中央处理器电路、图形处理器电路、接口电路、射频调制电路、制式转换电路、电源电路、时钟电路、光电枪电路、控制盒电路、游戏卡电路10个电路模块。本章分别介绍各电路模块的原理、组成结构及其绘制方法。

通过本章实例的学习，读者将完整体会到在AutoCAD 2022环境下进行具体电气工程设计的方法和过程。

学习要点

- 电子电路简介
- 游戏机电路模块

8.1 电子电路简介

Note

8.1.1 基本概念

电子电路一般是由电压较低的直流电源供电，通过电路中的电子元件（例如电阻、电容、电感等）和电子器件（例如二极管、晶体管、集成电路等）的工作，实现一定功能的电路。电子电路在各种电气设备和家用电器中得到广泛应用。

8.1.2 电子电路图分类

电子电路图可以按以下3种方法分类。

电子电路图根据使用元器件形式的不同，可分为分立元件电路图、集成电路图、分立元件和集成电路混合构成的电路图。早期的电子设备由分立元件构成，所以电路图也按分立元件绘制，这使得电路复杂，设备调试、检修不便。随着具有各种不同功能、不同规模的集成电路的产生、发展，各种单元电路得以集成化，大大简化了电路，提高了工作可靠性，减少了设备体积，因此成为电子电路的主流。目前使用较多的还是由分立元件和集成电路混合构成的电子电路，这种电子电路图在家用电器、计算机、仪器仪表等设备中最为常见。

电子电路按电路处理的信号不同，可分为模拟信号和数字信号两种。处理模拟信号的电路称为模拟电路，处理数字信号的电路称为数字电路，由它们构成的电路图亦可称为模拟电路图和数字电路图。当然这不是绝对的，有些较复杂的电路中既有模拟电路又有数字电路，这是一种混合电路。

电子电路功能很多，但按其基本功能可分为基本放大电路、信号产生电路、功率放大电路、组合逻辑电路、时序逻辑电路和整流电路等。因此，对应不同功能的电路会有不同的电路图，如固定偏置电路图、*LC* 振荡电路图、桥式整流电路图等。

8.2 游戏机电路模块

8.2.1 中央处理器电路设计

8-1

CPU是游戏机的核心。如图8-1所示为游戏机的CPU基本电路，包含CPU6527P、SRAM6116和译码器SN74LS139N等元件。6527P是8位单片机，有8条数据线、16条地址线，寻址范围为64KB。其高位地址经SN74LS139N译码后输出低电平有效的选通信号，用于控制卡内ROM、RAM、PPU等单元电路的选通。

1. 配置绘图环境

(1) 打开AutoCAD 2022应用程序，单击“快速访问”工具栏中的“新建”按钮，新建空白图形文件。

(2) 单击“快速访问”工具栏中的“另存为”按钮，在弹出的对话框中将文件另

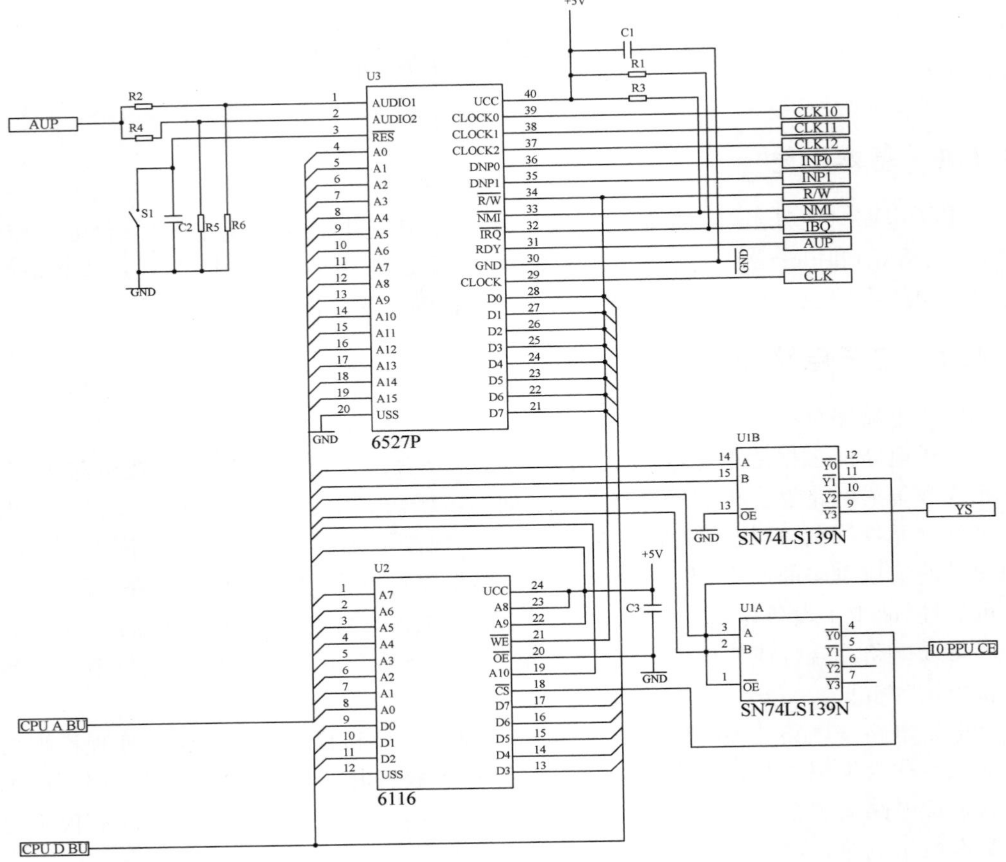

图 8-1　CPU 原理图

存为“中央处理器电路.dwg”。

(3) 单击“默认”选项卡“图层”面板中的“图层特性”按钮，❶打开“图层特性管理器”选项板，❷新建“元件符号层”“导线层”“电源层”“总线层”“文字说明层”5个图层，各层设置如图 8-2 所示。将“元件符号层”置为当前图层。

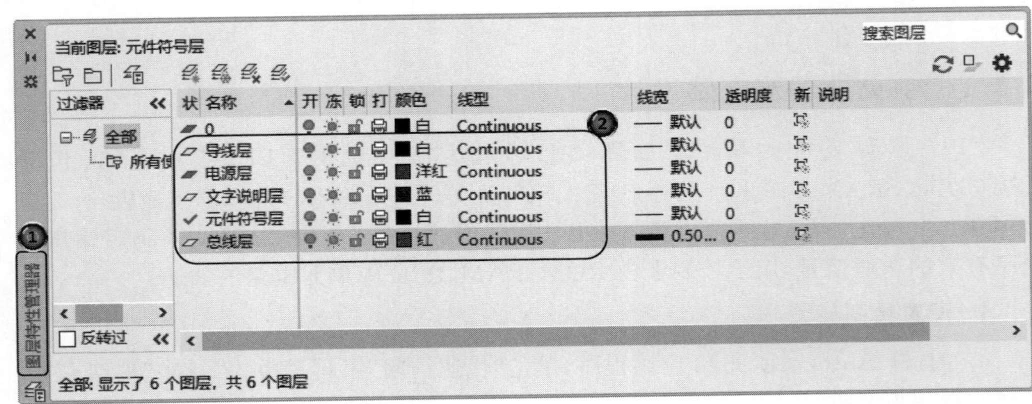

图 8-2　图层设置

2．绘制6116

(1) 单击"快速访问"工具栏中的"新建"按钮，新建图形文件。单击"快速访问"工具栏中的"保存"按钮，将文件另存为"6116"。

(2) 单击"默认"选项卡"绘图"面板中的"矩形"按钮，绘制大小为80mm×130mm的矩形，如图8-3所示。

(3) 单击"默认"选项卡"修改"面板中的"分解"按钮，分解矩形。

(4) 单击"默认"选项卡"修改"面板中的"偏移"按钮，将竖直直线分别向内偏移20mm，将水平直线依次向上偏移10mm，结果如图8-4所示。

(5) 单击"默认"选项卡"修改"面板中的"拉长"按钮，将上步偏移的水平直线分别向左右两侧拉长30mm，如图8-5所示。

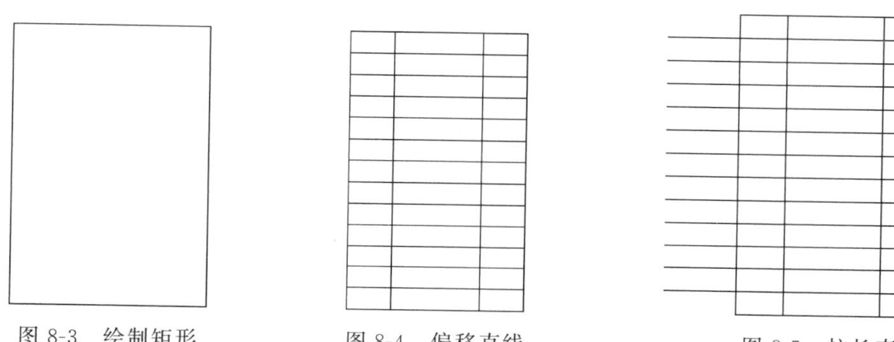

图8-3　绘制矩形　　图8-4　偏移直线　　图8-5　拉长直线

(6) 单击"默认"选项卡"注释"面板中的"多行文字"按钮A，在矩形左下角单元格中输入文字"USS"。

(7) 单击"默认"选项卡"修改"面板中的"移动"按钮，将文字放置到适当位置，如图8-6所示。

(8) 单击"默认"选项卡"修改"面板中的"修剪"按钮，修剪矩形框中多余线段，如图8-7所示。

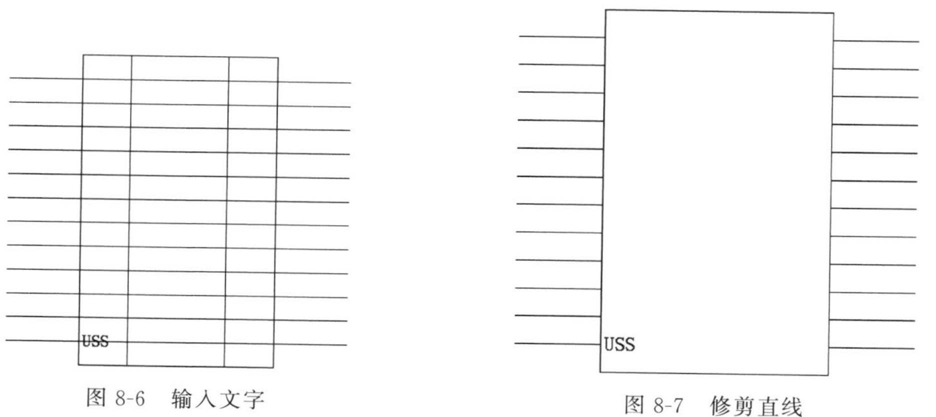

图8-6　输入文字　　图8-7　修剪直线

(9) 单击"默认"选项卡"修改"面板中的"复制"按钮，选择多行文字，复制左侧文字，如图8-8所示。

Note

(10) 单击“默认”选项卡“修改”面板中的“镜像”按钮⚠,镜像左侧文字,结果如图 8-9 所示。

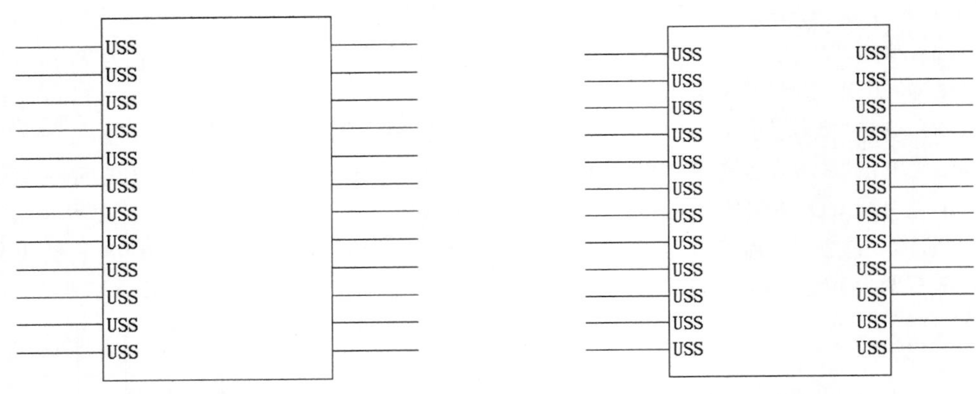

图 8-8　复制文字　　　　图 8-9　镜像文字

(11) 双击文字,弹出“文字编辑器”选项卡和多行文字编辑器,修改文字内容,如图 8-10 所示。修改完成的图形如图 8-11 所示。

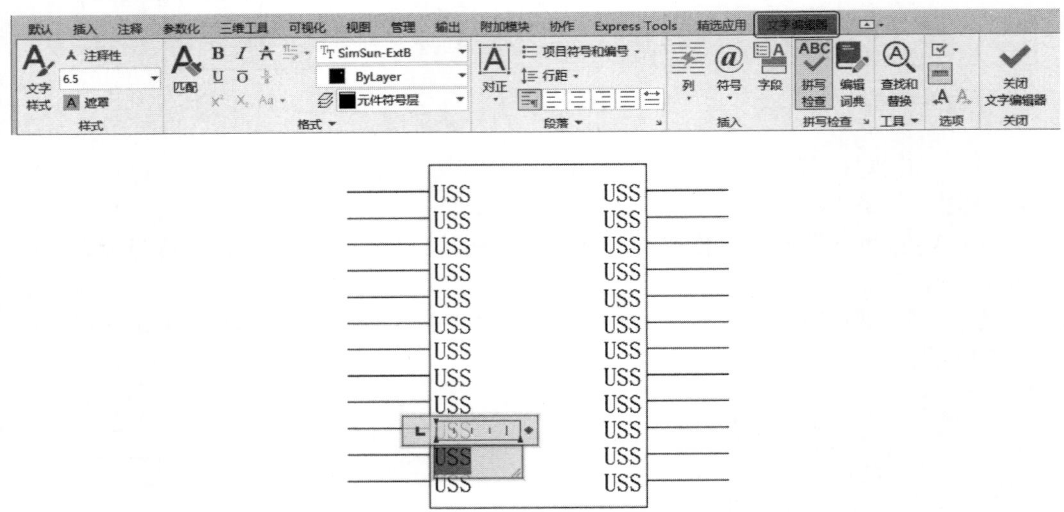

图 8-10　“文字编辑器”选项卡和多行文字编辑器

(12) 单击“默认”选项卡“注释”面板中的“多行文字”按钮**A**,在矩形左下角输入芯片名称 6116,并在引脚上方输入标号,绘制结果如图 8-12 所示。

(13) 在命令行中输入“WBLOCK”,弹出“写块”对话框,如图 8-13 所示。

(14) 单击“快速访问”工具栏中的“保存”按钮,保存图形文件。

3. 绘制 SRAM6527P

(1) 单击“快速访问”工具栏中的“新建”按钮,新建图形文件。单击“快速访问”工具栏中的“保存”按钮,将文件另存为“6527P”。

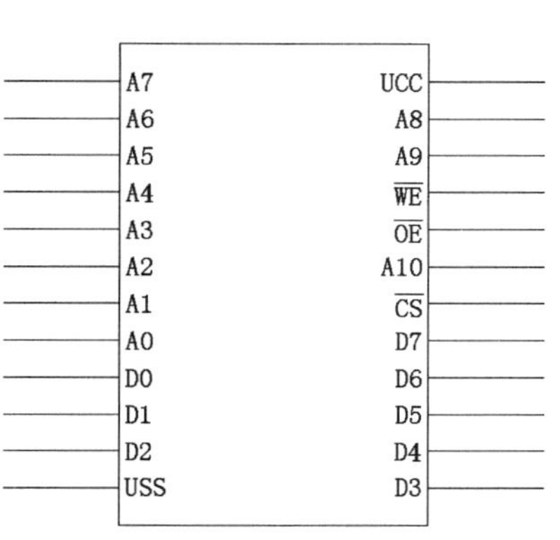

图 8-11　文字修改结果

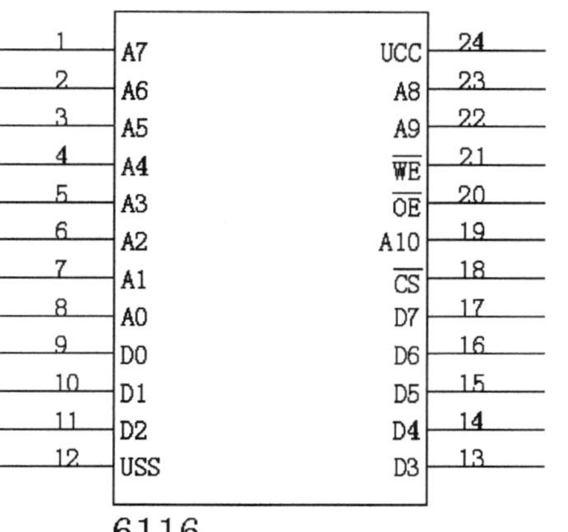

图 8-12　绘制结果

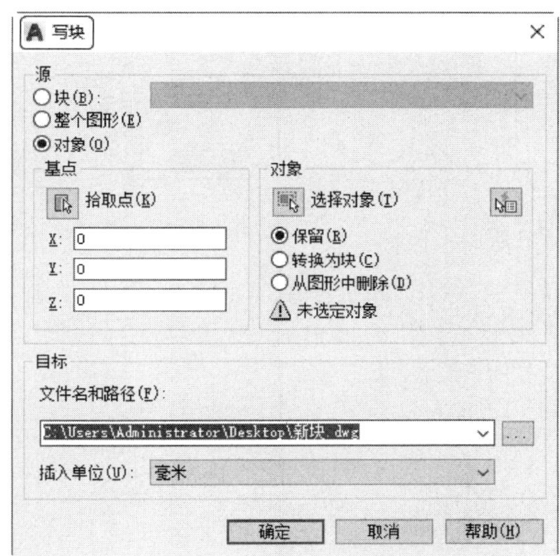

图 8-13　“写块”对话框

(2) 单击“默认”选项卡“绘图”面板中的“矩形”按钮▭，绘制大小为 80mm×210mm 的矩形，如图 8-14 所示。

(3) 单击“默认”选项卡“修改”面板中的“分解”按钮，分解矩形。

(4) 单击“默认”选项卡“实用工具”面板中的“点样式”按钮，❶打开“点样式”对话框，如图 8-15 所示。❷选择点样式，❸单击“确定”按钮。

(5) 单击“默认”选项卡“绘图”面板中的“定数等分”按钮，等分矩形边线。命令行提示与操作如下。

```
命令: _DIVIDE
选择要定数等分的对象:(选择左侧竖直直线)
输入线段数目或 [块(B)]: 21↙
命令: _DIVIDE
```

Note

```
选择要定数等分的对象:(选择右侧竖直直线)
输入线段数目或 [块(B)]: 21↙
命令: _DIVIDE
选择要定数等分的对象:(选择上方水平直线)
输入线段数目或 [块(B)]: 4↙
命令: _DIVIDE
选择要定数等分的对象:(选择下方水平直线)
输入线段数目或 [块(B)]: 4↙
```

图 8-14　绘制矩形

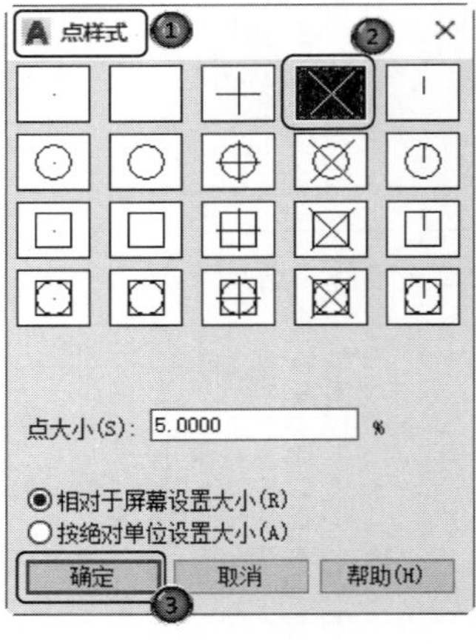

图 8-15　“点样式”对话框(1)

(6) 单击“默认”选项卡“绘图”面板中的“直线”按钮 ，绘制直线，如图 8-16 所示。

(7) 单击“默认”选项卡“修改”面板中的“拉长”按钮 ，将上步绘制的水平直线向左拉长 30mm，如图 8-17 所示。

图 8-16　绘制直线

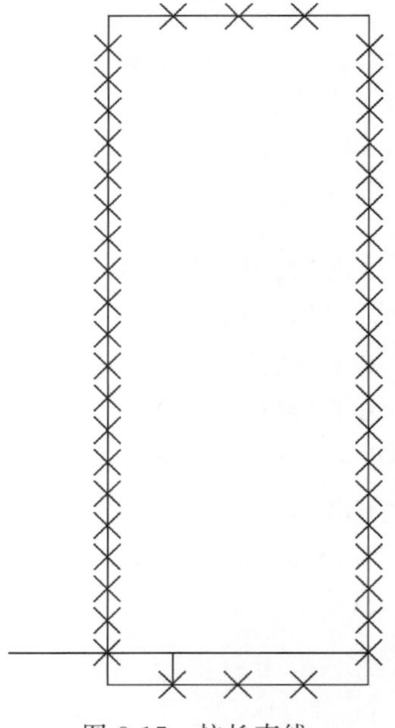

图 8-17　拉长直线

(8) 单击“默认”选项卡“注释”面板中的“多行文字”按钮A，在矩形左下角单元格中输入文字“USS”。

(9) 单击“默认”选项卡“修改”面板中的“移动”按钮✥，将文字放置到适当位置，如图 8-18 所示。

(10) 单击“默认”选项卡“修改”面板中的“修剪”按钮✂，修剪矩形框中多余线段，如图 8-19 所示。

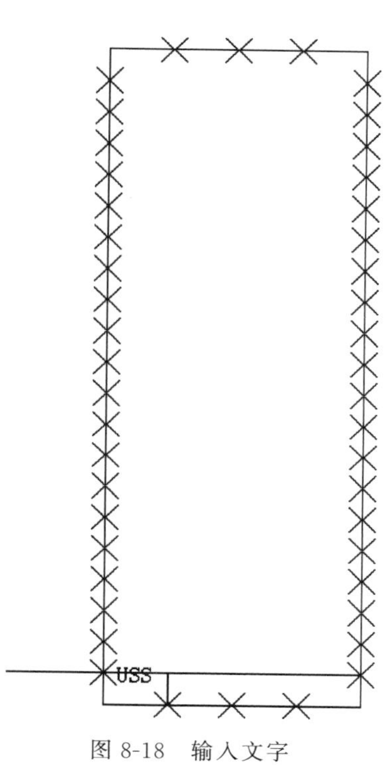

图 8-18　输入文字

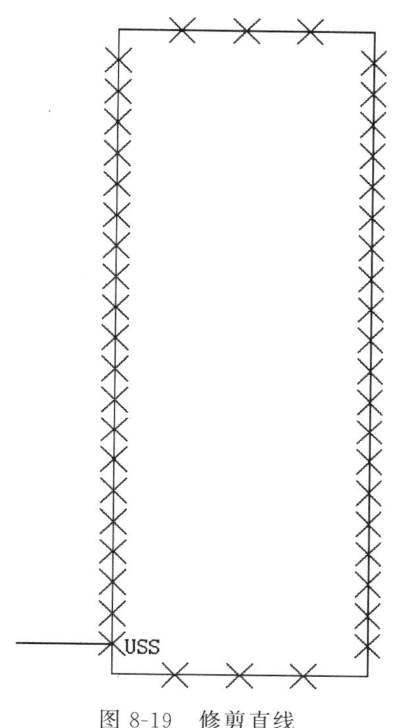

图 8-19　修剪直线

(11) 单击“默认”选项卡“修改”面板中的“复制”按钮，选择多行文字及左侧直线，复制图形，如图 8-20 所示。

(12) 单击“默认”选项卡“实用工具”面板中的“点样式”按钮，❶打开“点样式”对话框，❷选择点样式，如图 8-21 所示，❸单击“确定”按钮。修改后的图形如图 8-22 所示。

(13) 单击“默认”选项卡“修改”面板中的“镜像”按钮，镜像左侧图形，如图 8-23 所示。

(14) 双击图形中的文字，弹出“文字编辑器”选项卡和多行文字编辑器，修改文字内容，结果如图 8-24 所示。

(15) 单击“默认”选项卡“注释”面板中的“多行文字”按钮A，在矩形左下角输入芯片名称“6527P”，并在引脚上方输入标号，绘制结果如图 8-25 所示。

(16) 在命令行中输入“WBLOCK”，打开“写块”对话框，如图 8-26 所示，将 SRAM6527P 图形创建为块，以便后面调用。

(17) 单击“快速访问”工具栏中的“保存”按钮，保存图形文件。

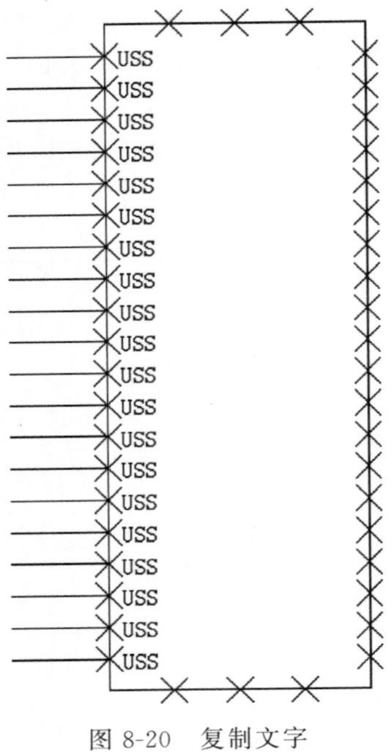

图 8-20 复制文字

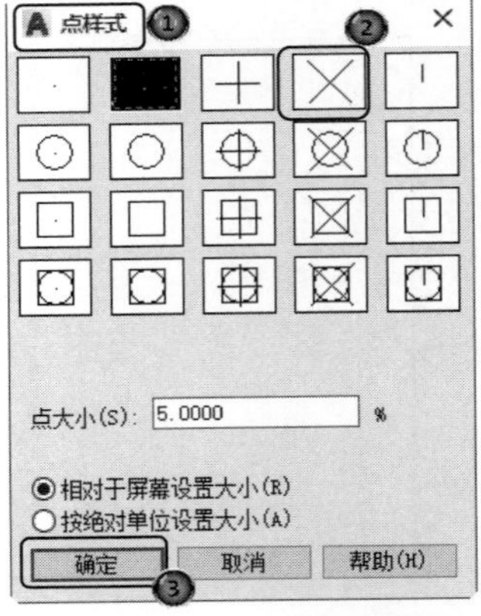

图 8-21 "点样式"对话框(2)

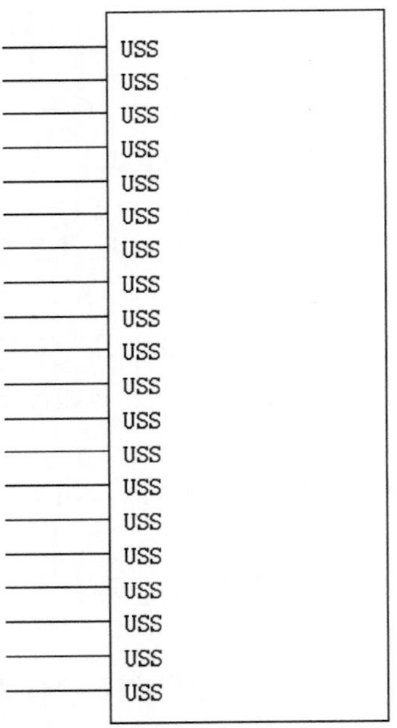

图 8-22 修改点样式

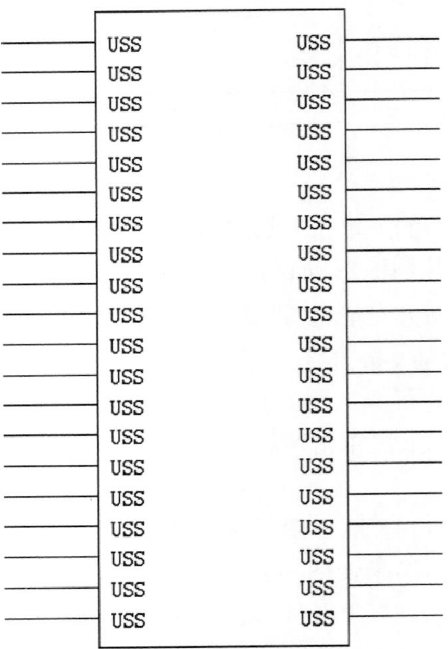

图 8-23 镜像图形

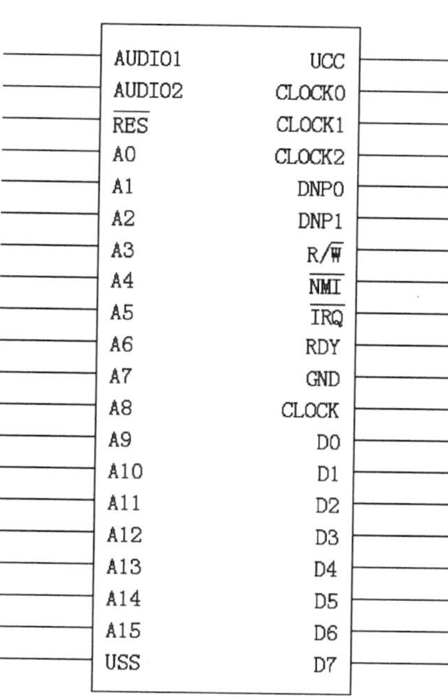

图 8-24　文字修改结果

图 8-25　绘制结果

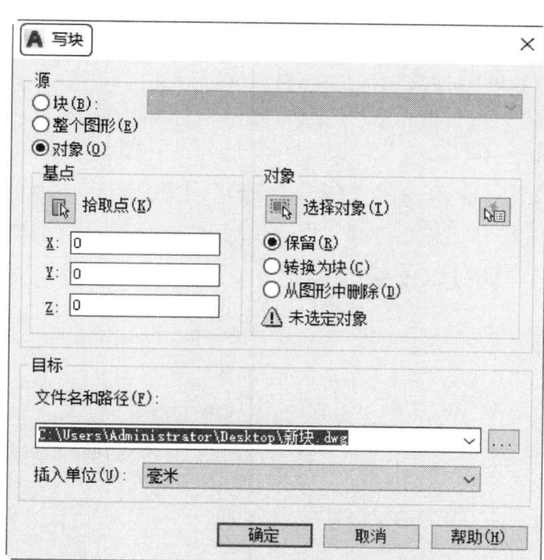

图 8-26　"写块"对话框

4. 绘制译码器 SN74LS139N

(1) 单击"快速访问"工具栏中的"新建"按钮，新建图形文件。单击"快速访问"工具栏中的"保存"按钮，将文件另存为"74LS139N"。

(2) 单击"默认"选项卡"绘图"面板中的"矩形"按钮，绘制大小为 60mm×50mm 的矩形，如图 8-27 所示。

（3）单击“默认”选项卡“修改”面板中的“分解”按钮，分解矩形。

（4）单击“默认”选项卡“修改”面板中的“偏移”按钮，将竖直直线分别向内偏移20mm，将水平直线依次向上偏移10mm，结果如图8-28所示。

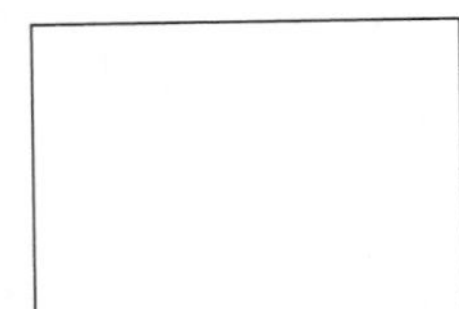

图8-27　绘制矩形

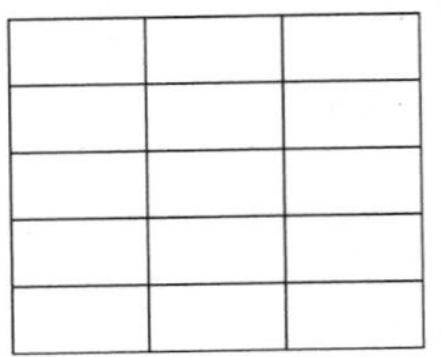

图8-28　偏移直线

（5）单击“默认”选项卡“修改”面板中的“拉长”按钮，将上步偏移的水平直线分别向左右两侧拉长30mm。

（6）单击“默认”选项卡“修改”面板中的“修剪”按钮，修剪矩形框中多余线段，如图8-29所示。

（7）单击“默认”选项卡“注释”面板中的“多行文字”按钮，在矩形左下角单元格中输入文字“A”，如图8-30所示。

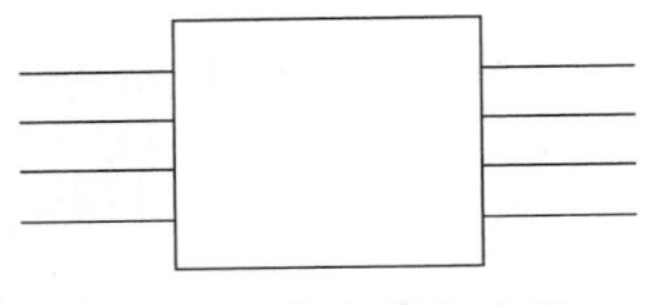

图8-29　拉长修剪直线

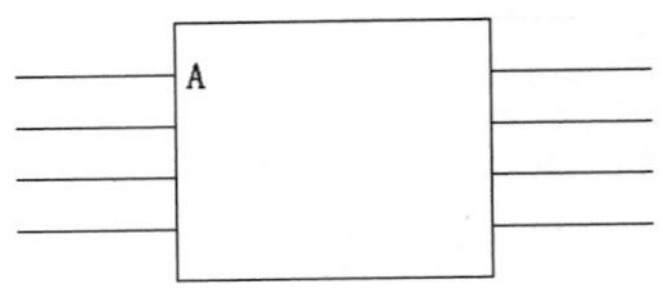

图8-30　输入文字

（8）单击“默认”选项卡“修改”面板中的“复制”按钮，选择多行文字，复制文字，然后双击需要修改的文字，修改文字内容。修改完成的图形如图8-31所示。

（9）在命令行中输入“WBLOCK”，打开“写块”对话框，如图8-32所示，将译码器SN74LS139N图形创建为块，以便后面调用。

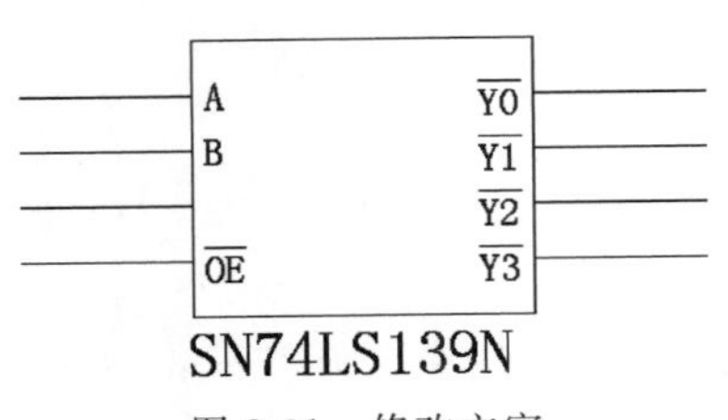

图8-31　修改文字

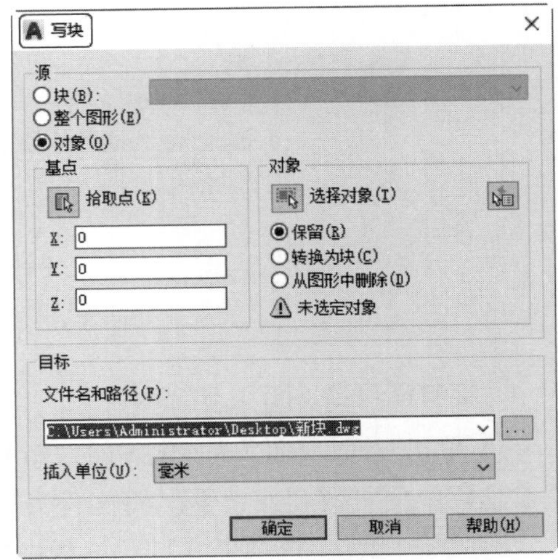

图8-32　“写块”对话框

(10) 单击“快速访问”工具栏中的“保存”按钮，保存图形文件。

5. 绘制开关

(1) 打开“中央处理器”图形文件，将“元件符号层”置为当前。

(2) 单击“默认”选项卡“绘图”面板中的“直线”按钮，绘制水平直线，长度分别为10mm、10mm、10mm，结果如图 8-33 所示。

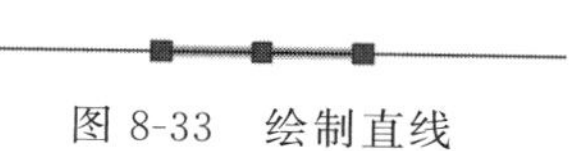

图 8-33 绘制直线

(3) 单击“默认”选项卡“修改”面板中的“旋转”按钮，旋转中间线，捕捉左端点为基点，旋转角度为 30°，结果如图 8-34 所示。

(4) 单击“默认”选项卡“绘图”面板中的“圆”按钮，捕捉直线交点，绘制半径为0.5mm 的圆。

(5) 单击“默认”选项卡“修改”面板中的“修剪”按钮，修剪多余图形，如图 8-35 所示。

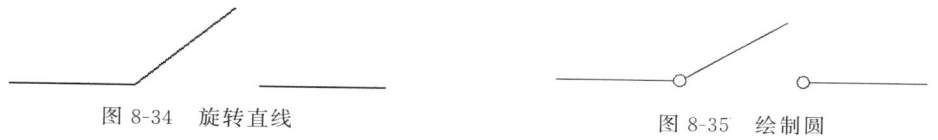

图 8-34 旋转直线　　图 8-35 绘制圆

(6) 单击“默认”选项卡“块”面板中的“创建”按钮，打开“块定义”对话框，输入块名称，如图 8-36 所示。

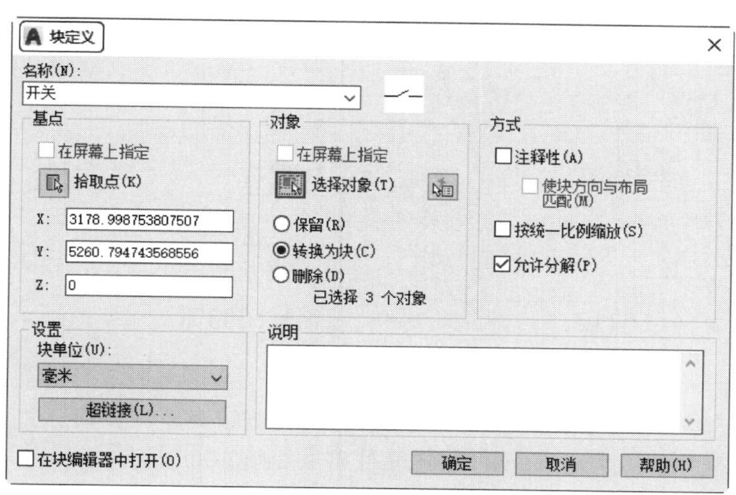

图 8-36 “块定义”对话框

6. 元件布局

(1) 单击“默认”选项卡“块”面板中的“插入块”按钮，在下拉菜单中选择“其他图形中的块”，打开“库中的块”选项板，继续单击选项板右上侧的“浏览块库”按钮，选择“电阻”元件，单击“打开”按钮，将返回“库中的块”选项板，单击“电阻”元件图块，如图 8-37 所示，将元件插入到图形当中。

Note

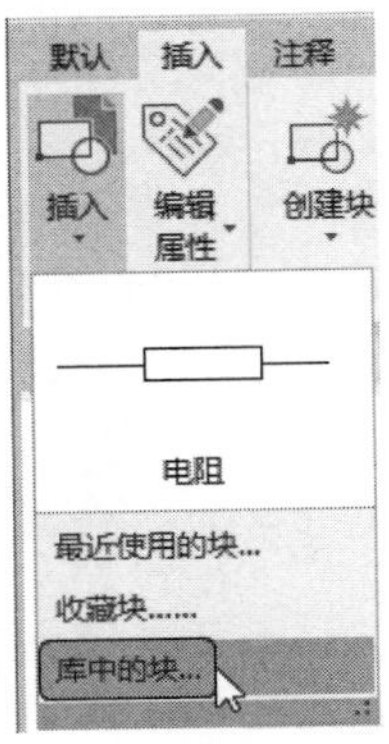

图 8-37　插入“电阻”元件

（2）依次利用“插入块”命令，插入“电容”“电路端口”“SN74LS139N”“6116”和“6527P”，如图 8-38 所示。

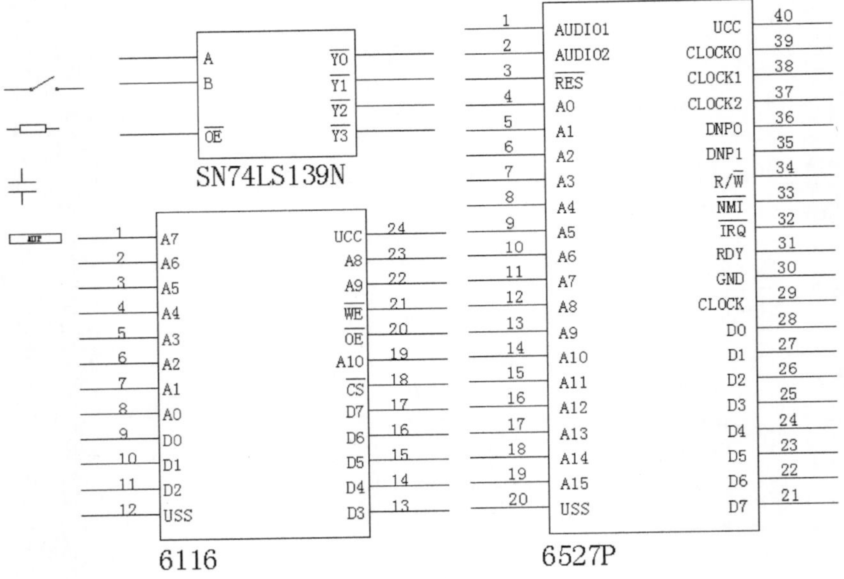

图 8-38　插入元件

（3）单击“默认”选项卡“修改”面板中的“复制”按钮、“旋转”按钮和“移动”按钮，将元件符号放置到适当位置，完成元件布局如图 8-39 所示。

（4）单击“默认”选项卡“修改”面板中的“分解”按钮，分解电路端口图块。

（5）双击电路端口图块中的文字，弹出“文字编辑器”选项卡和多行文字编辑器，修改文字内容，对应所要连接的引脚端口。完成后的图形如图 8-40 所示。

7. 连接电路

（1）将“导线层”置为当前。

（2）单击“默认”选项卡“绘图”面板中的“直线”按钮，按照原理图连接各元器件，如图 8-41 所示。

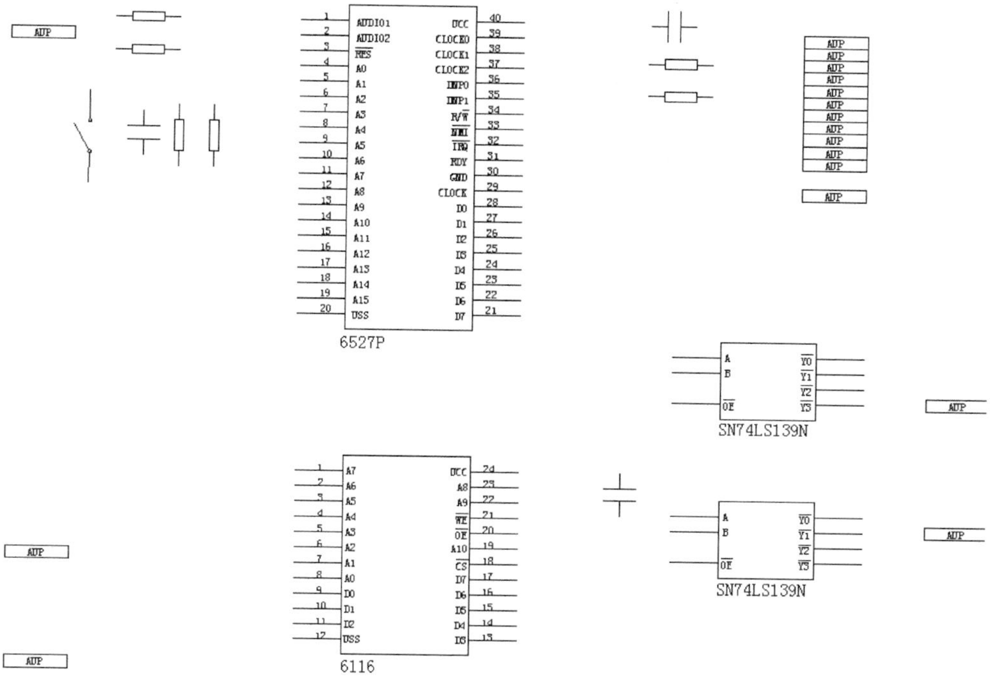

Note

图 8-39　元件布局结果

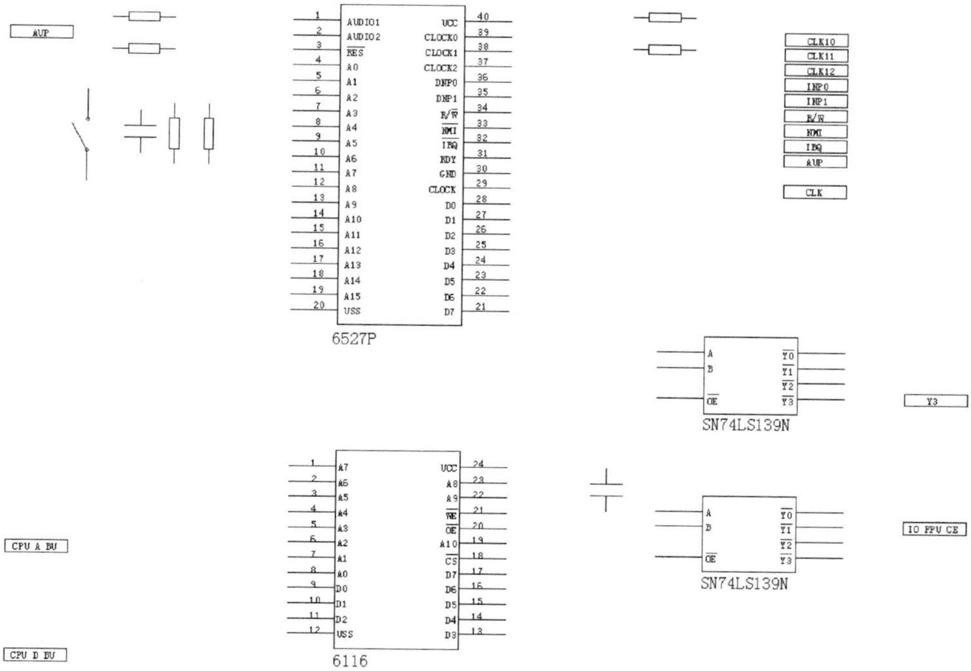

图 8-40　编辑文字

Note

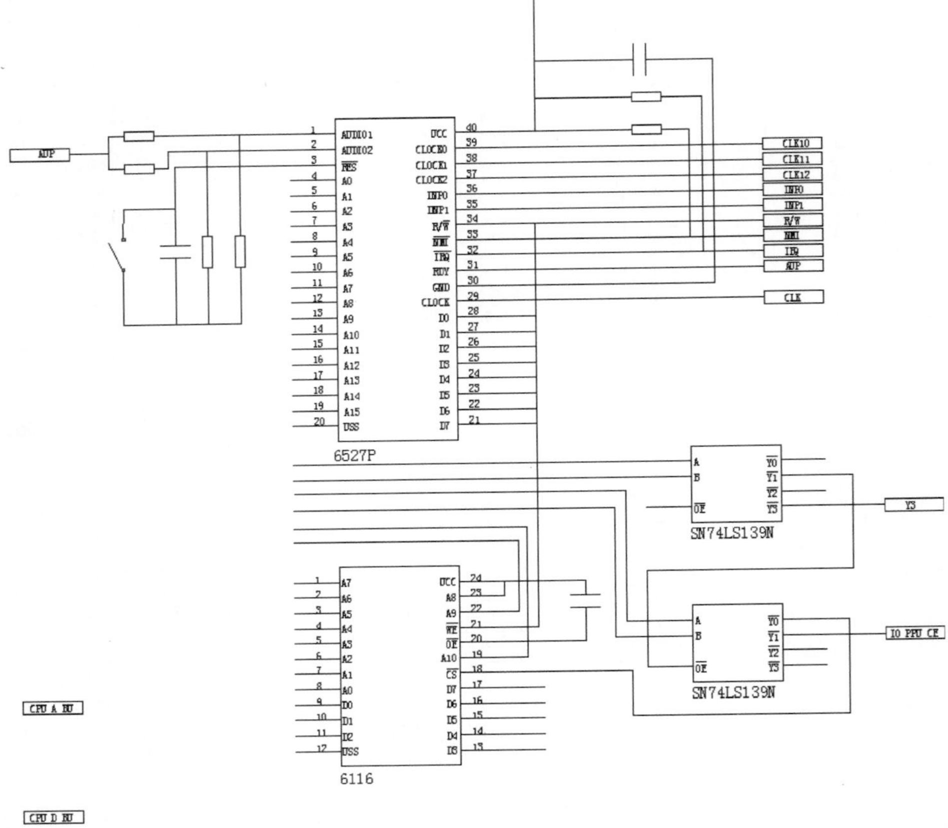

图 8-41　连接导线

(3) 将“总线层”置为当前。

(4) 单击“默认”选项卡“绘图”面板中的“直线”按钮╱，绘制总线分支，命令行提示与操作如下。

```
命令: _LINE
指定第一个点:
指定下一个点或 [放弃(U)]: @10<45↙
指定下一个点或 [放弃(U)]:(如图 8-42 所示)
```

(5) 单击“默认”选项卡“修改”面板中的“镜像”按钮⚠，镜像总线分支，如图 8-43 所示。

图 8-42　绘制总线分支　　　图 8-43　镜像总线分支

(6) 单击“默认”选项卡“修改”面板中的“复制”按钮，将总线分支放置到电路图引脚端口处，如图 8-44 所示。

Note

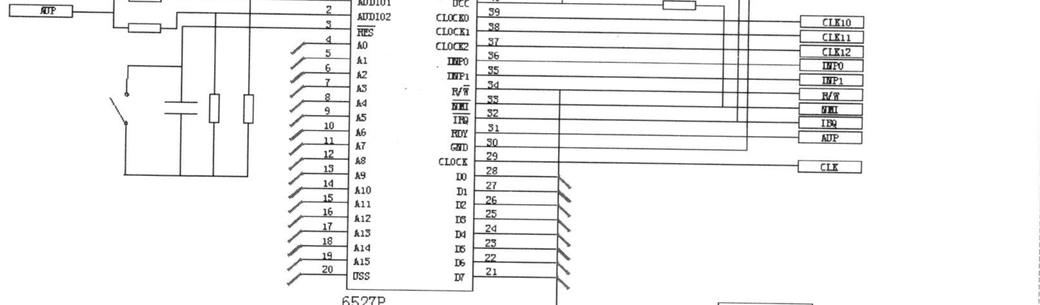

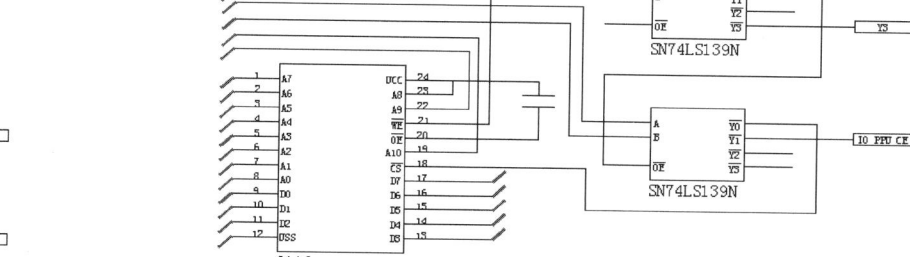

图 8-44　放置总线分支

（7）单击“默认”选项卡“绘图”面板中的“直线”按钮╱，绘制总线，结果如图 8-45 所示。

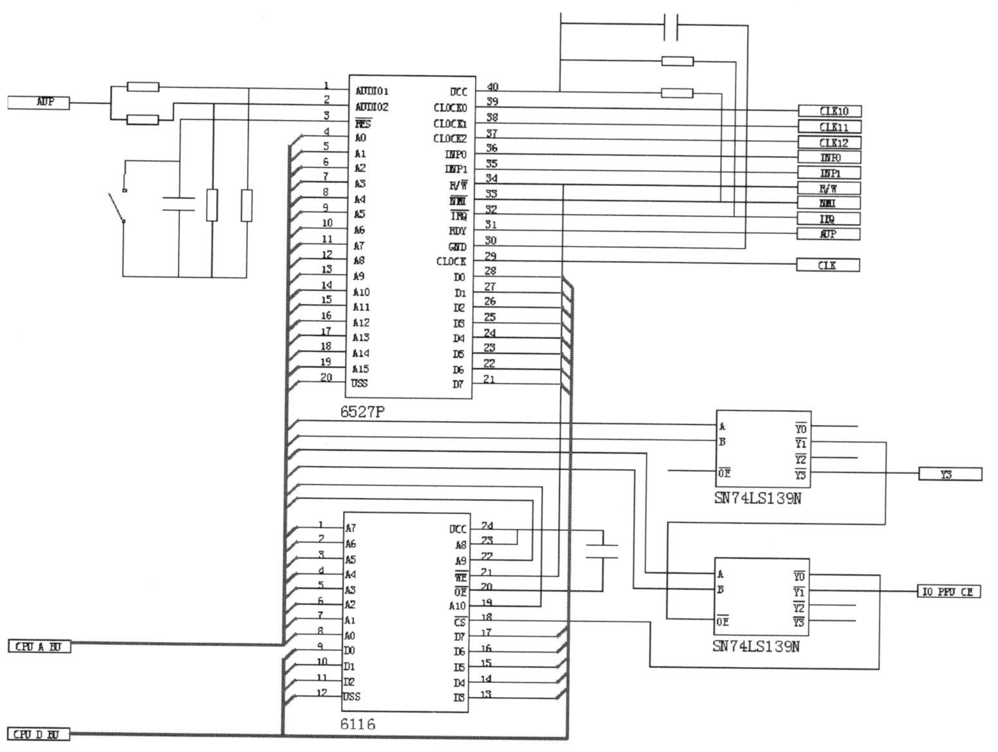

图 8-45　绘制总线

Note

(8) 将“电源层”置为当前。

(9) 单击“默认”选项卡“块”面板中的“插入块”按钮，选择“接地”符号，插入到电路图中，如图 8-46 所示。

(10) 单击“默认”选项卡“修改”面板中的“复制”按钮和“旋转”按钮，将“接地”符号复制到适当位置，如图 8-47 所示。

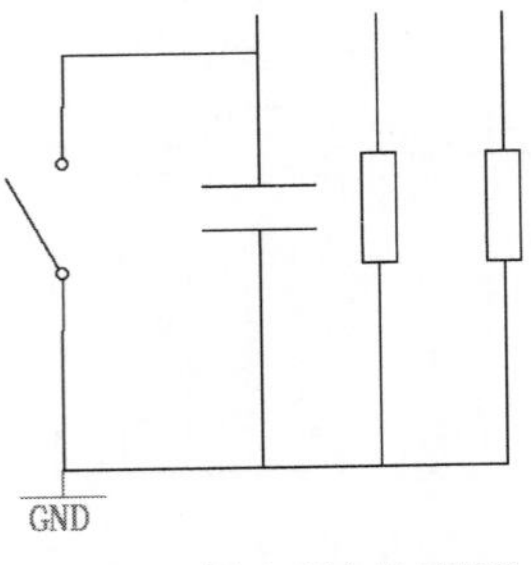

图 8-46 插入“接地”图块

8. 文字标注

(1) 将“文字说明层”置为当前。

(2) 单击“默认”选项卡“注释”面板中的“多行文字”按钮A，在元件上方输入元件名称，如“R1”。标注完成的图形如图 8-48 所示。

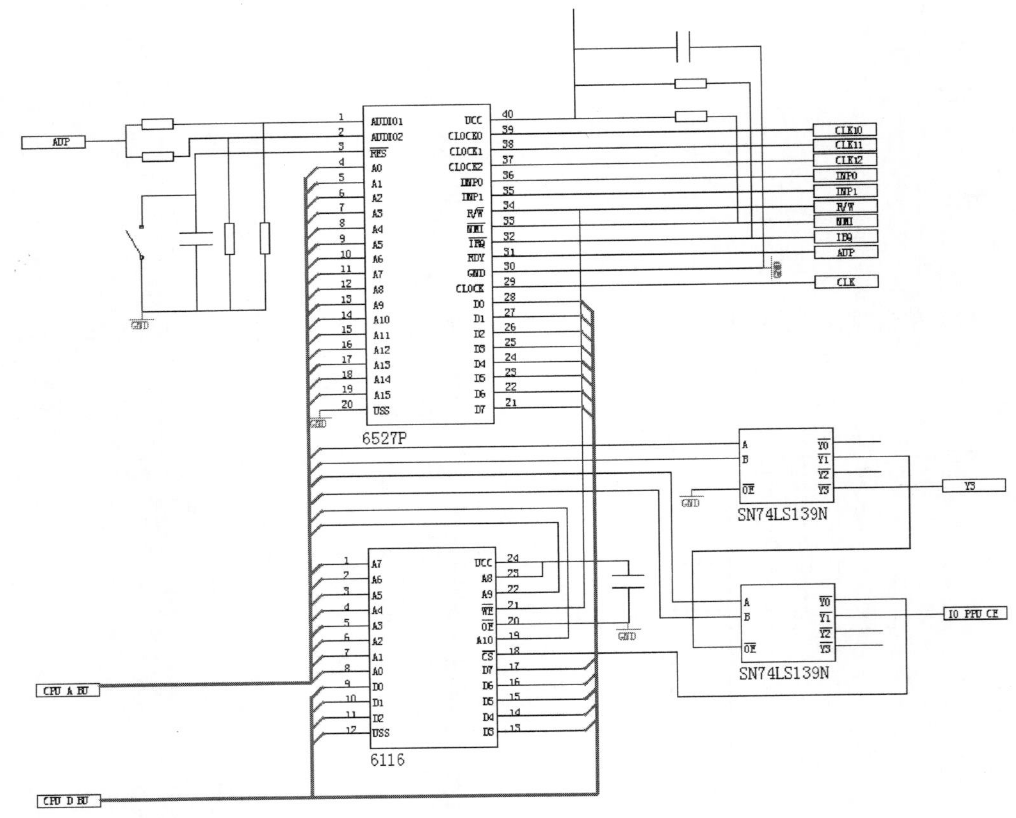

图 8-47 放置接地符号

(3) 单击“默认”选项卡“绘图”面板中的“圆”按钮，绘制半径为 1mm 的圆。

(4) 单击“默认”选项卡“绘图”面板中的“图案填充”按钮，填充圆，如图 8-49 所示。

(5) 单击“默认”选项卡“修改”面板中的“复制”按钮，将导线节点复制到适当位置，如图 8-1 所示。

(6) 单击“快速访问”工具栏中的“保存”按钮，保存电路图。

Note

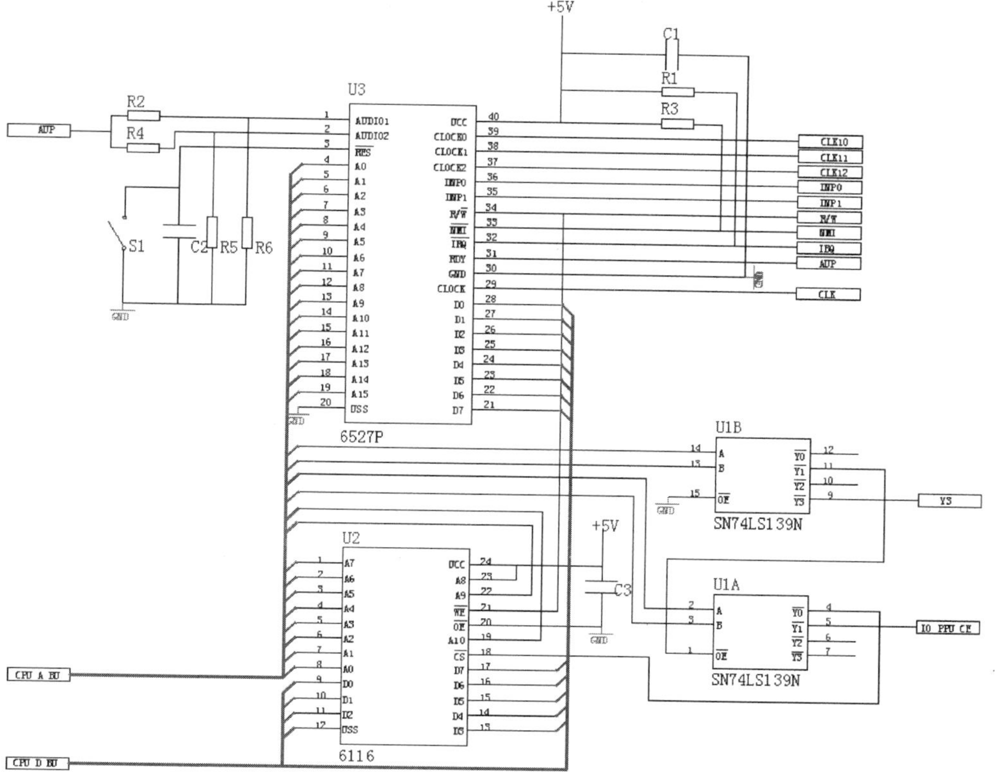

图 8-48　标注元件名称

图 8-49　绘制导线节点

8.2.2　图形处理器电路设计

8-2

图形处理器 PPU 电路是专门为处理图像设计的 40 脚双列直插式大规模集成电路，如图 8-50 所示。它包含图像处理芯片 PPU6528、SRAM6116 和锁存器 SN74LS373N 等元件。PPU6528 有 8 条数据线 D0～D7、3 条地址线 A0～A2、8 条数据/地址复用线 AD0～AD7。复用线加上 PA8～PA12 可形成 13 位地址，寻址范围为 8KB。

图形处理器 PPU 电路绘制方法与 8.2.1 节所讲述的中央处理器电路设计绘制方法一样，这里不再赘述。

Note

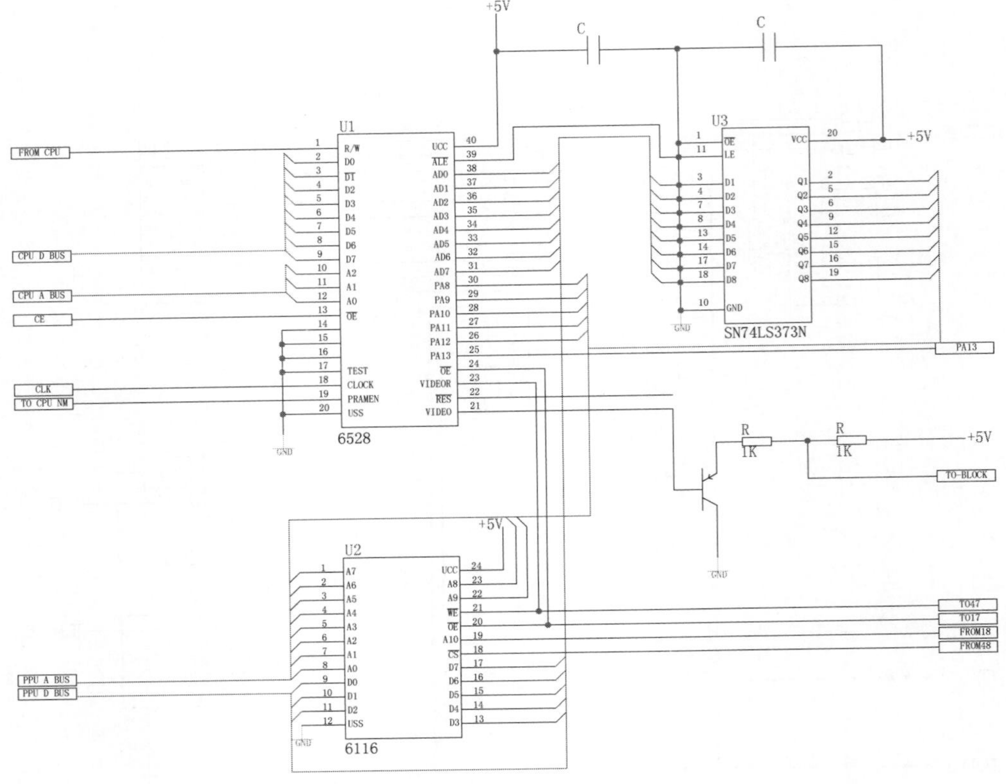

图 8-50　图像处理器 PPU 电路

8-3

8.2.3　接口电路设计

接口电路作为游戏机的输入/输出接口，接收来自主、副控制盒及光电枪的输入信号，并在 CPU 的输出端 INP0 和 INP1 的协调下，将控制盒输入的信号送到 CPU 的数据端口，如图 8-51 所示。

1. 建立新文件

打开 AutoCAD 2022 应用程序，单击“快速访问”工具栏中的“新建”按钮，打开“选择样板”对话框。在该对话框中选择样板文件“样板 1”，单击“打开”按钮，则选择的样板图就会出现在绘图区域内。单击“快速访问”工具栏中的“保存”按钮，将文件另存为“接口电路.dwg”。

2. 绘制芯片 SN74HC368N(A 型)

(1) 单击“默认”选项卡“绘图”面板中的“矩形”按钮，绘制大小为 35mm×70mm 的矩形，如图 8-52 所示。

(2) 单击“默认”选项卡“修改”面板中的“分解”按钮，分解矩形。

(3) 单击“默认”选项卡“修改”面板中的“偏移”按钮，将两侧边线向内偏移 10mm，将水平直线向上偏移 10mm，如图 8-53 所示。

(4) 单击“默认”选项卡“注释”面板中的“多行文字”按钮A，在左下角输入文字“A4”。

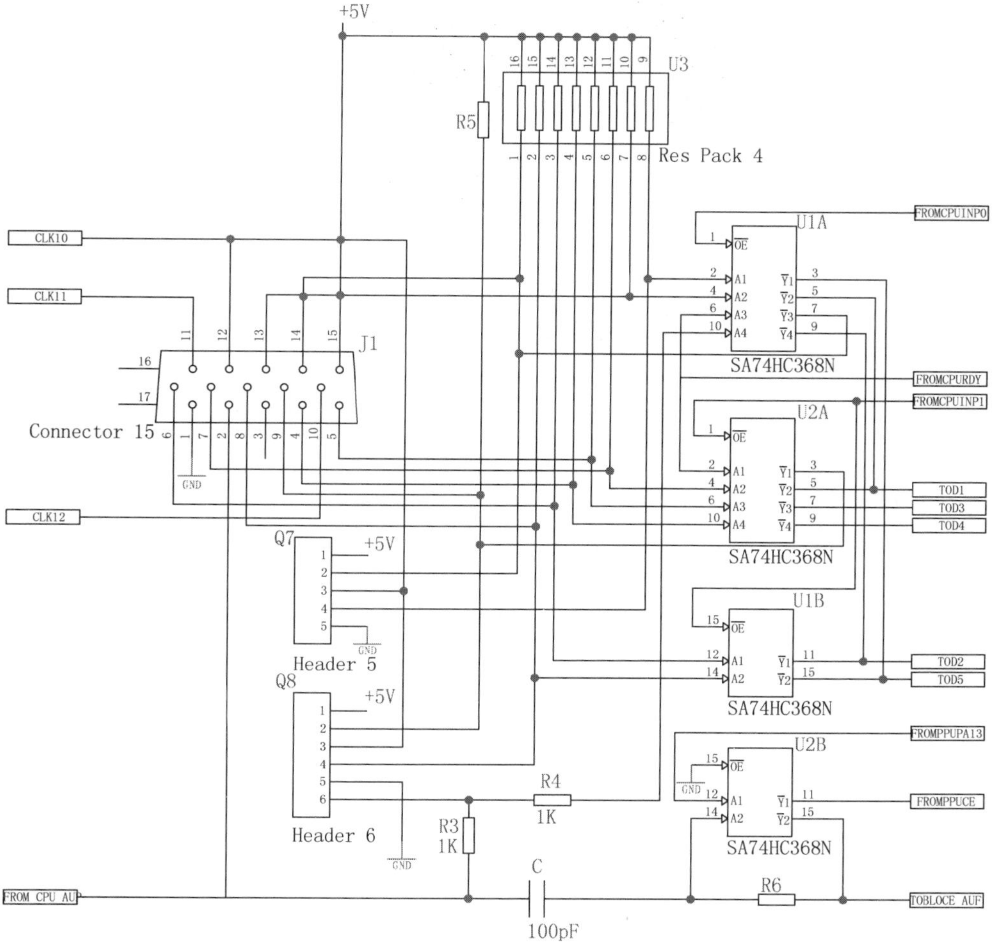

图 8-51 接口电路

(5) 单击“默认”选项卡“修改”面板中的“拉长”按钮⁄,将上步偏移的水平直线向左拉长 20mm。

(6) 单击“默认”选项卡“修改”面板中的“修剪”按钮,修剪多余直线,如图 8-54 所示。

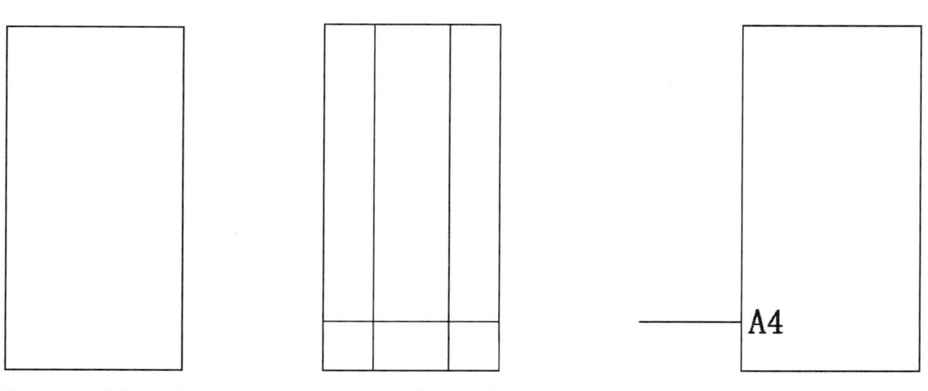

图 8-52 绘制矩形　　图 8-53 偏移直线　　图 8-54 修剪直线

(7) 单击“默认”选项卡“修改”面板中的“复制”按钮，复制拉长直线及文字，间距为 10mm。命令行提示与操作如下。

```
命令：_COPY
选择对象：找到 1 个，总计 2 个
选择对象：
当前设置：复制模式 = 多个
指定基点或 [位移(D)/模式(O)] <位移>:
指定第二个点或 [阵列(A)] <使用第一个点作为位移>: 10
指定第二个点或 [阵列(A)/退出(E)/放弃(U)] <退出>: 20
指定第二个点或 [阵列(A)/退出(E)/放弃(U)] <退出>: 30
指定第二个点或 [阵列(A)/退出(E)/放弃(U)] <退出>: 40
指定第二个点或 [阵列(A)/退出(E)/放弃(U)] <退出>: 50
指定第二个点或 [阵列(A)/退出(E)/放弃(U)] <退出>: *取消*
```

(8) 单击“默认”选项卡“修改”面板中的“镜像”按钮，镜像左侧图形。

(9) 单击“默认”选项卡“修改”面板中的“删除”按钮，删除多余引脚。

(10) 双击文字，弹出“文字编辑器”选项卡，编辑文字，结果如图 8-55 所示。

(11) 单击“默认”选项卡“绘图”面板中的“多边形”按钮，绘制正三角形。

(12) 单击“默认”选项卡“修改”面板中的“复制”按钮，在左侧复制正三角形。

(13) 单击“默认”选项卡“修改”面板中的“修剪”按钮，修剪正三角形内多余直线，结果如图 8-56 所示。

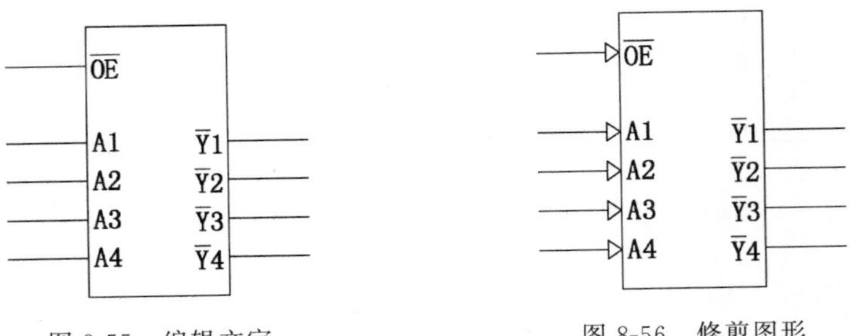

图 8-55 编辑文字　　图 8-56 修剪图形

(14) 单击“默认”选项卡“注释”面板中的“多行文字”按钮A，在引脚端口输入对应编号，如图 8-57 所示。

3. 绘制芯片 SN74HC368N(B 型)

(1) 单击“默认”选项卡“修改”面板中的“复制”按钮，复制上步绘制完成的 A 型芯片。

(2) 单击“默认”选项卡“绘图”面板中的“直线”按钮，连接直线，如图 8-58 所示。

(3) 单击“默认”选项卡“修改”面板中的“删除”按钮和“修剪”按钮，修剪多余部分，如图 8-59 所示。

(4) 双击多行文字，弹出“文字编辑器”选项卡，修改引脚编号。绘制完成的图形如图 8-60 所示。

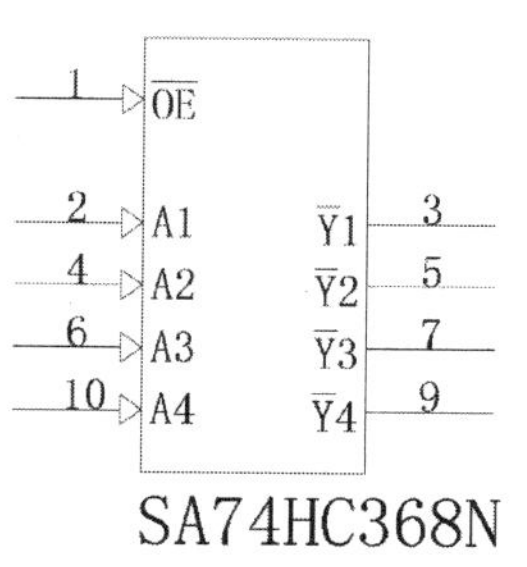

图 8-57　编辑引脚编号

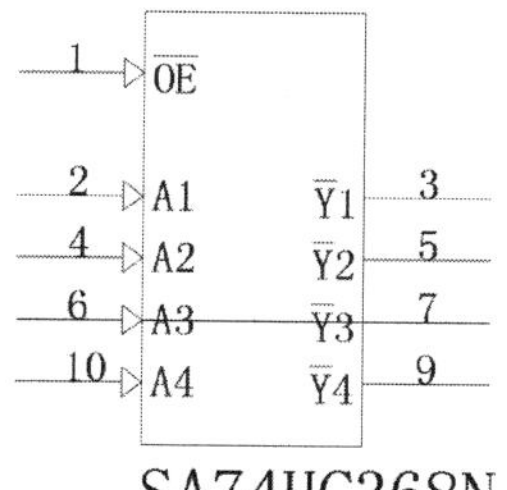

图 8-58　绘制直线

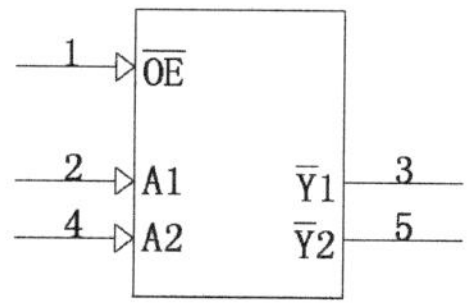

图 8-59　修剪图形

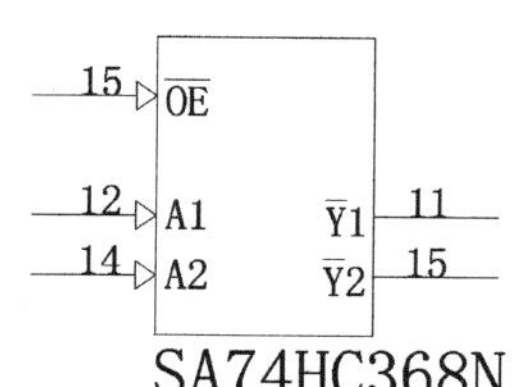

图 8-60　绘制结果

4. 绘制连接器 15

(1) 单击“默认”选项卡“绘图”面板中的“矩形”按钮，绘制大小为 110mm×40mm 的矩形，如图 8-61 所示。

(2) 单击“默认”选项卡“修改”面板中的“偏移”按钮，将水平直线依次向上偏移 10mm，将竖直直线依次向右偏移 10mm，如图 8-62 所示。

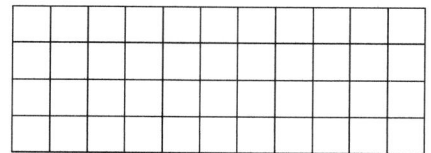

图 8-61　绘制结果

图 8-62　偏移直线

(3) 单击“默认”选项卡“修改”面板中的“分解”按钮，分解矩形。

(4) 单击“默认”选项卡“修改”面板中的“拉长”按钮，选择对应直线并拉长 20mm。

(5) 单击“默认”选项卡“绘图”面板中的“圆”按钮，绘制半径为 2mm 的圆。

(6) 单击“默认”选项卡“修改”面板中的“复制”按钮，将圆复制到适当位置，如图 8-63 所示。

(7) 单击“默认”选项卡“绘图”面板中的“样条曲线拟合”按钮，绘制芯片两侧端口，如图 8-64 所示。

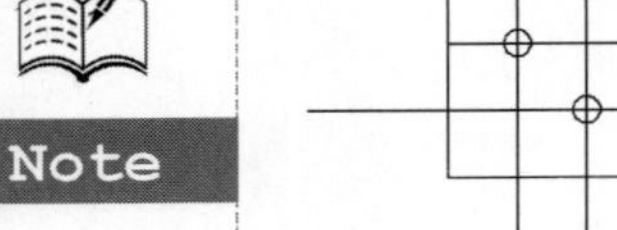

图 8-63　复制圆

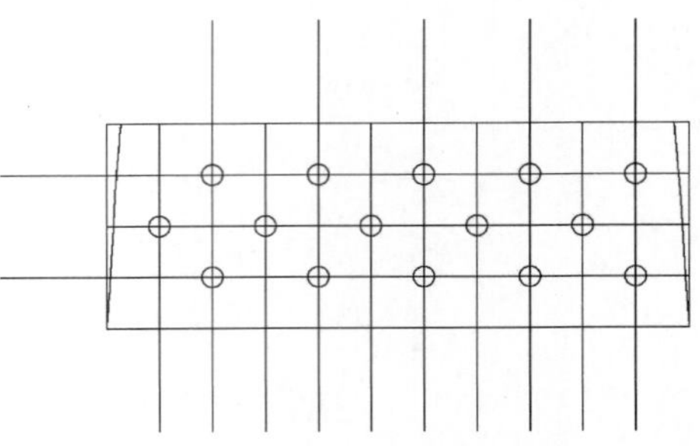

图 8-64　绘制样条曲线

(8) 单击“默认”选项卡“修改”面板中的“修剪”按钮✂,修剪多余图形,如图 8-65 所示。

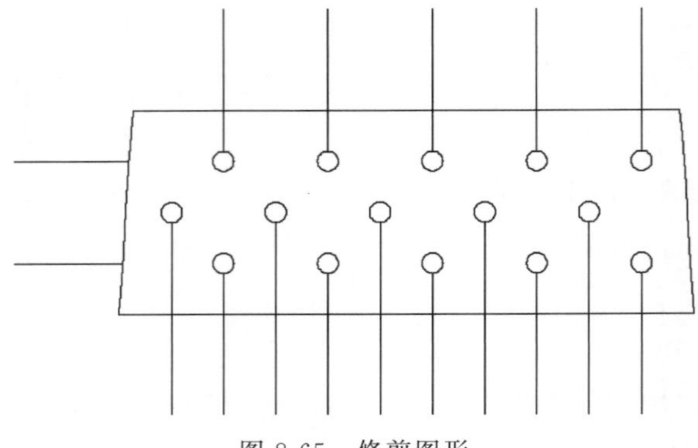

图 8-65　修剪图形

(9) 单击“默认”选项卡“注释”面板中的“多行文字”按钮A,在引脚端口输入编号,如图 8-66 所示。

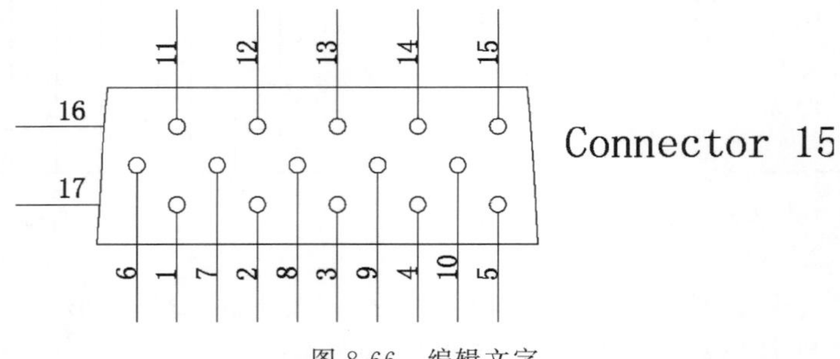

图 8-66　编辑文字

(10) 在命令行中输入“WBLOCK”命令,打开“写块”对话框,如图 8-67 所示。

5. 绘制数据头 6

(1) 单击“默认”选项卡“绘图”面板中的“矩形”按钮▭,绘制大小为 20mm×70mm 的矩形,如图 8-68 所示。

(2) 单击“默认”选项卡“绘图”面板中的“直线”按钮╱,捕捉矩形右下角点,绘制长度为 20mm 的直线,如图 8-69 所示。

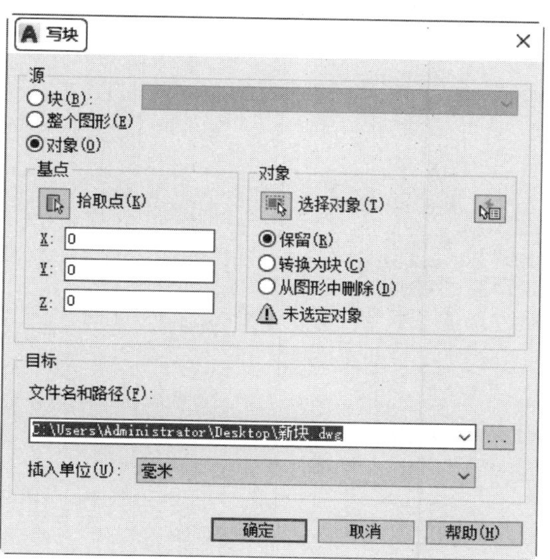

图 8-67　“写块”对话框

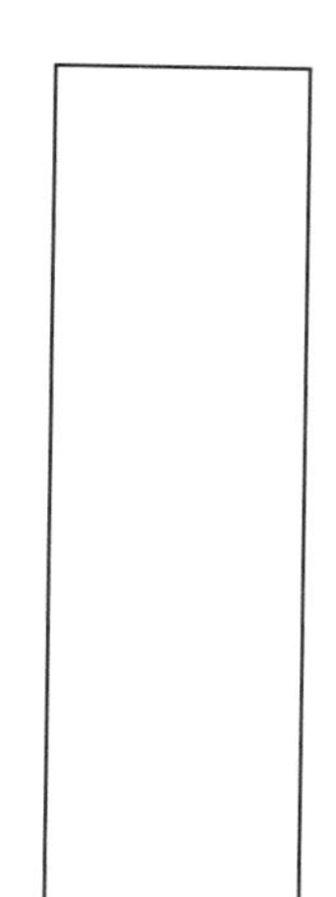
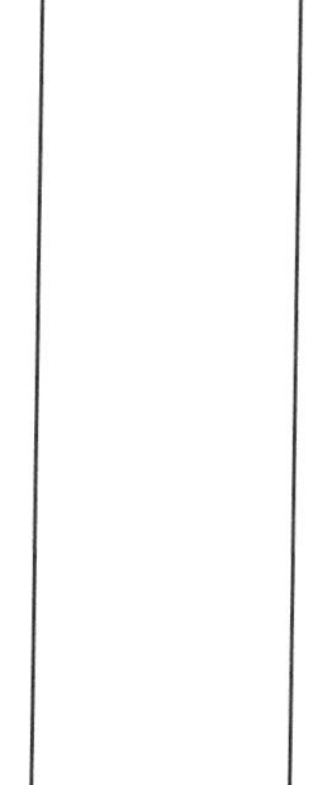

图 8-68　绘制矩形

(3) 单击“默认”选项卡“修改”面板中的“偏移”按钮⊆，输入偏移距离 10mm，偏移后的图形如图 8-70 所示。

(4) 单击“默认”选项卡“注释”面板中的“多行文字”按钮**A**，输入引脚名称。

(5) 单击“默认”选项卡“修改”面板中的“复制”按钮，捕捉基点 1，复制文字。编辑文字，修改编号，完成后的图形如图 8-71 所示。

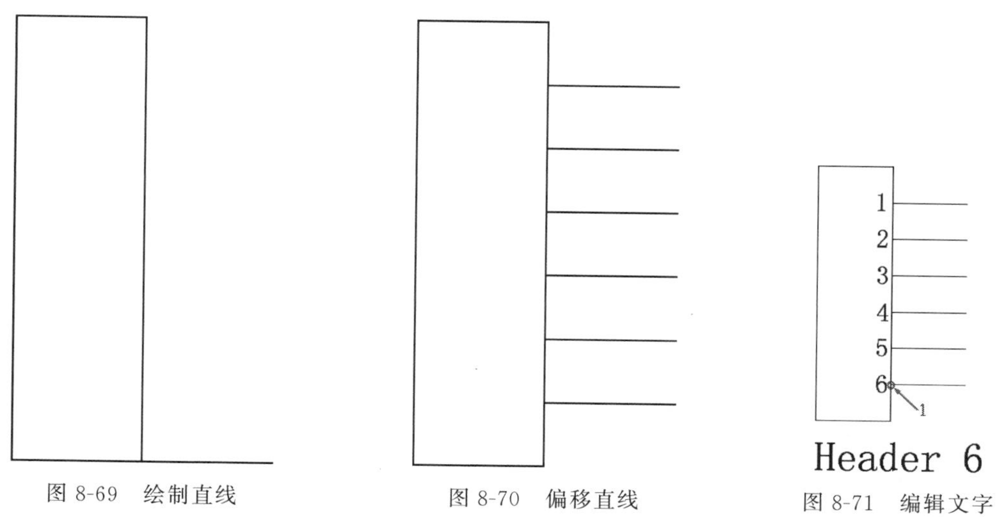

图 8-69　绘制直线　　图 8-70　偏移直线　　图 8-71　编辑文字

(6) 在命令行中输入“WBLOCK”命令，打开“写块”对话框，选择“拾取点”“选择对象”，如图 8-72 所示。

6. 绘制数据头 5

(1) 单击“默认”选项卡“修改”面板中的“复制”按钮，将数据头 6 复制到空白位置。

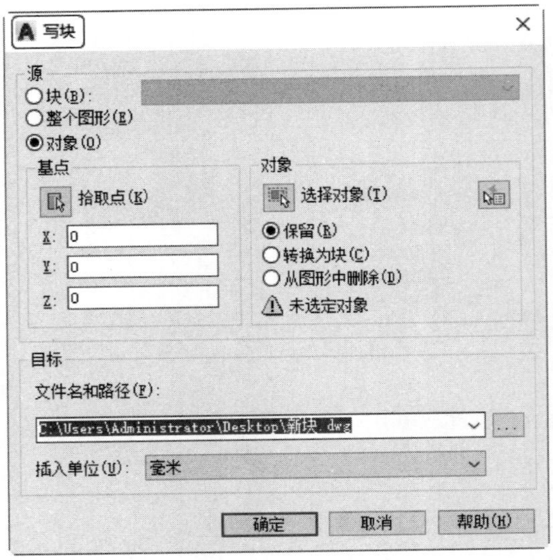

Note

图 8-72 “写块”对话框

(2) 单击“默认”选项卡“修改”面板中的“延伸”按钮 ，延伸直线，如图 8-73 所示。

(3) 单击“默认”选项卡“修改”面板中的“修剪”按钮 和“删除”按钮 ，修剪多余部分。

(4) 双击文字，修改“Header 6”为“Header 5”，完成后的图形如图 8-74 所示。

图 8-73 延伸直线　　图 8-74 修剪图形

7. 绘制电阻 4

(1) 单击“默认”选项卡“绘图”面板中的“矩形”按钮 ，绘制大小为 90mm×40mm 的矩形，如图 8-75 所示。

(2) 单击“默认”选项卡“绘图”面板中的“矩形”按钮 ，绘制大小为 4mm×25mm 的矩形，如图 8-76 所示。

(3) 单击“默认”选项卡“修改”面板中的“分解”按钮 ，分解大矩形。

(4) 单击“默认”选项卡“绘图”面板中的“定数等分”按钮 ，等分矩形边线。命令行提示与操作如下。

```
命令: _DIVIDE
选择要定数等分的对象:(选择上侧水平直线)
输入线段数目或 [块(B)]: 9
```

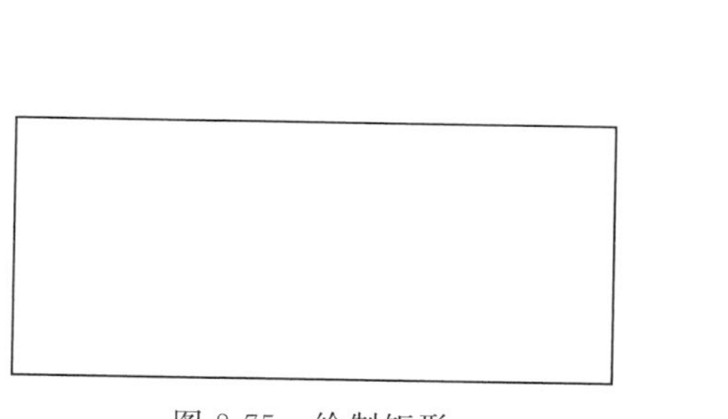

图 8-75　绘制矩形

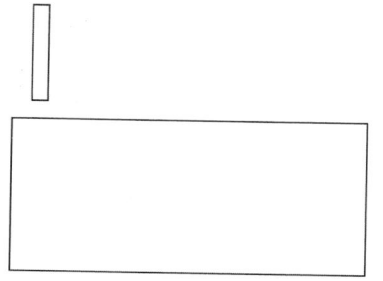

图 8-76　绘制小矩形

(5) 单击“默认”选项卡“绘图”面板中的“直线”按钮╱，绘制直线，如图 8-77 所示。

(6) 单击“默认”选项卡“修改”面板中的“移动”按钮✥，捕捉小矩形中心点，将小矩形移动到直线中点处，如图 8-78 所示。

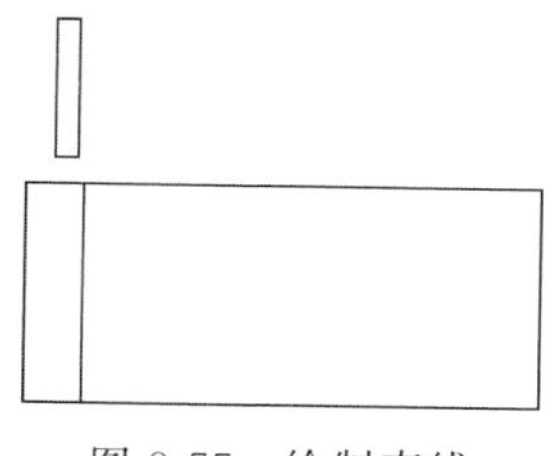

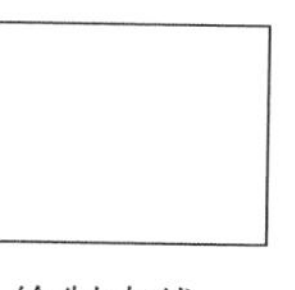

图 8-77　绘制直线

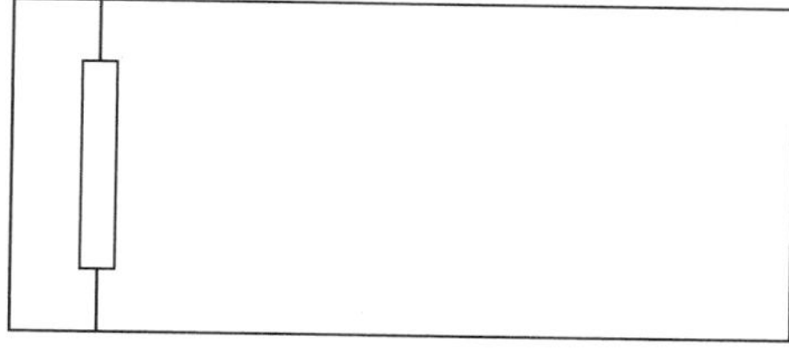

图 8-78　放置矩形

(7) 单击“默认”选项卡“修改”面板中的“复制”按钮，捕捉点复制电阻，如图 8-79 所示。

(8) 单击“默认”选项卡“修改”面板中的“拉长”按钮╱，选择对应直线并拉长 20mm，结果如图 8-80 所示。

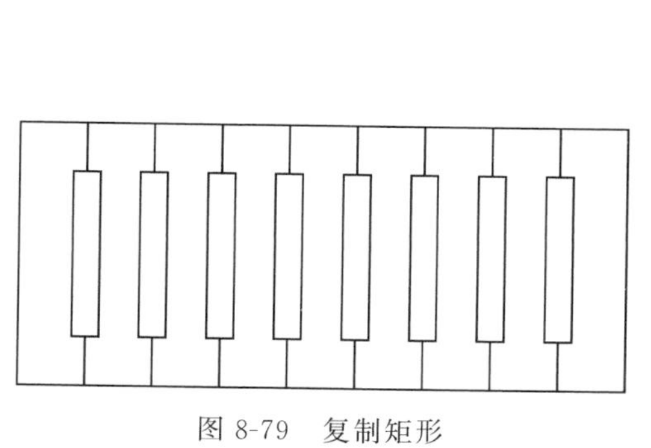

图 8-79　复制矩形

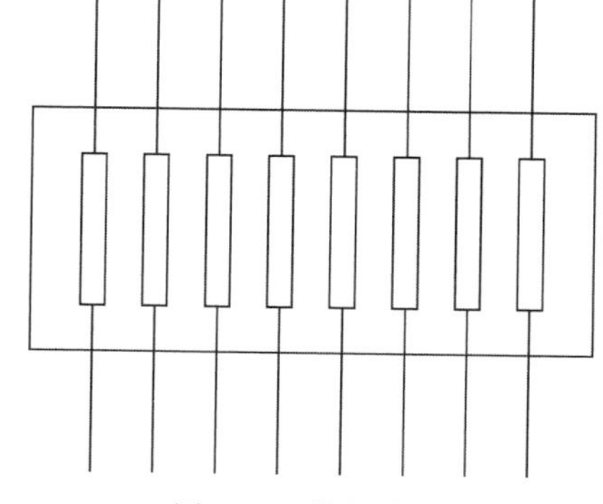

图 8-80　拉长直线

(9) 单击“默认”选项卡“注释”面板中的“多行文字”按钮A，输入引脚标注文字，如图 8-81 所示。

(10) 在命令行中输入“WBLOCK”命令，在弹出的“写块”对话框中进行设置，如图 8-82 所示。

Note

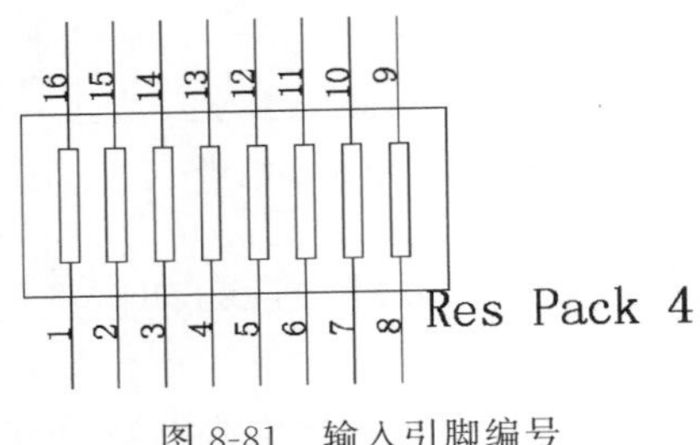

图 8-81　输入引脚编号

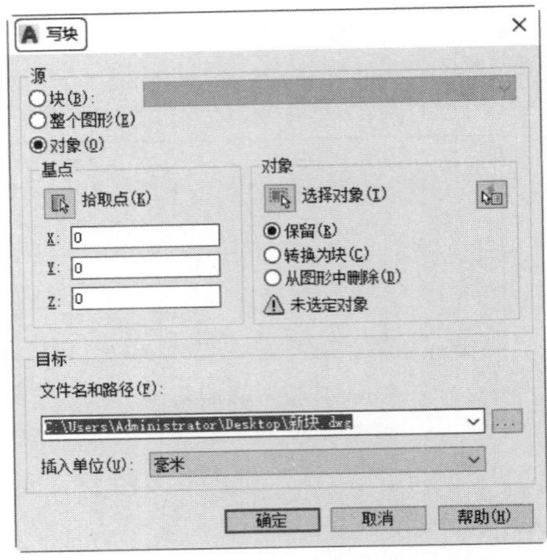

图 8-82　“写块”对话框

8. 元件布局

(1) 单击“默认”选项卡“块”面板中的“插入块”按钮，在下拉菜单中选择“电阻”元件，如图 8-83 所示，将元件插入图形中。

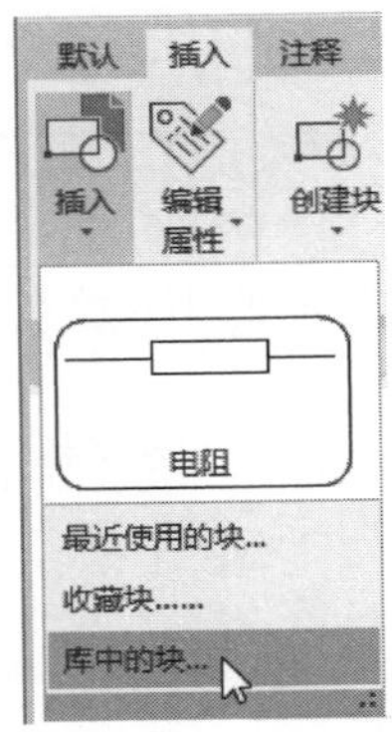

图 8-83　插入图块

(2) 依次利用“插入块”命令，插入“电阻”“电容”“电路端口”。命令行提示与操作如下。

```
命令: _INSERT (插入电阻)
指定插入点或 [基点(B)/比例(S)/旋转(R)]: S↙
 指定 XYZ 轴的比例因子 <1>: 2↙
指定插入点或[基点(B)/比例(S)/旋转(R)]:
命令: _INSERT (插入电容)
指定插入点或 [基点(B)/比例(S)/旋转(R)]: S↙
指定 XYZ 轴的比例因子 <1>: 2
指定插入点或[基点(B)/比例(S)/旋转(R)]:
命令: _INSERT (插入电路端口)
指定插入点或 [基点(B)/比例(S)/旋转(R)]: S↙
指定 XYZ 轴的比例因子 <1>: 2↙
指定插入点或[基点(B)/比例(S)/旋转(R)]:
```

插入图块后的图形如图 8-84 所示。

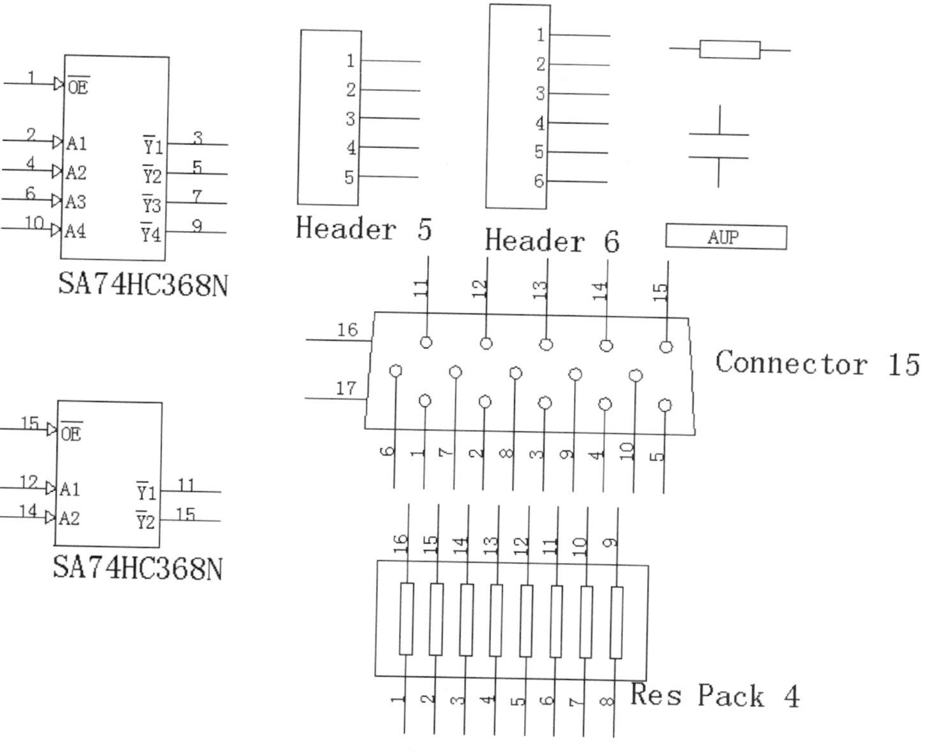

图 8-84　插入元件

(3) 单击"默认"选项卡"修改"面板中的"复制"按钮、"旋转"按钮和"移动"按钮，将元件符号放置到适当位置，完成元件布局，如图 8-85 所示。

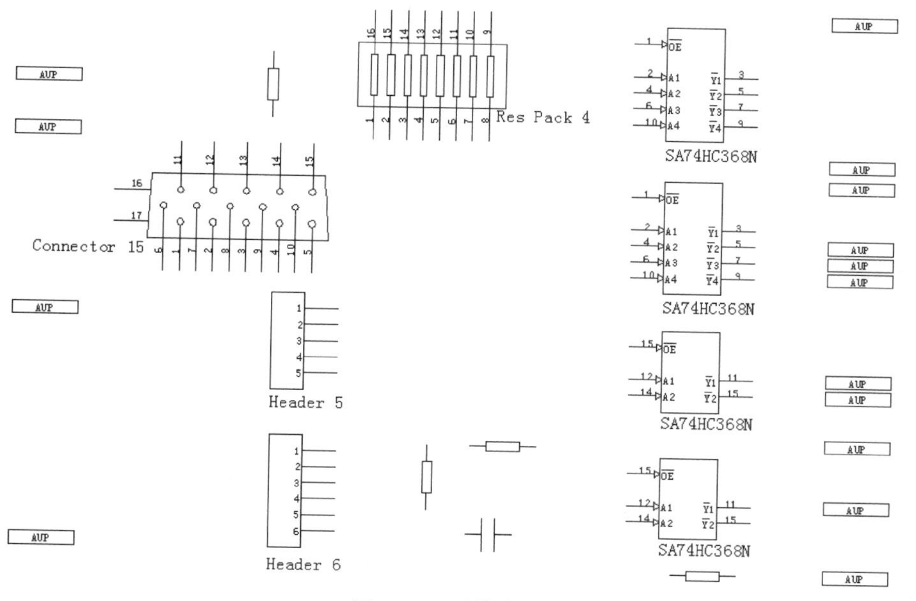

图 8-85　元件布局

Note

（4）单击“默认”选项卡“修改”面板中的“分解”按钮，分解电路端口图块。

（5）双击电路端口图块中的文字，弹出“文字编辑器”选项卡，修改文字内容，对应所要连接的引脚端口。完成后的图形如图 8-86 所示。

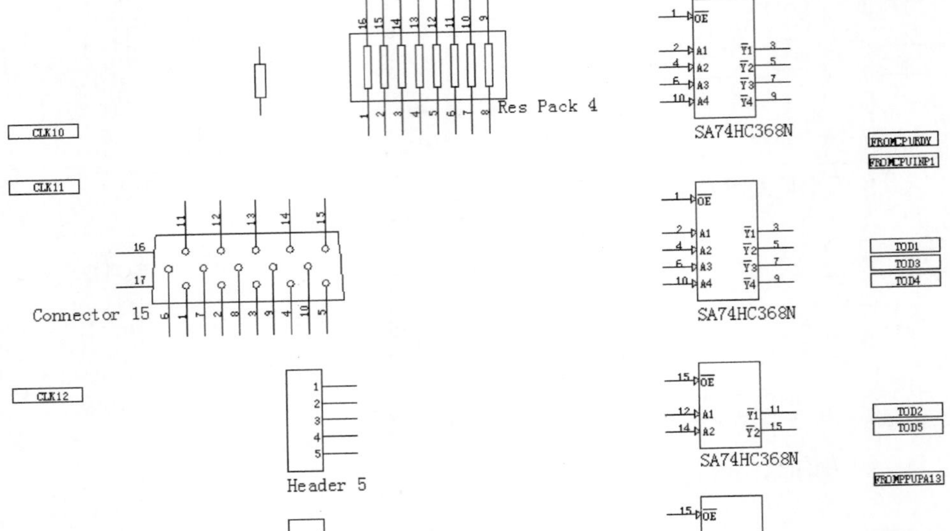

图 8-86　编辑电路端口

9. 连接电路

（1）将“导线层”置为当前。

（2）单击“默认”选项卡“绘图”面板中的“直线”按钮，按照原理图连接各元器件，如图 8-87 所示。

（3）将“电源层”置为当前。

（4）单击“默认”选项卡“块”面板中的“插入块”按钮，在下拉菜单中选择“库中的块”，打开“库中的块”选项板，继续单击选项板右上侧的“浏览块库”按钮，打开“选择图形文件”对话框，选择“接地”符号，单击“打开”按钮，将返回“库中的块”选项板，如图 8-88 所示，将其插入电路图中。

（5）单击“默认”选项卡“修改”面板中的“复制”按钮和“旋转”按钮，将“接地”符号复制到适当位置，如图 8-89 所示。

（6）单击“默认”选项卡“绘图”面板中的“圆”按钮，绘制半径为 2mm 的圆。

（7）单击“默认”选项卡“绘图”面板中的“图案填充”按钮，填充圆，如图 8-90 所示。

（8）单击“默认”选项卡“修改”面板中的“复制”按钮，将导线节点复制到适当位置，如图 8-91 所示。

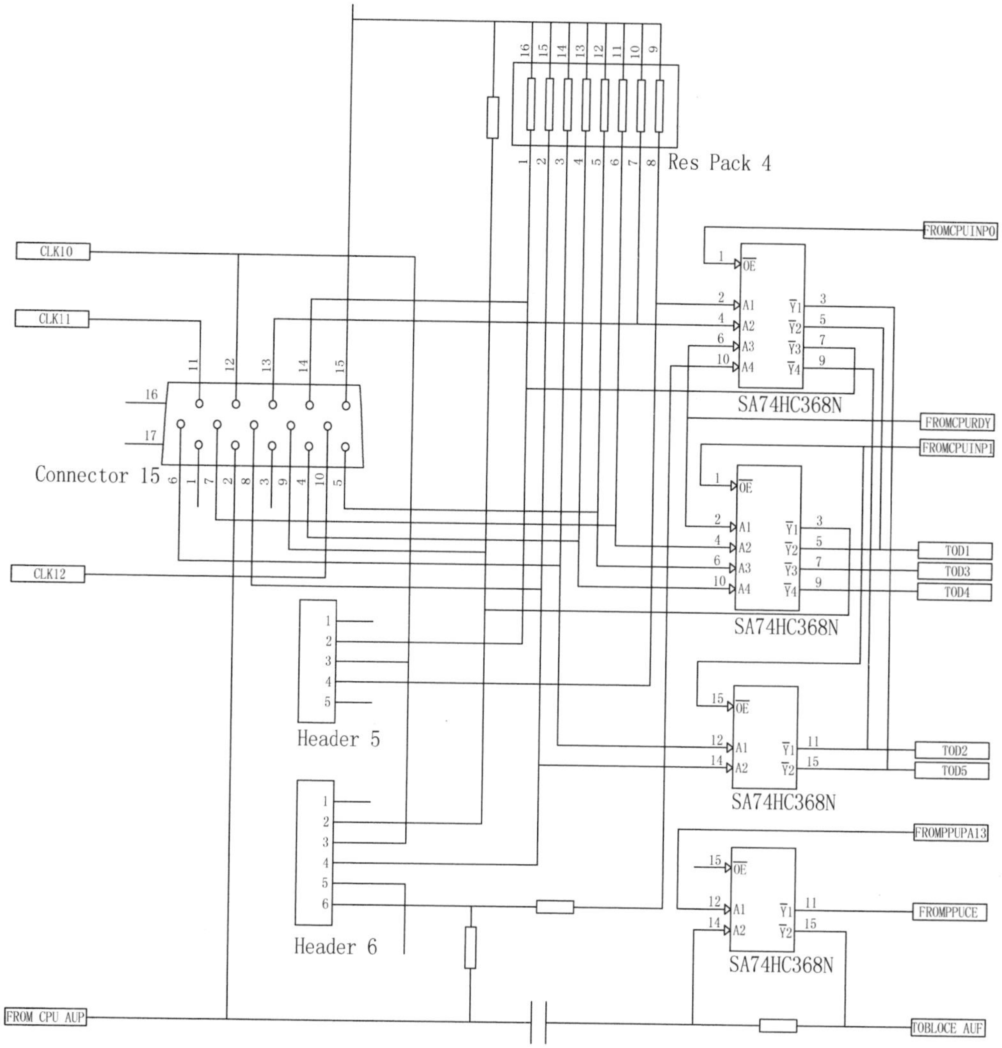

图 8-87　导线连接

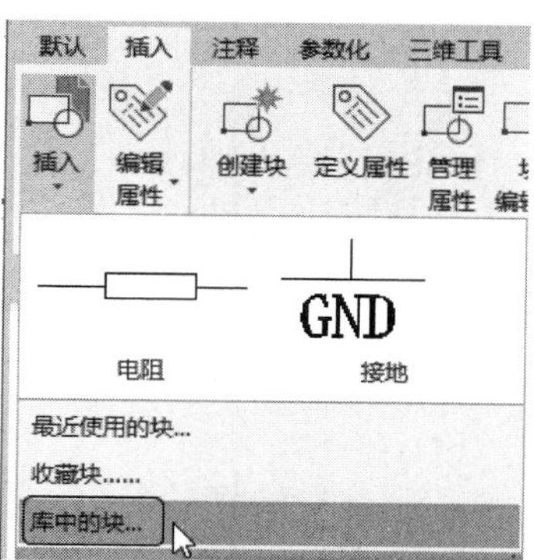

图 8-88　插入“接地”图块

Note

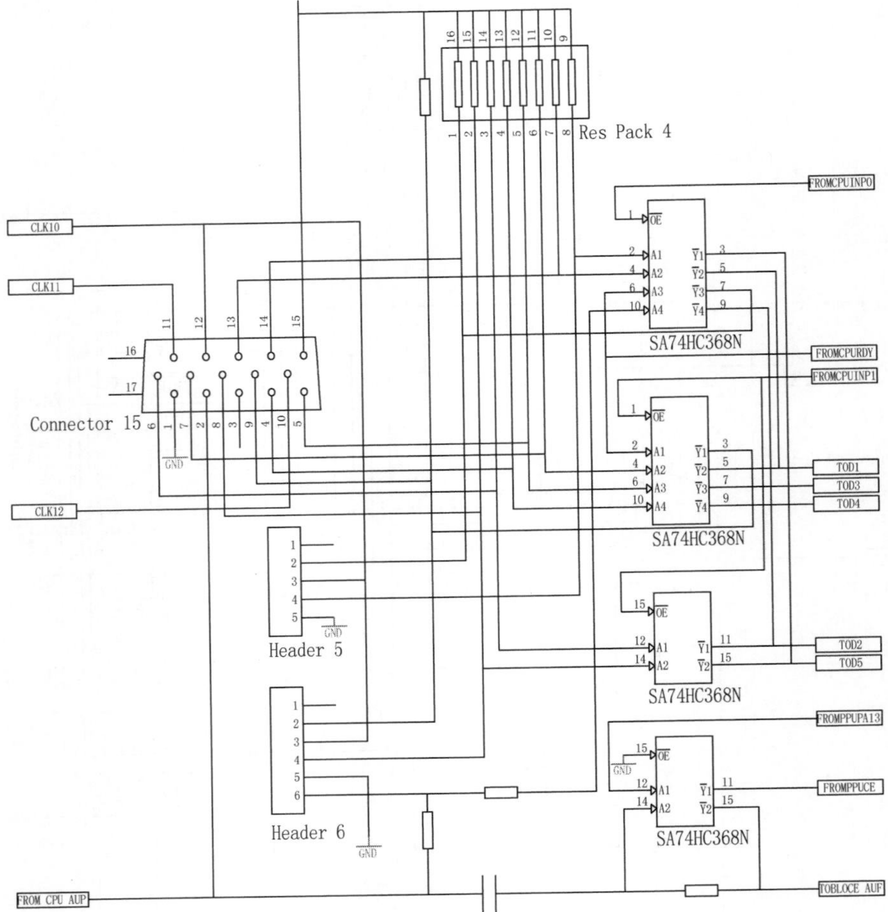

图 8-89　放置接地符号

图 8-90　填充圆

10. 文字标注

(1) 将“文字说明层”置为当前。

(2) 单击“默认”选项卡“注释”面板中的“多行文字”按钮 **A**，在元件上方输入元件名称，结果如图 8-51 所示。

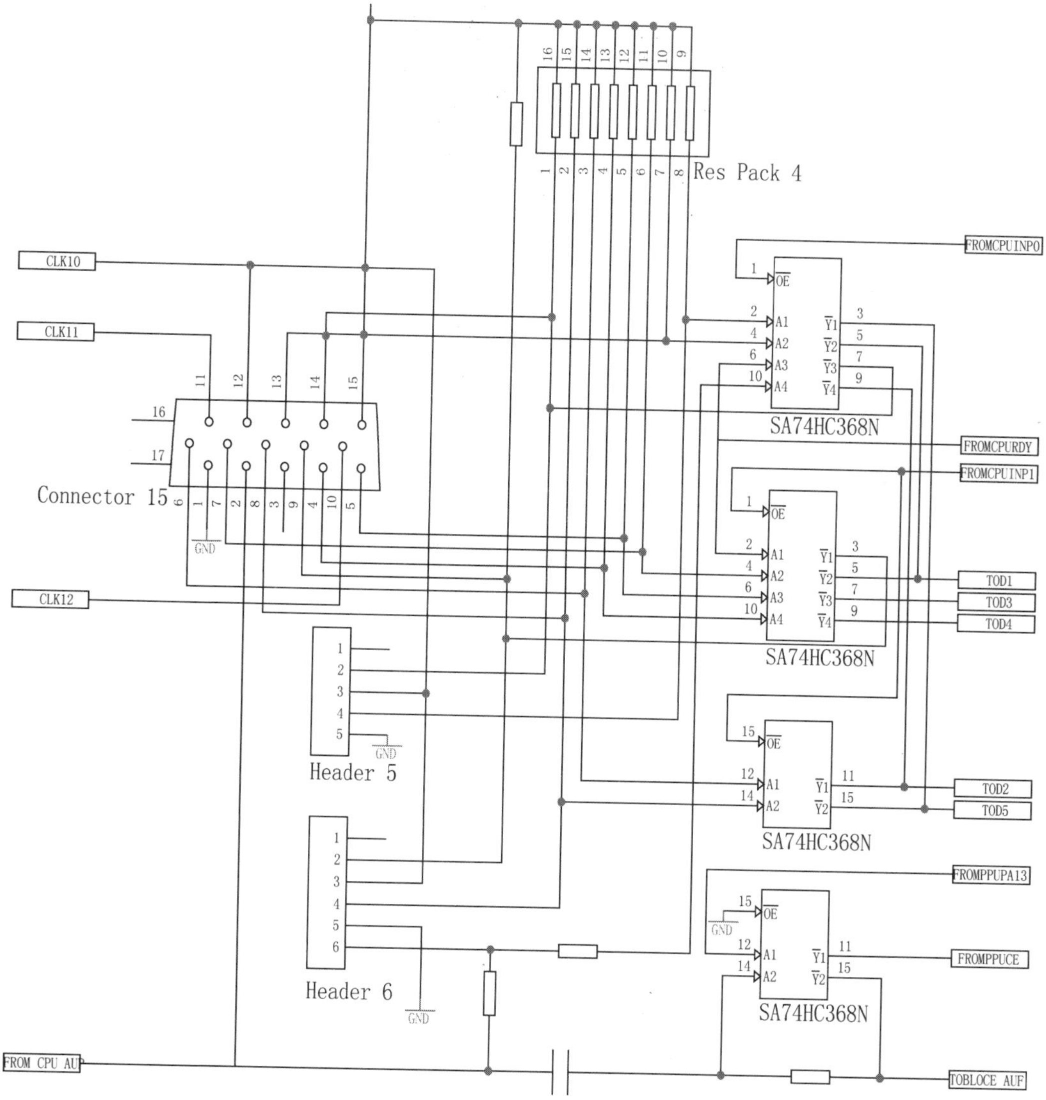

图 8-91 放置节点

(3) 单击“快速访问”工具栏中的“保存”按钮 ,保存电路图。

8.2.4 射频调制电路设计

8-4

由于我国的电视信号中图像载频比伴音载频低 6.5MHz,故需先将伴音信号调制成 6.5MHz 的等幅波,然后与 PPU 输出的视频信号一起送至混频电路,对混合图像载波振荡器送来的载波进行幅度调制,形成 PAL-D 制式的射频调制电路,如图 8-92 所示。

射频调制电路绘制方法与 8.2.3 节所述接口电路设计绘制方法一样,这里不再赘述。

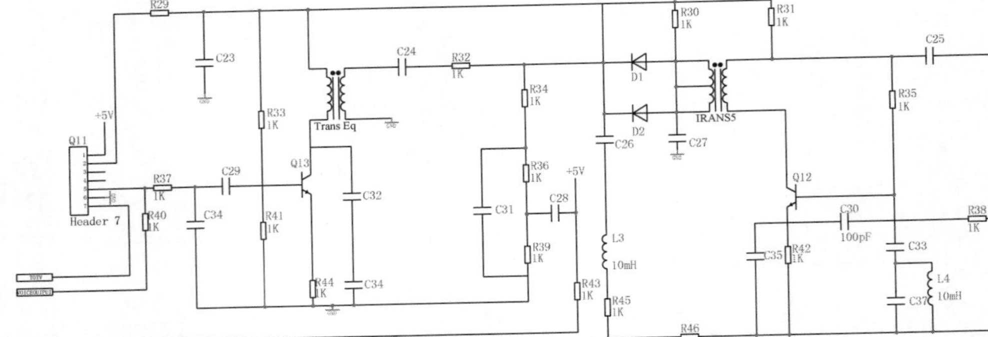

图 8-92　射频调制电路

Note

8.2.5　制式转换电路设计

8-5

有些游戏机产生的视频信号为 NTSC 制式，需将其转换成我国电视信号使用的 PAL-D 制式才能正常使用。两种制式行频差别不大，可以正常同步，但场频差别太大，不能同步，颜色信号载波频率与颜色编码方式也不同。制式转换电路主要完成场频和颜色信号载波频率的转换。

图 8-93 为制式转换电路，该电路中采用了 TV 制式转换芯片 MK5060 和一些通用的阻容元件。来自 PPU 的 NTSC 制电视信号经输入端，分三路分别进行处理。处理完毕后，将此三路信号叠加，就形成了 PAL-D 制全电视信号，并送往射频调制电路。

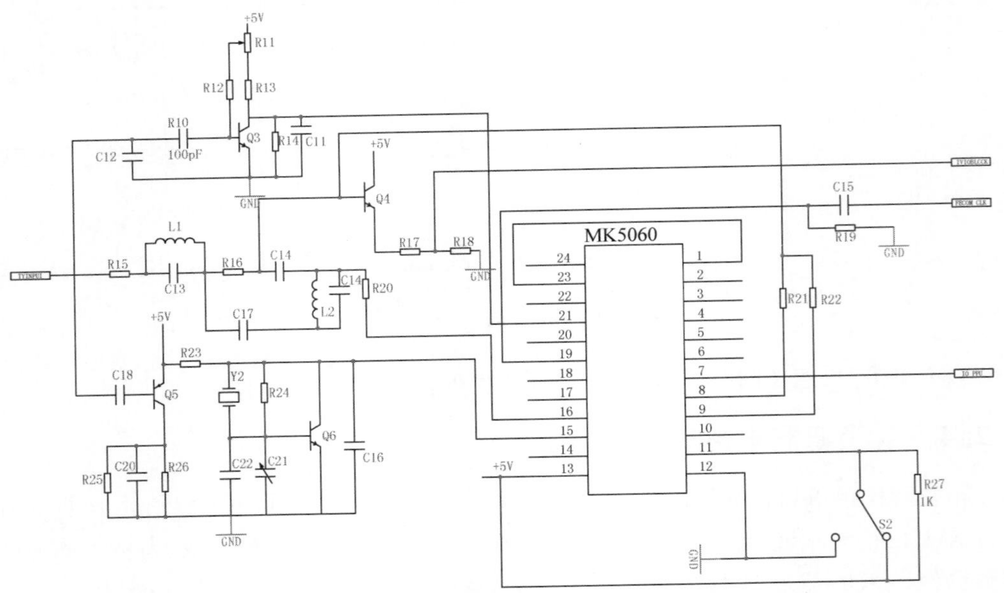

图 8-93　制式转换电路

制式转换电路绘制方法与 8.2.3 节所述的接口电路设计绘制方法一样，这里不再赘述。

8-6

Note

8.2.6 电源电路设计

电源电路包括随机整理电源和稳压电源两个部分，如图 8-94 所示。首先由变压器、整流桥和滤波电容将 220V 交流电转换为 10～15V 直流电，然后利用三端稳压器 AN7805 和滤波电容，将整流电源提供的直流电压稳定在+5V。

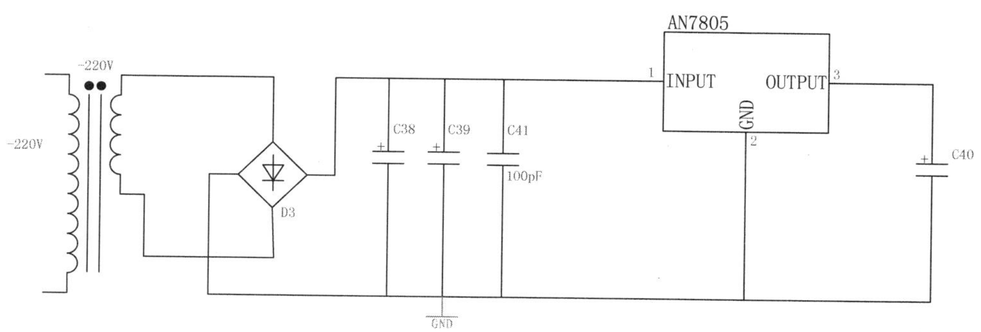

图 8-94 电源电路

电源电路绘制方法与 8.2.3 节所述的接口电路设计绘制方法一样，这里不再赘述。

8.2.7 时钟电路设计

8-7

时钟电路如图 8-95 所示，它可以产生高频脉冲作为 CPU 和 PPU 的时钟信号。TX 为石英晶体振荡器，它决定电路的振荡频率。游戏机中常用的石英晶体振荡器有 21.47727MHz、21.251465MHz 和 26.601712MHz 三种工作频率，选用时要依据 CPU 和 PPU 的工作特点而定。

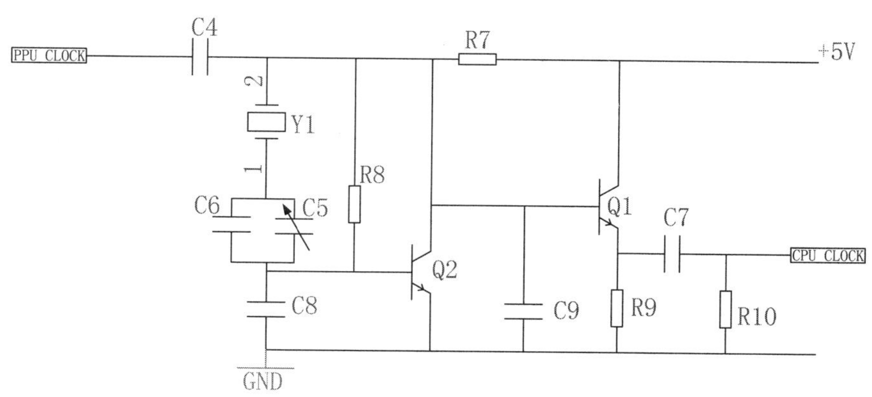

图 8-95 时钟电路

时钟电路绘制方法与 8.2.3 节所述的接口电路设计绘制方法一样，这里不再赘述。

8.2.8 光电枪电路设计

8-8

射击目标即目标图形，位置邻近的目标图形实际上是依据对正光强频率敏感程度的差别进行区分的。目标光信号经枪管上的聚光镜聚焦后投射到光敏三极管上，将光

Note

信号转变成电信号,然后经选频放大器进行放大,并经 CD4011BCN 放大整形后,产生正脉冲信号,最后通过接口电路送到 CPU,如图 8-96 所示。

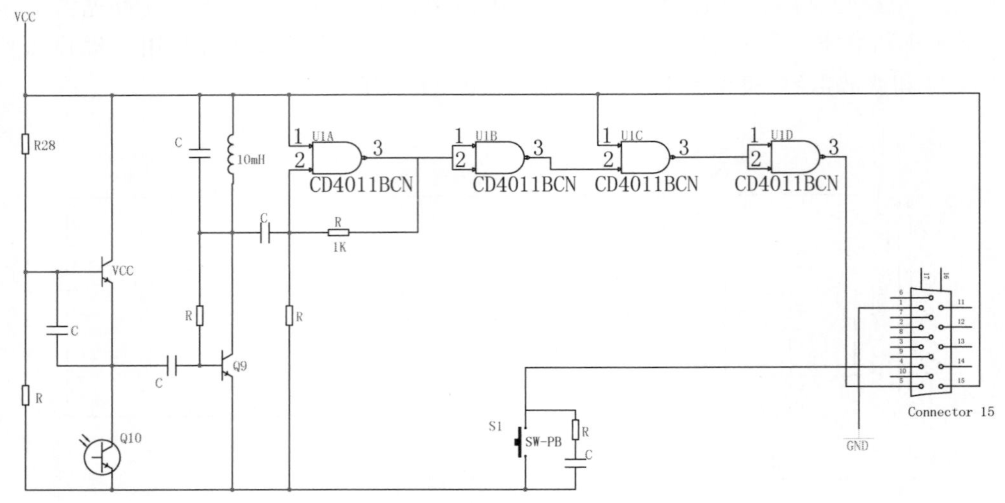

图 8-96　光电枪电路

光电枪电路绘制方法与 8.2.3 节接口电路设计绘制方法一样,这里不再赘述。

8-9

8.2.9　控制盒电路设计

控制盒就是操作手柄,游戏机主、副两个控制盒的电路基本相同,其区别主要是副控制盒没有选择(SELECT)和启动(START)键。

控制盒电路如图 8-97 所示。NE555N 集成电路和阻容元件组成自激多谐振荡电路,产生连续的脉冲信号;SK4021B 是采用异步并行输入、同步串行输入/串行输出的移位寄存器,它将所有按键闭合时产生的负脉冲经接口电路送往 CPU,CPU 将按游戏

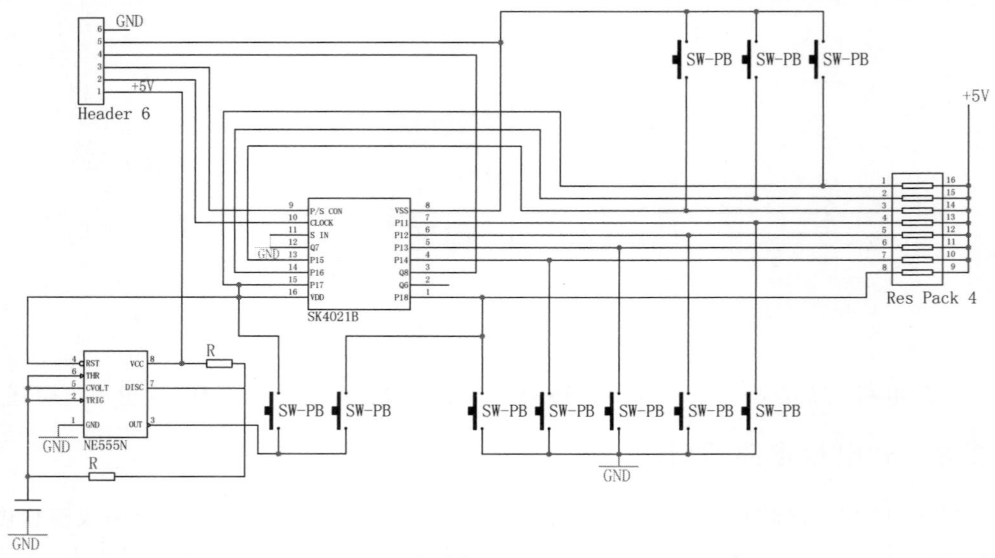

图 8-97　控制盒电路

者的按键命令控制游戏的运行。

控制盒电路绘制方法与 8.2.1 节所述中央处理器电路设计绘制方法一样，这里不再赘述。

8.2.10　游戏卡电路设计

绘制如图 8-98 所示的游戏卡电路原理图。游戏卡电路绘制方法与 8.2.1 节所述的中央处理器电路设计绘制方法一样，这里不再赘述。

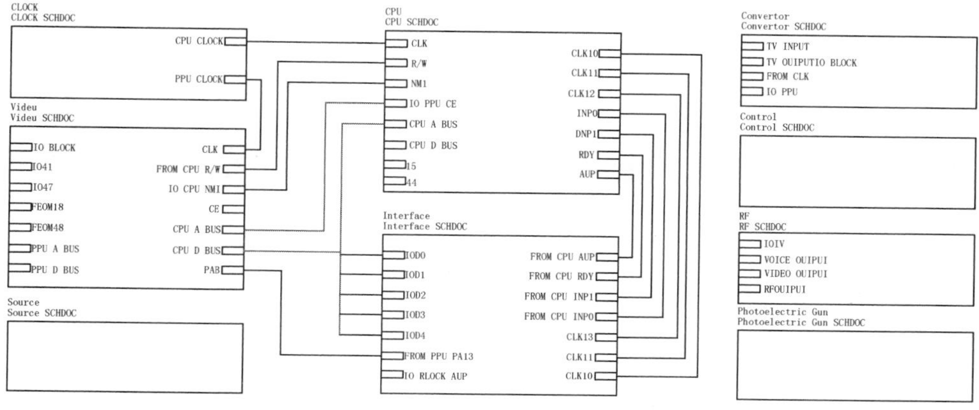

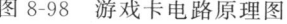

图 8-98　游戏卡电路原理图

第9章

高低压开关柜电气设计综合实例

本章将围绕高低压开关柜电气设计实例展开论述。高低压开关柜是典型的电力电气组成部分，其电气设计包括ZN12-10弹簧机构直流控制原理图、ZN12-10弹簧机构直流内部接线图、电压测量回路图、电度计量回路原理图、柜内自动控温风机控制原理图、开关柜基础安装柜等。本章将分别介绍上述各个部分的原理、组成及其绘制方法。

通过本章实例的学习，读者将全面体会到在AutoCAD 2022环境下进行具体电力电气工程设计的方法和过程。

学 习 要 点

- ◆ 电力电气工程图简介
- ◆ ZN12-10弹簧机构直流控制原理图
- ◆ 电压测量回路图

9.1 电力电气工程图简介

电能的生产、传输和使用是同时进行的。发电厂生产的电能，有一小部分供给本厂和附近用户使用，绝大部分要经过升压变电站将电压升高，由高压输电线路送至距离很远的负荷中心，再经过降压变电站将电压降低到用户所需要的电压等级，分配给用户使用。由此可知，电能从生产到应用，一般需要5个环节来完成，即发电→输电→变电→配电→用电，其中配电又根据电压等级不同分为高压配电和低压配电。

由各种电压等级的电力线路将各种类型的发电厂、变电站和电力用户联系起来的发电、输电、变电、配电和用电的整体，称为电力系统。电力系统由发电厂、变电所、线路和用户组成。变电所和输电线路是联系发电厂和用户的中间环节，起着变换和分配电能的作用。

9.1.1 变电工程

为了更好地了解变电工程图，下面先对变电工程的重要组成部分——变电所作简要介绍。

系统中的变电所，通常按其在系统中的地位和供电范围分为以下几类。

1. 枢纽变电所

枢纽变电所是电力系统的枢纽点，连接电力系统高压和中压的几个部分，汇集多个电源。一般电压为330～500kV的变电所为枢纽变电所。全所停电后，将引起系统解列，甚至出现瘫痪。

2. 中间变电所

中间变电所的高压侧以交换为主，起系统交换功率的作用，或使长距离输电线路分段，一般汇集2～3个电源，电压为220～330kV，同时又降压供给当地用电。这样的变电所主要起中间环节的作用，所以叫作中间变电所。全所停电后，将引起区域网络解列。

3. 地区变电所

地区变电所的高压侧电压一般为110～220kV，是对地区用户供电为主的变电所。全所停电后，仅使该地区中断供电。

4. 终端变电所

在输电线路的终端，接近负荷点，高压侧电压多为110kV。经降压后，直接向用户供电的变电所即为终端变电所。全所停电后，只是用户受到损失。

9.1.2 变电工程图

为了能够准确、清晰地表达电力变电工程中的各种设计意图，必须使用变电工程图。简单来说，变电工程图就是对变电站、输电线路各种接线形式、各种具体情况的描述。它的意义就在于用统一、直观的标准来表达变电工程的各方面。

变电工程图的种类很多，包括主接线图、二次接线图、变电所平面布置图、变电所断面图、高压开关柜原理图及布置图等，每种图形各不相同。

9.1.3 输电工程及输电工程图

1. 输电线路的任务

发电厂、输电线路、升降压变电站以及配电设备和用电设备共同构成了电力系统。为了减少系统备用容量，错开高峰负荷，实现跨区域、跨流域调节，增强系统的稳定性，提高抗冲击负荷的能力，可在电力系统之间采用高压输电线路进行联网。电力系统联网，既提高了系统的安全性、可靠性和稳定性，又可实现经济调度，使各种能源得到充分利用。起系统联络作用的输电线路，可进行电能的双向输送，实现系统间的电能交换和调节。

因此，输电线路的任务就是输送电能，并联络各发电厂、变电所使之并列运行，实现电力系统联网。高压输电线路是电力系统的重要组成部分。

2. 输电线路的分类

输送电能的线路通称为电力线路。电力线路有输电线路和配电线路之分。由发电厂向电力负荷中心输送电能的线路以及电力系统之间的联络线路称为输电线路，由电力负荷中心向各个电力用户分配电能的线路称为配电线路。

电力线路按电压等级分为低压、高压、超高压和特高压线路。一般地，输送电能容量越大，线路采用的电压等级就越高。

输电线路按结构特点分为架空线路和电缆线路。架空线路由于具有结构简单、施工简便、建设费用低、施工周期短、检修维护方便、技术要求较低等优点，因而得到广泛的应用。电缆线路受外界环境因素的影响小，但需用特殊加工的电力电缆，费用高，施工及运行检修的技术要求高。

目前，我国的电力系统广泛采用的是架空输电线路，架空输电线路一般由导线、避雷线、绝缘子、金具、杆塔、杆塔基础、接地装置和拉线等部分组成。

1）导线

导线是固定在杆塔上输送电流用的金属线，目前在输电线路设计中，一般采用钢芯铝绞线，局部地区采用铝合金线。

2）避雷线

避雷线的作用是防止雷电直接击于导线上，并把雷电流引入大地。避雷线常用镀锌钢绞线，也有的采用铝包钢绞线。目前国内外都采用绝缘避雷线。

3）绝缘子

输电线路用的绝缘子主要有针式绝缘子、悬式绝缘子、瓷横担等。

4）金具

通常把输电线路使用的金属部件总称为金具，它的类型繁多，主要有连接金具、接续金具、固定金具、防振锤、间隔棒、均压屏蔽环等类型。

5）杆塔

线路杆塔用于支撑导线和避雷线。按照杆塔材料的不同，分为木杆、铁杆和钢筋混

凝土杆，国外有的还采用铝合金塔。杆塔可分为直线型和耐张型两类。

6）杆塔基础

杆塔基础是用来支撑杆塔的，分为钢筋混凝土杆塔基础和铁塔基础两类。

7）接地装置

埋设在基础土壤中的圆钢、扁钢、角钢、钢管或其组合式结构均称为接地装置。其与避雷线或杆塔直接相连，当雷击杆塔或避雷线时，能将雷电引入大地，可防止发生雷电击穿绝缘子串的事故。

8）拉线

为了节省杆塔钢材，国内外广泛使用带拉线杆塔。拉线材料一般用镀锌钢绞线。

9.1.4　供配电系统工程

供配电系统分为供电系统和配电系统两个系统，从电压等级考虑又分为高压系统和低压系统两大类，按线路分类又分为一次系统和二次系统。

供配电系统中所采用的高压电器和低压电器以及测量控制仪表和操纵器件，基本上集中装配在配电柜中，根据安装电压器的高低分为高压柜和低压柜。

高压电器柜又称为高压开关柜，内部装有高压熔断器、高压隔离开关、高压负荷开关、高压断路器等。

低压电器柜常称低压配电屏，是按一定的线路方案将有关一、二次设备组装而成的一种低压成套配电装置，有固定式和抽屉式两大类型。

高、低压开关柜在供配电系统中占有极其重要的地位，高、低压开关柜的选择必须满足一次电路正常条件下和短路故障条件下工作的要求，同时设备应工作安全可靠、运行维护方便、投资经济合理。

9.2　ZN12-10 弹簧机构直流控制原理图

9-1

图 9-1 所示为 ZN12-10 弹簧机构直流控制原理图。本节首先绘制样板文件，并设置绘图环境，然后绘制电路元件符号，最后绘制系统图。

9.2.1　绘制样板文件

1. 建立新文件

（1）打开 AutoCAD 2022 应用程序，单击“快速访问”工具栏中的“新建”按钮，新建空白图形文件。

（2）单击“快速访问”工具栏中的“保存”按钮，❶打开“图形另存为”对话框，❷将文件保存为“样板图. dwt”图形文件，如图 9-2 所示。

（3）❸单击“保存”按钮，❹打开“样板选项”对话框，如图 9-3 所示。❺单击“确定”按钮，完成样板文件的创建。

2. 设置图层

（1）单击“默认”选项卡“图层”面板中的“图层特性”按钮，❶打开“图层特性管

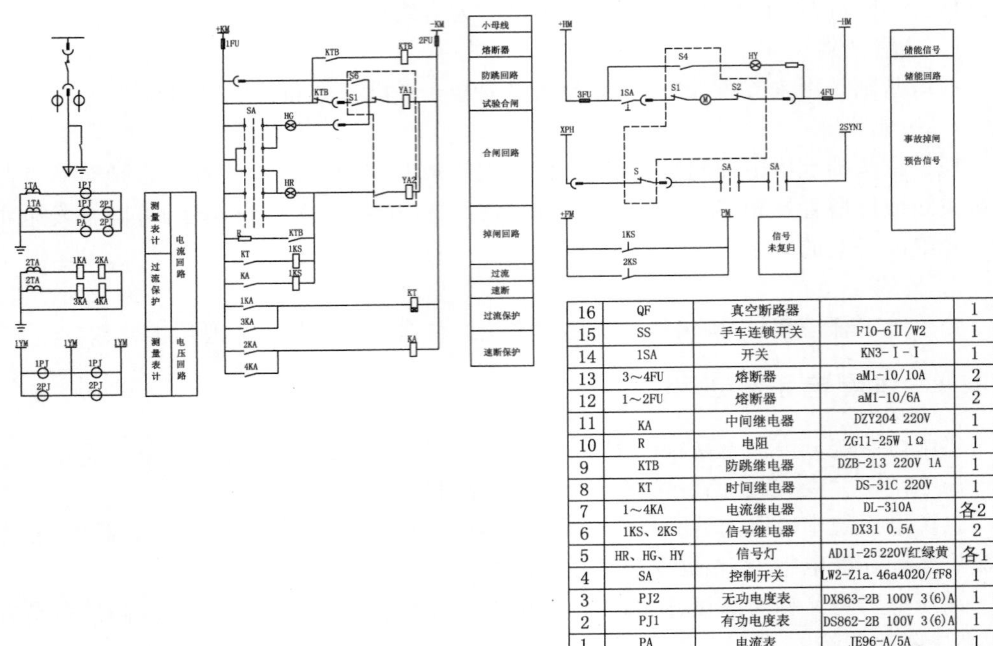

16	QF	真空断路器		1
15	SS	手车连锁开关	F10-6Ⅱ/W2	1
14	1SA	开关	KN3-Ⅰ-Ⅰ	1
13	3～4FU	熔断器	aM1-10/10A	2
12	1～2FU	熔断器	aM1-10/6A	2
11	KA	中间继电器	DZY204 220V	1
10	R	电阻	ZG11-25W 1Ω	1
9	KTB	防跳继电器	DZB-213 220V 1A	1
8	KT	时间继电器	DS-31C 220V	1
7	1～4KA	电流继电器	DL-310A	各2
6	1KS、2KS	信号继电器	DX31 0.5A	2
5	HR、HG、HY	信号灯	AD11-25 220V红绿黄	各1
4	SA	控制开关	LW2-Z1a. 46a4020/fF8	1
3	PJ2	无功电度表	DX863-2B 100V 3(6)A	1
2	PJ1	有功电度表	DS862-2B 100V 3(6)A	1
1	PA	电流表	JE96-A/5A	1
序号	符 号	名 称	型号及规格	数量

图 9-1 ZN12-10 弹簧机构直流控制原理图

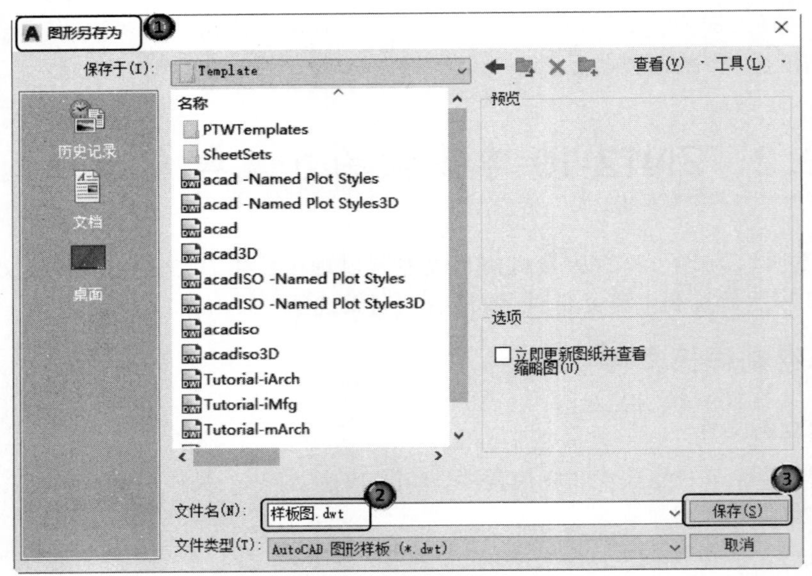

图 9-2 “图形另存为”对话框

理器”选项板，❷新建“线路”“元件符号”“线路 1”“文字说明”4 个图层。各图层设置如图 9-4 所示。将“元件符号”置为当前图层。

（2）单击“快速访问”工具栏中的“保存”按钮，保存样板文件。

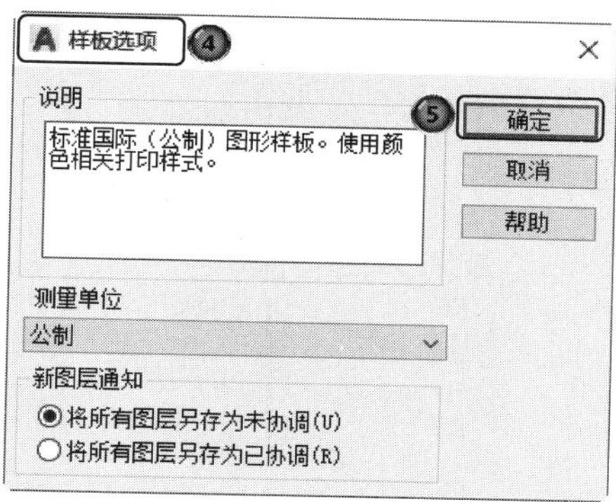

图 9-3　“样板选项”对话框

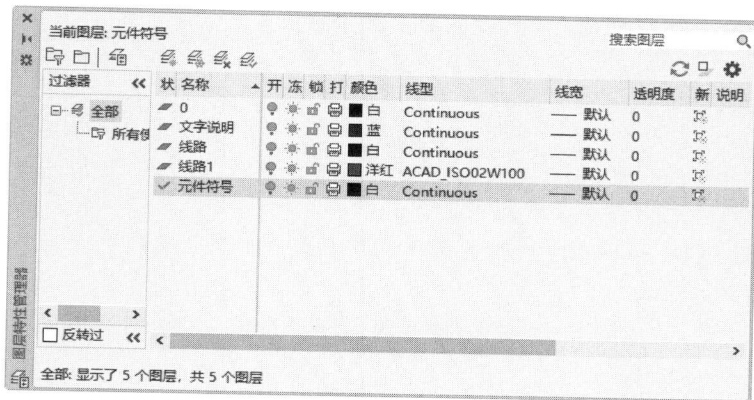

图 9-4　图层设置

9.2.2　设置绘图环境

（1）打开 AutoCAD 2022 应用程序，单击“快速访问”工具栏中的“打开”按钮，打开“样板图”文件。

（2）单击“快速访问”工具栏中的“保存”按钮，将文件保存为“ZN12-10 弹簧机构直流控制原理图.dwg”图形文件。

9.2.3　绘制电路元件符号

1. 绘制电阻

（1）单击“默认”选项卡“绘图”面板中的“矩形”按钮，绘制尺寸为 10mm×3mm 的矩形，如图 9-5 所示。

（2）单击“默认”选项卡“绘图”面板中的“直线”按钮，利用“对象捕捉”命令，绘制过矩形两侧边中点的水平直线，如图 9-6 所示。

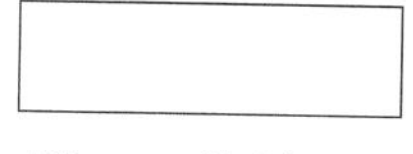

图 9-5　绘制矩形

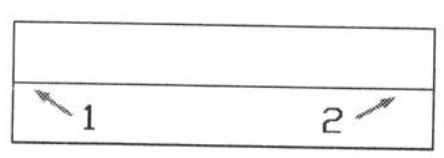

图 9-6　绘制直线(1)

Note

(3) 单击“默认”选项卡“修改”面板中的“拉长”按钮╱,将上步绘制的水平直线向左、右两侧各拉长5mm,命令行提示与操作如下。

```
命令: _LENGTHEN
选择要测量的对象或 [增量(DE)/百分比(P)/总计(T)/动态(DY)]: <总计(T)>: DE↙
输入长度增量或 [角度(A)] <0.0000>: 5↙
选择要修改的对象或 [放弃(U)]:(单击图 9-6 中直线 1 处,拉伸左边)
选择要修改的对象或 [放弃(U)]: (单击图 9-6 中直线 2 处,拉伸右边)
选择要修改的对象或 [放弃(U)]:
```

拉伸后的图形如图9-7所示。

(4) 单击“默认”选项卡“修改”面板中的“修剪”按钮✂,修剪矩形内部水平线,结果如图9-8所示。

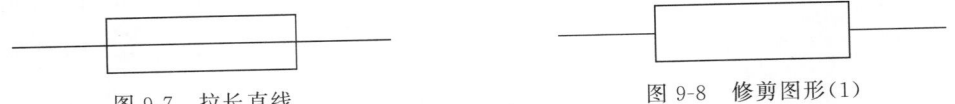

图9-7　拉长直线

图9-8　修剪图形(1)

2. 绘制熔断器(FU)

(1) 单击“默认”选项卡“绘图”面板中的“矩形”按钮□,绘制尺寸为5mm×15mm的矩形,如图9-9所示。

(2) 单击“默认”选项卡“绘图”面板中的“直线”按钮╱,绘制过矩形中点的竖直直线,如图9-10所示。

图9-9　绘制矩形

图9-10　绘制直线(2)

3. 绘制插头和插座

(1) 单击“默认”选项卡“绘图”面板中的“圆弧”按钮⌒,绘制半圆弧,圆弧半径为8mm。命令行提示与操作如下。

```
命令: _ARC
指定圆弧的起点或 [圆心(C)]: C↙
指定圆弧的圆心:
指定圆弧的起点: @-8,0↙
指定圆弧的端点(按住 Ctrl 键以切换方向)或 [角度(A)/弦长(L)]: A↙
指定夹角(按住 Ctrl 键以切换方向): -180↙
```

绘制的图形如图9-11所示。

(2) 单击“默认”选项卡“绘图”面板中的“直线”按钮╱,捕捉圆弧顶点和圆心,绘制长度为20mm的竖直直线,如图9-12所示。

(3) 单击“默认”选项卡“绘图”面板中的“矩形”按钮□,绘制矩形。

(4) 单击“默认”选项卡“绘图”面板中的“图案填充”按钮▦,填充上步绘制的矩形,如图 9-13 所示。

图 9-11　绘制圆弧　　图 9-12　绘制直线(3)　　图 9-13　填充矩形

Note

4. 绘制开关常开触点

(1) 单击“默认”选项卡“绘图”面板中的“直线”按钮╱,绘制 3 段长度为 10mm 的水平直线,如图 9-14 所示。

(2) 单击“默认”选项卡“修改”面板中的“旋转”按钮↻,捕捉中间线右端点,旋转直线,角度为 30°,如图 9-15 所示。

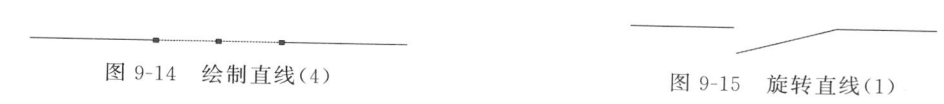

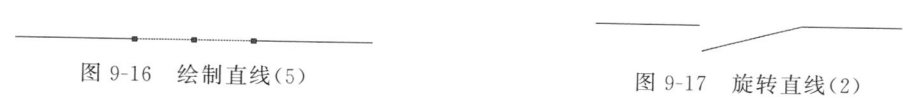

图 9-14　绘制直线(4)　　图 9-15　旋转直线(1)

5. 绘制开关动断常闭触点

(1) 单击“默认”选项卡“绘图”面板中的“直线”按钮╱,绘制 3 段长度为 10mm 的水平直线,如图 9-16 所示。

(2) 单击“默认”选项卡“修改”面板中的“旋转”按钮↻,捕捉中间线右端点,旋转直线,角度为 30°,如图 9-17 所示。

图 9-16　绘制直线(5)　　图 9-17　旋转直线(2)

(3) 单击“默认”选项卡“修改”面板中的“拉长”按钮╱,将上步旋转的直线向外拉长 3mm。

(4) 单击“默认”选项卡“绘图”面板中的“直线”按钮╱,捕捉端点,绘制竖直直线,如图 9-18 所示。

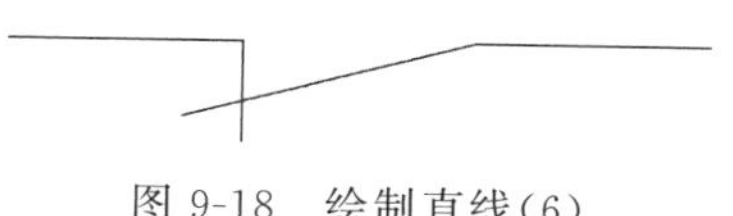

图 9-18　绘制直线(6)

6. 绘制“电度表”符号

(1) 单击“默认”选项卡“绘图”面板中的“圆”按钮⊘,绘制半径为 8mm 的圆。

(2) 单击“默认”选项卡“绘图”面板中的“直线”按钮╱,绘制过中心线的竖直线,如图 9-19 所示。

7. 绘制接地符号

(1) 单击“默认”选项卡“绘图”面板中的“多边形”按钮，绘制正三角形，内接圆半径为 10mm。

(2) 单击“默认”选项卡“修改”面板中的“旋转”按钮，旋转角度为 180°，如图 9-20 所示。

(3) 单击“默认”选项卡“修改”面板中的“分解”按钮，分解正三角形。

(4) 单击“默认”选项卡“修改”面板中的“偏移”按钮，将三角形水平线向下偏移 5mm，如图 9-21 所示。

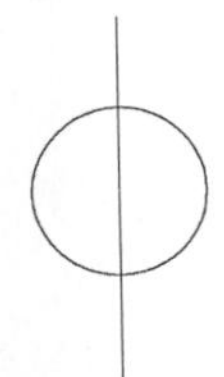

图 9-19　绘制“电度表”符号

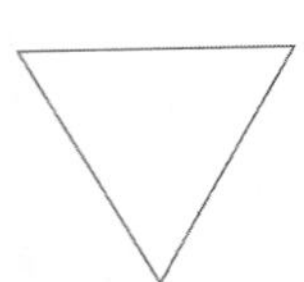

图 9-20　旋转三角形

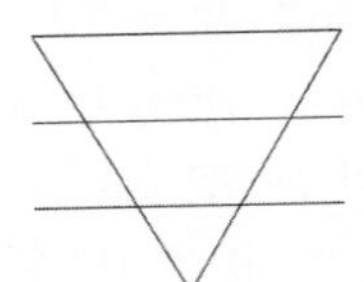

图 9-21　偏移直线

(5) 单击“默认”选项卡“修改”面板中的“删除”按钮和“修剪”按钮，修剪多余部分，如图 9-22 所示。

(6) 单击“默认”选项卡“绘图”面板中的“直线”按钮，捕捉最上方水平直线中点绘制长度为 5mm 的竖直直线，如图 9-23 所示。

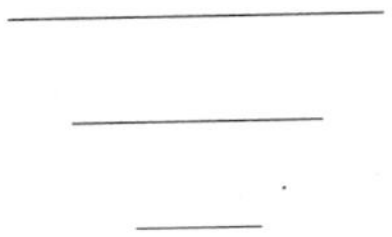

图 9-22　修剪直线

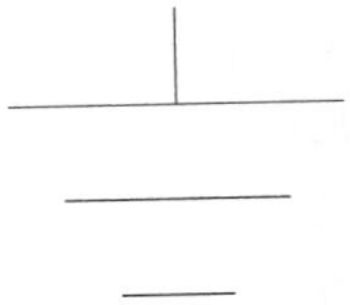

图 9-23　绘制直线(7)

8. 绘制灯

(1) 单击“默认”选项卡“绘图”面板中的“圆”按钮，在空白位置绘制适当大小的圆。

(2) 单击“默认”选项卡“绘图”面板中的“直线”按钮，绘制过中心线的两条垂直直线，如图 9-24 所示。

(3) 单击“默认”选项卡“修改”面板中的“旋转”按钮，将圆内直线分别旋转 30°、60°，如图 9-25 所示。

9. 绘制线圈

(1) 单击“默认”选项卡“绘图”面板中的“矩形”按钮，绘制矩形。

(2) 单击“默认”选项卡“绘图”面板中的“直线”按钮，捕捉矩形中点绘制直线，如图 9-26 所示。

(3) 单击“快速访问”工具栏中的“保存”按钮，保存电路图。

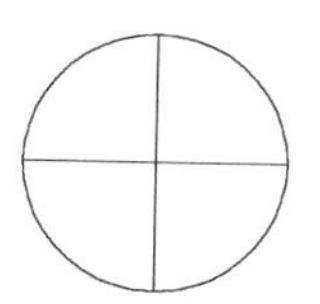

图 9-24　绘制中心线

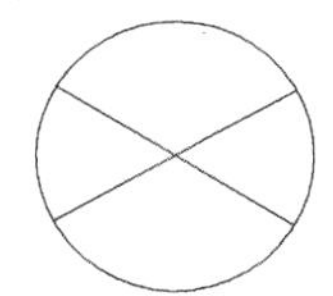

图 9-25　旋转直线(3)

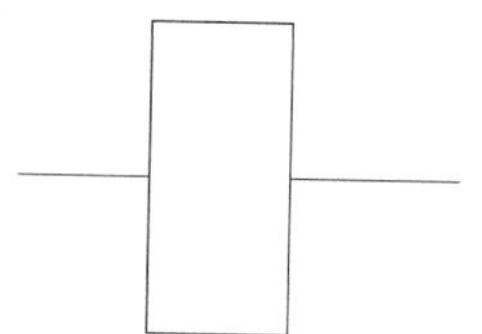

图 9-26　绘制直线(8)

10. 绘制电流互感器(TA)

(1) 单击“默认”选项卡“绘图”面板中的“多段线”按钮，绘制如图 9-27 所示的图形。命令行提示与操作如下。

```
命令: _PLINE
指定起点:
当前线宽为 0.0000
指定下一个点或 [圆弧(A)/半宽(H)/长度(L)/放弃(U)/宽度(W)]: 10↙
指定下一个点或 [圆弧(A)/闭合(C)/半宽(H)/长度(L)/放弃(U)/宽度(W)]: 3↙
指定下一个点或 [圆弧(A)/闭合(C)/半宽(H)/长度(L)/放弃(U)/宽度(W)]: A↙
指定圆弧的端点 (按住 Ctrl 键以切换方向) 或[角度(A)/圆心(CE)/闭合(CL)/方向(D)/半宽(H)/直线(L)/半径(R)/第二个点(S)/放弃(U)/宽度(W)]: A↙
指定夹角: -180↙
指定圆弧的端点(按住 Ctrl 键以切换方向)或 [圆心(CE)/半径(R)]: R↙
指定圆弧的半径: 5↙
指定圆弧的弦方向(按住 Ctrl 键以切换方向) <90>: 0↙
指定圆弧的端点(按住 Ctrl 键以切换方向)或[角度(A)/圆心(CE)/闭合(CL)/方向(D)/半宽(H)/直线(L)/半径(R)/第二个点(S)/放弃(U)/宽度(W)]: A↙
指定夹角: -180↙
指定圆弧的端点(按住 Ctrl 键以切换方向)或 [圆心(CE)/半径(R)]: R↙
指定圆弧的半径: 5↙
指定圆弧的弦方向(按住 Ctrl 键以切换方向) <270>: 0↙
指定圆弧的端点(按住 Ctrl 键以切换方向)或
[角度(A)/圆心(CE)/闭合(CL)/方向(D)/半宽(H)/直线(L)/半径(R)/第二个点(S)/放弃(U)/宽度(W)]: L↙
指定下一个点或 [圆弧(A)/闭合(C)/半宽(H)/长度(L)/放弃(U)/宽度(W)]: 3↙
指定下一个点或 [圆弧(A)/闭合(C)/半宽(H)/长度(L)/放弃(U)/宽度(W)]: 10↙
指定下一个点或 [圆弧(A)/闭合(C)/半宽(H)/长度(L)/放弃(U)/宽度(W)]:↙
```

(2) 单击“默认”选项卡“绘图”面板中的“直线”按钮，绘制水平直线，如图 9-28 所示。

图 9-27　绘制多段线

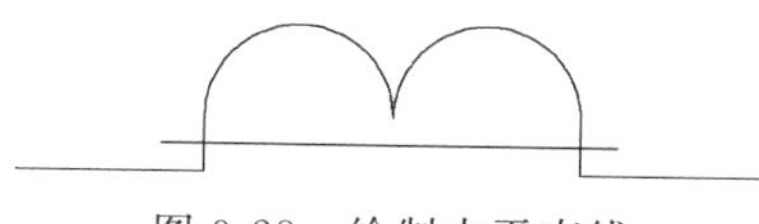

图 9-28　绘制水平直线

9.2.4　绘制一次系统图

(1) 将“线路”图层置为当前图层。

(2) 单击“默认”选项卡“绘图”面板中的“直线”按钮，绘制线路图，如图 9-29 所示。

Note

(3) 单击“默认”选项卡“修改”面板中的“复制”按钮，复制“插头和插座”符号到线路图适当位置，如图 9-30 所示。

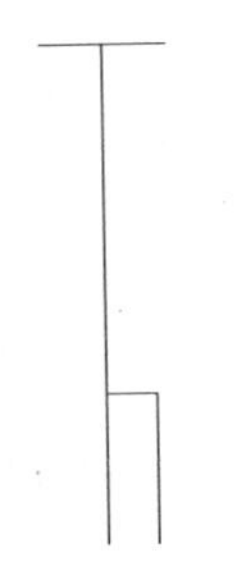

图 9-29　绘制一次系统图线路图

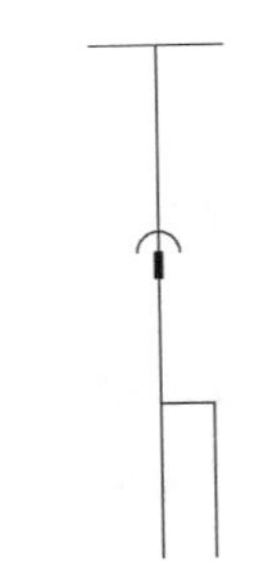

图 9-30　复制“插头和插座”

(4) 单击“默认”选项卡“修改”面板中的“镜像”按钮，镜像“插头和插座”符号，如图 9-31 所示。

(5) 单击“默认”选项卡“修改”面板中的“复制”按钮和“旋转”按钮，将“开关常开触点”符号复制到线路图适当位置，如图 9-32 所示。

(6) 单击“默认”选项卡“修改”面板中的“修剪”按钮，修剪多余线路，如图 9-33 所示。

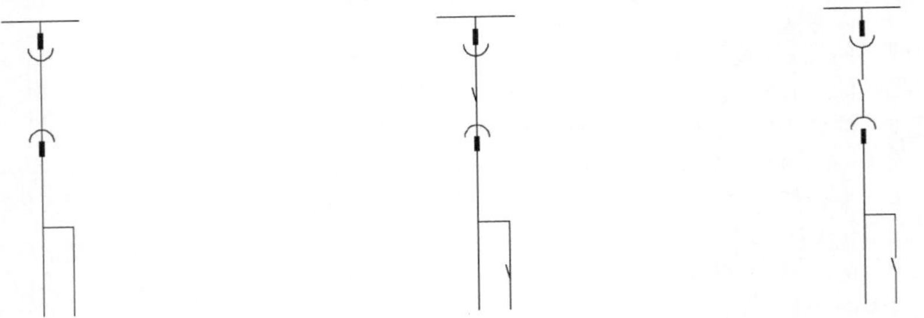

图 9-31　镜像“插头和插座”符号　图 9-32　复制“开关常开触点”符号　图 9-33　修剪图形(2)

(7) 单击“默认”选项卡“绘图”面板中的“矩形”按钮，绘制矩形，如图 9-34 所示。

(8) 单击“默认”选项卡“绘图”面板中的“直线”按钮，捕捉矩形对角点，如图 9-35 所示。

(9) 单击“默认”选项卡“修改”面板中的“删除”按钮，删除矩形，完成断路器开关绘制，如图 9-36 所示。

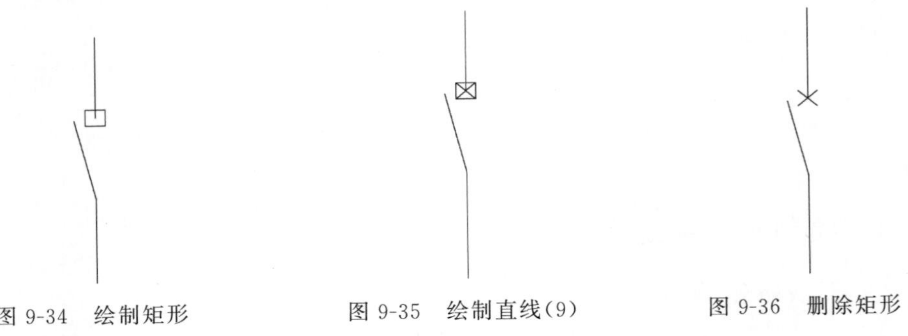

图 9-34　绘制矩形　图 9-35　绘制直线(9)　图 9-36　删除矩形

(10) 单击"默认"选项卡"修改"面板中的"缩放"按钮，缩放"断路器开关"，输入缩放比例为 1.5。

(11) 单击"默认"选项卡"修改"面板中的"复制"按钮，复制"电度表"符号，将其放置到适当位置。单击"默认"选项卡"修改"面板中的"镜像"按钮，镜像"电度表"符号，如图 9-37 所示。

(12) 单击"默认"选项卡"修改"面板中的"复制"按钮，复制"接地"符号，将其放置到适当位置，如图 9-38 所示。

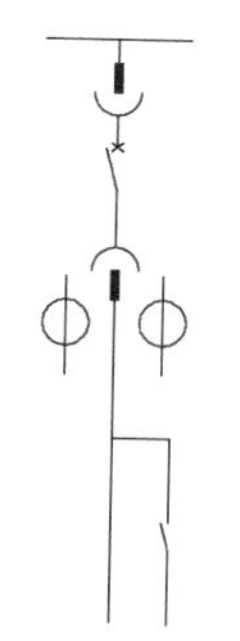

图 9-37　镜像"电度表"符号

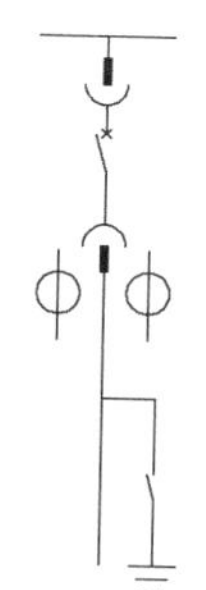

图 9-38　复制"接地"符号

(13) 单击"默认"选项卡"绘图"面板中的"多边形"按钮，绘制正三角形，其内接圆半径为 10mm。单击"默认"选项卡"修改"面板中的"旋转"按钮，将三角形进行旋转，旋转角度为 180°，如图 9-39 所示。

(14) 单击"默认"选项卡"修改"面板中的"移动"按钮，将三角形放置到适当位置，如图 9-40 所示。

(15) 单击"默认"选项卡"修改"面板中的"延伸"按钮，延伸直线，完成一次系统图绘制，如图 9-41 所示。

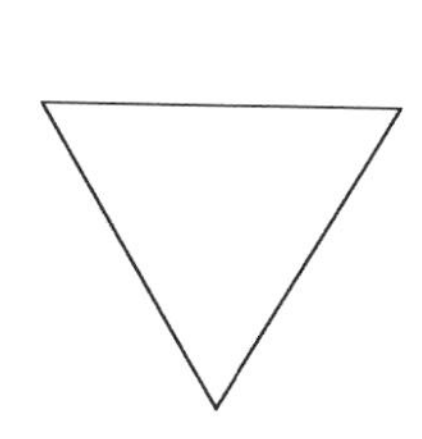

图 9-39　旋转三角形

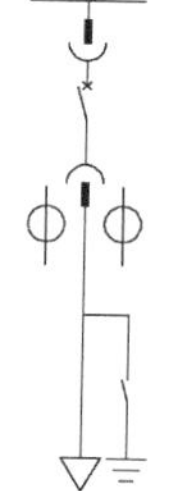

图 9-40　移动三角形

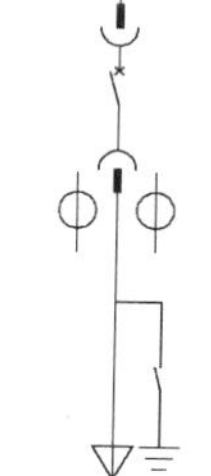

图 9-41　延伸直线

9.2.5　绘制二次系统图

1. 线路网格

(1) 将"线路"置为当前图层。单击"默认"选项卡"绘图"面板中的"直线"按钮，绘制测量表线路图，如图 9-42 所示。

(2) 单击"默认"选项卡"修改"面板中的"复制"按钮，向下复制上步绘制的线路

Note

图，显示过流保护。单击“默认”选项卡“绘图”面板中的“矩形”按钮▭和“直线”按钮╱，绘制测量表线路图，如图 9-43 所示。

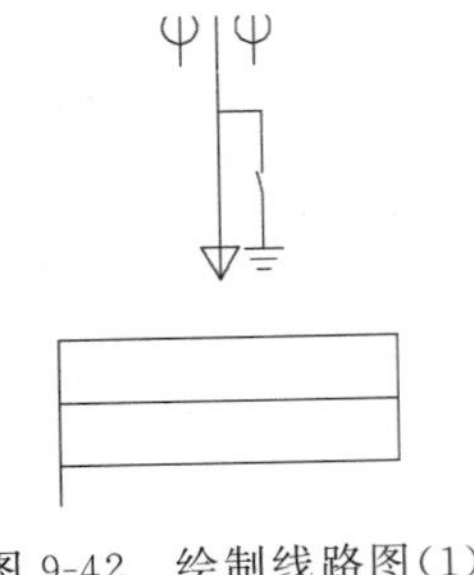

图 9-42　绘制线路图(1)

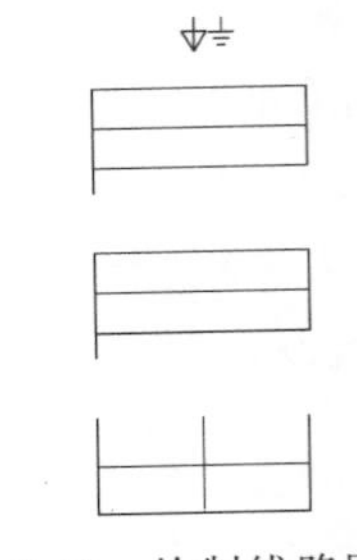

图 9-43　绘制线路图(2)

(3) 单击“默认”选项卡“绘图”面板中的“矩形”按钮▭，绘制适当大小矩形。单击“默认”选项卡“修改”面板中的“分解”按钮，分解矩形。单击“默认”选项卡“绘图”面板中的“定数等分”按钮，将矩形左侧竖直线分成 15 份。单击“默认”选项卡“绘图”面板中的“直线”按钮╱，连接等分点，如图 9-44 所示。

(4) 单击“默认”选项卡“绘图”面板中的“直线”按钮╱和“修剪”按钮，按原理图修剪线路图，绘制结果如图 9-45 所示。

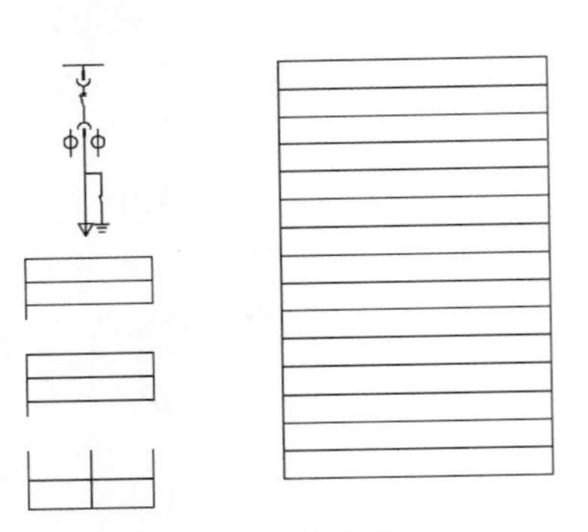

图 9-44　绘制直线(10)

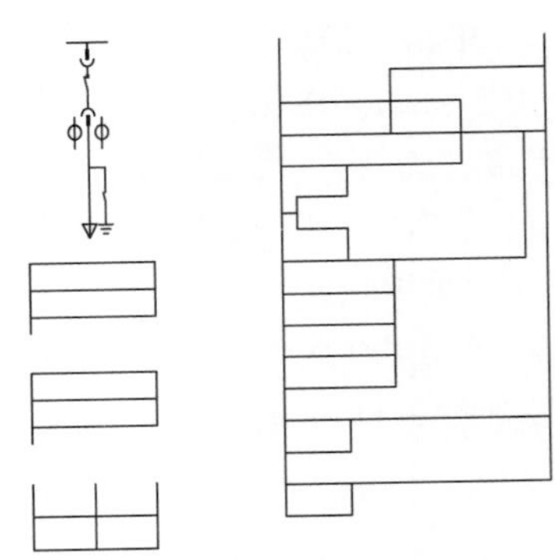

图 9-45　修剪线路图

同理，绘制右侧剩余线路图，绘制完成的图形如图 9-46 所示。

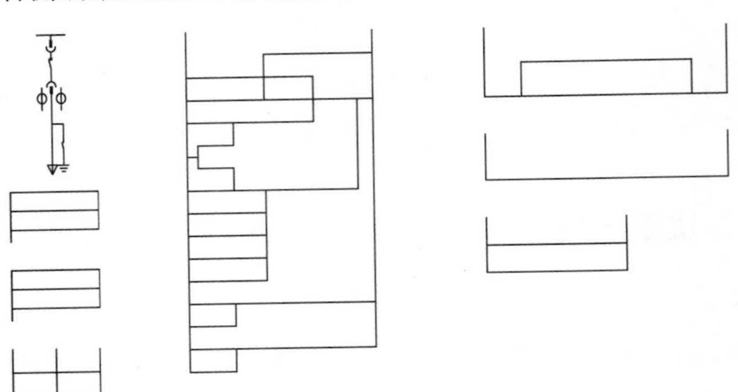

图 9-46　绘制剩余线路图

(5) 单击“默认”选项卡“绘图”面板中的“矩形”按钮□和“直线”按钮╱，绘制说明图块，如图 9-47 所示。

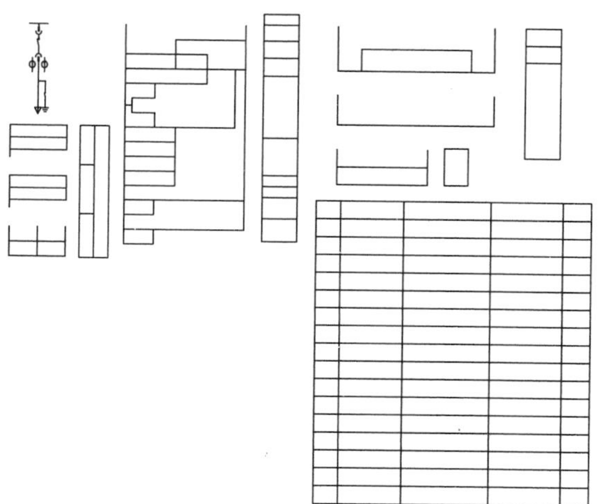

图 9-47　说明图块

2. 元件布置

(1) 单击“默认”选项卡“绘图”面板中的“圆”按钮⊙，绘制适当大小的圆，并将其放置到适当位置。单击“默认”选项卡“绘图”面板中的“直线”按钮╱，绘制直线，并利用“特性”选项板，修改线型。最终完成“转换开关 SA”的绘制，如图 9-48 所示。

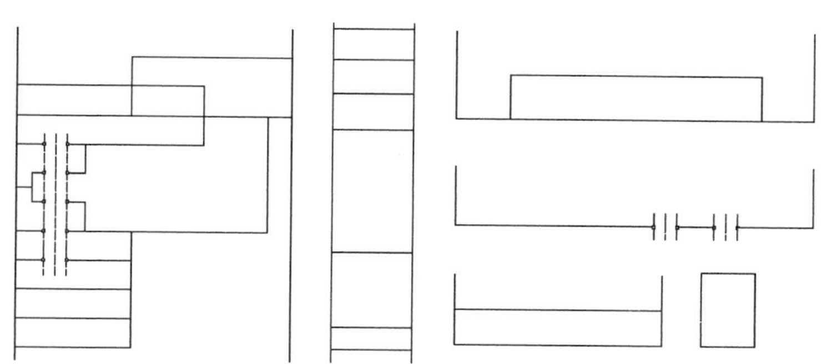

图 9-48　绘制转换开关

(2) 单击“默认”选项卡“修改”面板中的“复制”按钮和“旋转”按钮，将上面绘制的元件符号“电度表”复制到适当位置，如图 9-49 所示。

(3) 单击“默认”选项卡“修改”面板中的“复制”按钮和“旋转”按钮，将上面绘制的“电阻”“灯”“线圈”等元件符号复制到适当位置，如图 9-50 所示。

(4) 单击“默认”选项卡“修改”面板中的“修剪”按钮，修剪多余部分，如图 9-51 所示。

(5) 单击“默认”选项卡“绘图”面板中的“直线”按钮╱，绘制图中其余元件，如图 9-52 所示。

Note

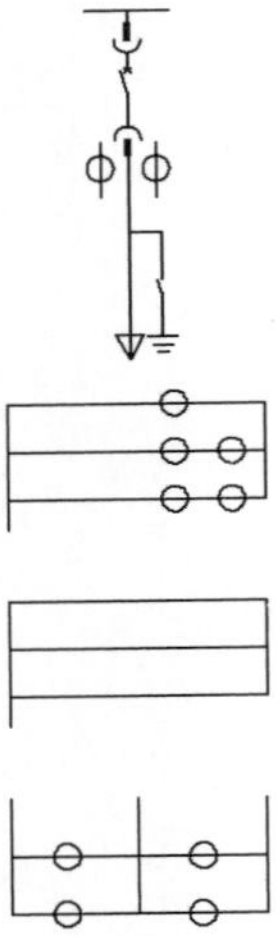

图 9-49　插入电度表

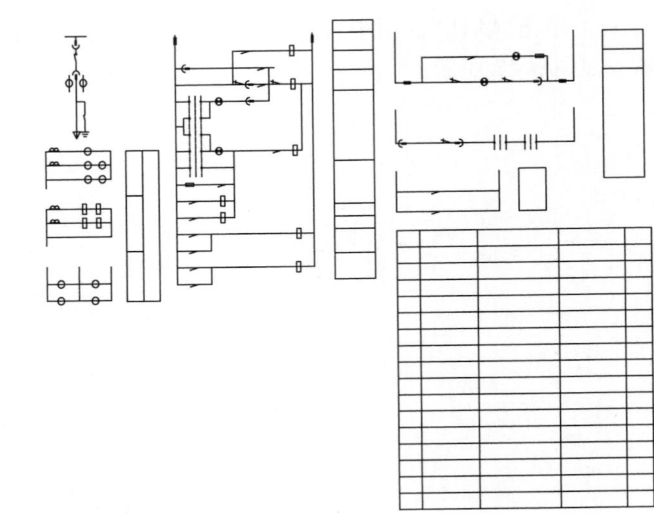

图 9-50　布置元件

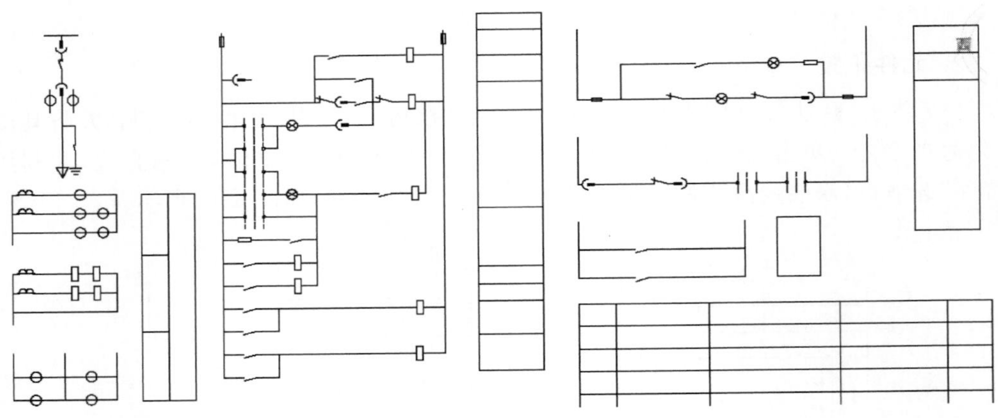

图 9-51　修剪图形

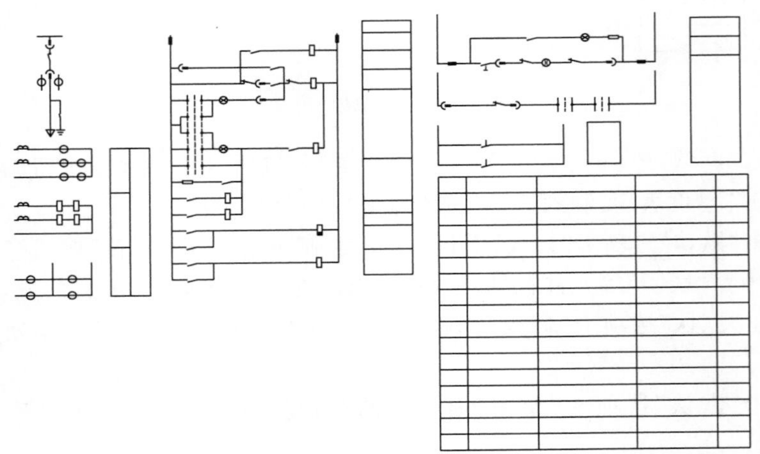

图 9-52　绘制元件

(6) 将“线路 1”置为当前图层。单击“默认”选项卡“绘图”面板中的“直线”按钮╱,绘制线路,结果如图 9-53 所示。

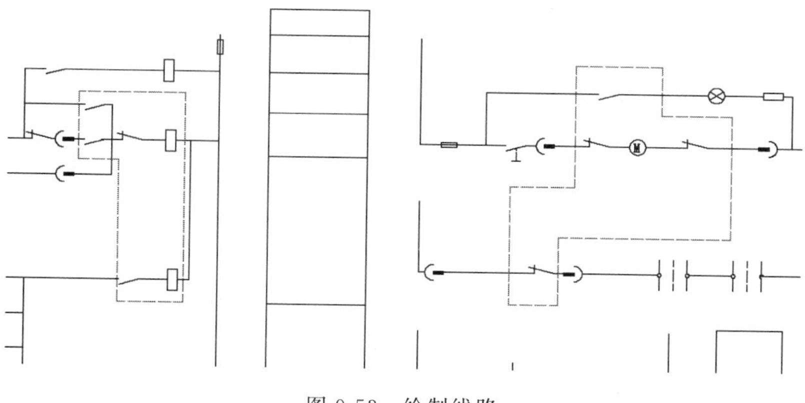

图 9-53　绘制线路

(7) 单击“默认”选项卡“修改”面板中的“复制”按钮,将“接地”电气符号放置到适当位置,并进行相应修改,如图 9-54 所示。

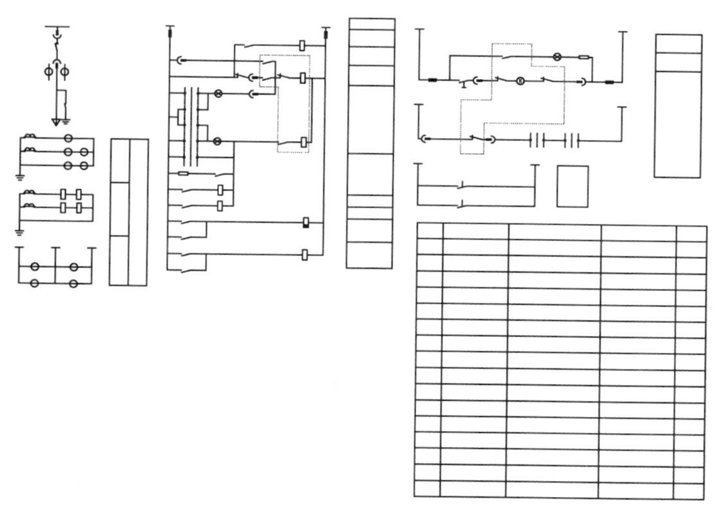

图 9-54　放置“接地”符号

3. 文字说明

(1) 将“文字说明”置为当前图层。单击“默认”选项卡“注释”面板中的“多行文字”按钮A,在元件对应位置放置元件名称,如图 9-55 所示。

(2) 单击“默认”选项卡“注释”面板中的“多行文字”按钮A,在图框中输入文字,如图 9-1 所示。

(3) 单击“快速访问”工具栏中的“保存”按钮,保存电路图。

(4) 将绘制的电路元件符号复制到空白文件中,并将文件保存在源文件路径下,输入文件名称“元件符号”。

Note

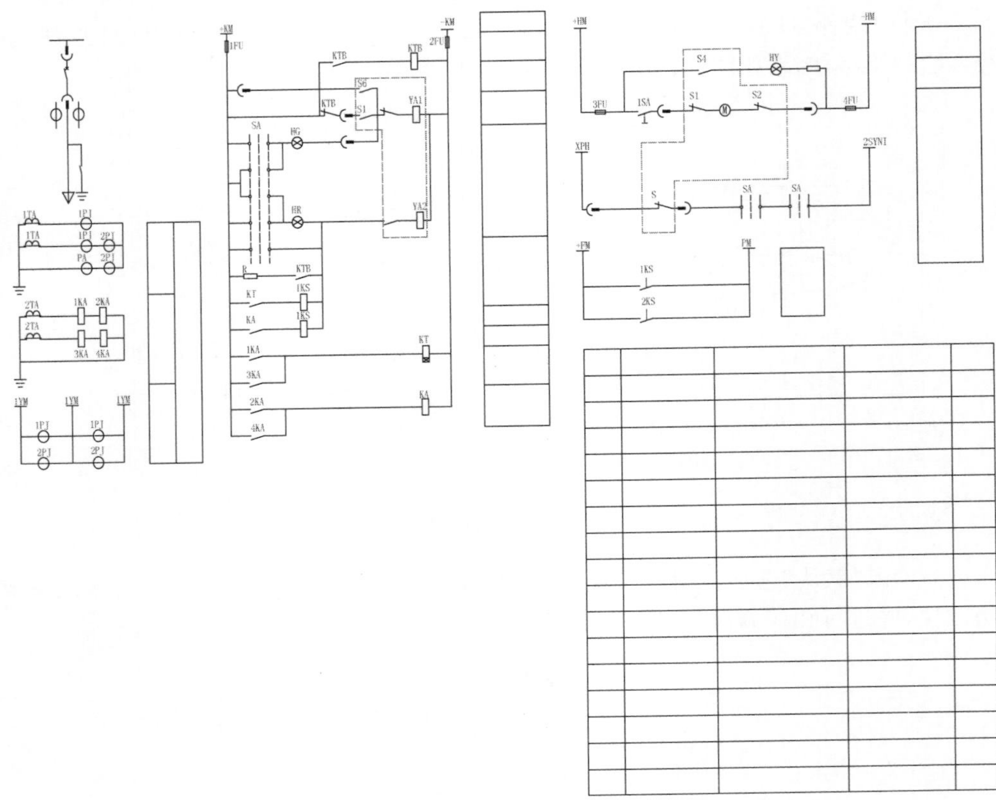

图 9-55　放置元件名称

9-2

9.3　ZN12-10 弹簧机构直流内部接线图

图 9-56 为 ZN12-10 弹簧机构直流内部接线图。本节首先设置绘图环境，然后绘制线路图，最后绘制元件符号并标注文字。

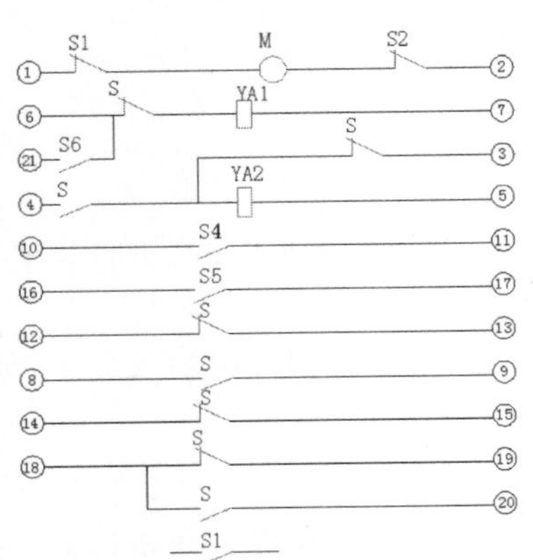

说明：ZN12除图上所画辅助开关接点外，尚有五开五闭可供选用，但应注意开关柜辅助回路仅有38组接点。

序号	符　号	名　称	用　　途	数量
7	S6	行程开关	手动就地合闸	1
6	S5	行程开关	手动就地合闸	1
5	S1, S2, S4	行程开关	储能完成动作	各1
4	M	储能电机		1
3	S	辅助开关		1
2	YA1	合闸开关		1
1	YA2	分闸线圈		1

图 9-56　ZN12-10 弹簧机构直流内部接线图

9.3.1　设置绘图环境

（1）打开 AutoCAD 2022 应用程序，单击“快速访问”工具栏中的“新建”按钮，新建空白图形文件。

（2）单击“快速访问”工具栏中的“保存”按钮，将文件保存为“ZN12-10 弹簧机构直流内部接线图.dwg”图形文件。

（3）单击“默认”选项卡“图层”面板中的“图层特性”按钮，❶弹出“图层特性管理器”选项板，❷新建图层“线路”“元件符号”“表格”“表格文字”“说明文字”，其他设置如图 9-57 所示，将“线路”图层置为当前图层。

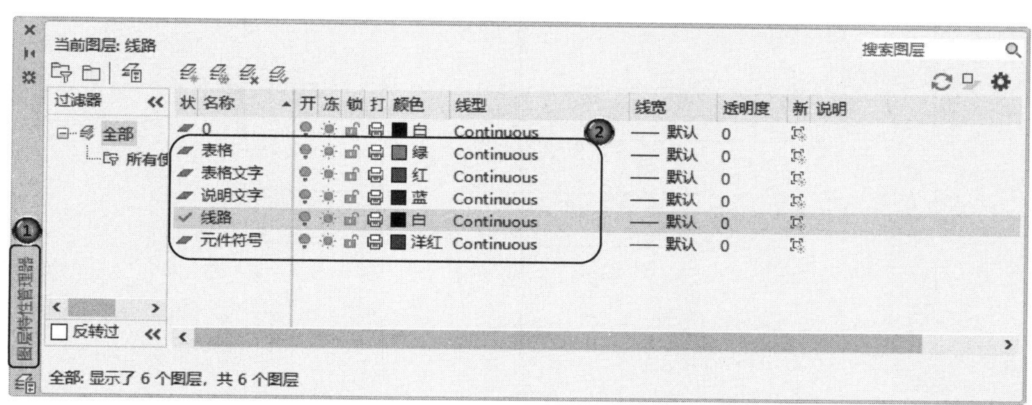

图 9-57　图层设置

9.3.2　绘制线路图

（1）单击“默认”选项卡“绘图”面板中的“直线”按钮，绘制一段长为 1000mm 的水平直线。单击“默认”选项卡“绘图”面板中的“圆”按钮，捕捉直线两端点，绘制半径为 25mm 的圆。单击“默认”选项卡“修改”面板中的“移动”按钮，将圆进行移动，结果如图 9-58 所示。

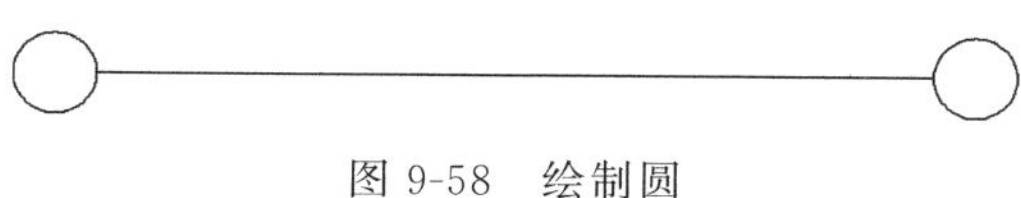

图 9-58　绘制圆

（2）单击“默认”选项卡“注释”面板中的“多行文字”按钮 A，在圆内输入标号，如图 9-59 所示。

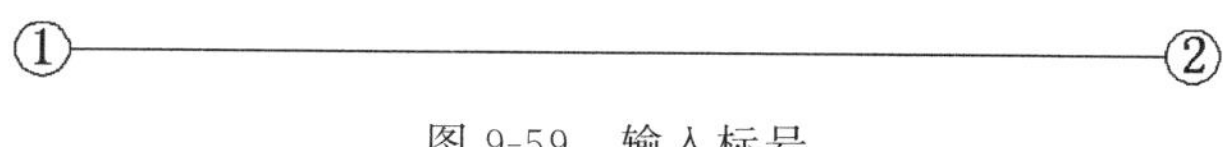

图 9-59　输入标号

（3）单击“默认”选项卡“修改”面板中的“复制”按钮，将标号及图形依次向下复制 100mm。双击文字，弹出“文字格式”编辑器，修改标号，如图 9-60 所示。

（4）单击“默认”选项卡“绘图”面板中的“直线”按钮和“修改”面板中的“修剪”按钮，绘制线路并进行相应修剪，如图 9-61 所示。

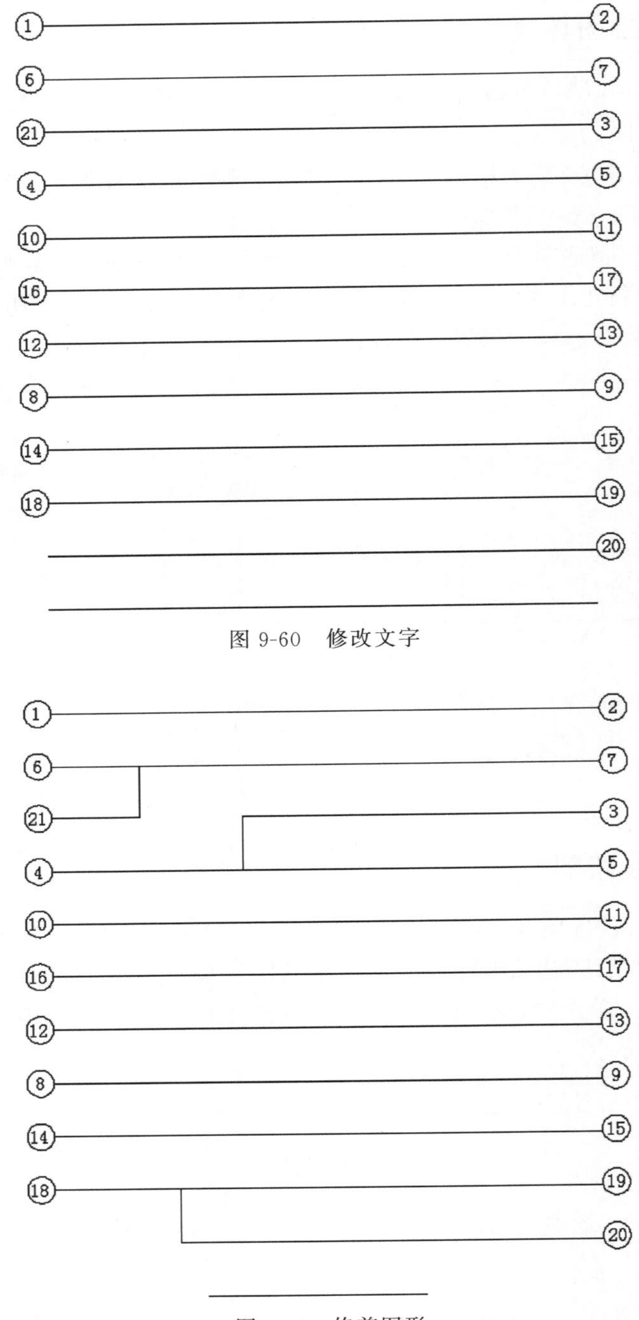

图 9-60　修改文字

图 9-61　修剪图形

9.3.3　绘制元件符号

(1) 将“元件符号”图层置为当前图层。单击“默认”选项卡“绘图”面板中的“直线”按钮╱，绘制辅助开关。单击“默认”选项卡“修改”面板中的“修剪”按钮✂，修剪开关，如图 9-62 所示。

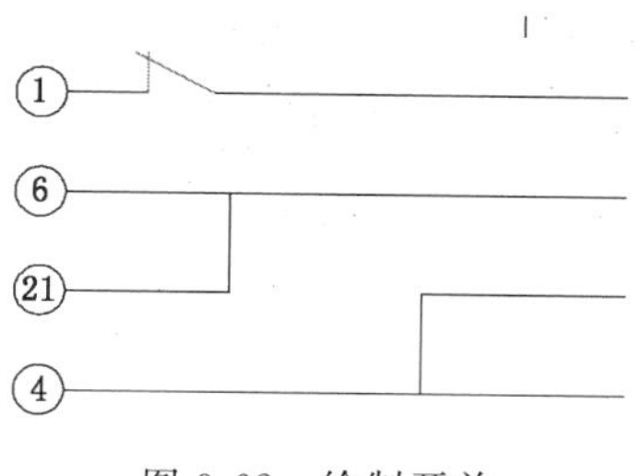

图 9-62　绘制开关

(2) 单击“默认”选项卡“修改”面板中的“复制”按钮，将辅助开关复制到适当位置，如图 9-63 所示。

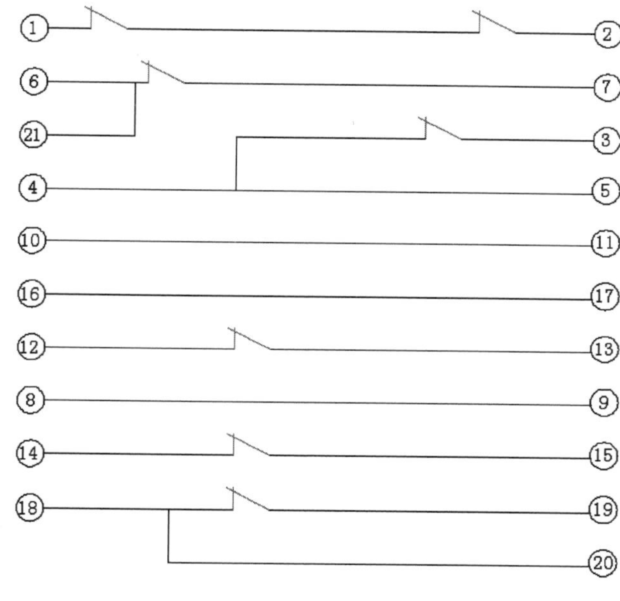

图 9-63　复制辅助开关

(3) 单击“默认”选项卡“绘图”面板中的“直线”按钮和“修改”面板中的“修剪”按钮，绘制行程开关，如图 9-64 所示。

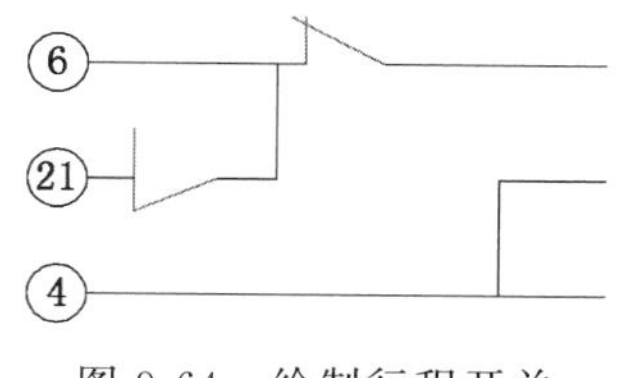

图 9-64　绘制行程开关

(4) 单击“默认”选项卡“修改”面板中的“复制”按钮，将行程开关复制到适当位置。单击“默认”选项卡“修改”面板中的“删除”按钮和“修剪”按钮，对图形进行修改，结果如图 9-65 所示。

Note

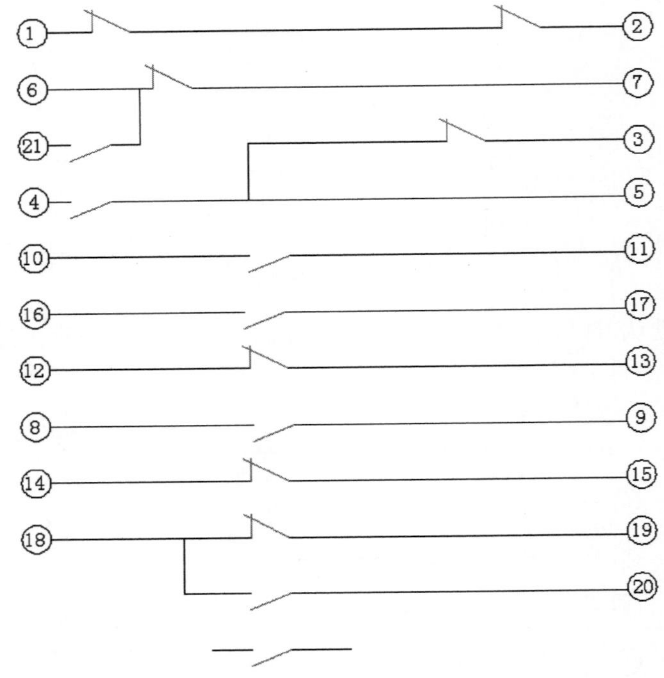

图 9-65 复制行程开关

(5) 单击“默认”选项卡“绘图”面板中的“圆”按钮⊙，绘制适当半径的圆，如图 9-66 所示。

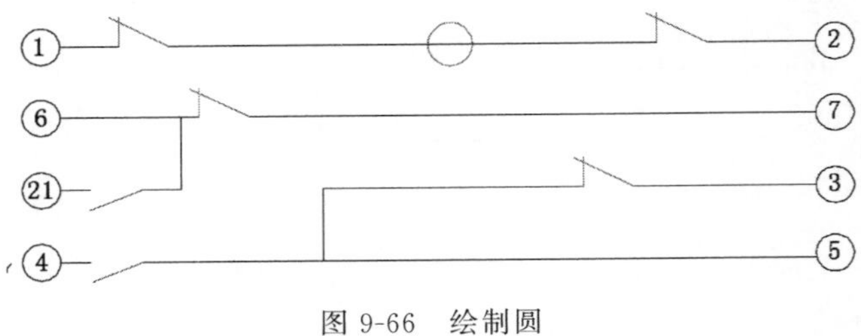

图 9-66 绘制圆

(6) 单击“默认”选项卡“绘图”面板中的“矩形”按钮□，绘制线圈，如图 9-67 所示。

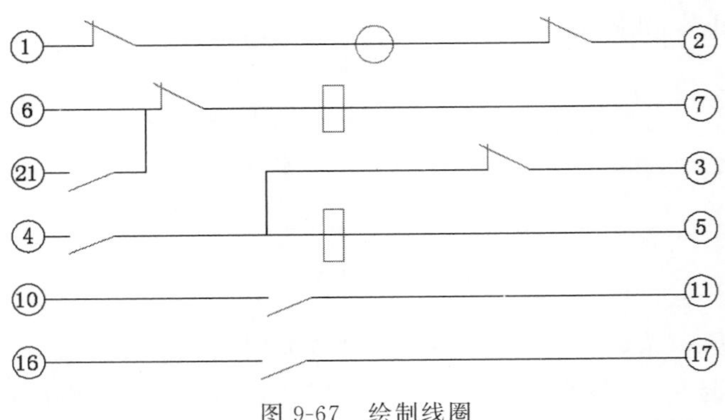

图 9-67 绘制线圈

(7) 单击“默认”选项卡“修改”面板中的“修剪”按钮✂,修剪元件符号内部线路,如图 9-68 所示。

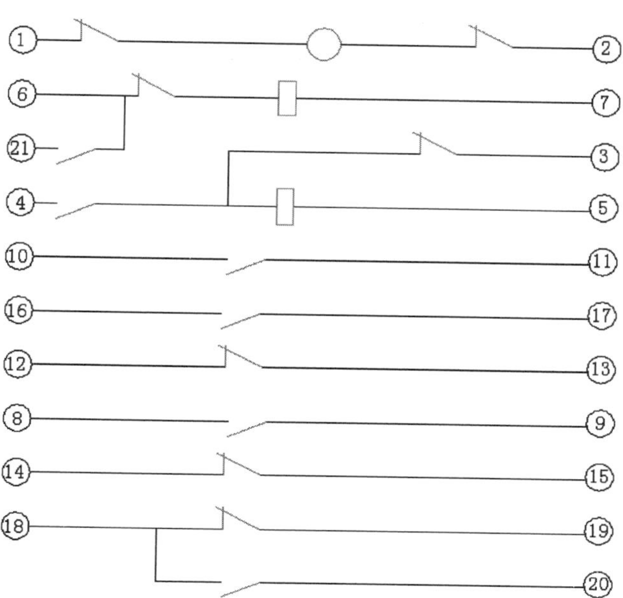

图 9-68　修剪线路

9.3.4 添加说明文字

(1) 将“说明文字”图层置为当前图层。单击“默认”选项卡“注释”面板中的“多行文字”按钮A,在元件上方放置元件名称,如图 9-69 所示。

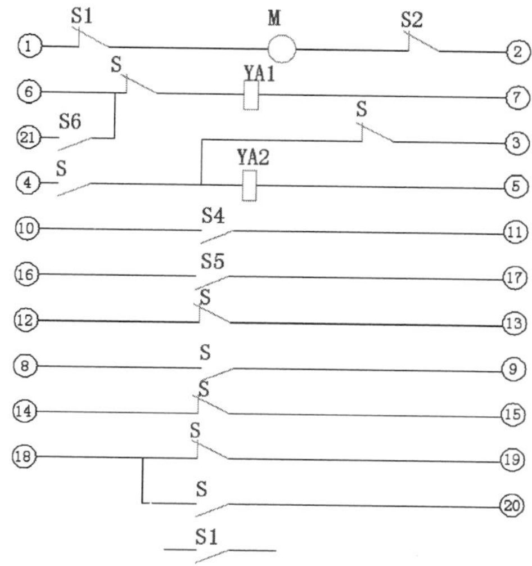

图 9-69　放置元件名称

(2) 单击“默认”选项卡“注释”面板中的“多行文字”按钮A，在右侧空白位置输入说明文字，如图 9-70 所示。

Note

说明：ZN12除图上所画辅助开关接点外，尚有五开五闭可供
选用，但应注意开关柜辅助回路仅有38组接点。

图 9-70　说明文字

(3) 将“表格”图层置为当前图层。单击“默认”选项卡“绘图”面板中的“矩形”按钮□，在右下角绘制适当大小的矩形。单击“默认”选项卡“修改”面板中的“分解”按钮，分解矩形。单击“默认”选项卡“绘图”面板中的“定数等分”按钮，将矩形左侧竖直线分成 8 份。单击“默认”选项卡“绘图”面板中的“直线”按钮╱，绘制矩形内网线，如图 9-71 所示。

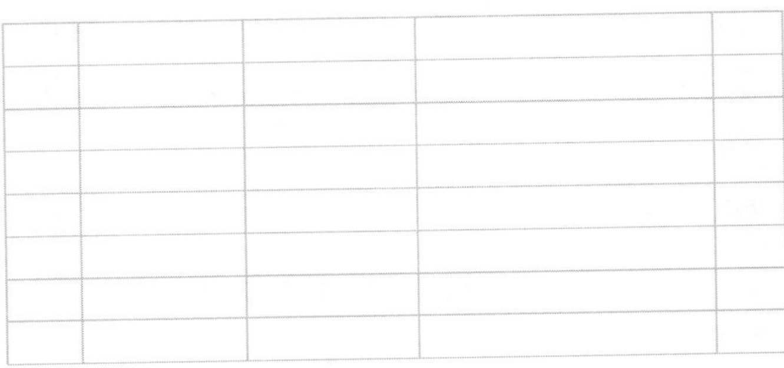

图 9-71　绘制网线

(4) 将“表格文字”图层置为当前图层。单击“默认”选项卡“注释”面板中的“多行文字”按钮A，在表格内输入文字。单击“默认”选项卡“修改”面板中的“复制”按钮，复制多行文字，并修改内容，最终完成的图形如图 9-56 所示。

(5) 单击“快速访问”工具栏中的“保存”按钮，保存电路图。

9-3

9.4　电压测量回路图

图 9-72 为电压测量回路图。本节首先设置绘图环境，然后绘制一次系统图，最后绘制二次系统图。

9.4.1　设置绘图环境

(1) 打开 AutoCAD 2022 应用程序，单击“快速访问”工具栏中的“新建”按钮，新建空白图形文件。

(2) 单击“快速访问”工具栏中的“保存”按钮，将文件保存为“电压测量回路图.dwg”图形文件。

(3) 单击“默认”选项卡“图层”面板中的“图层特性”按钮，❶打开“图层特性管理器”选项板，❷新建图层“线路”“元件符号”“表格”“表格文字”“说明文字”，其他设置如图 9-73 所示，将“线路”图层置为当前图层。

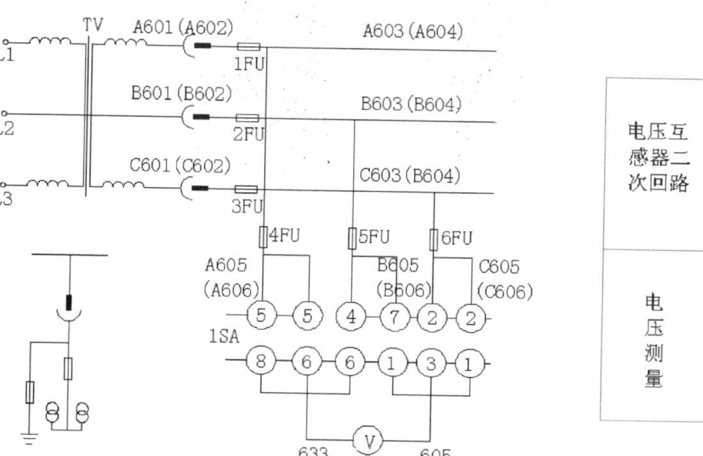

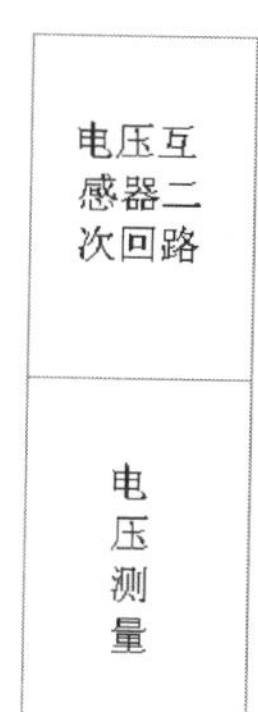

1-6FU	熔断器	QM-10/6A	6
1SA	切换开关	LW2-55/F4	1
V	电压表	JE-96-V 10/0.1KV	1
符　号	名　称	型号规格	数量

图 9-72　电压测量回路图

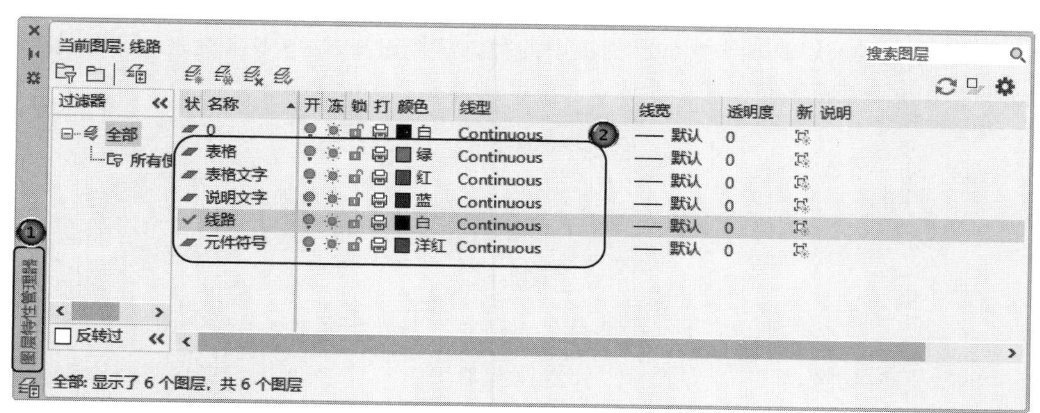

图 9-73　图层设置

9.4.2　绘制一次系统图

(1) 绘制线路图。单击“默认”选项卡“绘图”面板中的“直线”按钮／，绘制线路图，如图 9-74 所示。

(2) 插入元件。将“元件符号”图层置为当前图层。单击“快速访问”工具栏中的“打开”按钮，打开“电气符号”文件，复制所需电气符号“熔断器”“插座和插头”“接地”，并将其放置到图形空白处。单击“默认”选项卡“修改”面板中的“复制”按钮，将图形符号放置到适当位置，如图 9-75 所示。

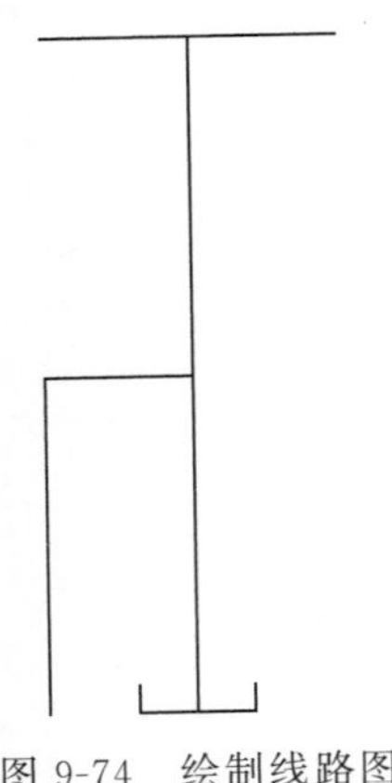
图 9-74　绘制线路图

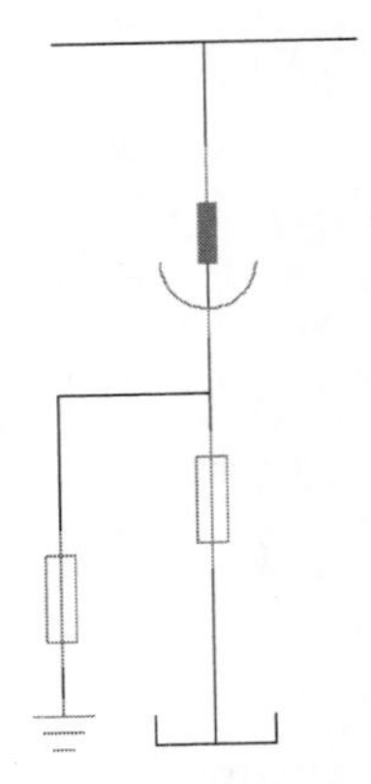
图 9-75　放置元件

(3) 绘制电流互感器(TA)。

① 单击“默认”选项卡“绘图”面板中的“圆”按钮，绘制适当大小的圆。单击“默认”选项卡“修改”面板中的“复制”按钮，向下复制圆，绘制相交圆，如图 9-76 所示。

② 单击“默认”选项卡“绘图”面板中的“直线”按钮，绘制接线端，如图 9-77 所示。

(4) 单击“默认”选项卡“修改”面板中的“移动”按钮和“复制”按钮，将电流互感器符号放置到适当位置。

(5) 单击“默认”选项卡“修改”面板中的“修剪”按钮，修剪多余线路，完成一次系统图，如图 9-78 所示。

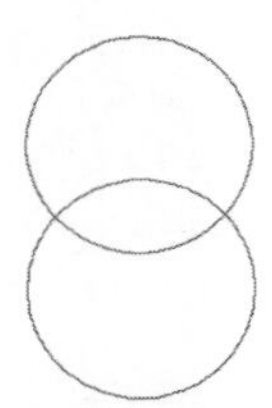
图 9-76　绘制相交圆

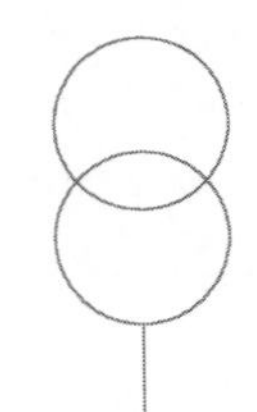
图 9-77　绘制接线端

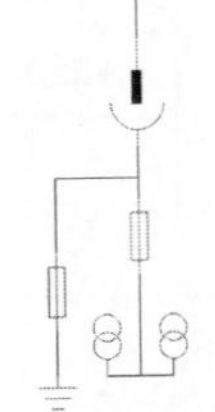
图 9-78　绘制一次系统图

9.4.3　绘制二次系统图

1. 绘制线路图

(1) 将“线路”图层置为当前图层。单击“默认”选项卡“绘图”面板中的“直线”按钮，绘制一段长为 1000mm 的水平直线。单击“默认”选项卡“修改”面板中的“偏移”按钮，将直线依次向下偏移 150mm、300mm，如图 9-79 所示。

(2) 单击“默认”选项卡“绘图”面板中的“直线”按钮，绘制其余线路，如图 9-80 所示。

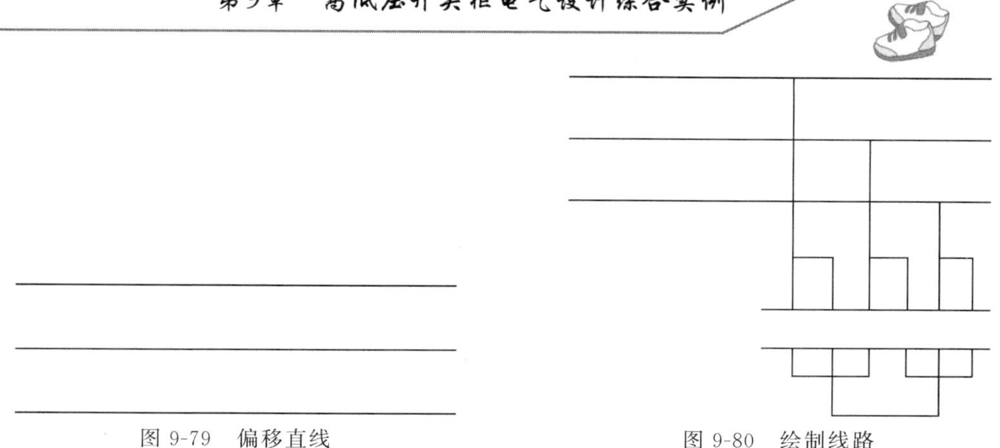

图 9-79　偏移直线　　　　图 9-80　绘制线路

2. 布置元件

（1）将"元件符号"图层置为当前图层。单击"默认"选项卡"绘图"面板中的"多段线"按钮，绘制一段多段线，命令行提示与操作如下。

```
命令: _PLINE
指定起点:
当前线宽为 0.0000
指定下一个点或 [圆弧(A)/半宽(H)/长度(L)/放弃(U)/宽度(W)]: 10↙
指定下一个点或 [圆弧(A)/闭合(C)/半宽(H)/长度(L)/放弃(U)/宽度(W)]: A↙
指定圆弧的端点(按住 Ctrl 键以切换方向)或[角度(A)/圆心(CE)/闭合(CL)/方向(D)/半宽(H)/
直线(L)/半径(R)/第二个点(S)/放弃(U)/宽度(W)]: A↙
指定夹角: -180↙
指定圆弧的端点(按住 Ctrl 键以切换方向)或 [圆心(CE)/半径(R)]: R↙
指定圆弧的半径: 5↙
指定圆弧的弦方向(按住 Ctrl 键以切换方向) <0>:↙
指定圆弧的端点(按住 Ctrl 键以切换方向)或[角度(A)/圆心(CE)/闭合(CL)/方向(D)/半宽(H)/
直线(L)/半径(R)/第二个点(S)/放弃(U)/宽度(W)]: A↙
指定夹角: -180↙
指定圆弧的端点(按住 Ctrl 键以切换方向)或 [圆心(CE)/半径(R)]: R↙
指定圆弧的半径: 5↙
指定圆弧的弦方向(按住 Ctrl 键以切换方向) <270>: 0↙
指定圆弧的端点(按住 Ctrl 键以切换方向)或[角度(A)/圆心(CE)/闭合(CL)/方向(D)/半宽(H)/
直线(L)/半径(R)/第二个点(S)/放弃(U)/宽度(W)]: A↙
指定夹角: -180↙
指定圆弧的端点(按住 Ctrl 键以切换方向)或 [圆心(CE)/半径(R)]: R↙
指定圆弧的半径: 5↙
指定圆弧的弦方向(按住 Ctrl 键以切换方向) <270>: 0↙
指定圆弧的端点(按住 Ctrl 键以切换方向)或[角度(A)/圆心(CE)/闭合(CL)/方向(D)/半宽(H)/
直线(L)/半径(R)/第二个点(S)/放弃(U)/宽度(W)]: A↙
指定夹角: -180↙
指定圆弧的端点(按住 Ctrl 键以切换方向)或 [圆心(CE)/半径(R)]: R↙
指定圆弧的半径: 5↙
指定圆弧的弦方向 (按住 Ctrl 键以切换方向) <270>: 0↙
指定圆弧的端点(按住 Ctrl 键以切换方向)或[角度(A)/圆心(CE)/闭合(CL)/方向(D)/半宽(H)/
直线(L)/半径(R)/第二个点(S)/放弃(U)/宽度(W)]: L↙
指定下一个点或 [圆弧(A)/闭合(C)/半宽(H)/长度(L)/放弃(U)/宽度(W)]: 10↙
指定下一个点或 [圆弧(A)/闭合(C)/半宽(H)/长度(L)/放弃(U)/宽度(W)]:(绘制的多段线如
图 9-81 所示)
```

图 9-81　绘制多段线

Note

(2) 单击“默认”选项卡“修改”面板中的“移动”按钮✥，将元件放置到线路图适当位置，如图 9-82 所示。

(3) 单击“默认”选项卡“修改”面板中的“复制”按钮%，复制元件符号到对应位置。单击“默认”选项卡“绘图”面板中的“直线”按钮╱，绘制 3 条竖直直线。单击“默认”选项卡“修改”面板中的“修剪”按钮✂，修剪线路图中的多余部分，完成电压互感器绘制，如图 9-83 所示。

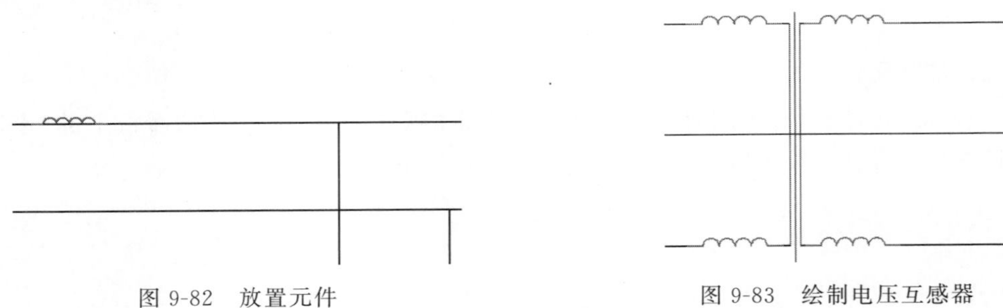

图 9-82　放置元件　　图 9-83　绘制电压互感器

(4) 单击“默认”选项卡“修改”面板中的“复制”按钮%和“旋转”按钮↻，复制元件符号“插头和插座”“熔断器”，并将其放置到适当位置，如图 9-84 所示。

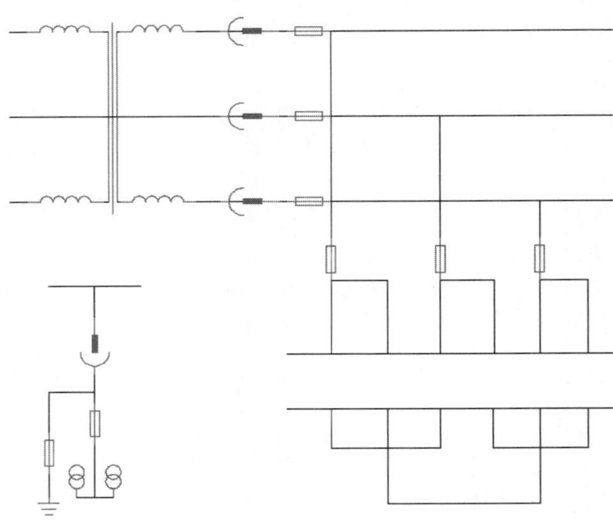

图 9-84　放置元件

(5) 单击“默认”选项卡“绘图”面板中的“圆”按钮⊙，捕捉线路端点绘制适当大小的圆。单击“默认”选项卡“修改”面板中的“复制”按钮%，复制圆，完成接线端子的绘制，如图 9-85 所示。

(6) 单击“默认”选项卡“绘图”面板中的“圆”按钮⊙，继续捕捉线路端点绘制适当大小的圆。单击“默认”选项卡“修改”面板中的“复制”按钮%，复制圆，完成的图形如

图 9-86 所示。

（7）单击“默认”选项卡“修改”面板中的“修剪”按钮✂，修剪线路图中的多余部分，结果如图 9-87 所示。

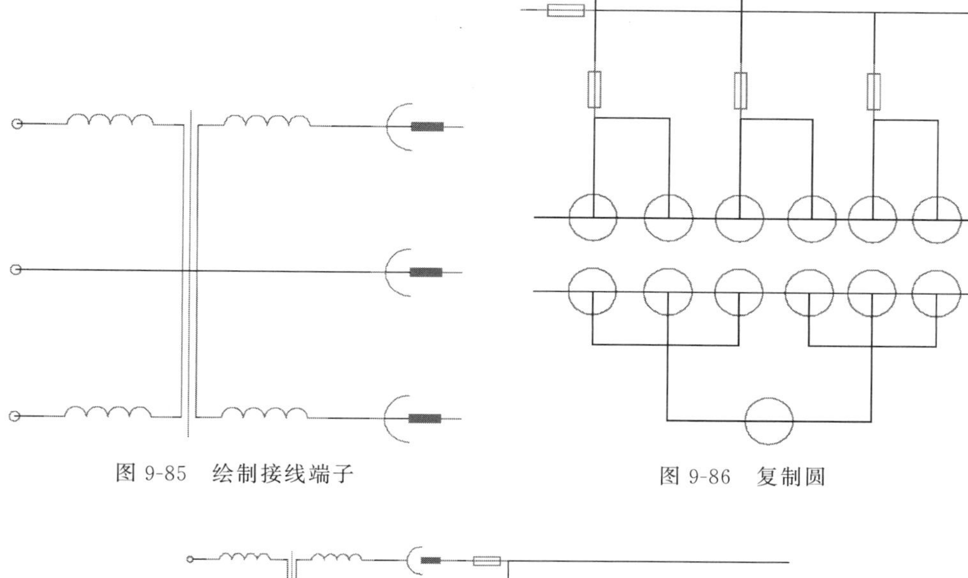

图 9-85　绘制接线端子　　图 9-86　复制圆

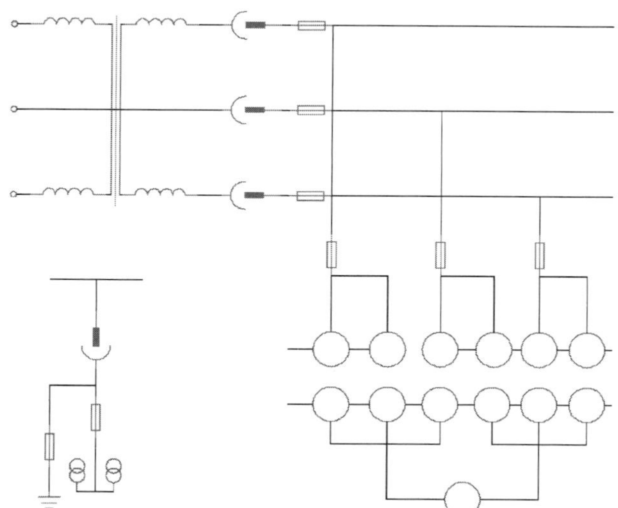

图 9-87　修剪图形

3. 添加文字说明

（1）将“文字说明”图层置为当前图层。单击“默认”选项卡“注释”面板中的“多行文字”按钮**A**，在圆内输入对应标号。单击“默认”选项卡“修改”面板中的“复制”按钮，复制标号到其余圆内并进行相应修改，绘制结果如图 9-88 所示。

（2）单击“默认”选项卡“注释”面板中的“多行文字”按钮**A**和“修改”面板中的“复制”按钮，在元件上方输入对应名称，如图 9-89 所示。

（3）将“表格”图层置为当前图层。单击“默认”选项卡“绘图”面板中的“矩形”按

Note

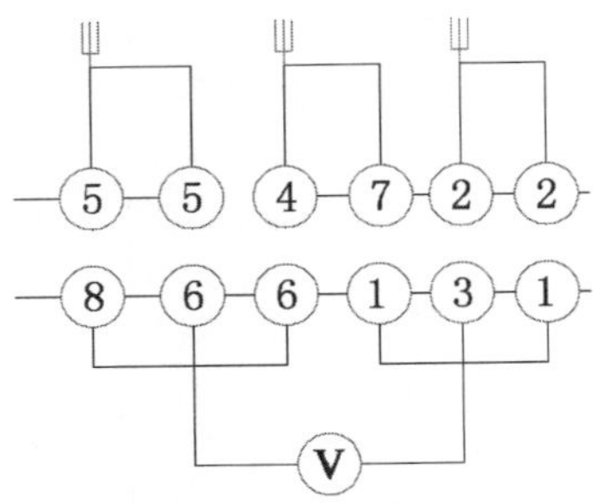

图 9-88　绘制标号

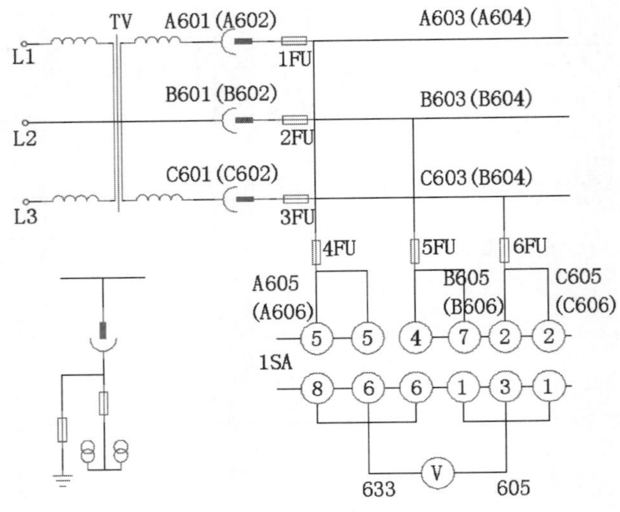

图 9-89　输入元件名称

钮▭,在右侧空白处绘制适当大小的矩形。单击“默认”选项卡“绘图”面板中的“直线”按钮╱,绘制水平中心线,如图 9-90 所示。

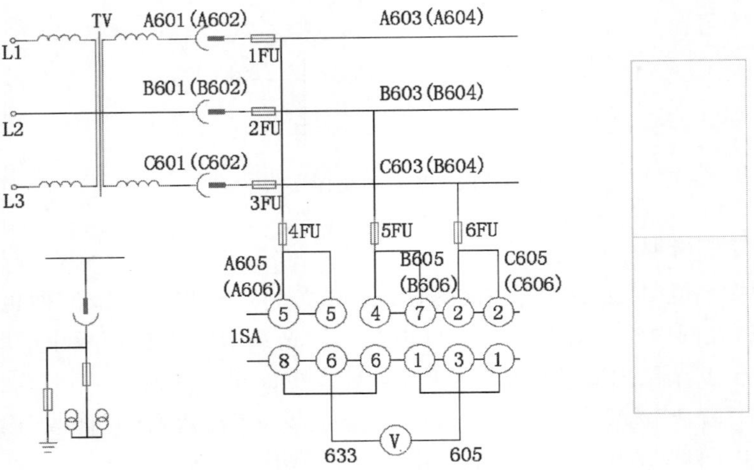

图 9-90　绘制水平中心线

(4) 单击“默认”选项卡“绘图”面板中的“矩形”按钮▭，在图形下方空白处绘制适当大小的矩形。单击“默认”选项卡“修改”面板中的“分解”按钮，分解矩形。单击“默认”选项卡“绘图”面板中的“定数等分”按钮，选择矩形左侧竖直直线，将其分成4份。单击“默认”选项卡“绘图”面板中的“直线”按钮╱，捕捉等分点，绘制线路网格，绘制结果如图9-91所示。

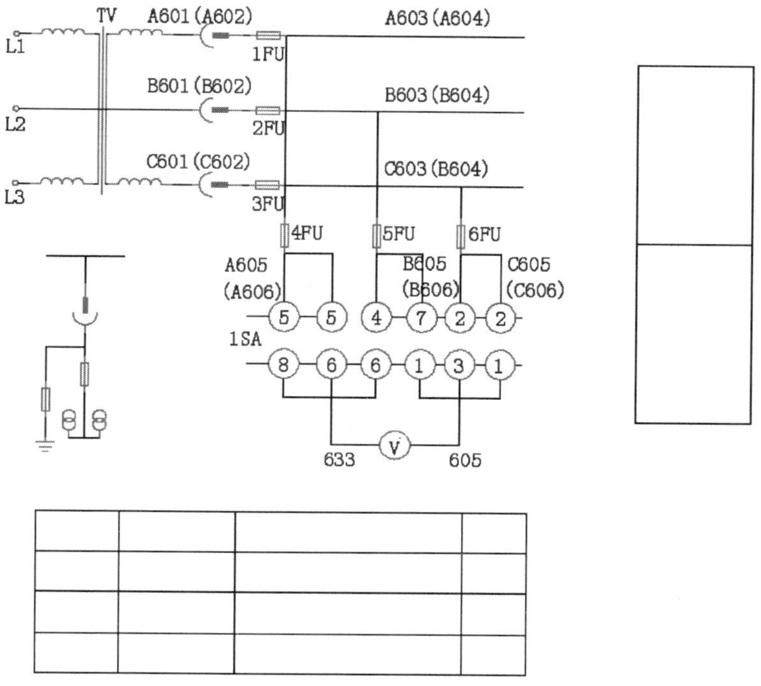

图 9-91　绘制线路网格

(5) 将“表格文字”图层置为当前图层。单击“默认”选项卡“注释”面板中的“多行文字”按钮A，在表格左下角输入文字“符号”。单击“默认”选项卡“修改”面板中的“复制”按钮，捕捉矩形角点复制其余文字并修改，结果如图9-72所示。

(6) 单击“标准”工具栏中的“保存”按钮，保存电路图。

9.5　电度计量回路原理图

9-4

图9-92为电度计量回路原理图。本节首先设置绘图环境，然后绘制一次系统图，最后绘制二次系统图。

9.5.1　设置绘图环境

(1) 打开AutoCAD 2022应用程序，单击“快速访问”工具栏中的“新建”按钮，新建“样板1.dwg”图形文件。

(2) 单击“快速访问”工具栏中的“保存”按钮，保存文件为“电度计量回路原理

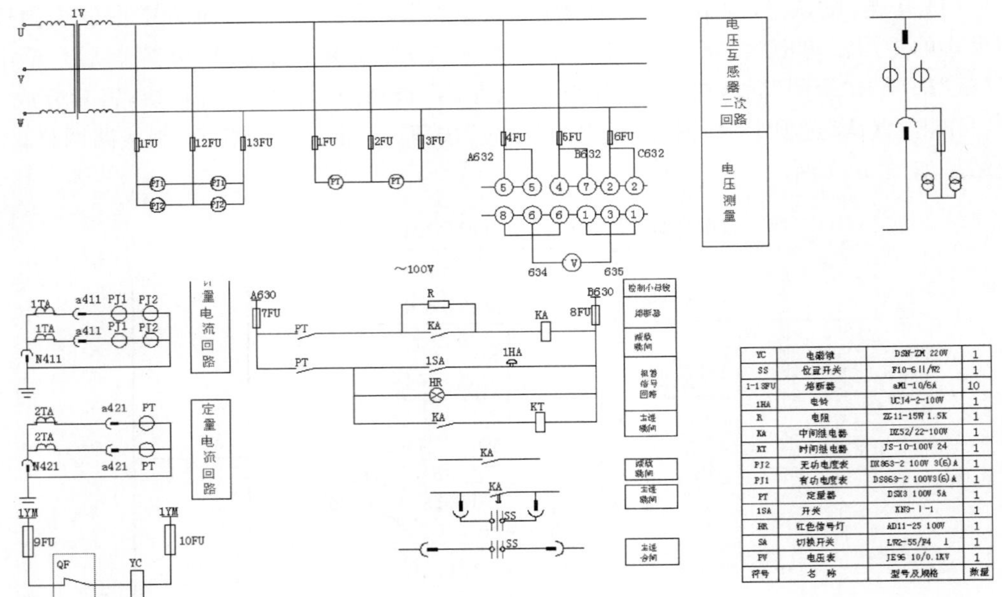

YC	电磁锁	DSN-ZM 220V	1
SS	位置开关	F10-6 II/W2	1
1-13FU	熔断器	aM1-10/6A	10
1HA	电铃	UCJ4-2-100V	1
R	电阻	ZG11-15W 1.5K	1
KA	中间继电器	DZ52/22-100V	1
KT	时间继电器	JS-10-100V 24	1
PJ2	无功电度表	DX863-2 100V 3(6)A	1
PJ1	有功电度表	DS863-2 100V3(6)A	1
PT	定量器	DSK3 100V 5A	1
1SA	开关	KN3-Ⅰ-1	1
HR	红色信号灯	AD11-25 100V	1
SA	切换开关	LW2-55/F4 1	1
PV	电压表	JE96 10/0.1KV	1
符号	名　称	型号及规格	数量

图 9-92　电度计量回路原理图

图.dwg”。

(3) 将“线路”图层置为当前图层。单击“快速访问”工具栏中的“打开”按钮 ，打开源文件路径下“ZN12-10 弹簧机构直流控制原理图”“电压测量回路图”“元件符号”等图形文件，复制文件中的部分图形及所需元件符号，将其放置到原理图空白处，如图 9-93 所示。

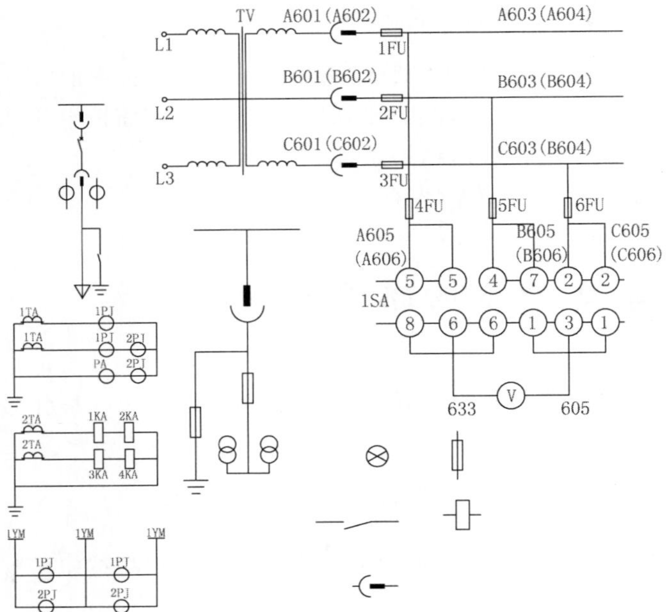

16	QF	真空断路器		1
15	SS	手车连锁开关	F10-6II/W2	1
14	1SA	开关	KN3-Ⅰ-Ⅰ	1
13	3∽4FU	熔断器	aM1-10/10A	2
12	1∽2FU	熔断器	aM1-10/6A	2
11	KA	中间继电器	DZY204 220V	1
10	R	电阻	ZG11-25W 1欧姆	1
9	KTB	防跳继电器	DZB-213 220V 1A	1
8	KT	时间继电器	DS-31C 220V	1
7	1∽4KA	电流继电器	DL-310A	各2
6	1KS、2KS	信号继电器	DX31 0.5A	2
5	HR、HG、HY	信号灯	AD11-25220V红绿黄	各1
4	SA	控制开关	LW2-Z1a.46a4020/fF8	1
3	PJ2	无功电度表	DX863-2B 100V 3(6)A	1
2	PJ1	有功电度表	DS862-2B 100V 3(6)A	1
1	PA	电流表	JE96-A/5A	1
序号	符　号	名　称	型号及规格	数量

图 9-93　放置图形

9.5.2　绘制一次系统图

(1) 单击“默认”选项卡“修改”面板中的“移动”按钮✥，将复制的一次系统图放置到右侧空白位置。

(2) 单击“默认”选项卡“修改”面板中的“移动”按钮✥和“绘图”面板中的“直线”按钮╱，连接剩余线路图。

(3) 单击“默认”选项卡“修改”面板中的“删除”按钮和“修剪”按钮，修剪多余线路，绘制结果如图 9-94 所示。

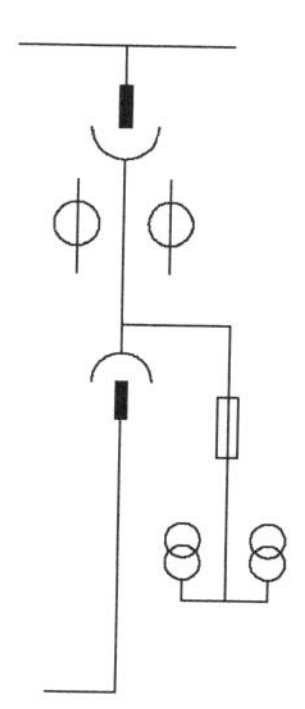

图 9-94　绘制一次系统图

9.5.3　绘制二次系统图

(1) 单击“默认”选项卡“修改”面板中的“移动”按钮✥，将所用到的线路图放置到适当位置，如图 9-95 所示。

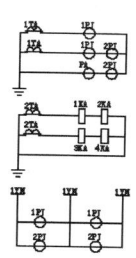

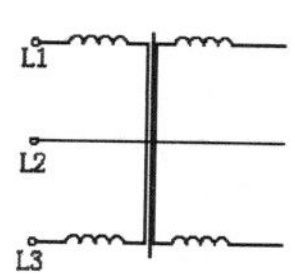

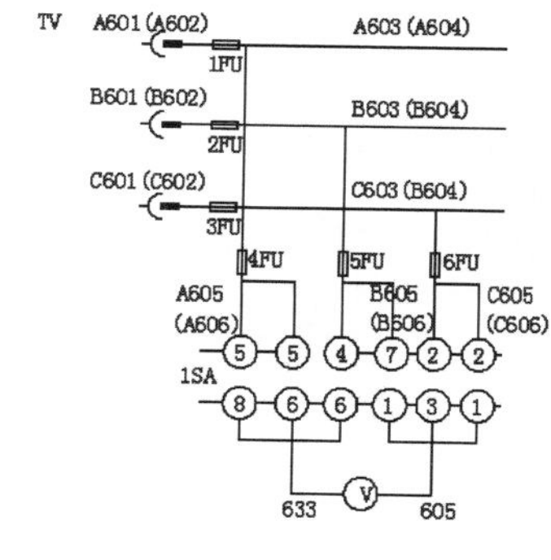

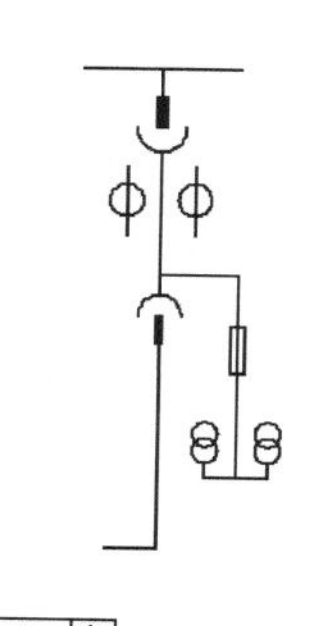

序号	符　号	名　称	型号及规格	数量
16	QF	真空断路器		1
15	SS	[illegible]	[illegible]	1
14	1SA	开关	[illegible]	1
13	3~4FU	熔断器	[illegible]	2
12	1~2FU	熔断器	[illegible]	2
11	KA	中间继电器	[illegible]	1
10	R	电阻	[illegible]	1
9	[illegible]	[illegible]	[illegible]	1
8	KT	时间继电器	[illegible]	1
7	1~4KA	电流继电器	[illegible]	各2
6	1KS、2KS	信号继电器	[illegible]	2
5	HR、HG、HY	信号灯	[illegible]	各1
4	SA	控制开关	[illegible]	1
3	PJR	无功电度表	[illegible]	1
2	PJA	有功电度表	[illegible]	1
1	PA	电流表	[illegible]	1

图 9-95　移动图形

Note

（2）单击“默认”选项卡“修改”面板中的“复制”按钮和“删除”按钮，复制对应电路图元件并删除多余元件或线路，修改后的电路图如图 9-96 所示。

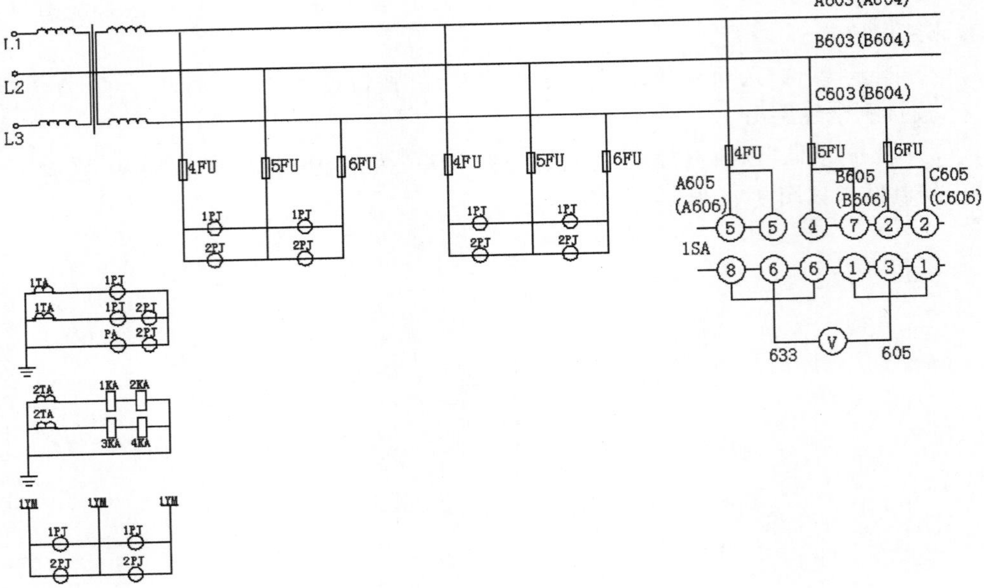

图 9-96　整理图形

（3）单击“默认”选项卡“修改”面板中的“删除”按钮和“修剪”按钮，修剪线路图的多余分支，如图 9-97 所示。

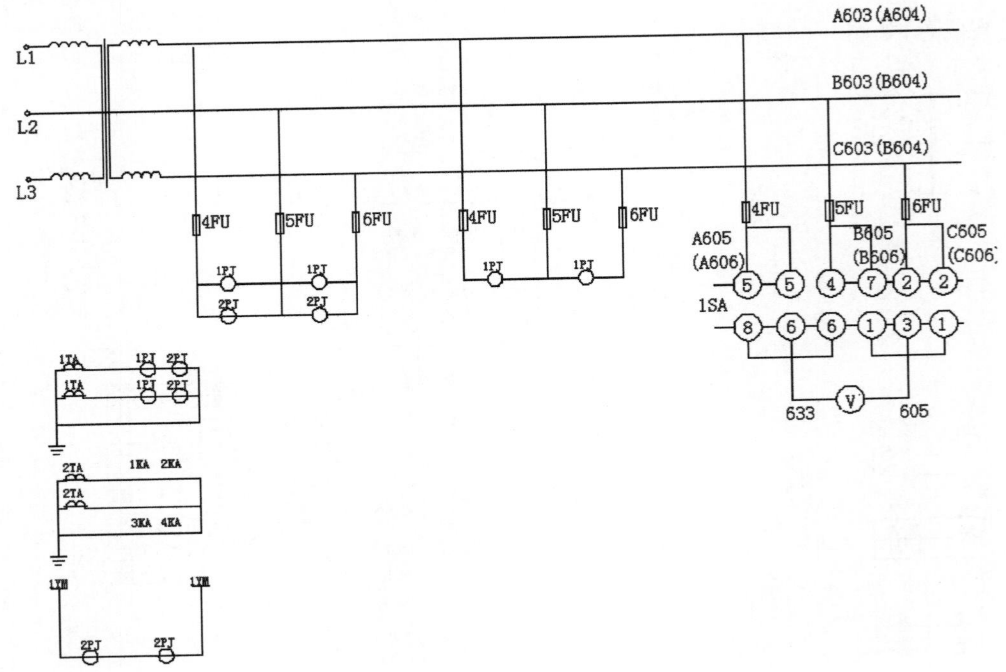

图 9-97　修剪分支

(4) 单击“默认”选项卡“修改”面板中的“复制”按钮和“旋转”按钮，将所需元件放置到线路图中，如图9-98所示。

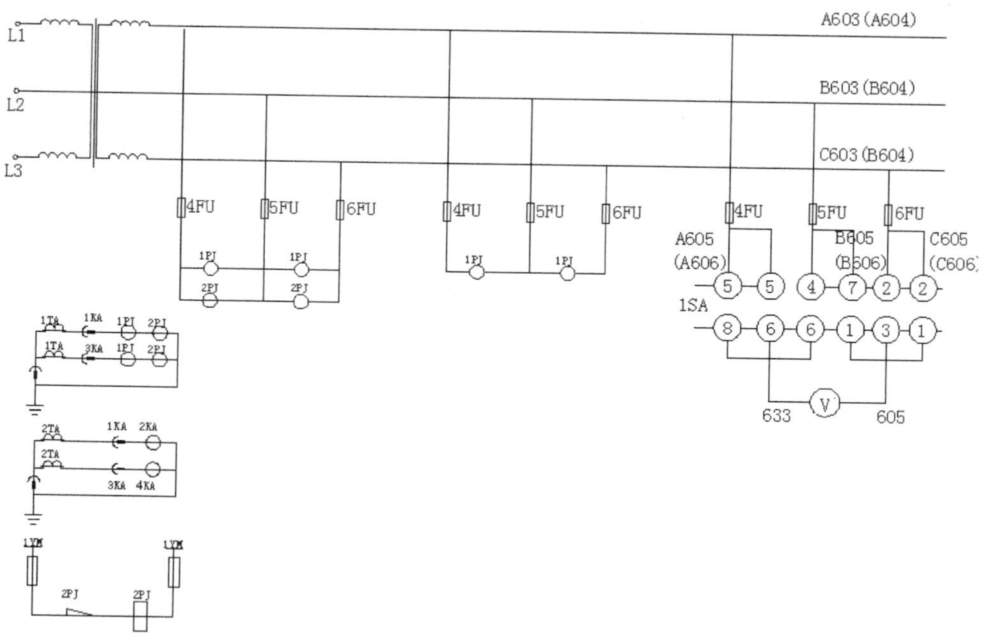

图9-98　放置元件

(5) 单击“默认”选项卡“修改”面板中的“修剪”按钮，修剪元件，如图9-99所示。

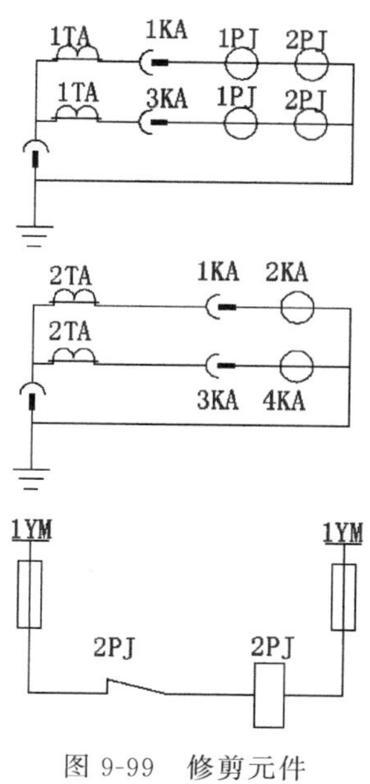

图9-99　修剪元件

(6) 单击“默认”选项卡“修改”面板中的“复制”按钮，复制文字并将其放置到所需元件上方，同时双击文字并修改文字内容，结果如图9-100所示。

Note

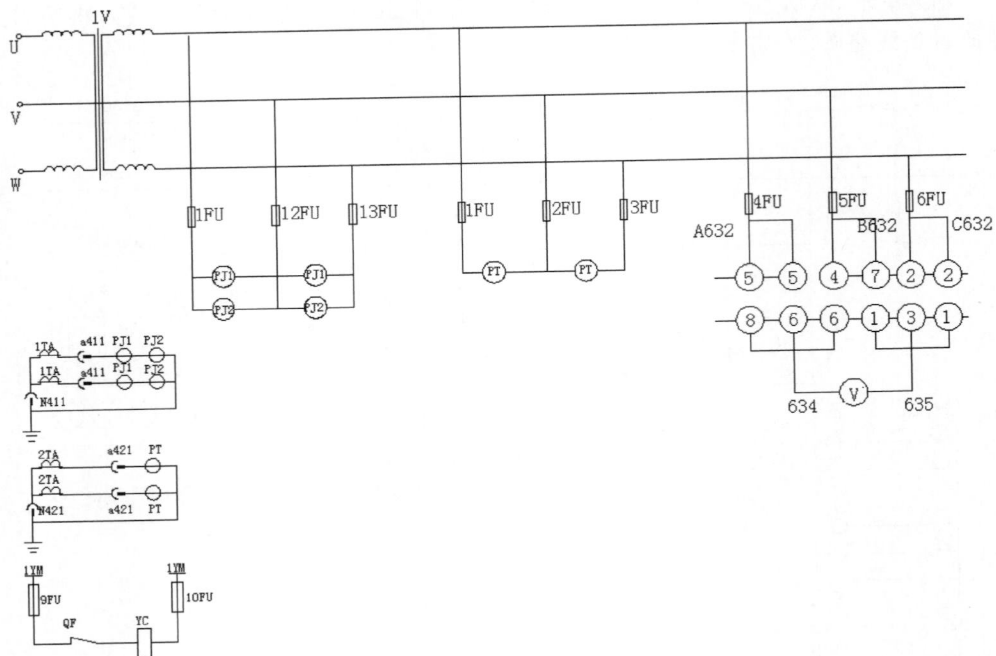

图 9-100　修改文字内容

（7）单击“默认”选项卡“绘图”面板中的“直线”按钮╱，绘制剩余线路图，如图 9-101 所示。

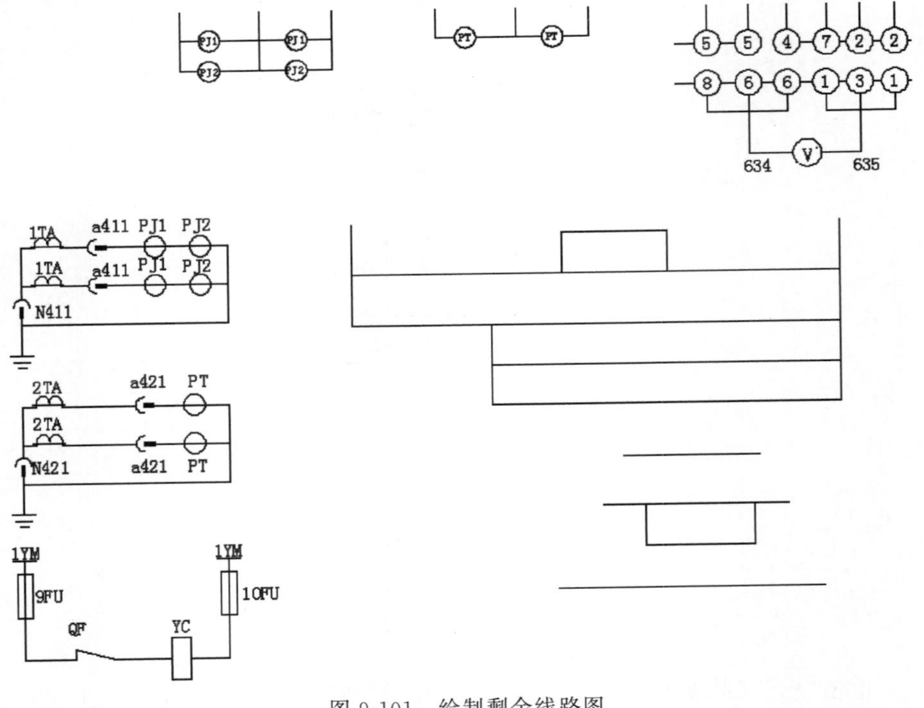

图 9-101　绘制剩余线路图

(8) 将“元件符号”图层置为当前图层。单击“默认”选项卡“修改”面板中的“复制”按钮，将所需元件放置到所需线路图中，如图 9-102 所示。

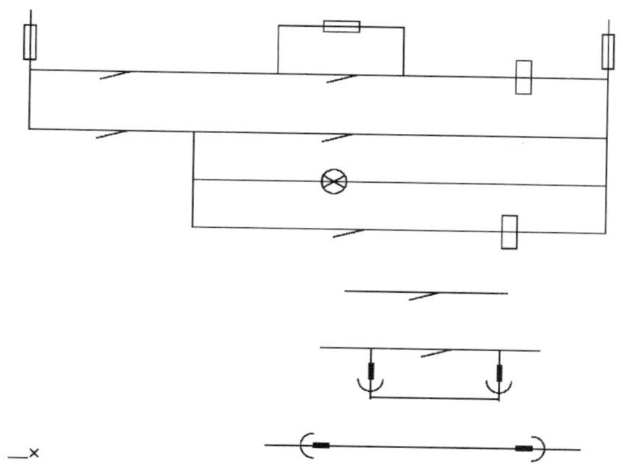

图 9-102　复制元件

(9) 单击“默认”选项卡“绘图”面板中的“圆”按钮，绘制适当大小的圆。单击“默认”选项卡“修改”面板中的“复制”按钮，将圆放置到适当位置，如图 9-103 所示。

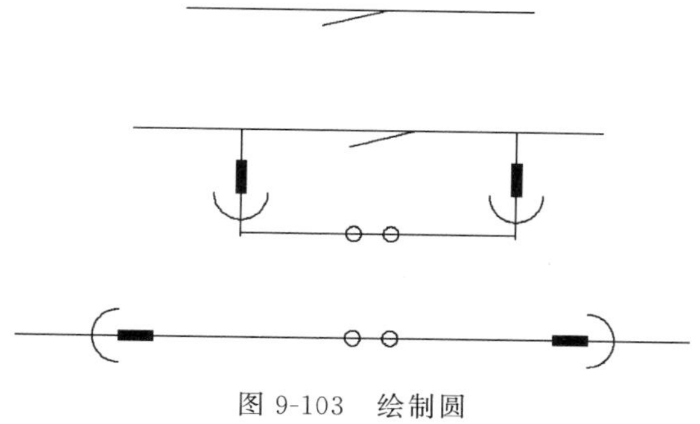

图 9-103　绘制圆

(10) 单击“默认”选项卡“绘图”面板中的“直线”按钮的“圆弧”按钮，绘制其余元件，结果如图 9-104 所示。

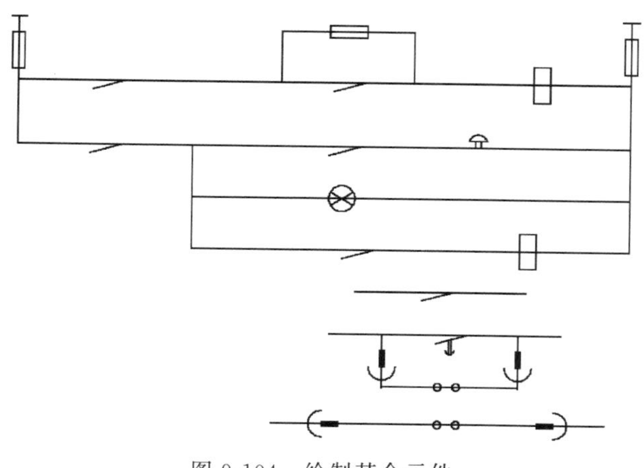

图 9-104　绘制其余元件

(11) 将"线路 1"图层置为当前图层。单击"默认"选项卡"绘图"面板中的"矩形"按钮▭，绘制线路。单击"默认"选项卡"绘图"面板中的"直线"按钮╱，绘制竖直直线，如图 9-105 所示。

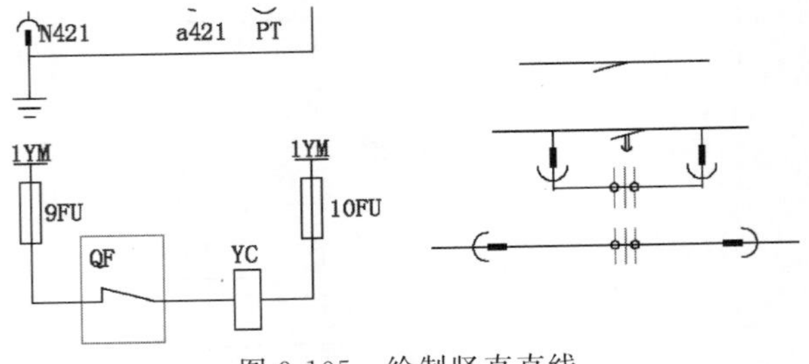

图 9-105　绘制竖直直线

(12) 单击"默认"选项卡"修改"面板中的"修剪"按钮✂，修剪多余线路，结果如图 9-106 所示。

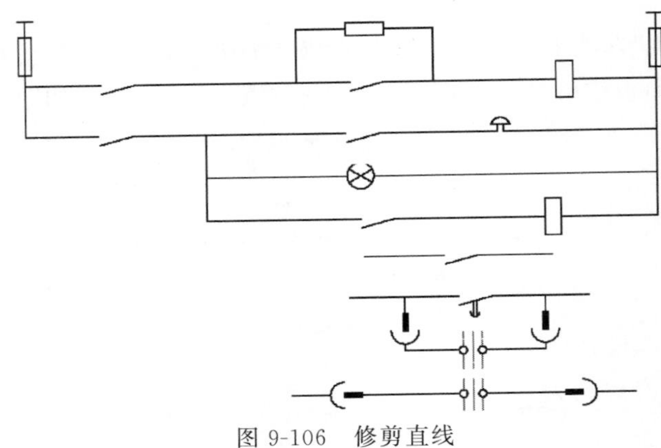

图 9-106　修剪直线

(13) 将"文字说明"图层置为当前图层。单击"默认"选项卡"注释"面板中的"多行文字"按钮A和"修改"面板中的"复制"按钮，在元件上方输入文件名称并进行修改，结果如图 9-107 所示。

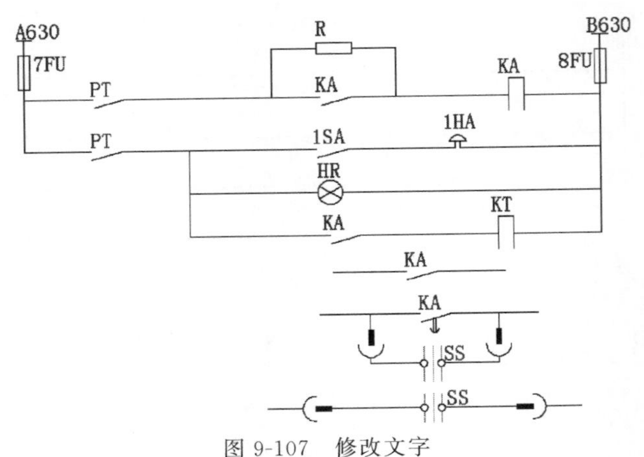

图 9-107　修改文字

(14) 将"线路"图层置为当前图层。单击"默认"选项卡"绘图"面板中的"矩形"按钮▭,在电路图相应位置绘制一系列适当大小的矩形,如图 9-108 所示。

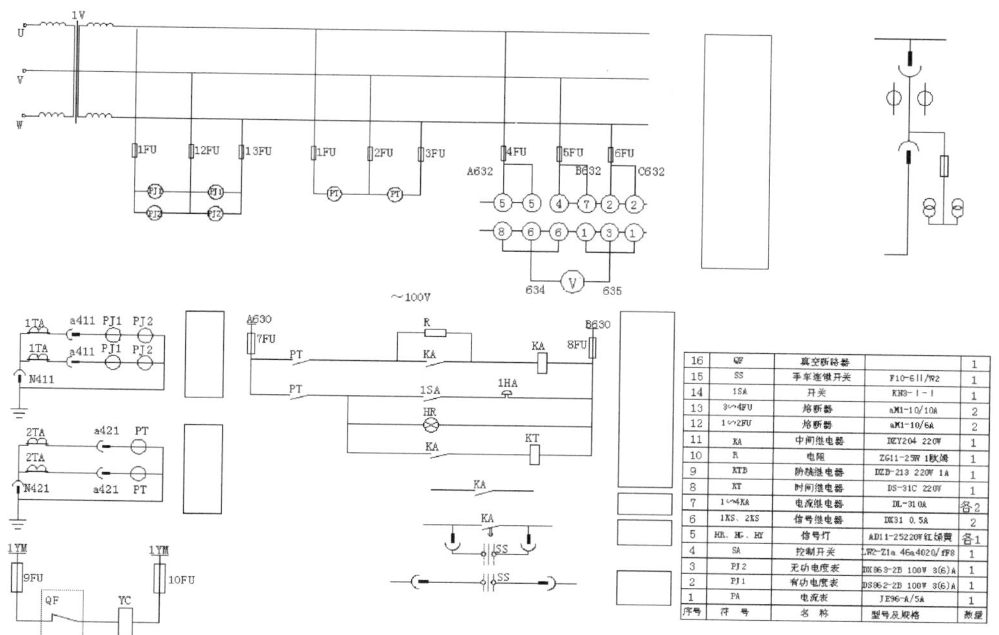

图 9-108　绘制矩形

(15) 单击"默认"选项卡"绘图"面板中的"直线"按钮╱,在矩形内绘制水平直线,隔出回路说明区域,如图 9-109 所示。

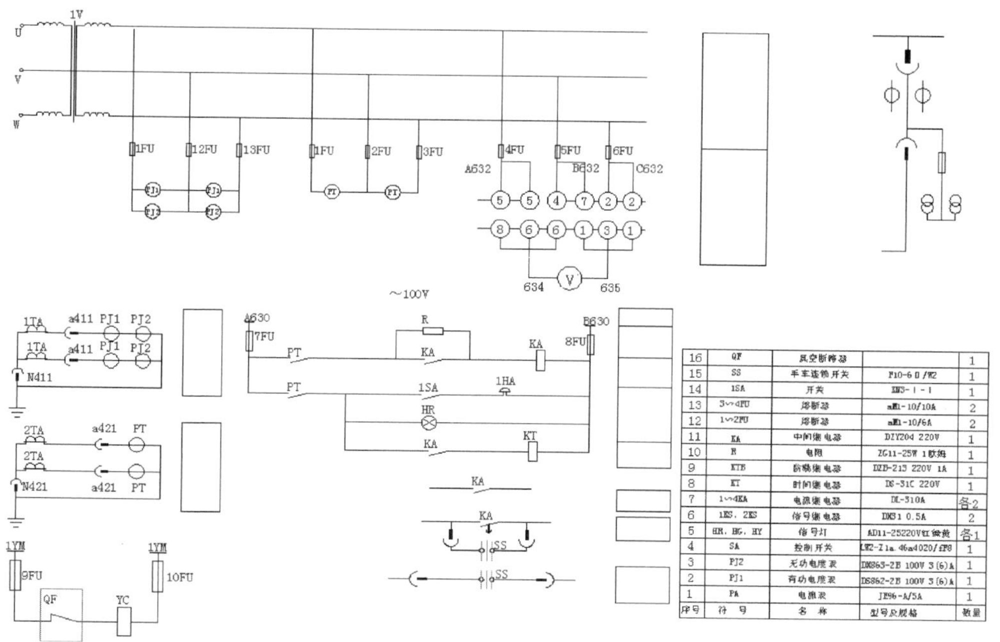

图 9-109　绘制隔断线

Note

9-5

(16) 将“表格文字”图层置为当前图层。单击“默认”选项卡“注释”面板中的“多行文字”按钮A，在矩形框中输入对应回路名称。单击“默认”选项卡“修改”面板中的“删除”按钮和“修剪”按钮，整理右下角表格，双击文字，然后修改文字，最终图形如图 9-92 所示。

(17) 单击“快速访问”工具栏中的“保存”按钮，保存电路图。

9.6 柜内自动控温风机控制原理图

图 9-110 为柜内自动控温风机控制原理图。本节首先设置绘图环境，然后绘制一次系统图，最后绘制二次系统图。

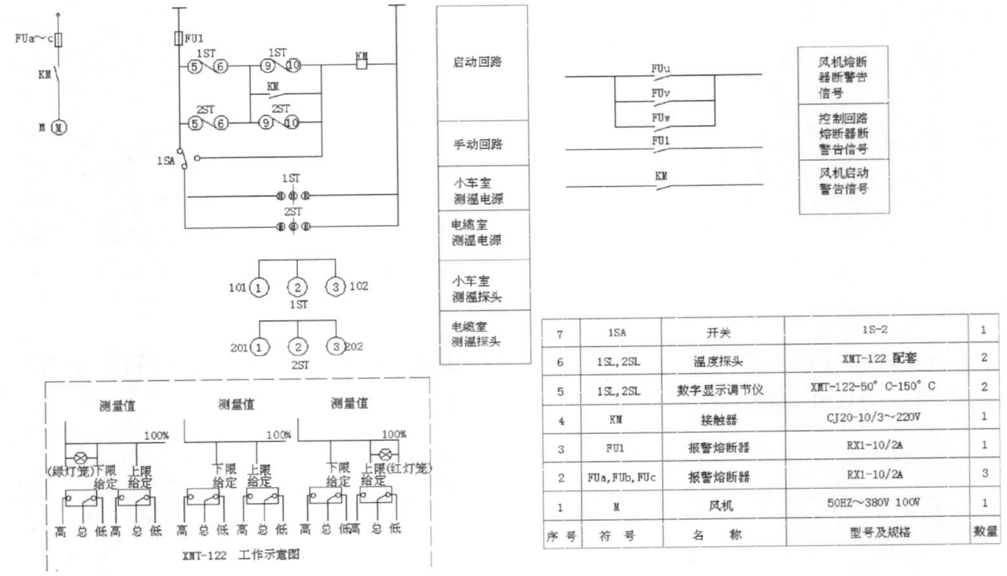

7	1SA	开关	1S-2	1
6	1SL,2SL	温度探头	XMT-122 配套	2
5	1SL,2SL	数字显示调节仪	XMT-122-50° C-150° C	2
4	KM	接触器	CJ20-10/3~220V	1
3	FU1	报警熔断器	RX1-10/2A	1
2	FUa,FUb,FUc	报警熔断器	RX1-10/2A	3
1	M	风机	50HZ~380V 100V	1
序号	符号	名称	型号及规格	数量

图 9-110 柜内自动控温风机控制原理图

9.6.1 设置绘图环境

(1) 打开 AutoCAD 2022 应用程序，单击“快速访问”工具栏中的“打开”按钮，打开“样板图”文件。

(2) 单击“快速访问”工具栏中的“保存”按钮，将文件保存为“柜内自动控温风机控制原理图.dwg”图形文件。

9.6.2 绘制一次系统图

(1) 单击“默认”选项卡“绘图”面板中的“直线”按钮╱，绘制三段竖直直线，如图 9-111 所示。

(2) 单击“默认”选项卡“绘图”面板中的“圆”按钮，捕捉直线两端，分别绘制不同

半径的两圆，如图 9-112 所示。

(3) 单击“默认”选项卡“修改”面板中的“旋转”按钮，旋转在图 9-112 中选中的直线，旋转角度为 15°，旋转结果如图 9-113 所示。

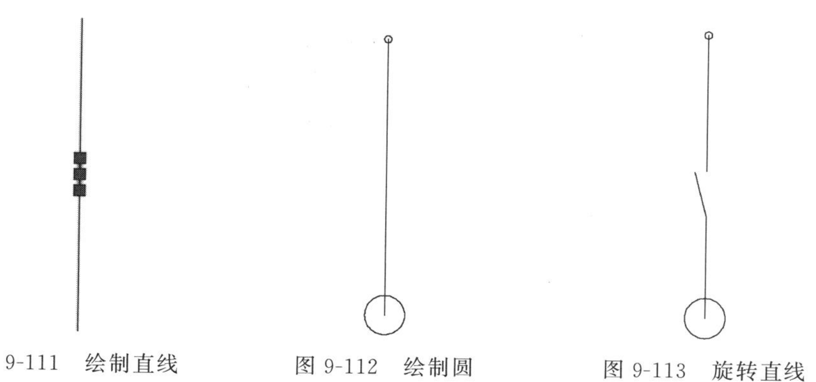

图 9-111 绘制直线　　图 9-112 绘制圆　　图 9-113 旋转直线

(4) 单击“默认”选项卡“绘图”面板中的“矩形”按钮，在空白处绘制熔断器，如图 9-114 所示。

(5) 单击“默认”选项卡“修改”面板中的“移动”按钮，将元件符号放置到适当位置，如图 9-115 所示。

图 9-114 绘制熔断器　　图 9-115 放置元件

9.6.3 绘制二次系统图

(1) 将“线路”图层置为当前图层。单击“默认”选项卡“绘图”面板中的“直线”按钮，绘制启动回路线路网格，如图 9-116 所示。

(2) 单击“默认”选项卡“绘图”面板中的“直线”按钮，绘制 XMT-122 工作示意图线路网格，如图 9-117 所示。

(3) 单击“默认”选项卡“绘图”面板中的“直线”按钮，绘制警告信号线路网格，如图 9-118 所示。

(4) 单击“默认”选项卡“绘图”面板中的“圆”按钮，绘制圆，如图 9-119 所示。

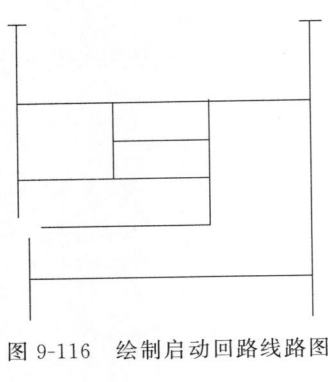

Note

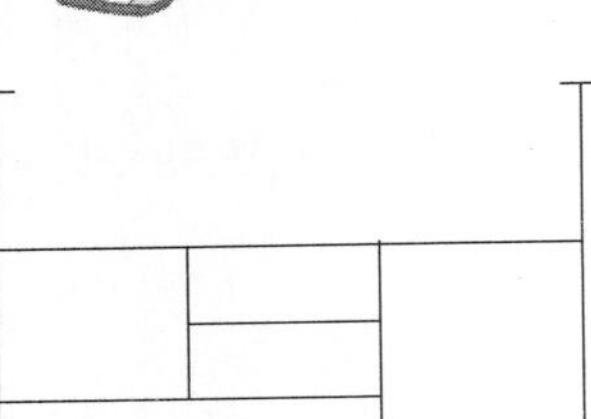

图 9-116　绘制启动回路线路图

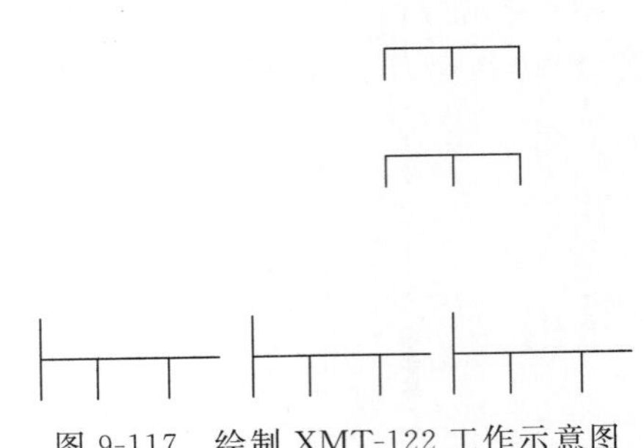

图 9-117　绘制 XMT-122 工作示意图

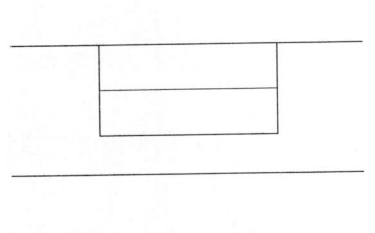

图 9-118　绘制警告信号线路

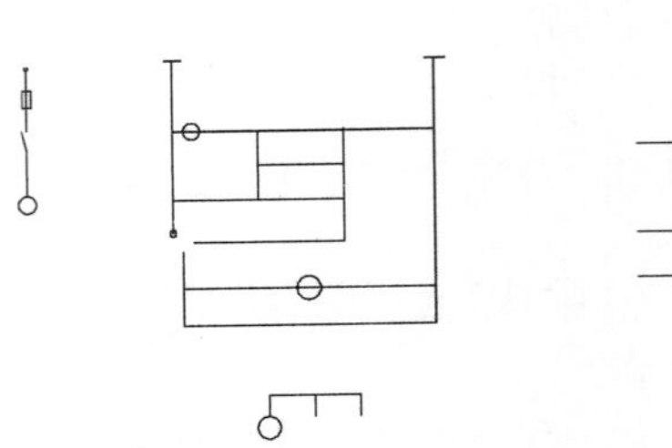

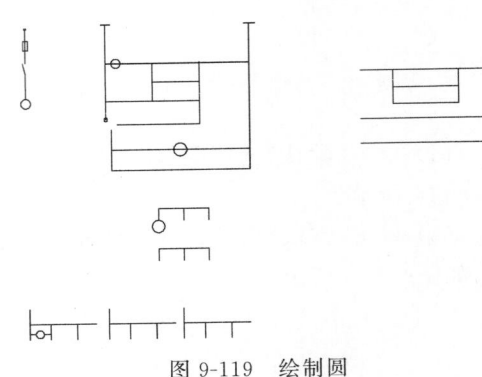

图 9-119　绘制圆

（5）单击“默认”选项卡“注释”面板中的“多行文字”按钮**A**，在圆内输入编号，如图 9-120 所示。

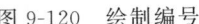

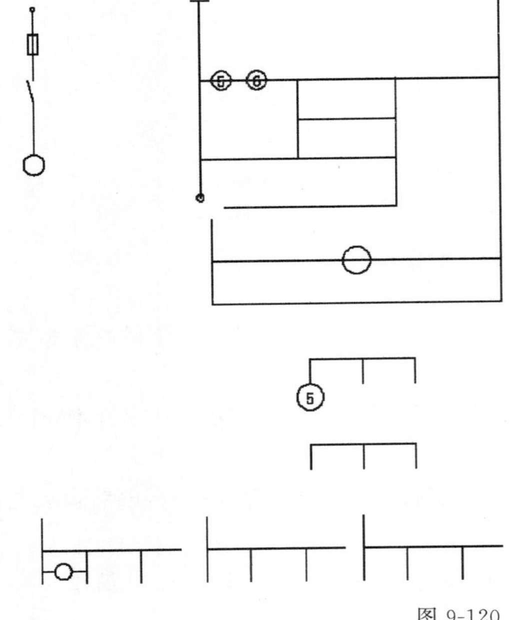

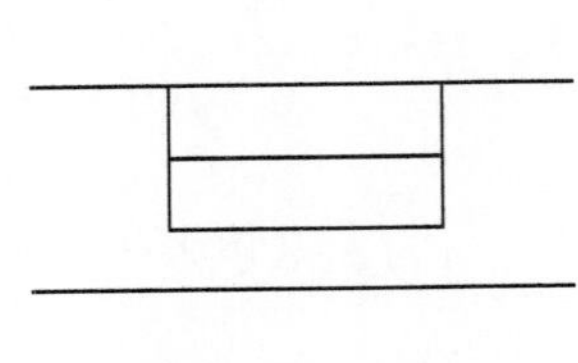

图 9-120　绘制编号

(6) 单击“默认”选项卡“绘图”面板中的“直线”按钮╱，捕捉两圆切线，如图 9-121 所示。

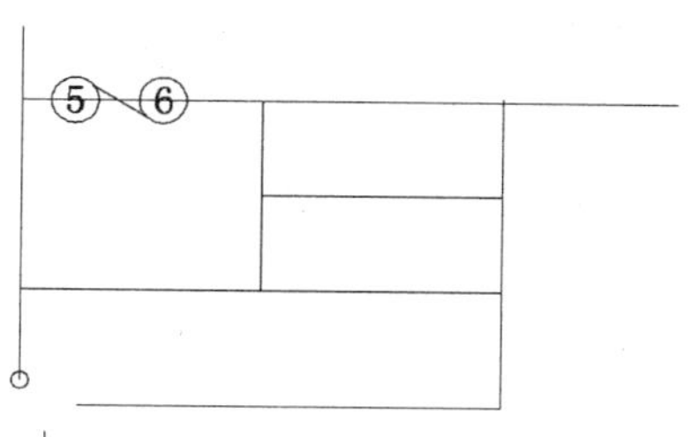

图 9-121　绘制切线

(7) 单击“默认”选项卡“修改”面板中的“复制”按钮，将前面几步绘制的元件放置到对应位置，如图 9-122 所示。

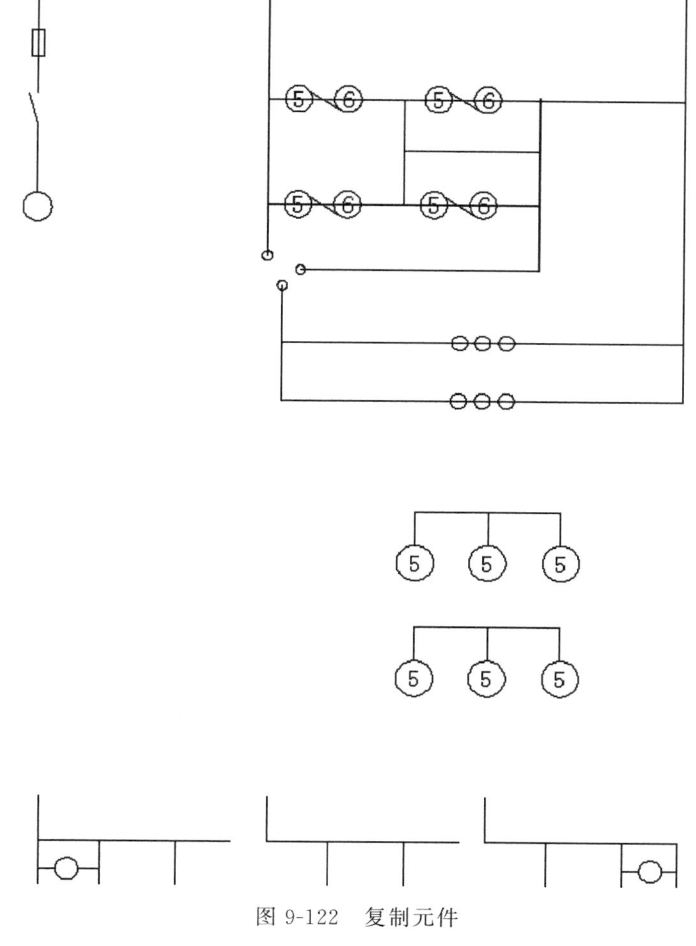

图 9-122　复制元件

(8) 单击“默认”选项卡“绘图”面板中的“矩形”按钮□，绘制适当大小的矩形，如图 9-123 所示。

Note

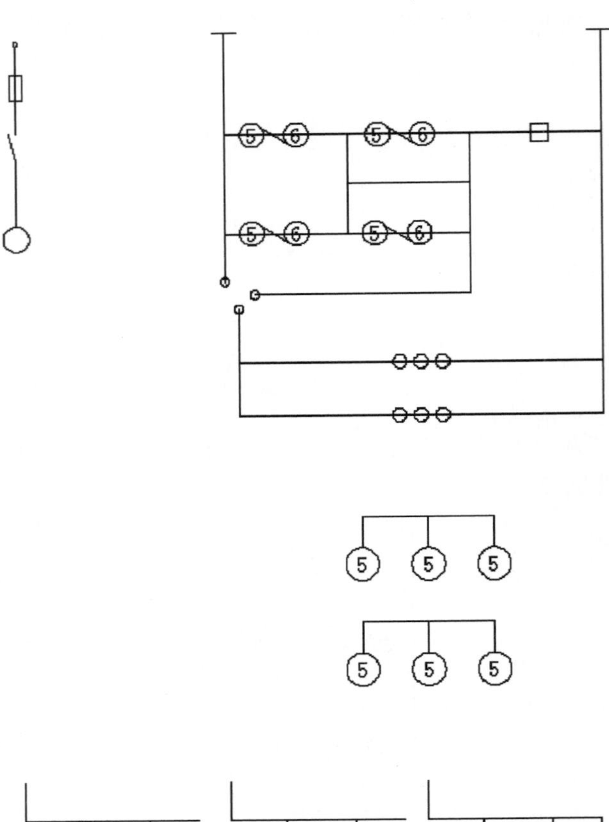

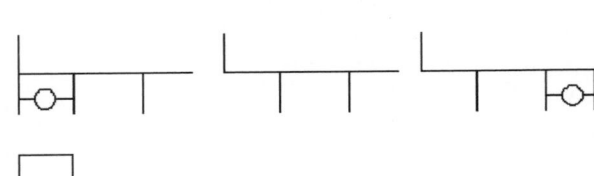

图 9-123　绘制矩形

（9）单击“默认”选项卡“绘图”面板中的“圆”按钮，在矩形内部绘制接线端，如图 9-124 所示。

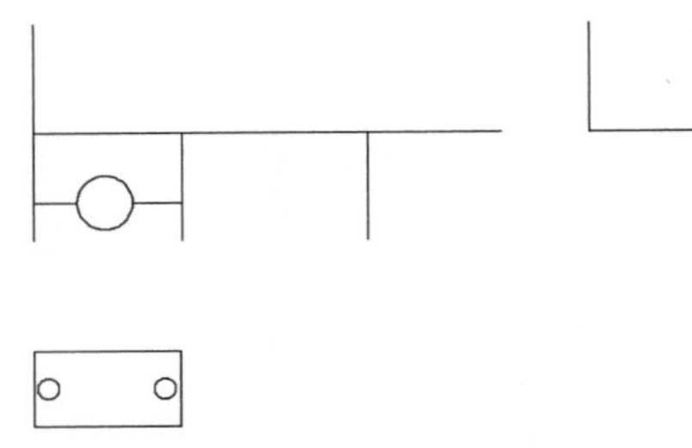

图 9-124　绘制接线端

（10）单击“默认”选项卡“绘图”面板中的“直线”按钮，绘制引脚，如图 9-125 所示。

（11）单击“默认”选项卡“修改”面板中的“复制”按钮，复制前面几步绘制的元件，如图 9-126 所示。

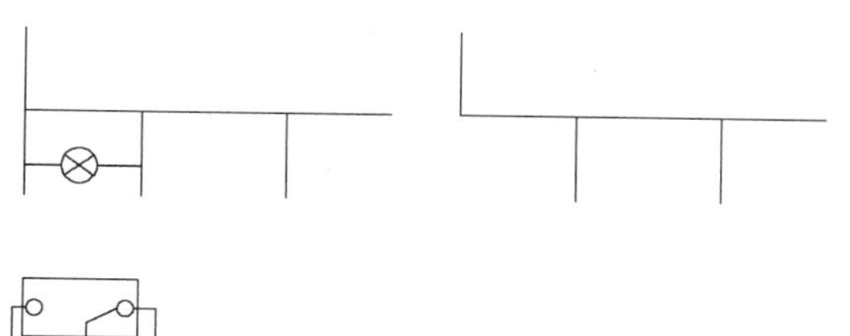

图 9-125　绘制引脚

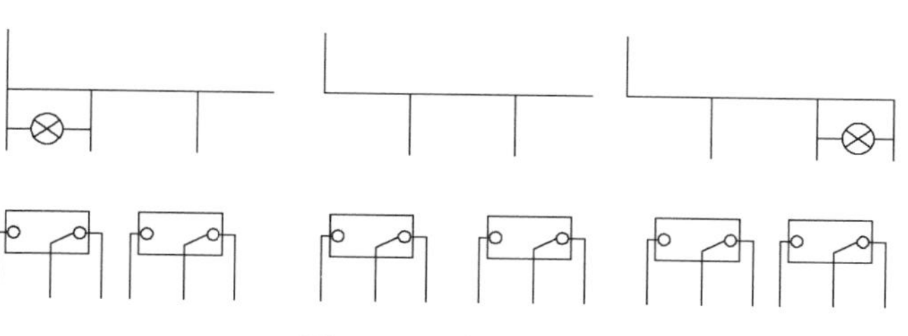

图 9-126　复制元件

（12）单击“默认”选项卡“修改”面板中的“修剪”按钮，修剪多余线路，并修改编号内容，结果如图 9-127 所示。

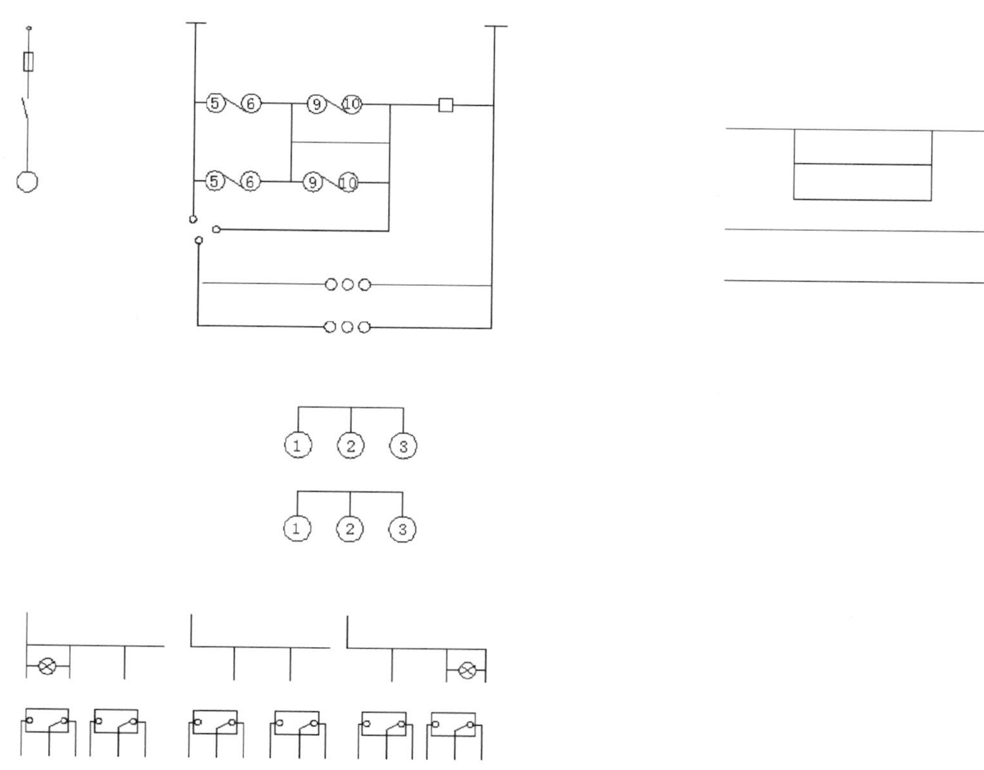

图 9-127　修剪直线

Note

（13）单击“默认”选项卡“绘图”面板中的“直线”按钮╱，在圆内绘制竖直短直线，如图 9-128 所示。

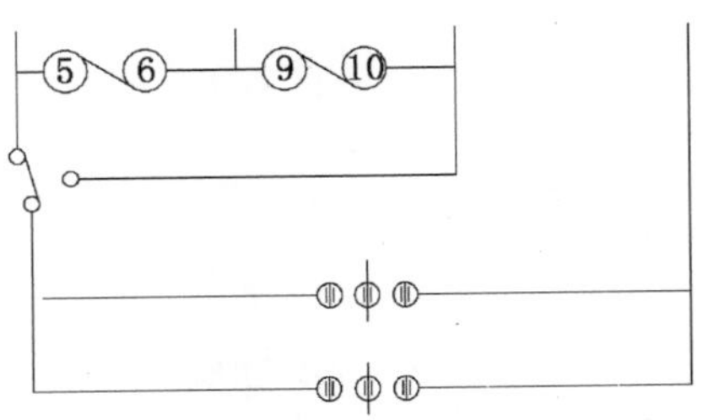

图 9-128　绘制直线

（14）单击“默认”选项卡“修改”面板中的“复制”按钮和“旋转”按钮，选择一次系统图中的开关符号，并将其放置到对应位置。单击“默认”选项卡“修改”面板中的“修剪”按钮和“删除”按钮，修剪多余线路，结果如图 9-129 所示。

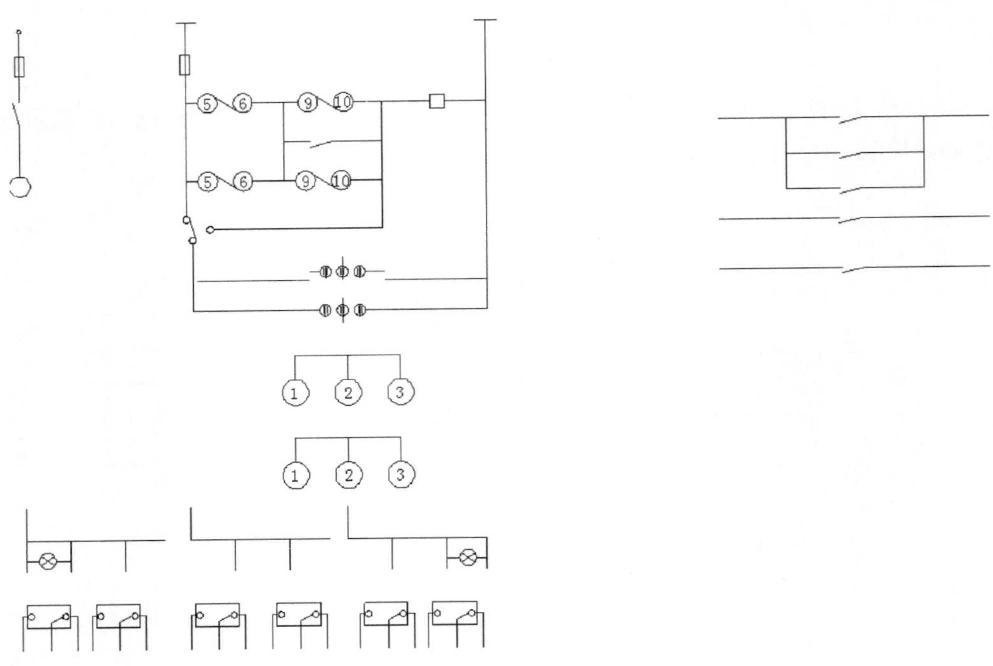

图 9-129　绘制开关符号

（15）将“线路 1”图层置为当前图层。单击“默认”选项卡“绘图”面板中的“矩形”按钮，绘制矩形框，如图 9-130 所示。

（16）将“文字说明”图层置为当前图层。单击“默认”选项卡“注释”面板中的“多行文字”按钮A，输入元件名称，如图 9-131 所示。

（17）将“线路 1”图层置为当前图层。单击“默认”选项卡“绘图”面板中的“矩形”按钮，绘制适当大小的矩形，如图 9-132 所示。

（18）单击“默认”选项卡“修改”面板中的“分解”按钮，分解右侧矩形。单击“默

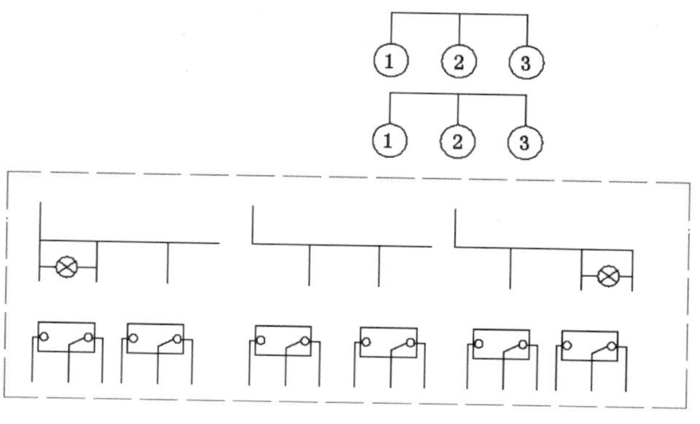

图 9-130 绘制矩形

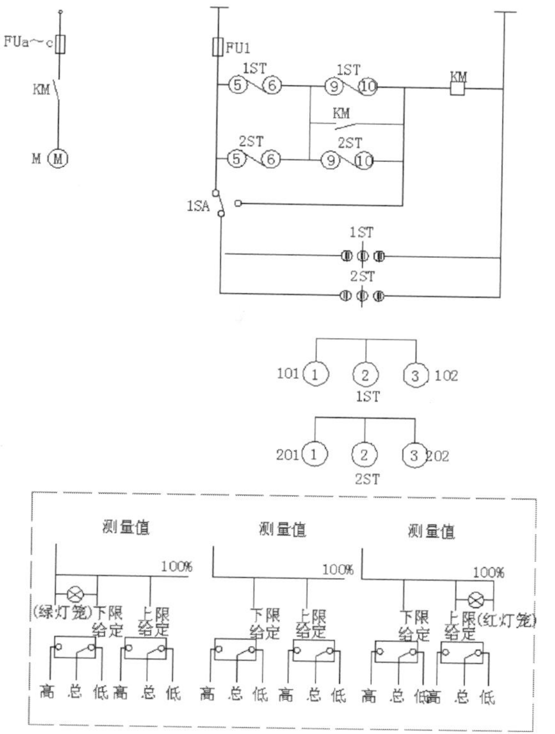

图 9-131 输入元件名称

认”选项卡“绘图”面板中的“定数等分”按钮，选择矩形左侧竖直直线，将其分成3份。单击“默认”选项卡“绘图”面板中的“直线”按钮，捕捉等分点，绘制线路网格。同理，绘制其他矩形内的线路网格，结果如图9-133所示。

(19) 将“文字说明”图层置为当前图层。单击“默认”选项卡“注释”面板中的“多行文字”按钮A，在表格内输入内容，如图9-110所示。

(20) 单击“快速访问”工具栏中的“保存”按钮，保存电路图。

Note

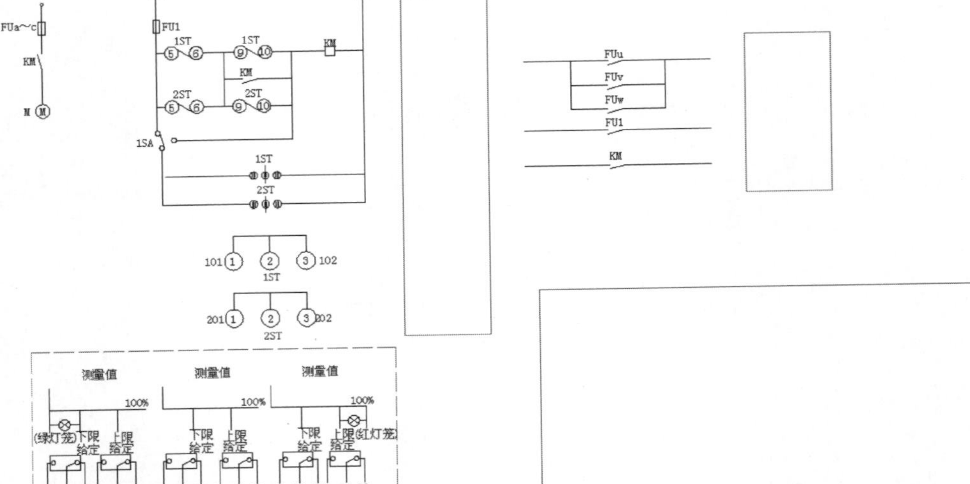

图 9-132　绘制矩形

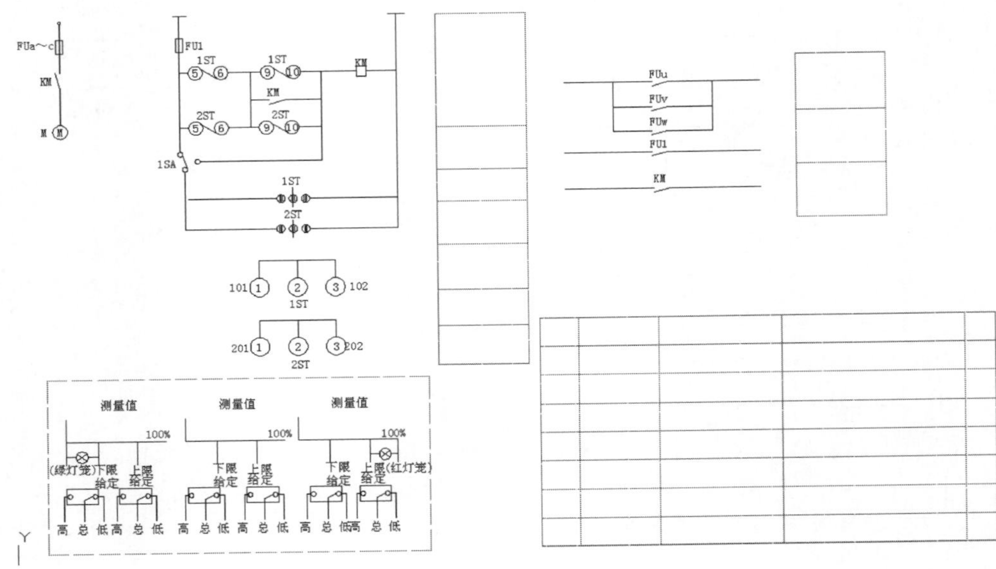

图 9-133　绘制线路网格

9-6

9.7　开关柜基础安装柜

本例绘制开关柜基础安装柜，如图 9-134 所示。首先设置绘图环境，然后绘制安装线路并布置安装图，最后添加文字标注。

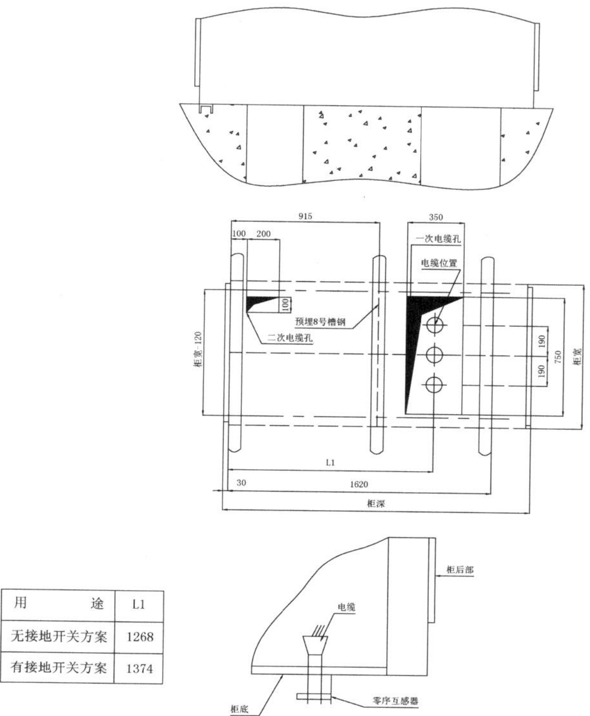

用　　途	L1
无接地开关方案	1268
有接地开关方案	1374

图 9-134　开关柜基础安装柜

9.7.1　设置绘图环境

（1）打开 AutoCAD 2022 应用程序，单击“快速访问”工具栏中的“打开”按钮，打开空白图形文件。单击“快速访问”工具栏中的“保存”按钮，将文件保存为“开关柜基础安装柜.dwg”图形文件。

（2）设置图层。单击“默认”选项卡“图层”面板中的“图层特性”按钮，❶打开“图层特性管理器”选项板，❷新建“安装线路”“元件符号”“表格”“图案”“线路 1”“文字标注”6 个图层。各图层设置如图 9-135 所示，将“安装线路”图层置为当前图层。

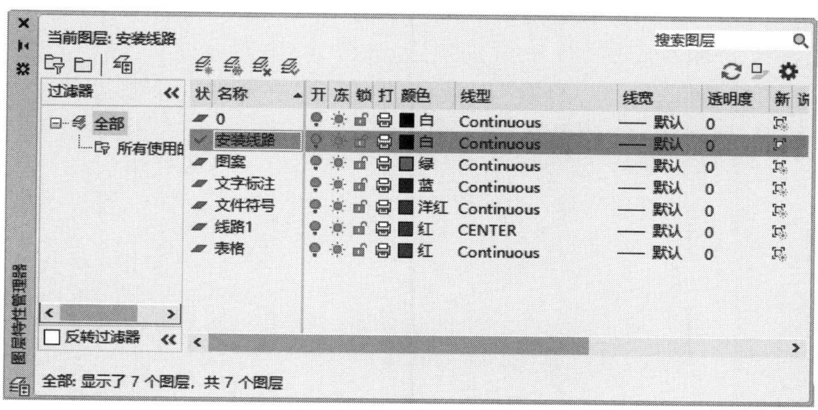

图 9-135　图层设置

（3）单击“快速访问”工具栏中的“保存”按钮，保存文件。

9.7.2 绘制安装线路

Note

（1）单击“默认”选项卡“绘图”面板中的“直线”按钮，绘制上方线路，其中，水平直线长度为2300mm，竖直直线长度为500mm，如图9-136所示。

（2）将“线路1”图层置为当前图层。单击“默认”选项卡“绘图”面板中的“直线”按钮，绘制中心线，长度分别为2300mm、1200mm，如图9-137所示。

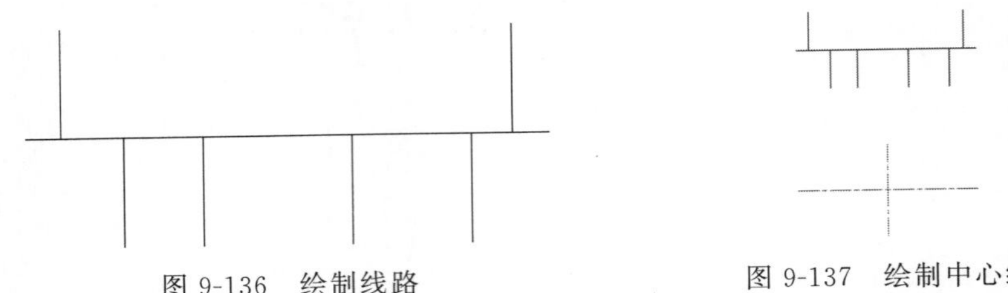

图9-136 绘制线路

图9-137 绘制中心线

（3）单击“默认”选项卡“修改”面板中的“偏移”按钮，将水平直线分别向上、向下偏移190mm、400mm、460mm，将竖直直线分别向两侧偏移915mm，结果如图9-138所示。

（4）单击“默认”选项卡“修改”面板中的“修剪”按钮，修剪多余线路，如图9-139所示。

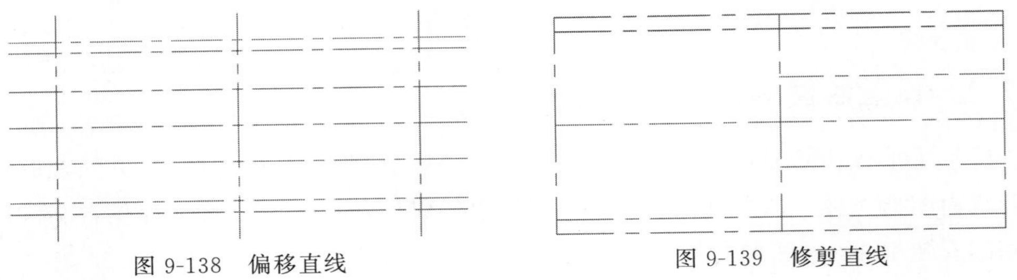

图9-138 偏移直线

图9-139 修剪直线

9.7.3 布置安装图

（1）将“元件符号”图层置为当前图层。单击“默认”选项卡“绘图”面板中的“矩形”按钮，绘制尺寸为30mm×880mm的矩形，如图9-140所示。

（2）单击“默认”选项卡“绘图”面板中的“矩形”按钮，绘制尺寸为200mm×100mm的矩形，如图9-141所示。

图9-140 绘制矩形

图9-141 绘制矩形

(3) 单击“默认”选项卡“绘图”面板中的“直线”按钮／，在矩形内部绘制折线，如图 9-142 所示。

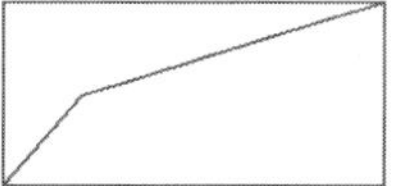

图 9-142　绘制折线

(4) 单击“默认”选项卡“绘图”面板中的“圆”按钮⊙，绘制半径为 50mm 的圆。单击“默认”选项卡“绘图”面板中的“直线”按钮／，绘制相交中心线，如图 9-143 所示。

(5) 单击“默认”选项卡“绘图”面板中的“矩形”按钮□，绘制尺寸为 350mm×750mm 的矩形，如图 9-144 所示。

(6) 单击“默认”选项卡“绘图”面板中的“直线”按钮／，在矩形内部绘制折线，如图 9-145 所示。

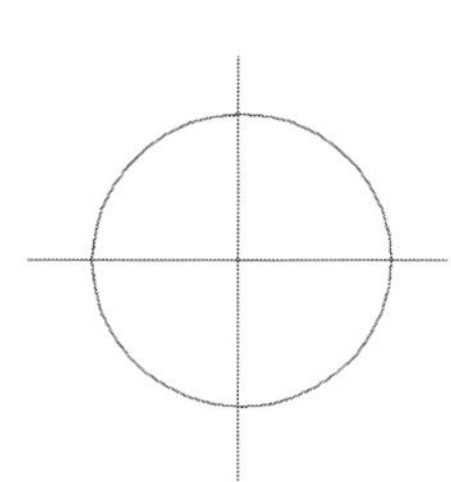

图 9-143　绘制中心线

图 9-144　绘制矩形

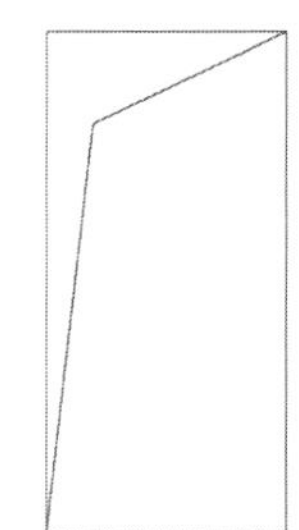

图 9-145　绘制折线

(7) 单击“默认”选项卡“绘图”面板中的“矩形”按钮□，绘制一系列适当大小的矩形，如图 9-146 所示。

(8) 单击“默认”选项卡“绘图”面板中的“多段线”按钮⊃，绘制闭合图形，如图 9-147 所示。

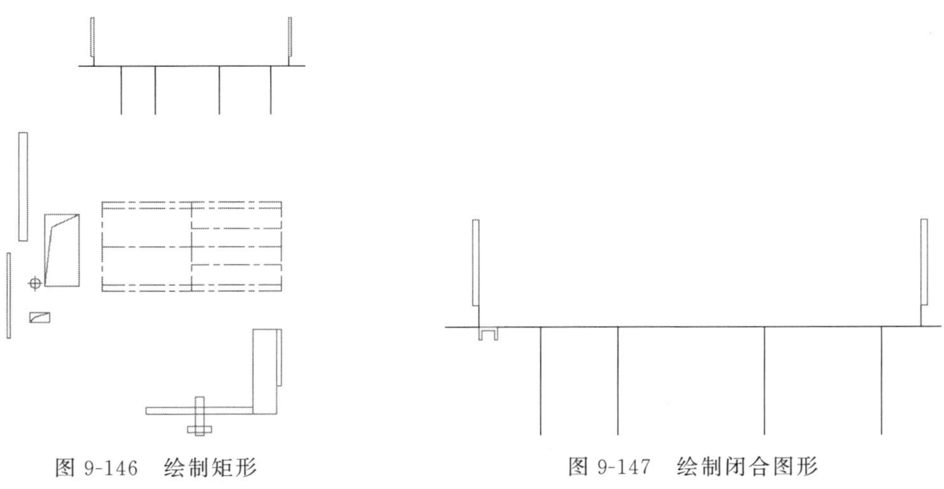

图 9-146　绘制矩形

图 9-147　绘制闭合图形

(9) 单击“默认”选项卡“绘图”面板中的“直线”按钮／，绘制电缆符号，如图 9-148 所示。

(10) 单击“默认”选项卡“修改”面板中的“修剪”按钮✂，修剪多余部分，如图 9-149 所示。

Note

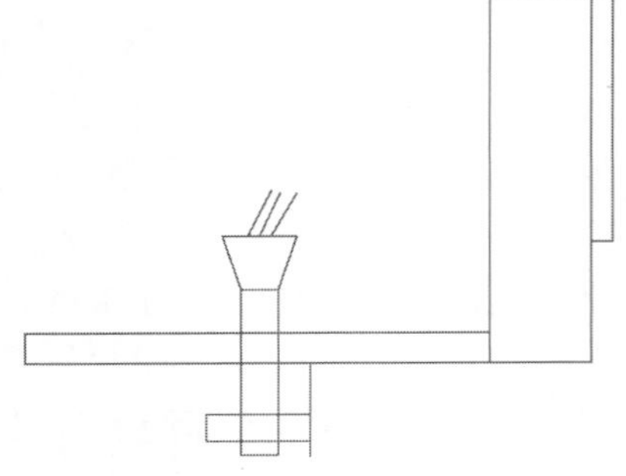

图 9-148　绘制电缆符号

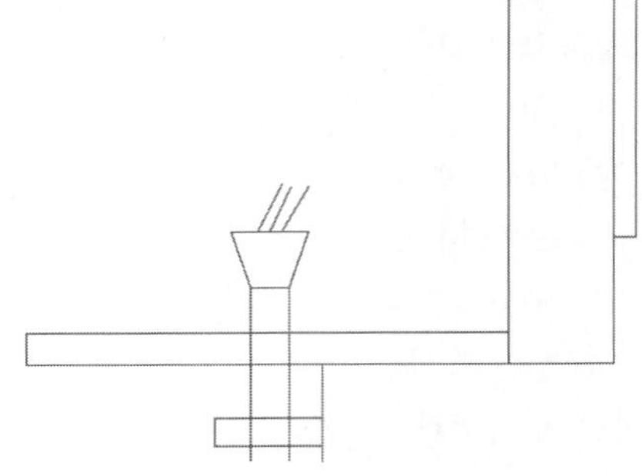

图 9-149　修剪直线

(11) 单击“默认”选项卡“修改”面板中的“复制”按钮和“旋转”按钮，将绘制的电气符号放置到适当位置，如图 9-150 所示。

(12) 将“安装线路”图层置为当前图层。单击“默认”选项卡“绘图”面板中的“样条曲线拟合”按钮，绘制剖面线。单击“默认”选项卡“修改”面板中的“修剪”按钮，修剪多余部分，如图 9-151 所示。

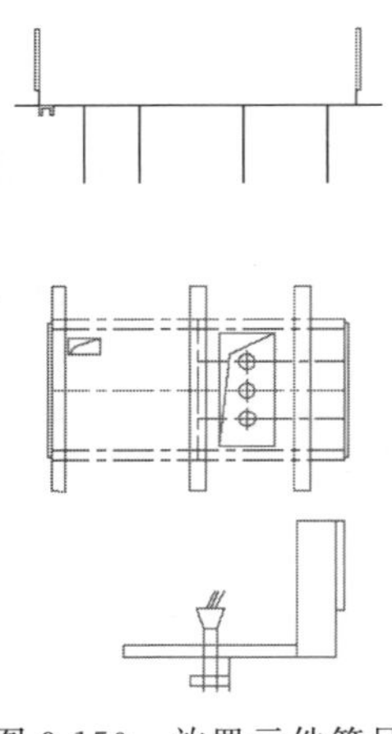

图 9-150　放置元件符号

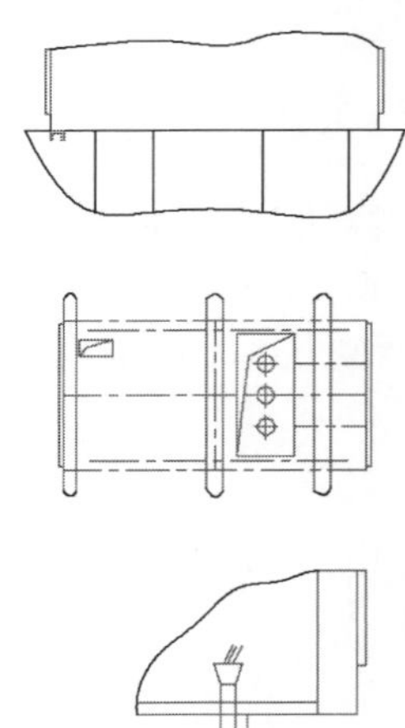

图 9-151　绘制剖面线

(13) 将“图案”图层置为当前图层。单击“默认”选项卡“绘图”面板中的“图案填充”按钮，弹出“图案填充创建”选项卡，如图 9-152 所示。选择填充样例，完成图形填

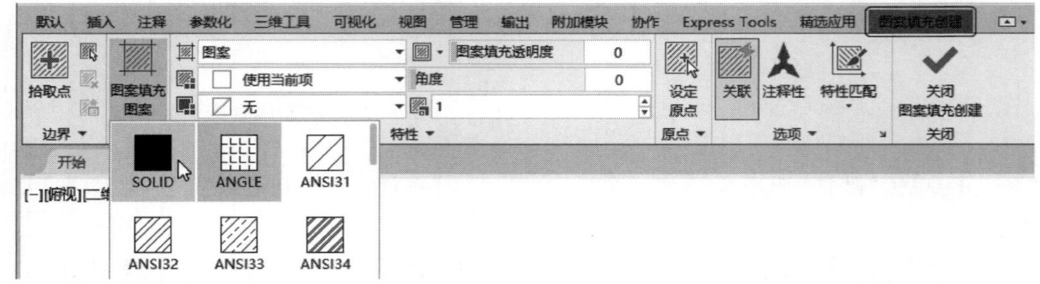

图 9-152　“图案填充创建”选项卡

充，如图 9-153 所示。

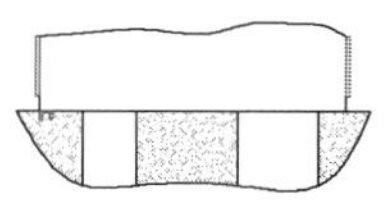
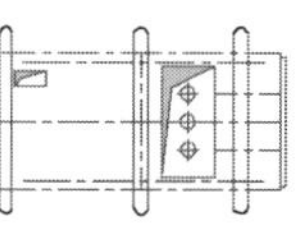
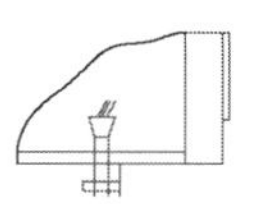

图 9-153　填充结果

9.7.4　添加文字标注

(1) 将“表格”图层置为当前图层。单击“默认”选项卡“绘图”面板中的“矩形”按钮▭，在安装图下方绘制尺寸为 1000mm×600mm 的矩形。单击“默认”选项卡“修改”面板中的“分解”按钮，分解矩形。单击“默认”选项卡“修改”面板中的“偏移”按钮⊆，将矩形上方水平直线分别向下偏移 200mm、400mm，将矩形右侧竖直直线向左偏移 300mm，如图 9-154 所示。

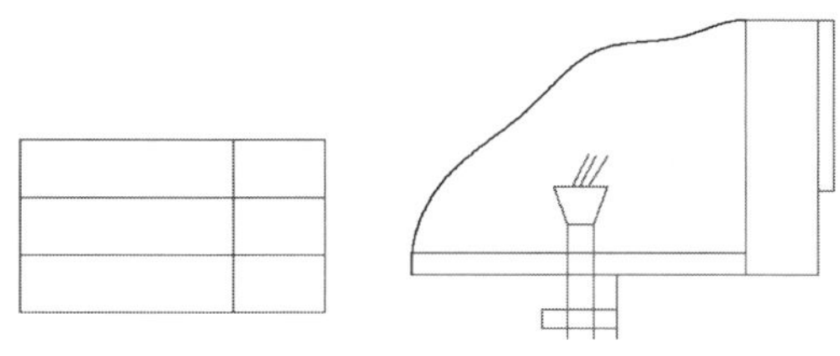

图 9-154　绘制表格

(2) 将“文字标注”图层置为当前图层。单击“默认”选项卡“注释”面板中的“标注样式”按钮，打开“标注样式管理器”对话框。单击“新建”按钮，打开“创建新标注样式”对话框，输入名称“安装图”，单击“继续”按钮，打开“新建标注样式：安装图”对话框，进行相应设置，单击“确定”按钮，退出对话框；单击“置为当前”按钮，将新建标注样式置为当前图层；单击“关闭”按钮，退出对话框。

(3) 单击“默认”选项卡“注释”面板中的“线性”按钮├─┤，依次标注安装图，如图 9-155 所示。

(4) 单击“默认”选项卡“修改”面板中的“分解”按钮，分解标注，并修改标注文字，修改结果如图 9-156 所示。

(5) 在命令行中输入“QLEADER”，执行引线命令，命令行提示与操作如下。

```
命令: QLEADER↙
指定第一个引线点或 [设置(S)] <设置>: S↙
指定第一个引线点或 [设置(S)] <设置>:(打开图 9-163 所示的“引线设置”对话框)
指定下一个点:
指定下一个点: <正交 开>
指定文字宽度 <0>:50↙
输入注释文字的第一行 <多行文字(M)>: 柜底
输入注释文字的下一行:
```

同理，利用引线命令标注其余安装图，结果如图 9-157 所示。

(6) 单击“默认”选项卡“注释”面板中的“多行文字”按钮A，在表格内输入所需文字，结果如图 9-158 所示。

Note

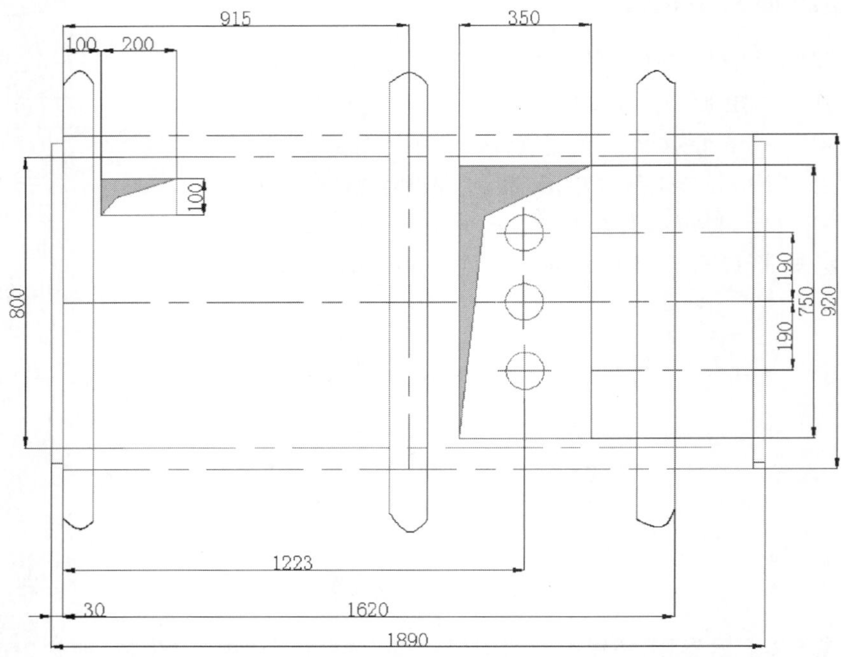

图 9-155　标注安装图

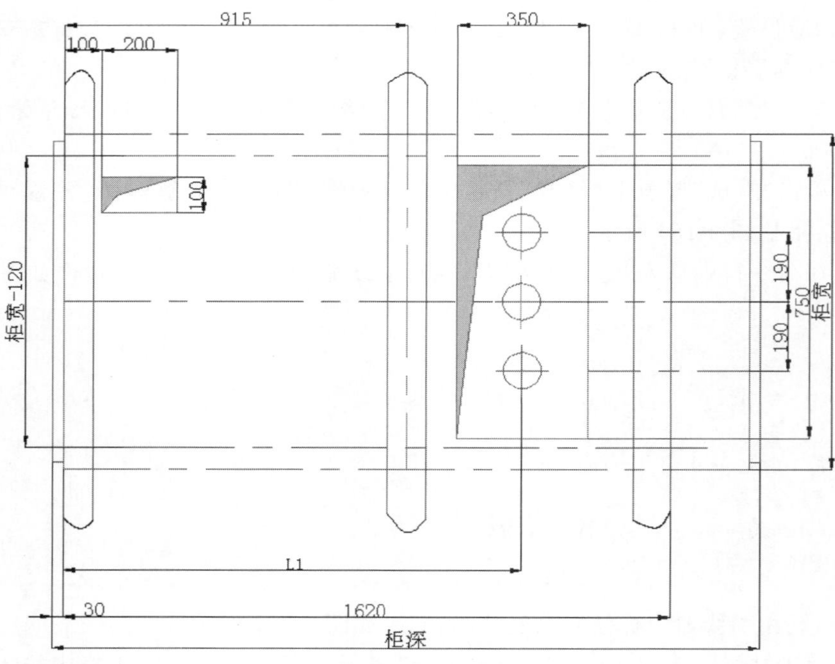

图 9-156　修改标注

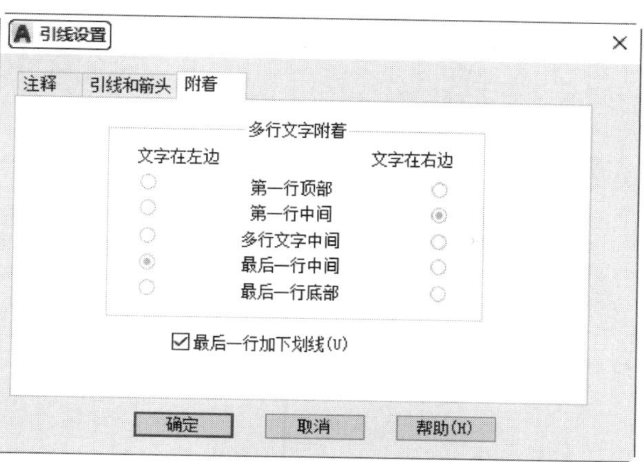

图 9-157　“引线设置”对话框

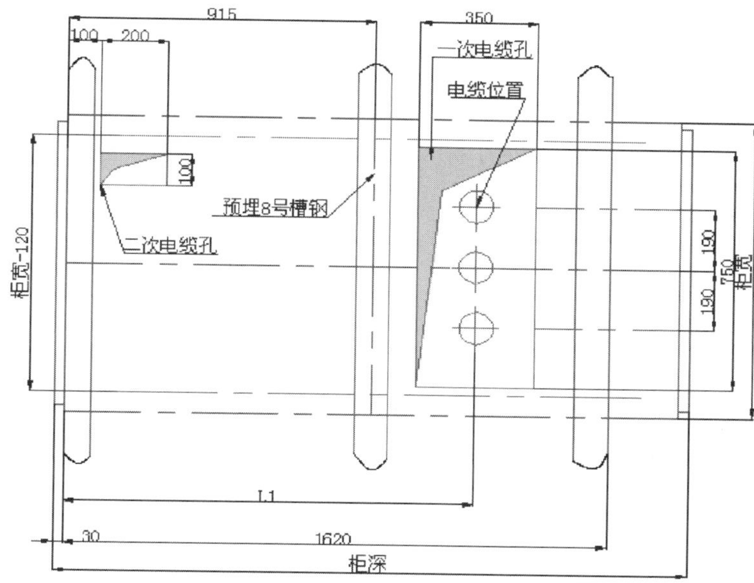

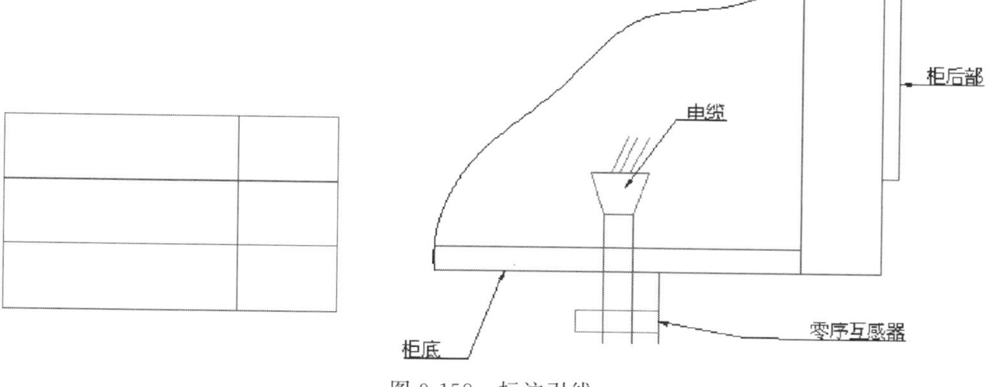

图 9-158　标注引线

第10章

别墅建筑电气工程图设计综合实例

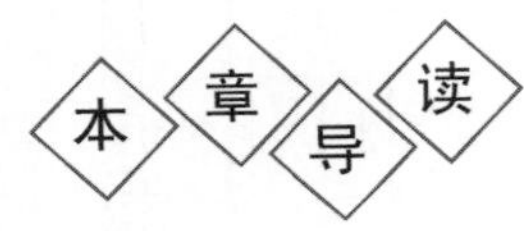

本章将围绕别墅建筑电气设计实例展开论述。别墅是典型的建筑，其电气工程图设计包括照明平面图、照明系统图、插座平面图、防雷平面图、弱电工程图等。本章将分别介绍上述各种图形的绘制方法。

通过本章实例的学习，读者将全面体会到在 AutoCAD 2022 环境下进行具体建筑电气工程设计的方法和过程。

学习要点

- 建筑电气工程图简介
- 电气工程平面图基本设置
- 绘制别墅照明平面图
- 绘制别墅插座平面图

10.1　建筑电气工程图简介

Note

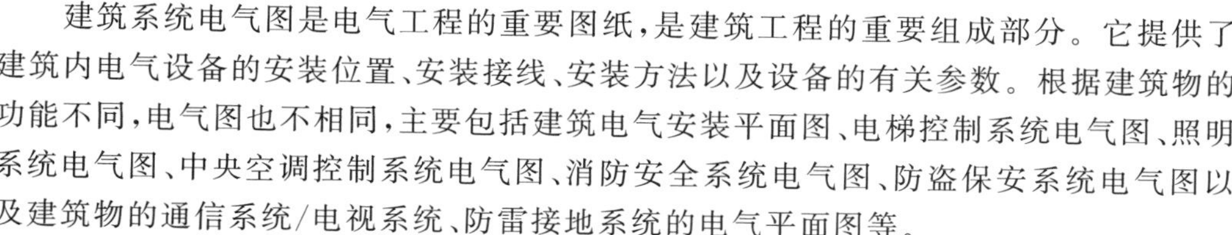

建筑系统电气图是电气工程的重要图纸，是建筑工程的重要组成部分。它提供了建筑内电气设备的安装位置、安装接线、安装方法以及设备的有关参数。根据建筑物的功能不同，电气图也不相同，主要包括建筑电气安装平面图、电梯控制系统电气图、照明系统电气图、中央空调控制系统电气图、消防安全系统电气图、防盗保安系统电气图以及建筑物的通信系统/电视系统、防雷接地系统的电气平面图等。

建筑电气工程图是应用非常广泛的电气图之一，可以表明建筑电气工程的构成规模和功能，详细描述电气装置的工作原理，提供安装技术数据和使用维护方法。建筑物的规模和要求不同，建筑电气工程图的种类和图纸数量也不相同。常用的建筑电气工程图主要有以下几类。

1. 说明性文件

(1) 图纸目录：内容有序号、图纸名称、图纸编号、图纸张数等。

(2) 设计说明(施工说明)：主要阐述电气工程设计依据、工程的要求和施工原则、建筑特点、电气安装标准、安装方法、工程等级、工艺要求及有关设计的补充说明等。

(3) 图例：即图形符号和文字代号，通常只列出本套图纸中涉及的一些图形符号和文字代号所代表的意义。

(4) 设备材料明细表(零件表)：列出该项电气工程所需要的设备和材料的名称、型号、规格和数量，供设计概算、施工预算及设备订货时参考。

2. 系统图

系统图是表现电气工程的供电方式以及电力输送、分配、控制和设备运行情况的图纸。从系统图中可以粗略地看出工程的概貌。系统图可以反映不同级别的电气信息，如变配电系统图、动力系统图、照明系统图、弱电系统图等。

3. 平面图

电气平面图是表示电气设备、装置与线路平面布置的图纸，是进行电气安装的主要依据。电气平面图是以建筑平面图为依据，在图上绘出电气设备、装置及线路的安装位置、敷设方法等。常用的电气平面图有变配电所平面图、室外供电线路平面图、动力平面图、照明平面图、防雷平面图、接地平面图、弱电平面图等。

4. 布置图

布置图是表现各种电气设备和器件的平面与空间的位置、安装方式及其相互关系的图纸，通常由平面图、立面图、剖面图及各种构件详图等组成。一般来说，设备布置图是按三视图原理绘制的。

5. 接线图

安装接线图在现场称为安装配线图，主要是用来表示电气设备、电气元件和线路的安装位置、配线方式、接线方法、配线场所特征的图纸。

Note

6. 电路图

电路图常称作电气原理图，主要是用来表现某一电气设备或系统的工作原理的图纸，它是按照各个部分的动作原理图采用分开表示法展开绘制的。通过对电路图的分析，可以清楚地看出整个系统的动作顺序。电路图可以用来指导电气设备和器件的安装、接线、调试、使用与维修。

7. 详图

详图是表现电气工程中设备的某一部分的具体安装要求和做法的图纸。

10-1

10.2 电气工程平面图基本设置

本例的电气设计对象为某私人别墅，两层砖混结构，要求按现行规范标准对其进行强电及弱电系统的电气设计。

10.2.1 绘制环境设置

1. 图层设置

单击“默认”选项卡“图层”面板中的“图层特性”按钮，打开“图层特性管理器”选项板，根据本电气工程 CAD 制图需要，进行如图 10-1 所示的图层设置。

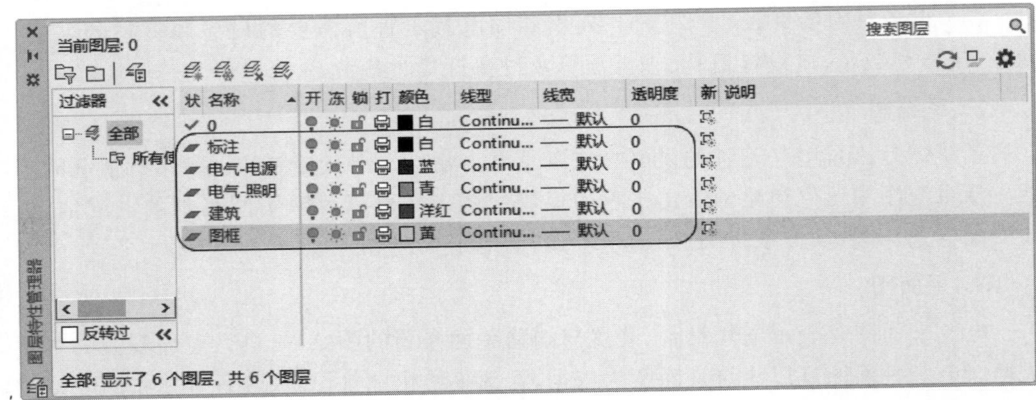

图 10-1 “图层特性管理器”选项板

本书涉及的电气工程照明图层代号设置见表 10-1。

表 10-1 电气工程照明图层名称代号

中文名称	英文名称	中文说明	英文说明
电气-照明	E-LITE	照明	Lighting
电气-照明-特殊	E-LITE-SPCL	特殊照明	Special lighting
电气-照明-应急	E-LITE-EMER	应急照明	Emergency lighting
电气-照明-出口	E-LITE-EXIT	出口照明	Exit lighting

Note

续表

中文名称	英文名称	中文说明	英文说明
电气-照明-顶灯	E-LITE-CLHG	吸顶灯	Ceiling-mounted lighting
电气-照明-壁灯	E-LITE-WALL	壁灯	Wall-mounted lighting
电气-照明-楼层	E-LITE-FLOR	楼层照明(灯具)	Floor-mounted lighting
电气-照明-简图	E-LITE-OTLN	背景照明简图	Lighting outline for background (optional)
电气-照明-室内	E-LITE-ROOF	室内照明	Roof lighting
电气-照明-户外	E-LITE-SITE	户外照明	Site lighting
电气-照明-开关	E-LITE-SWCH	照明开关	Lighting switches
电气-照明-线路	E-LITE-CIRC	照明线路	Lighting circuits
电气-照明-编号	E-LITE-NUMB	照明回路编号	Luminaries identification and texts
电气-照明-线盒	E-LITE-JBOX	接线盒	Junction box
电气-电源	E-POWER	电源	Power
电气-电源-墙座	E-POWER-WALL	墙上电源与插座	Power wall outlets and receptacles
电气-电源-顶棚	E-POWER-CLNG	顶棚电源插座与装置	Power ceiling receptacles and devices
电气-电源-电盘	E-POWER-PANL	配电盒	Power panels
电气-电源-设备	E-POWER-EQPM	电源设备	Power equipment
电气-电源-电柜	E-POWER-SWBD	配电柜	Power switchboard
电气-电源-线号	E-POWER-NUMB	电路编号	Power circuits numbers
电气-电源-电路	E-POWER-CIRC	电路	Power circuits
电气-电源-暗管	E-POWER-URAC	暗管	Underfloor raceways
电气-电源-总线	E-POWER-BUSW	总线	Busways
电气-电源-户外	E-POWER-SITE	户外电源	Site power
电气-电源-户内	E-POWER-ROOF	户内电源	Roof power
电气-电源-简图	E-POWER-OTLN	电源简图	Power outline for background
电气-电源-线盒	E-POWER-JBOX	电源接线盒	Junction box

2. 文字样式

单击“默认”选项卡“注释”面板中的“文字样式”按钮，也可以在命令行中输入style命令。❶打开“文字样式”对话框，如图10-2所示。

字体采用大字体，❷为“txt. shx＋hztxt. shx”的组合(建筑制图中一般选用大字体，没有该类字体的用户可于互联网上下载安装)；❸宽度因子设置为0.7；此处暂不设置文字高度；样式名为默认的Standard，若用户想另建其他样式的字体，则单击“新建”按钮，在弹出的对话框中输入样式名，进行新的字体样式组合及样式设置。同时，“文字样式”对话框左下角还提供了当前窗口字体设置的效果预览小窗口，以方便用户对字体样式的直观确认。右下角的“帮助”项可为用户提供快捷的各项参数的解释说明。

3. 标注样式

(1) 单击“默认”选项卡“注释”面板中的“标注样式”按钮，或选择菜单栏中的“格式”→“标注样式”命令，或在命令行中输入dimstyle命令。

(2) ❶打开“标注样式管理器”对话框，如图10-3所示。❷单击“修改”按钮，❸打

Note

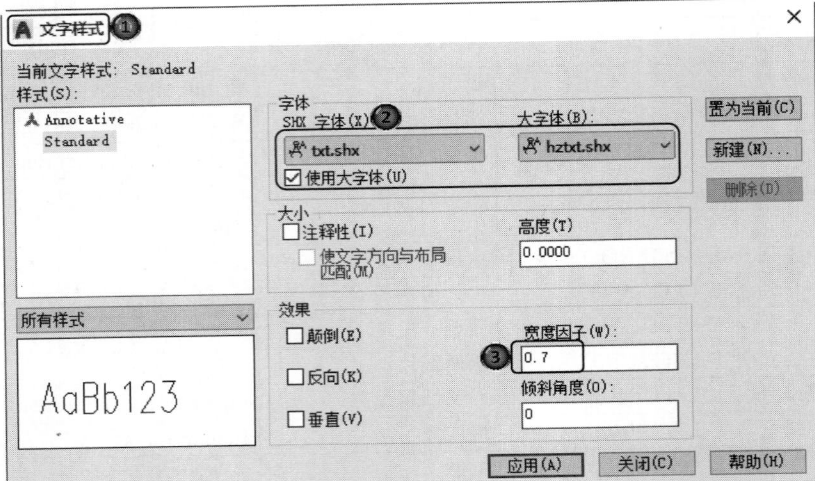

图 10-2 “文字样式”对话框

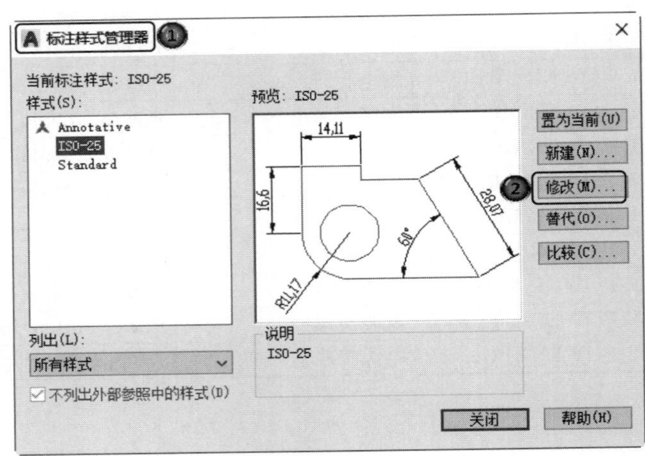

图 10-3 “标注样式管理器”对话框

开“修改标注样式：ISO-25”对话框，如图 10-4 所示，即可进行标注样式的调整设置。用户可以单击“置为当前”“新建”“修改”“替代”“比较”等按钮，来完成标注样式的设置。

用户可按《房屋建筑制图统一标准》(GB/T 50001—2017)的要求，对标注样式进行设置，包括文字、单位、箭头等。此处应注意，各项涉及各种尺寸大小值的，其都应为以实际图纸上表现的尺寸乘以制图比例的倒数(如制图比例为 1∶100，其即为 100)。例如，假设需要在 A4 图纸上看到 3.5mm 的字，则 AutoCAD 中的字高应设为 350mm，此方法类似于“图框”的相对缩放概念。

一般一幅工程图中可能涉及几种不同的标注样式，此时读者可建立不同的标注样式，进行“新建”或“修改”或“替代”，在使用时，可直接单击“样式名”下拉列表框中的样式。用户如对标注样式设置的细节有不理解的地方，可随时调用帮助文档进行学习。

注意： 用户可以根据需要，从已完成的图纸中导入该图纸中所使用的标注样式，然后直接应用于新的图纸绘制中。

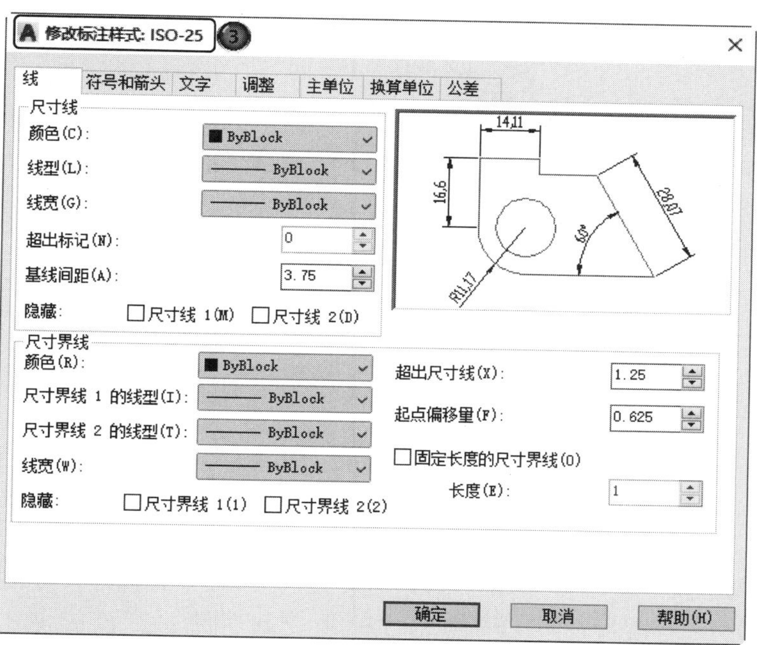

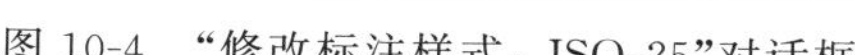
图 10-4　“修改标注样式：ISO-25”对话框

10.2.2　绘制图框

（1）将当前图层设置为“图框”。

（2）在绘图区按 1∶1 比例，即原尺寸绘制图框。A4 图纸的尺寸为 297mm×210mm，再扣除图纸的边宽 c 及装订侧边宽 a 后，其内框的尺寸为 267mm×200mm。命令行提示和操作如下。

```
命令：_RECTANG(绘制外框)
指定第一个角点或 [倒角(C)/标高(E)/圆角(F)/厚度(T)/宽度(W)]:(任意指定一个点)
指定另一个角点或 [面积(A)/尺寸(D)/旋转(R)]: D↙
指定矩形的长度 <10.0000>: 297↙
指定矩形的宽度 <10.0000>: 210↙
指定另一个角点或 [面积(A)/尺寸(D)/旋转(R)]:(指定一点,结果如图 10-5 所示)
```

采用同样的方法绘制内框，如图 10-6 所示。命令行提示与操作如下。

图 10-5　绘制外框

图 10-6　绘制内框

Note

```
命令: _MOVE(将内框向右下移动,水平 25,竖向 - 5)
选择对象: 指定对角点: 找到 1 个(选中内框)
选择对象: ↙(按 Enter 键)
指定基点或 [位移(D)] <位移>: (任意指定一点)
指定位移的第二个点或 <使用第一个点作为位移>: @25, - 5 ↙(@表示相对距离,结果如图 10-7 所示)
```

图 10-7　移动内框

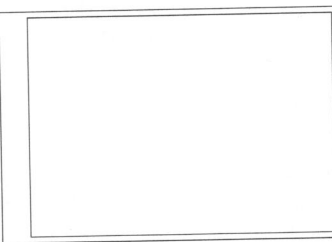

本工程的建筑制图比例为 1∶100,因为此比例为缩小比例,故只需将图框相对放大 100 倍,随后图样即可按 1∶1 即原尺寸绘制,从而获得 1∶100 的相对缩小比例图纸。命令行提示与操作如下。

```
命令: _SCALE
选择对象: 指定对角点: 找到 6 个(选中图框)
选择对象: ↙
指定基点:(指定缩放的中心点)
指定比例因子或 [复制(C)/参照(R)] : 100 ↙(放大 100 倍)
```

注意: SCALE(缩放)命令可以将所选择对象的真实尺寸按照指定的尺寸比例放大或缩小,执行后输入 R 即可进入参照模式,然后指定参照长度和新长度即可。参照模式适用于不直接输入比例因子或比例因子不明确的情况。

10.3　绘制别墅照明平面图

10-2

10-3

首先应绘制建筑施工图。在建筑电气工程制图中,对于新建建筑往往会由建筑单位提供电子版建筑施工图;对于改建或改造建筑,若没有原电子版建筑施工图,则需根据原档案所存的图纸,进行建筑施工图的 AutoCAD 绘制。关于建筑施工图的 AutoCAD 的制图流程,用户可查阅相关文献中的建筑专业施工图的绘制方法。因本例为建筑电气工程制图,为满足电气图样的表达需要,根据制图标准要求,将所有建筑图样的线宽统一设置成“细线”(0.25b)。关于电气工程制图中各线型、线宽设置的要求,读者可参见前述章节。

下面简述建筑专业图的绘制流程。建筑电气工程中的建筑图,主要指建筑平面图中的轮廓线,绘制步骤如下:

(1) 画基准线,即按尺寸画出房屋的纵横向定位轴线;

（2）画主要的墙和柱的轮廓线；

（3）画门窗和次要结构；

（4）画细部构造及标注尺寸等。

10.3.1　绘制定位轴线、轴号

根据建筑制图标准，轴号的圆圈在物理图纸上的表现应为直径 8mm 的圆，因此处的制图比例为 1∶100，故用 AutoCAD 制图时轴圈的直径应为 800mm（8 乘以比例的倒数 100），再利用单行文字功能将轴号插入到圆圈中。

1. 绘制轴线

注意：定位轴线线型为点划线，线型设置如前述。

（1）单击"默认"选项卡"图层"面板中的"图层特性"按钮，打开"图层特性管理器"选项板，新建"轴线"图层，并将其置为当前图层。

（2）单击"默认"选项卡"绘图"面板中的"直线"按钮，绘制两条正交轴线，轴线长度略大于轴网尺寸即可，如图 10-8 所示。绘制正交直线时，可按下按钮，即可在正交模式下绘制线条。

图 10-8　两条正交轴线

（3）单击"默认"选项卡"修改"面板中的"偏移"按钮，分别偏移这两条轴线，依次偏移，形成轴网。命令行提示与操作如下。

```
命令：_OFFSET↙
当前设置：删除源 = 否　图层 = 源　OFFSETGAPTYPE = 0
指定偏移距离或 [通过(T)/删除(E)/图层(L)] <通过>: 5400↙(偏移的轴网间距)
选择要偏移的对象,或 [退出(E)/放弃(U)] <退出>:(指定左边轴线)
指定要偏移的那一侧上的点,或 [退出(E)/多个(M)/放弃(U)] <退出>:(指定右侧)
选择要偏移的对象,或 [退出(E)/放弃(U)] <退出>:↙
```

同理，依次以上一次偏移形成的轴线为对象，将竖直轴线分别向右偏移 2400mm、3600mm；将水平轴线分别向下偏移 1500mm、1800mm、1500mm、2400mm、1800mm、1500mm、1500mm、3000mm。结果如图 10-9 所示。

（4）单击"默认"选项卡"修改"面板中的"修剪"按钮，对轴线进行适当修剪，即得到如图 10-10 所示的轴网。

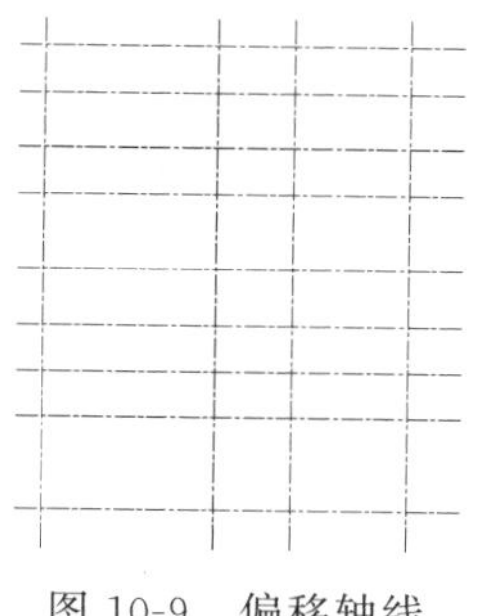

图 10-9　偏移轴线

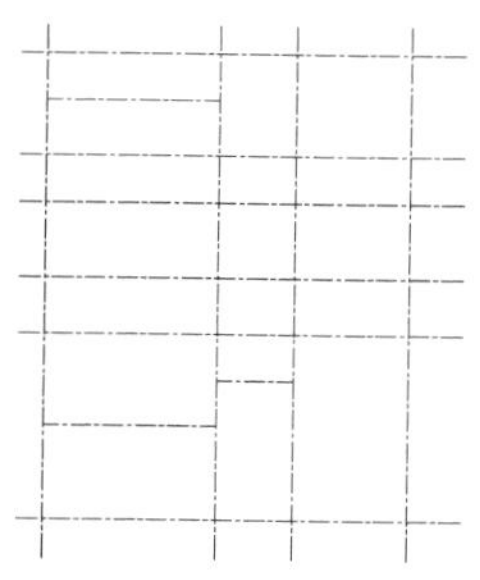

图 10-10　修剪轴线

Note

2. 绘制轴号

下面命名轴线。轴线命名从左至右依次为阿拉伯数字，即 1、2、3、…，从下向上依次为英文字母，即 A、B、C、…。

（1）单击“默认”选项卡“绘图”面板中的“圆”按钮，绘制直径为 800mm 的轴圈。

注意：打印图纸中轴圈直径为 8mm，由于是 1∶100 比例制图，故轴圈尺寸应相对放大 100 倍。

（2）单击“默认”选项卡“注释”面板中的“单行文字”按钮 A，在轴圈中插入轴号。命令行提示与操作如下。

```
命令：_DTEXT
当前文字样式："Standard"  文字高度：2.5000  注释性：否  对正：左
指定文字的起点或［对正(J)/样式(S)］：(插入文字的左下角点为文字的插入点或起点，此处插入点应为圆内的左下角)
指定高度<2.5000>：500↙(此时文字的图纸物理高度为 5mm)
指定文字的旋转角度<0>：↙(不旋转，直接按 Enter 键)
```

输入文字，输入结束后按 Enter 键。

注意：如果文字位置不正，可以利用“移动”命令将文字进行适当移动，以保持文字位置大约在圆圈中央。

（3）单击“默认”选项卡“修改”面板中的“复制”按钮，多重复制轴号至各轴线末端，并双击轴号值即可进行轴号值更改。最终结果如图 10-11 所示。

注意：修改轴圈内的文字时，只需双击文字（命令：ddedit），即弹出闪烁的文字编辑符（同 Word），此模式下用户即可输入新的文字。

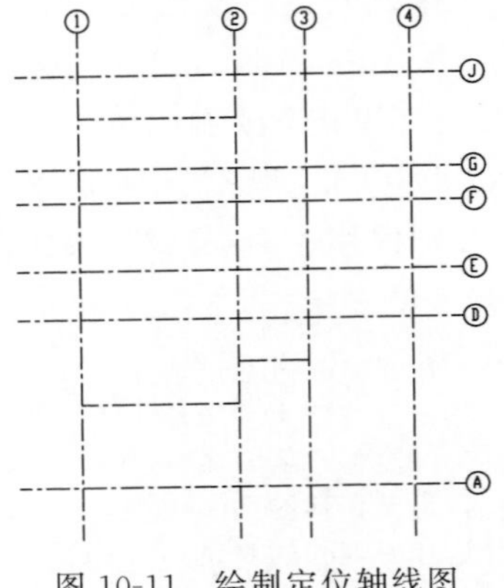

图 10-11　绘制定位轴线图

10.3.2　绘制墙线、门窗洞口和柱

1. 绘制墙线

（1）新建“墙体”图层，并将其设置为当前图层。

（2）指定多线样式。选择菜单栏中的“格式”→“多线样式”命令，❶打开“多线样式”对话框，如图 10-12 所示。❷单击“新建”按钮，❸打开“创建新的多线样式”对话框，❹输入新样式名“墙 1”，如图 10-13 所示。❺单击“继续”按钮，❻打开“新建多线样式：墙 1”对话框，❼在“封口”选项区的“直线”项后选中“起点”和“端点”复选框，如图 10-14 所示。❽单击“确定”按钮，❾回到“多线样式”对话框，❿在“样式”列表框中选择“墙 1”样式，如图 10-15 所示。⓫单击“置为当前”按钮，⓬再单击“确定”按钮，完成多线样式设置和指定。

（3）选择菜单栏中的“绘图”→“多线”命令，绘制墙线。根据墙体的分布布置情况，连续绘制墙线，命令行提示与操作如下。

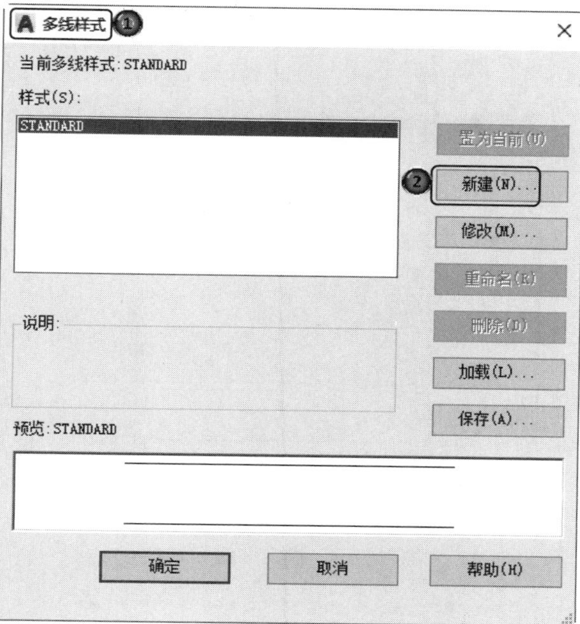

图 10-12 “多线样式”对话框

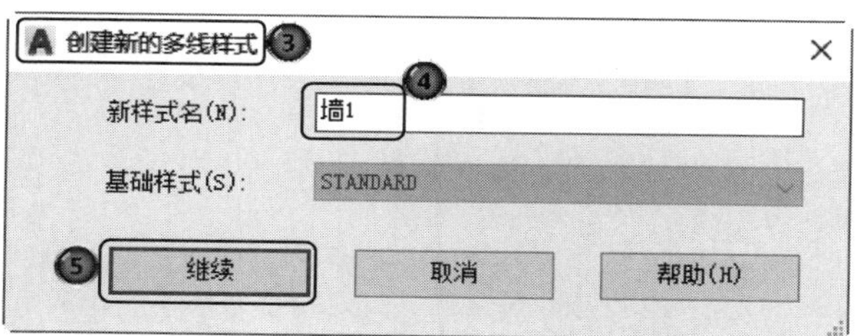

图 10-13 “创建新的多线样式”对话框

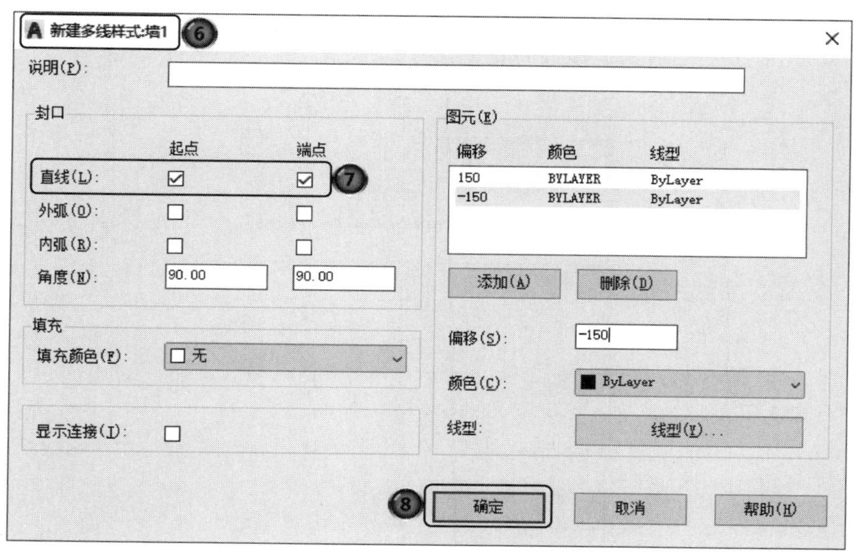

图 10-14 “新建多线样式：墙 1”对话框

Note

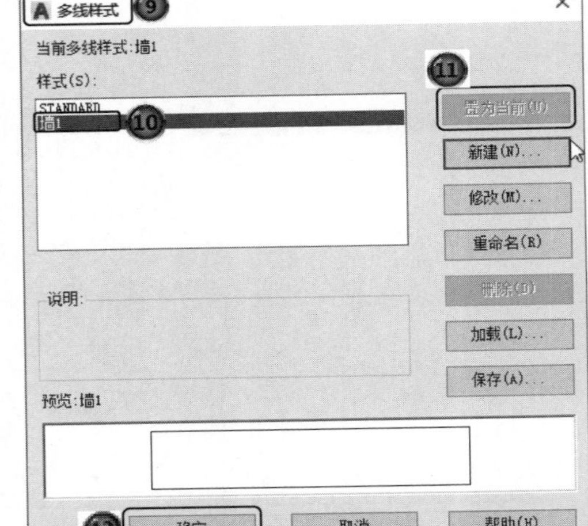

图 10-15　指定多线样式

```
命令: _MLINE
当前设置: 对正 = 上,比例 = 20.00,样式 = 墙 1
指定起点或 [对正(J)/比例(S)/样式(ST)]: S↙
输入多线比例 <20.00>: 1↙(墙厚 300mm)
当前设置: 对正 = 上,比例 = 300.00,样式 = 墙 1
指定起点或 [对正(J)/比例(S)/样式(ST)]: J↙
输入对正类型 [上(T)/无(Z)/下(B)] <上>: Z↙
当前设置: 对正 = 无,比例 = 1.00,样式 = STANDAR
指定起点或 [对正(J)/比例(S)/样式(ST)]:(指定轴线左上交点)(默认对正方式为多线中心)
指定下一个点:(依次指定下一个点)
指定下一个点或 [放弃(U)]: ↙(按 Enter 键结束绘制)
```

采用同样的方法绘制其他多线,如图 10-16 所示。

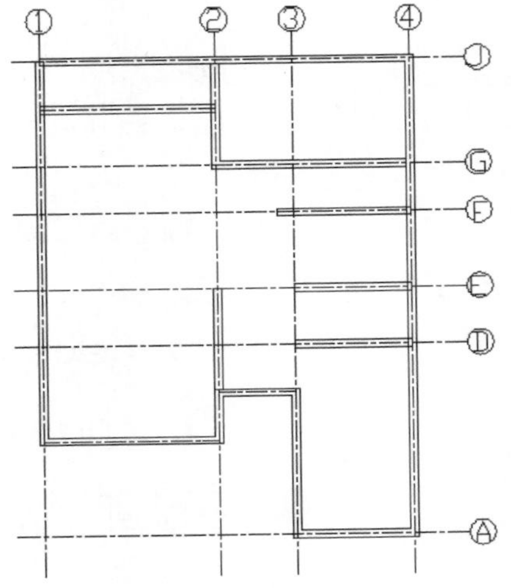

图 10-16　绘制墙线及柱的定位

Note

(4) 利用多线编辑工具对墙线进行细部修改。选择菜单栏中的“修改”→“对象”→“多线”命令，弹出“多线编辑工具”对话框，如图 10-17 所示，分别选择不同的编辑方式和需要编辑的多线进行编辑，结果如图 10-18 所示。

图 10-17　“多线编辑工具”对话框

(5) 单击“默认”选项卡“修改”面板中的“修剪”按钮，将多余的轴线进行修剪，结果如图 10-19 所示。

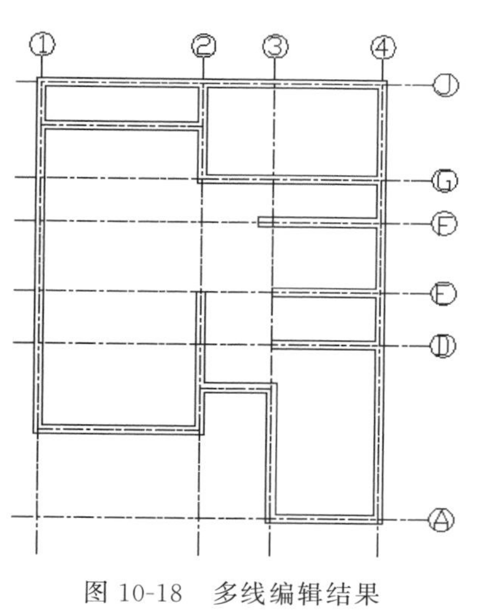

图 10-18　多线编辑结果

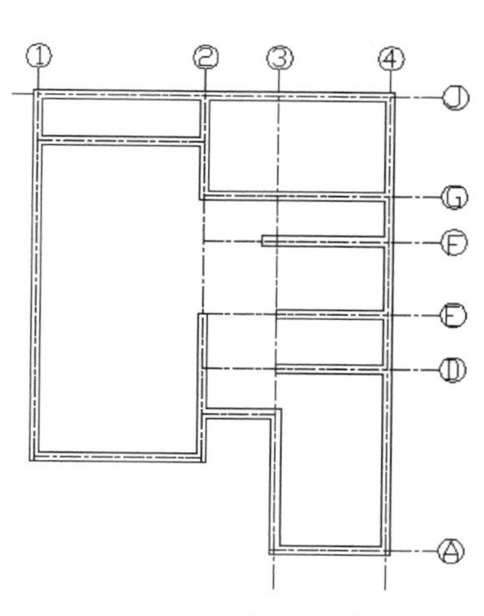

图 10-19　修剪轴线

(6) 单击“默认”选项卡“修改”面板中的“分解”按钮，将墙体线进行分解，命令行提示与操作如下。

```
命令: _EXPLODE
选择对象:(选择所有的图形对象)
```

这样，所有的多线对象被分解为线段，为后面的墙体修剪做准备。

Note

2. 绘制门窗洞口

(1) 单击"默认"选项卡"修改"面板中的"偏移"按钮⊆,将最左边墙线向右偏移1700mm,结果如图10-20所示。

(2) 单击"默认"选项卡"修改"面板中的"延伸"按钮→|,将刚偏移的直线上端延伸到最上墙线,命令行提示与操作如下。

```
命令: _EXTEND
当前设置:投影 = UCS,边 = 无,模式 = 标准
选择边界的边...
选择对象或 [模式(O)] <全部选择>: (选择最上墙线)
选择对象:↙
选择要延伸的对象,或按住 Shift 键选择要修剪的对象,或[边界边(B)/栏选(F)/窗交(C)/模式(O)/投影(P)/边(E)/放弃(U)]:(选择刚偏移的直线)
选择要延伸的对象,或按住 Shift 键选择要修剪的对象,或[边界边(B)/栏选(F)/窗交(C)/模式(O)/投影(P)/边(E)/放弃(U)]: ↙
```

结果如图10-21所示。

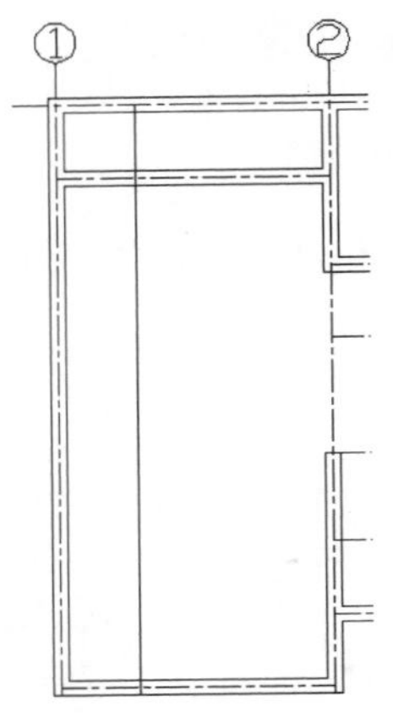

图10-20　偏移墙线

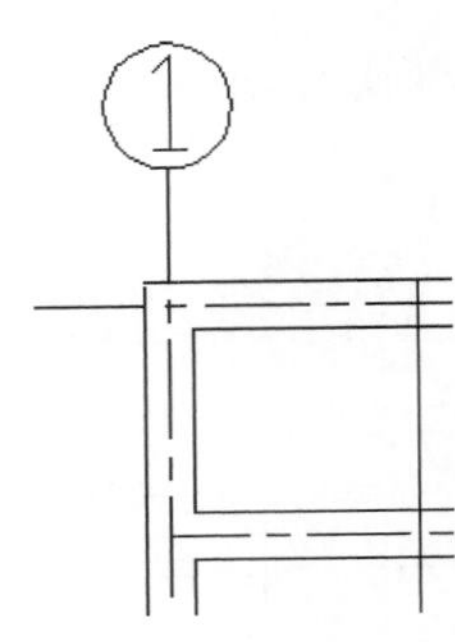

图10-21　延伸墙线

(3) 再次单击"默认"选项卡"修改"面板中的"偏移"按钮⊆,将刚延伸的直线向右偏移2400mm,结果如图10-22所示。

(4) 单击"默认"选项卡"修改"面板中的"修剪"按钮✂,将墙线进行修剪,结果如图10-23所示。

(5) 单击"默认"选项卡"修改"面板中的"偏移"按钮⊆,将图10-23中标示的两竖直直线分别向外偏移600mm,将最下墙线向外偏移100mm,如图10-24所示。

(6) 单击"默认"选项卡"修改"面板中的"延伸"按钮→|,将图10-24中4条竖直直线延伸到最下面的直线,如图10-25所示。

(7) 单击"默认"选项卡"修改"面板中的"修剪"按钮✂,对相关图线进行修剪,结果如图10-26所示。

(8) 单击"默认"选项卡"绘图"面板中的"直线"按钮╱,绘制玻璃图线。命令行提示与操作如下。

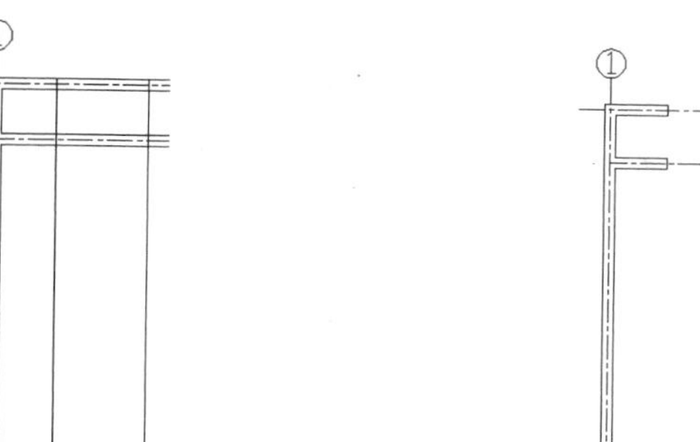

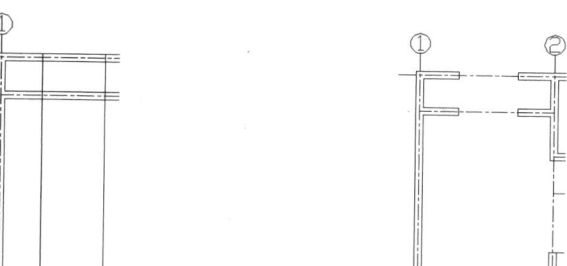

图 10-22　偏移直线

图 10-23　修剪墙线

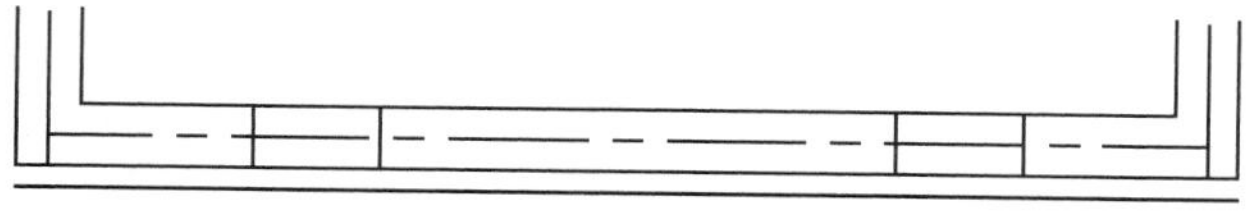

图 10-24　偏移直线

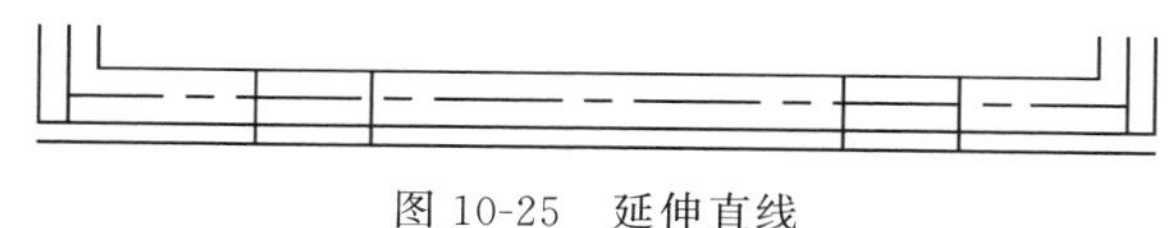

图 10-25　延伸直线

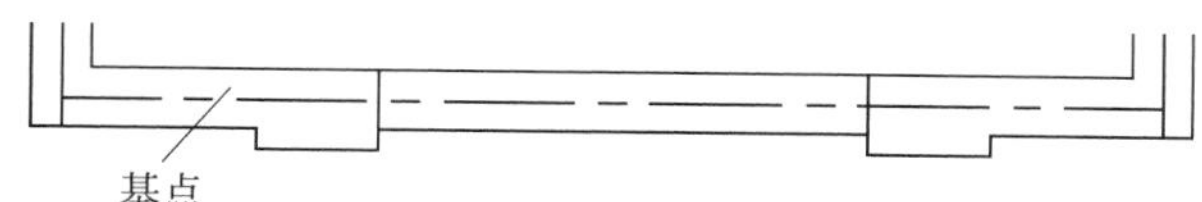

图 10-26　修剪直线

```
命令: _LINE
指定第一个点: FROM↙
基点: <偏移>: (指定内墙线与左窗框线交点,如图 10-26 所示)
指定下一个点或 [放弃(U)]: (向下移动鼠标指定直线下一个点方向)100↙(100 表示直线的起点距离基点 100mm)
指定下一个点或 [放弃(U)]:(打开"正交"开关和"对象捕捉"开关,捕捉右窗框线上一个点)
```

采用同样的方法绘制另一条玻璃图线,如图 10-27 所示。

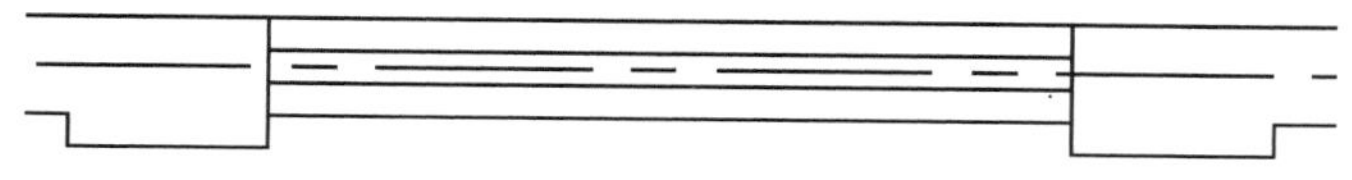

图 10-27　绘制玻璃图线

注意: 采用上面介绍的"基点偏移"方法确定直线绘制起点,有时能给绘图带来方便,请读者仔细体会。

(9) 继续利用上面介绍的各种绘图和编辑命令绘制室内墙线和窗户以及门洞,具体尺寸参照图 10-28。绘制结果如图 10-29 所示。

Note

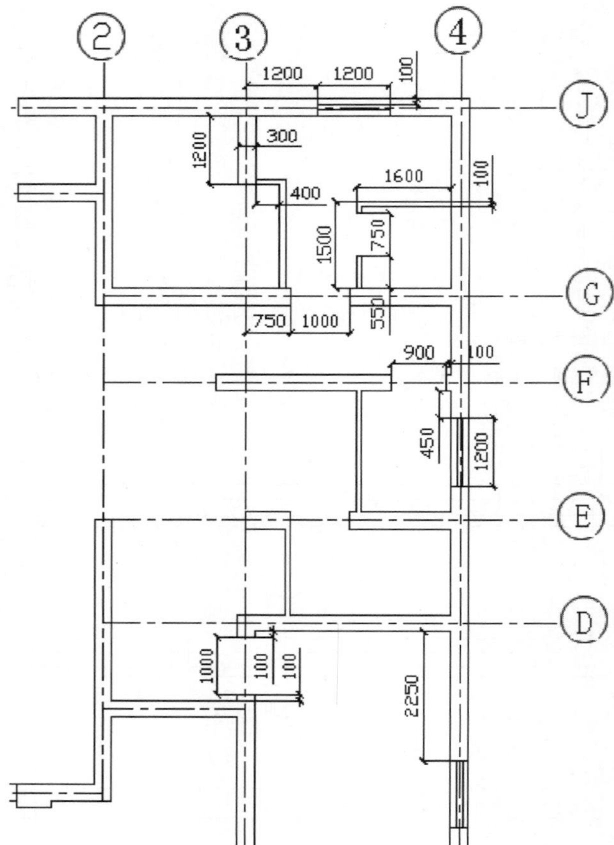

图 10-28　绘制室内墙线和窗户以及门洞

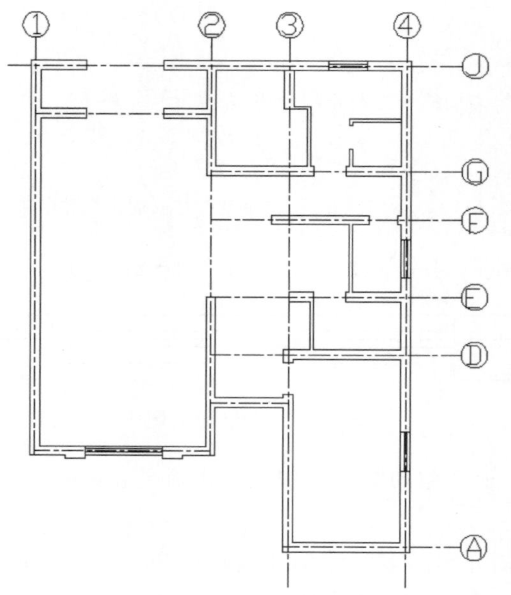

图 10-29　绘制结果

Note

（10）单击“默认”选项卡“绘图”面板中的“直线”按钮╱和“修改”面板中的“偏移”按钮⊂，绘制大门台阶，尺寸如图 10-30 所示。

图 10-30　绘制大门台阶

（11）继续单击“默认”选项卡“绘图”面板中的“直线”按钮╱和“修改”面板中的“偏移”按钮⊂、“修剪”按钮✂，绘制门洞和厕所窗户，尺寸如图 10-31 所示。

（12）单击“默认”选项卡“修改”面板中的“偏移”按钮⊂，将图 10-29 中标示的墙线向下偏移 2100mm，并单击“默认”选项卡“修改”面板中的“延伸”按钮→|，将其左边的墙线延伸，如图 10-32 所示。

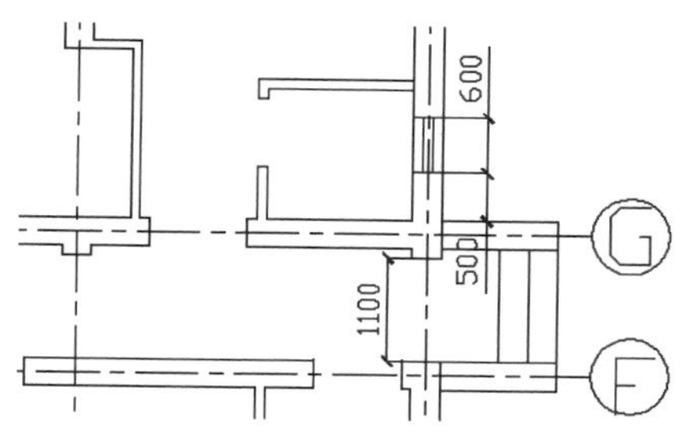

图 10-31　绘制门洞和厕所窗户

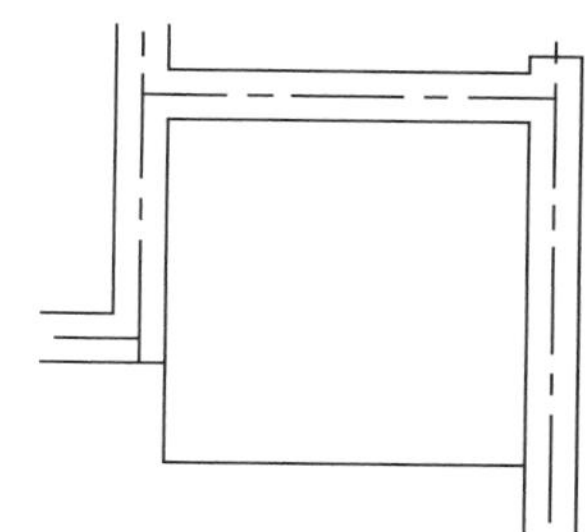

图 10-32　偏移和延伸墙线

（13）单击“默认”选项卡“修改”面板中的“圆角”按钮⌈，将刚延伸的两直线进行圆角处理，命令行提示与操作如下。

```
命令：_FILLET
当前设置：模式 = 修剪，半径 = 0.0000
选择第一个对象或 [放弃(U)/多段线(P)/半径(R)/修剪(T)/多个(M)]：R↙
指定圆角半径 <0.0000>：150↙
选择第一个对象或 [放弃(U)/多段线(P)/半径(R)/修剪(T)/多个(M)]：(选择一条直线)
选择第二个对象，或按住 Shift 键选择对象以应用角点或[半径(R)]：(选择相交的一条直线)
```

结果如图 10-33 所示。

（14）单击“默认”选项卡“修改”面板中的“偏移”按钮⊂，将刚绘制的直线和对应的圆角同时向外偏移 300mm。采用相同的方法，再次将偏移得到的图线向外偏移 300mm，并单击“默认”选项卡“修改”面板中的“修剪”按钮✂，进行修剪，结果如图 10-34 所示。

完成台阶面绘制的图形如图 10-35 所示。

（15）将最外墙线向外偏移 450mm，并单击“默认”选项卡“绘图”面板中的“直线”按钮╱和“修改”面板中的“延伸”按钮→|、“修剪”按钮✂，绘制散水线，如图 10-36 所示。

Note

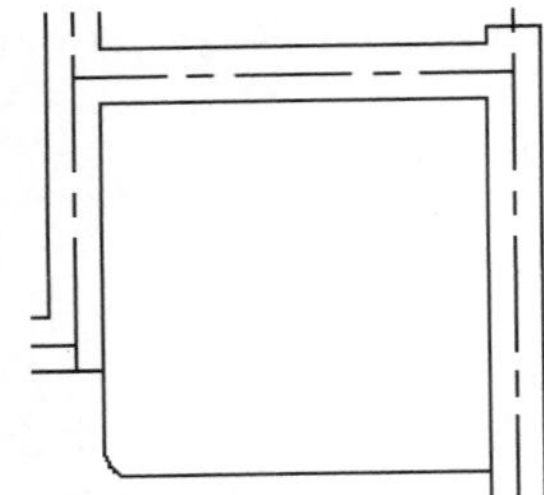

图 10-33 圆角处理

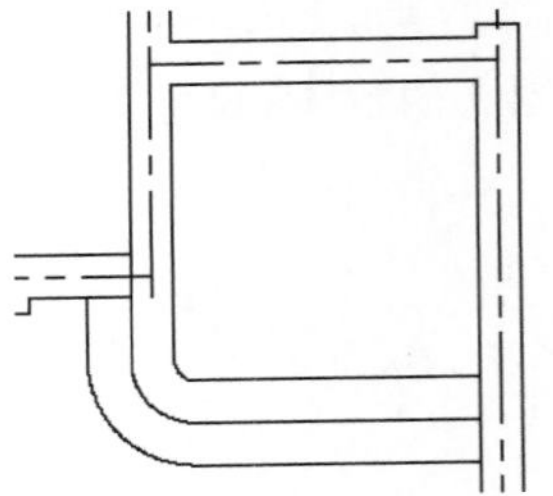

图 10-34 偏移处理

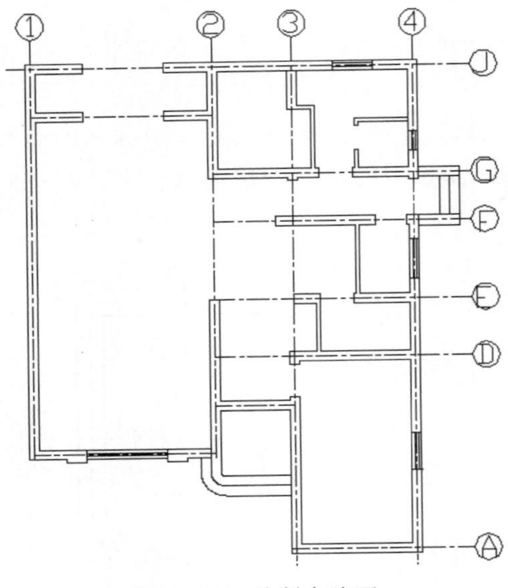

图 10-35 绘制台阶面

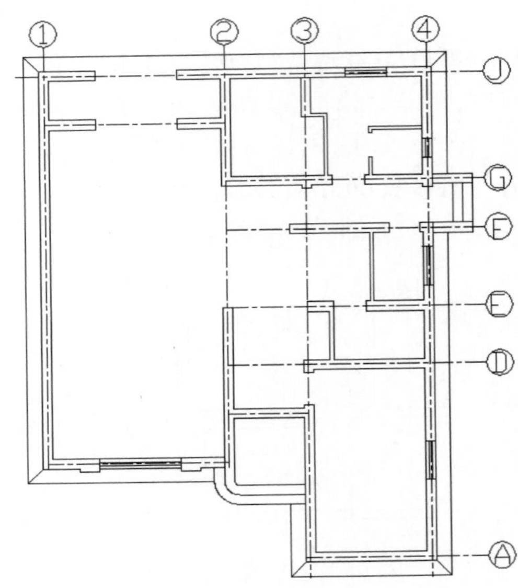

图 10-36 绘制散水线

3. 绘制柱

(1) 单击“默认”选项卡“绘图”面板中的“矩形”按钮▭，绘制 300mm×300mm 的柱的截面，形成柱网。

(2) 单击“默认”选项卡“绘图”面板中的“图案填充”按钮▦，❶打开“图案填充创建”选项卡，如图 10-37 所示。❷选择 SOLID 图案，拾取刚绘制的矩形中的任意一点作为填充区域，完成柱截面填充。

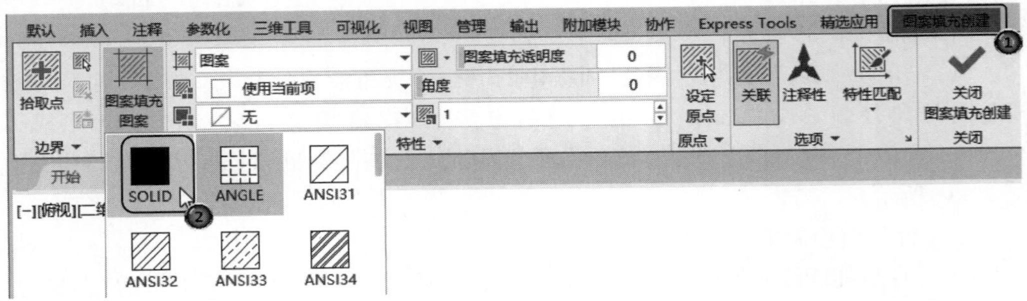

图 10-37 “图案填充创建”选项卡

（3）单击“默认”选项卡“修改”面板中的“复制”按钮，将填充完的混凝土柱截面逐一复制到轴线相交的位置。绘制的平面图如图 10-38 所示。

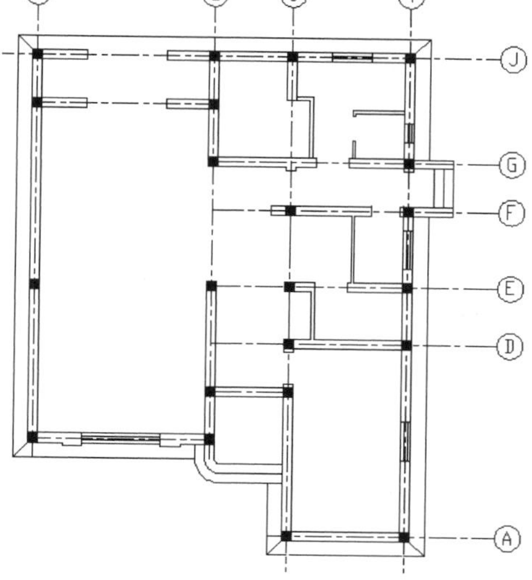

图 10-38　绘制墙、柱

10.3.3　室内布局

室内布局的主要工作是布置室内的家具和门窗。一般情况下可以通过调用已有的设计单元图块来快速完成，具体步骤如下。

（1）将“建筑”图层设置为当前图层，只需单击“默认”选项卡“图层”面板中的“图层特性”下拉列表框处的“建筑”图层，即完成了当前图层设置。设置好颜色，线宽为 0.25*b*，此处取 0.18mm。

☎ **注意**：建筑制图时，常会应用到一些标准图块，如卫具、桌椅等，用户可以从 AutoCAD 设计中心直接调用一些建筑图块。

（2）❶单击“视图”选项卡❷“选项板”面板中的❸“设计中心”按钮，如图 10-39 所示，或在命令行输入 ADCENTER 命令，❹系统打开“设计中心”（Design Center）面板，如图 10-40 所示。

图 10-39　“选项板”面板

Note

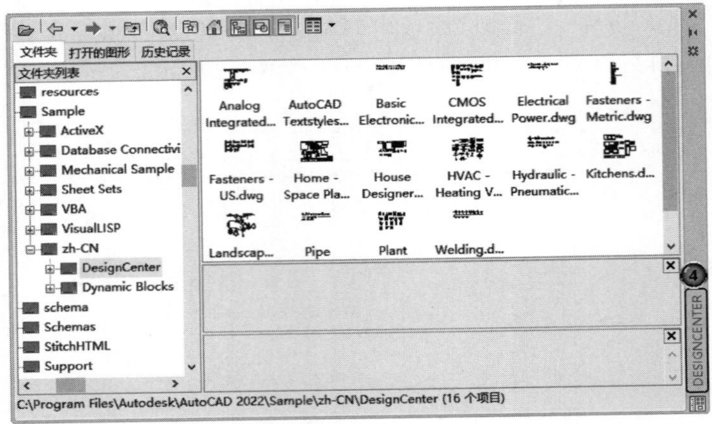

图 10-40 “设计中心”(Design Center)面板

(3) 选中某个图块,按住鼠标左键,将选中的图块直接拖入 CAD 模型空间,再根据所需尺寸利用“缩放”命令对其进行比例缩放即可。或右击某图块,打开快捷菜单,选择“插入为块”命令,如图 10-41 所示,以插入块的形式添加至模型空间,系统打开“插入”对话框,如图 10-42 所示。此时用户可根据窗口提示,进行相关参数的设置,如插入点、比例等。

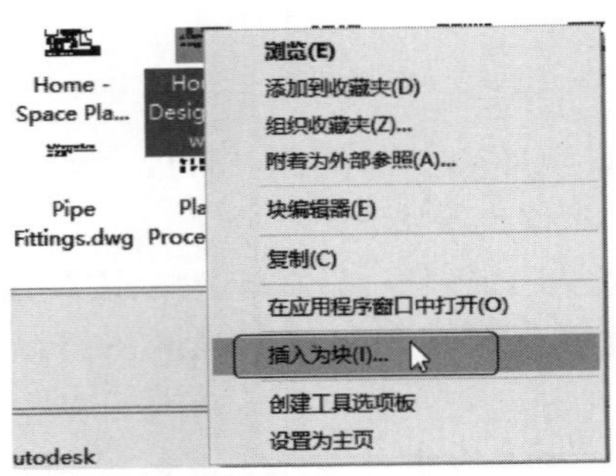

图 10-41 插入块

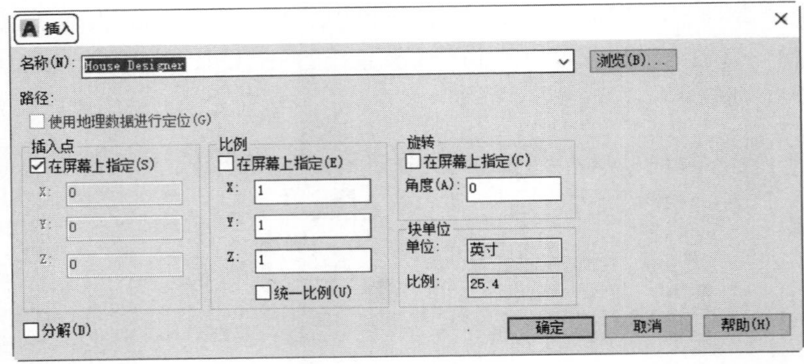

图 10-42 “插入”对话框

若在图 10-41 所示的快捷菜单中选择“块编辑器”命令,则 AutoCAD 会自动转入动态块编辑模式,此时用户即可根据需要量身定制或修改模块。对于低版本的

Note

AutoCAD,一般用户也可以利用“分解”命令将图块分解后再进行二次编辑。

注意：通过设计中心，用户可以组织对图形、块、图案填充和其他图形内容的访问。可以将源图形中的任何内容拖动到当前图形中。可以将图形、块和图案填充拖动到工具选项板上。

源图形可以位于用户的计算机、网络位置或网站上。另外，如果打开了多个图形，则可以通过设计中心在图形之间复制和粘贴其他内容(如图层定义、布局和文字样式)来简化绘图过程。AutoCAD 制图人员一定要利用好设计中心的优势。

绘制完基本建筑图样后，就需要对所绘图样进行大量的修改。关于墙线的编辑，以及室内基本家具设施平面绘制，均涉及大量的基本操作，本节不再赘述，读者可结合随书二维码提供的图块自行练习。修改完成后，即可形成如图 10-43 所示的一层平面建筑平面图。

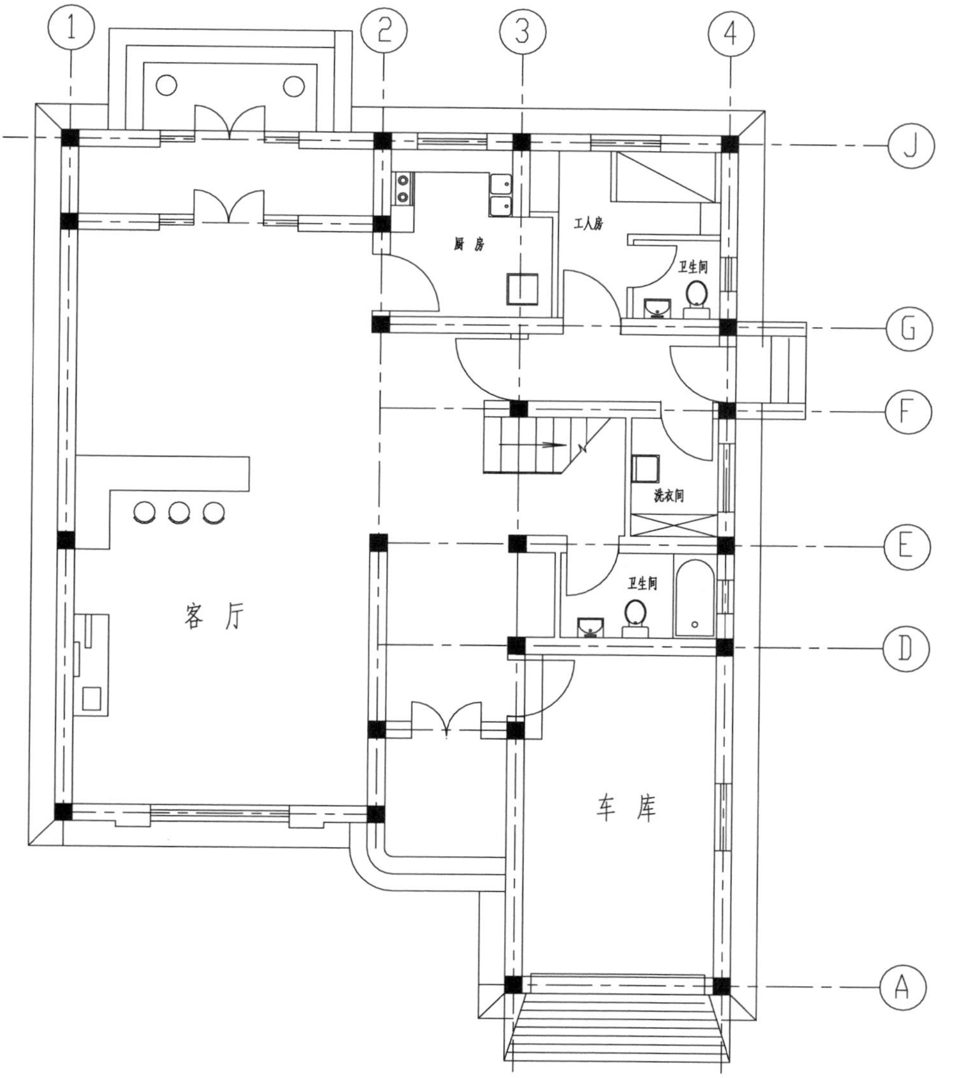

图 10-43　一层平面建筑图

注意：目前，国内针对建筑CAD制图开发了多套适合我国规范的专业软件，如天正、广厦等，这些以AutoCAD为平台开发的CAD软件，通常根据建筑制图的特点，对许多图形进行模块化、参数化。因此，使用这些专业软件大大提高了CAD制图的速度，而且CAD制图格式规范统一，降低了一些单靠CAD制图易出现的小错误，从而给制图人员带来了极大的方便，节约了大量制图时间。感兴趣的读者也可试着使用相关软件。

Note

10.3.4 绘制照明电气元件

前述的设计说明、图例中应画出各图例符号及其表征的电气元件名称，此处对图例符号的绘制作简要介绍。图层定义为电气-照明，设置好颜色，线条为中粗实线，设置线宽为0.5b，此处取0.35mm。

注意：在建筑平面图的相应位置，电气设备布置应满足生产生活功能、使用合理及施工方便，按国家标准图形符号画出全部的配电箱、灯具、开关、插座等电气配件。在配电箱旁，应标出其编号及型号，必要时还应标注其进线。在照明灯具旁，应用文字符号标出灯具的数量及型号、灯泡功率、安装高度、安装方式等。相关的电气标准中均提供了诸多电气元件的标准图例，读者应多学习，熟练掌握各电气元件的图例特征。

具体绘制步骤如下。

1. 绘制单极暗装开关图例

(1) 将当前图层由"建筑"改为"电气-照明"。

(2) 单击"默认"选项卡"绘图"面板中的"圆"按钮，绘制半径为250mm的圆。

(3) 单击"默认"选项卡"绘图"面板中的"直线"按钮，绘制水平长度$L=4r=$1000mm的直线段。

(4) 单击"默认"选项卡"绘图"面板中的"直线"按钮，在水平直线段末端画$L=2r$的竖直线段。

注意：在正交模式下绘指定长度的直线，可直接输入线段的长度。

(5) 按下"极轴"按钮然后右击，从弹出的快捷菜单中选择"正在追踪设置"命令，❶打开"草图设置"对话框的"极轴追踪"选项卡，❷选中"启用极轴追踪"复选框，❸设置增量角为45°，如图10-44所示。

(6) 单击"默认"选项卡"修改"面板中的"旋转"按钮，将两直线段绕圆心逆时针旋转45°即可。

注意：角度的旋转方向以逆时针为正！

(7) 单击"默认"选项卡"绘图"面板中的"图案填充"按钮，打开"图案填充创建"选项卡，选择填充样式，在"图案"面板中，选择图案为实心(即SOLID)，选择圆作为填充对象(选择填充范围时，用户需明白拾取点与选择对象的区别，方可灵活运用)，将圆填充成为黑色实心圆。

图例的整个绘制过程如图10-45所示。

2. 排气扇图例绘制

(1) 单击"默认"选项卡"绘图"面板中的"圆"按钮，绘制直径为350mm的圆。

(2) 单击"默认"选项卡"绘图"面板中的"直线"按钮，绘制圆的竖直直径。

(3) 单击"默认"选项卡"修改"面板中的"旋转"按钮，将该直径绕圆心逆时针旋

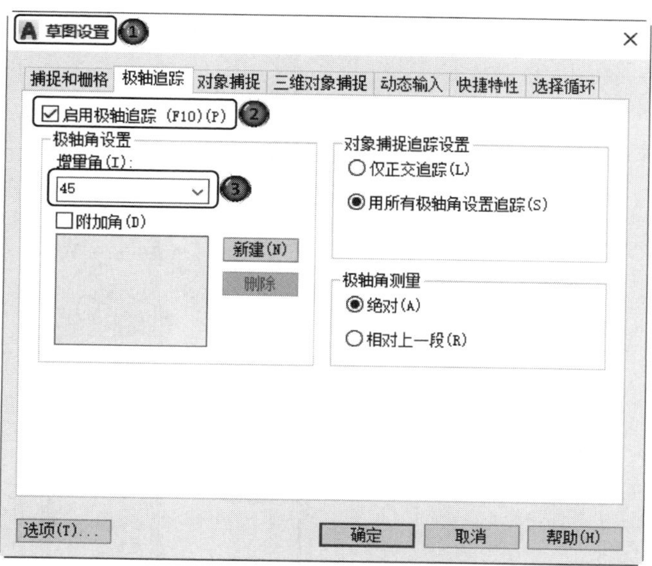

图 10-44　“极轴追踪”设置

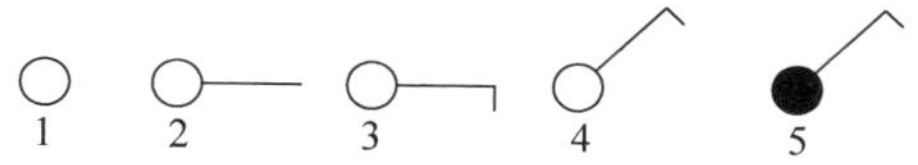

图 10-45　单级暗装开关图例绘制过程

转 45°。

(4) 单击“默认”选项卡“修改”面板中的“镜像”按钮⚠,将该斜线以竖直方向为对称线进行镜像,得到另一条直径。

(5) 打开状态栏中的“对象捕捉”命令捕捉到圆心,绘制直径为 100mm 的同心圆。

注意:也可使用“偏移”⊂命令获得同心圆。以上各 AutoCAD 基本命令虽为基本操作,但若能灵活运用,掌握其诸多使用技巧,在实际制图时可以达到事半功倍的效果。

(6) 单击“默认”选项卡“修改”面板中的“修剪”按钮✂,剪切掉较小同心圆内的直线,使其完全空心。

该图例的整个制图过程如图 10-46 所示。

图 10-46　排气扇图例绘制过程

对于其他图例读者可自行操作练习,基本操作方法如上所述。同时在 AutoCAD 设计中心中也提供了一些标准电气元件图例,读者可自行尝试,并利用好 AutoCAD 的帮助文档,多加探索及学习。

单击“默认”选项卡“修改”面板中的“复制”按钮 和“移动”按钮✥,按设计意图,将灯具、开关、配电箱等电气元件的图例一一对应复制到相应位置。灯具根据功能要求一般置于房间的中心位置,配电箱、开关、壁灯贴着门洞的墙壁设置,如图 10-47 所示。

Note

Note

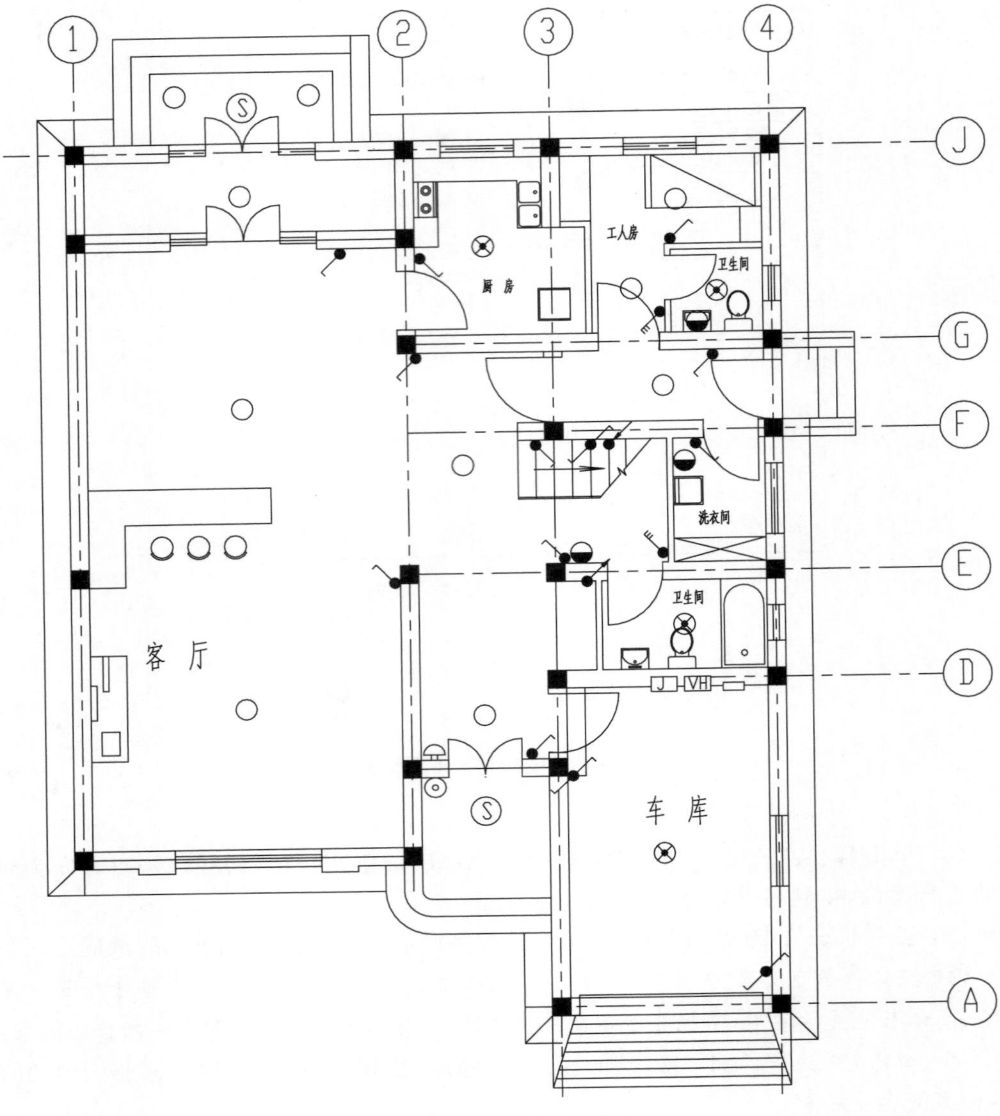

图 10-47　布置电气元件

☎ **注意**：复制时，电气元件的平面定位可利用辅助线的方式进行，复制完成后，再将辅助线删除即可。同时，在使用“复制”命令时，一定要注意选择合适的基点，即基准点，以方便电器图例的准确定位。

10.3.5　绘制线路

将当前图层由“照明”改为“线路”。在图纸上绘制完配电箱和各种电气设备符号后，即可以绘制线路(将各电气元件通过导线合理地连接起来)。下面介绍一下绘制线路的注意事项。

(1) 在绘制线路前，应按室内配线的敷线方式规划出较为理想的线路布局。绘制

线路时，应用中粗实线绘制干线、支线的位置及走向，连接好配电箱至各灯具、插座及所有用电设备和器具以构成回路，并将开关至灯具的导线一并绘出。当灯具采用开关集中控制时，连接开关的线路应绘制在最近且较为合理的灯具位置处。最后，在单线条上画出细斜面用来表示线路的导线根数，并用文字符号在线路的上侧或下侧标注出干/支线编号、导线型号及根数、截面、敷设部位和敷设方式等。当导线采用穿管敷设时，还要标明穿管的品种和管径。

（2）导线绘制可以通过单击“默认”选项卡“绘图”面板中的“多段线”按钮或“直线”按钮来完成。采用“多段线”命令时，注意设置线宽 W。多段线是作为单个对象而创建的相互连接的序列线段，可以创建直线段、弧线段或两者的组合线段。故编辑多段线时，多段线是一个整体，而不是各线段。

（3）线路的布置涉及线路走向，故进行绘制时，❶应按下“状态栏”的“对象捕捉”按钮，❷并按下“正交”按钮，以便于绘制直线，如图 10-48 所示。

图 10-48　对象捕捉与追踪

（4）右击“对象捕捉”按钮，从弹出的快捷菜单中选择“对象捕捉设置”命令，打开“草图设置”对话框，切换到“对象捕捉”选项卡，单击右侧的“全部选择”按钮即可选中所有的对象捕捉模式。当线路复杂时，为避免自动捕捉干扰制图，用户可仅选中其中的几项即可。捕捉开启的快捷键为 F9。

（5）线路的连接应遵循电气元件的控制原理，比如一个开关控制一盏灯的线路连接方式与一个开关控制两盏灯的线路连接方式是不同的。读者在进行电气专业课学习时，应掌握电气制图的相关电气知识或理论。

图 10-49 即为线路绘制完毕后的图纸，读者可通过该线路图，分析各开关所控制的电器是否合理。

10.3.6　尺寸标注

（1）将当前图层设置为“标注”。尺寸标注主要为建筑平面尺寸、标高以及详图尺寸的标注。

（2）单击“默认”选项卡“注释”面板中的“标注样式”按钮，打开“标注样式管理器”对话框，单击“修改”按钮，打开“修改标注样式”对话框，在该对话框中进行样式设置，将文字高度设置为 400，将“箭头”样式设置为“建筑标记”，“箭头大小”设置为 300。

箭头的大小由制图比例确定，如制图比例为 1∶50，图纸中需表现 2mm 大小的箭头，则箭头大小应设置为 2mm×50＝100mm。

（3）利用线性标注。线性标注可以水平、垂直或对齐放置。使用对齐标注时，尺寸线将平行于两尺寸延伸线之间的直线（想象或实际）。基线（或平行）和连续（或链）标注

Note

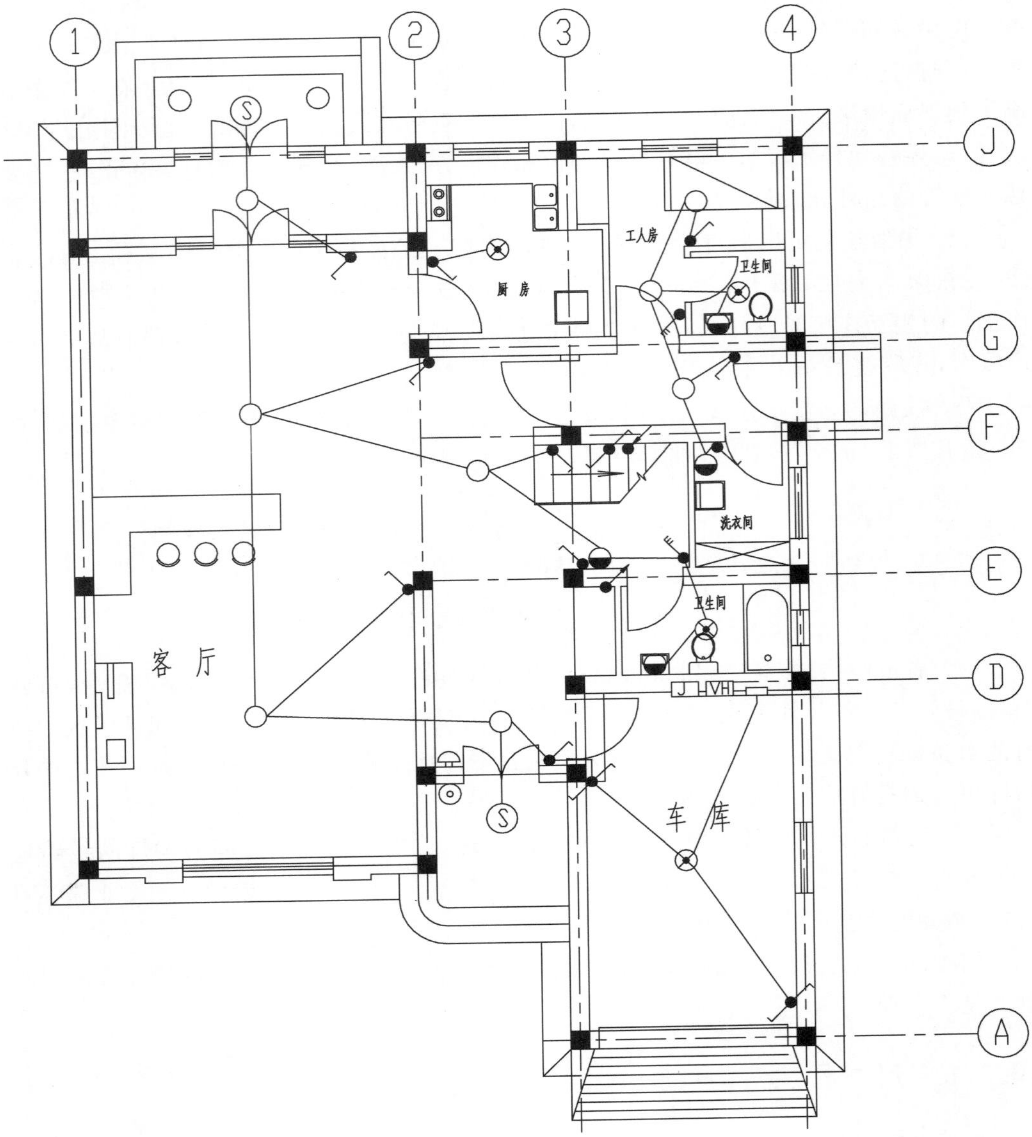

图 10-49　绘制电器连接导线

是一系列基于线性标注的连续标注。命令行提示与操作如下。

```
命令: _DIMLINEAR
指定第一个尺寸界线原点或 <选择对象>:
指定第二个尺寸界线原点:
指定尺寸线位置或
[多行文字(M)/文字(T)/角度(A)/水平(H)/垂直(V)/旋转(R)]:
标注文字 = 6000
```

尺寸标注方式提供了多种文字编辑方式，如"多行文字(M)/文字(T)/角度(A)/水平(H)/垂直(V)/旋转(R)"，对于一些特殊标注方式，此项非常有用。

(4) 利用连续标注。连续标注是指首尾相连的多个标注。在创建基线或连续标注之前，必须创建线性、对齐或角度标注。命令行提示与操作如下。

```
命令: _DIMCONTINUE
指定第二个尺寸界线原点或 [选择(S)/放弃(U)] <选择>:(按 Enter 键表示利用上一次标注的末点作为连续标注的起点，若需要指定任意标注的起点，则输入 S 进行选择)
标注文字 = 1800(要结束此命令，则按 Esc 键，或按两次 Enter 键)
```

说明：

连续标注与线性标注的区别如下：连续标注只需在第一次标注时指定标注的起点，下次标注则自动以上次标注的末点作为起点，因此连续标注时只需连续指定标注的末点。而对于线性标注每标注一次都要指定标注的起点及末点，其相比于连续标注效率较低。连续标注常用于建筑轴网的尺寸标注，一般在连续标注前，都先采用线性标注进行定位。

(5) 指北针的绘制。指北针的图纸尺寸为直径 14mm 的圆，指针底部宽为 3mm，因此图比例为 1∶100，故应在 AutoCAD 中画 1400mm 直径的圆，步骤如下：

① 绘制直径 1400mm 的圆；

② 绘制指针的一边；

③ 镜像指针的另一边；

④ 利用"图案填充"命令将指针涂黑；

⑤ 单行文字标注指向文字"北"。

绘制流程如图 10-50 所示。

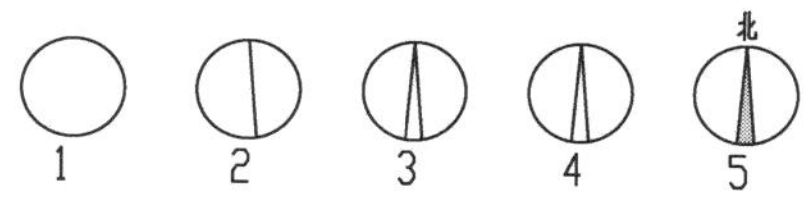

图 10-50 指北针图例绘制流程

注意：有的用户在绘制图形时发现圆变成了正多边形，图样变形了，此时，只需使用 VIEWRES 命令，将比例设得大一些，就可改善图形质量。

```
命令: VIEWRES ↙
是否需要快速缩放?[是(Y)/否(N)] <Y>:
输入圆的缩放百分比 (1 - 20000) <1000>: 5000 ↙
正在重生成模型.
```

VIEWRES 使用短矢量控制圆、圆弧、椭圆和样条曲线的外观。矢量数目越大，圆

或圆弧的外观越平滑。例如，如果创建了一个很小的圆，然后将其放大，它可能显示为一个多边形。使用 VIEWRES 增大缩放百分比并重生成图形，可以更改圆的外观并使其平滑。减小缩放百分比会有相反的效果。

Note

上述操作也可通过如下方法实现：选择菜单栏中的“工具”→❶“选项”→❷显示→❸显示精度，如图 10-51 所示。

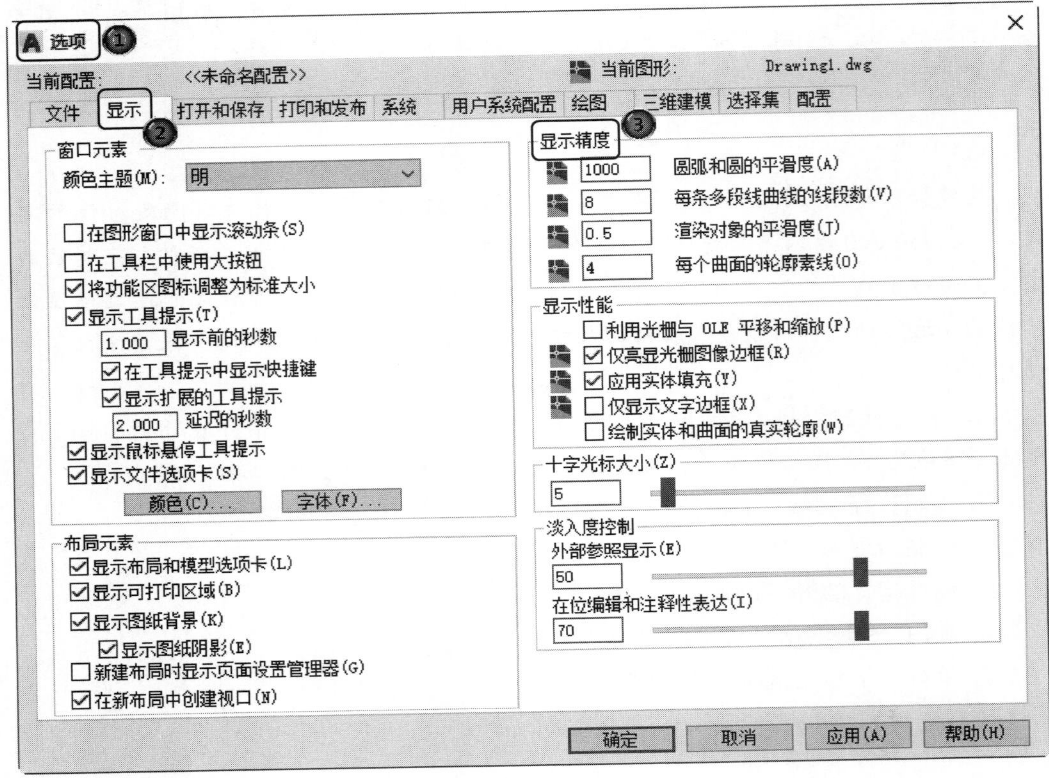

图 10-51 显示精度

单击“默认”选项卡“修改”面板中的“移动”按钮✥，将指北针移动到图纸的右上角处。各文字及尺寸标注完成后，结果如图 10-52 所示。图中 WL2 表示照明线路 2(数值表示编号)；线路上的斜线加数值，表示导线的根数，如为 2，则导线根数共计 2 根；灯具标注的横线上方 40 表示功率 40W，横线下方 2.3 表示安装高度，横线右侧 W 字母表示灯具为壁装。读者可根据前述所讲的电气工程图文字标注说明，进行电气工程图识图。

注意： 用户可以将以上绘制的图例创建为块，即将图例以块为单位进行保存，并归类于一个文件夹内，以后再次需要利用此图例制图时，只需“插入”该图块即可。同时，还可以对块进行属性赋值。图块的使用可以大大提高制图效率。

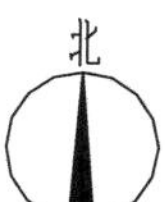

Note

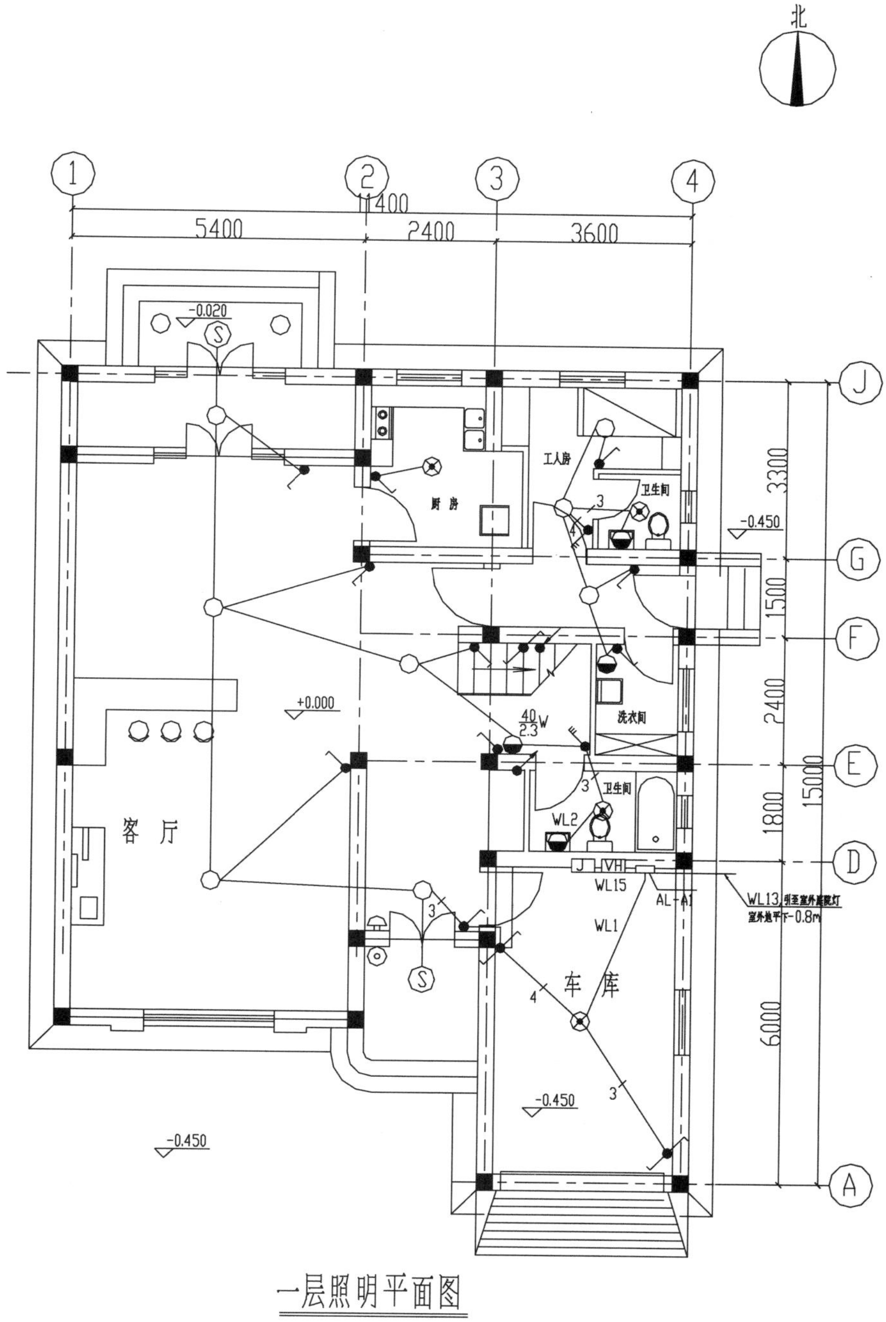

一层照明平面图

图 10-52　一层照明平面图

10-4

Note

10.4 绘制别墅插座平面图

一般建筑电气工程照明平面图应表达出插座等(非照明电器)电气设备,但有时可能因工程庞大,电气化设备布置得很复杂,为使建筑照明平面图表达清晰,可将插座等一些电气设备归类,单独绘制(根据图纸深度,分类分层次),以求表达清晰。

10.4.1 表达内容及绘制步骤

插座平面图主要应表达的内容有插座的平面布置、线路、插座的文字标注(种类、型号等)、管线等。

插座平面图的一般绘制步骤如下(基本同照明平面图的绘制)。

(1) 画房屋平面(外墙、门窗、房间、楼梯等)建筑图。

电气工程 CAD 制图中,对于新建结构,往往会由建筑专业提供建筑图;对于改建、改造建筑,则需进行建筑图绘制。

(2) 画配电箱、开关及电力设备。

(3) 画各种插座等。

(4) 画进户线及各电气设备的连接线。

(5) 对线路、设备等附加文字标注。

(6) 附加必有的文字说明。

10.4.2 绘制插座平面图

1. 图纸图框

图框仍采用前述的 A4 标准图框,其绘制过程可参考前面章节,比例仍同照明平面图,为 1∶100。由于插座平面图只是照明平面图中的子部分,故其绘制过程基本上与电气照明平面图相同。

初学读者可在此处练习基本绘图命令,如直线、多线、矩形、快捷命令以及状态控制按钮的“开”与“关”。

有一定 AutoCAD 应用基础的读者,可在此处练习一下有关 CAD 制图中 DWT 模板文件的制作及调用过程,从 DWT 文件的创建,到直接利用 DWT 模板文件,练习并熟悉其保存及新建图纸的过程,以提高 CAD 制图速度。

2. 图层设置

图层设置同前述照明平面图设置过程,如图 10-53 所示。

3. 文字样式

此处文字样式设置可参考前述章节。

4. 标注样式

AutoCAD 关于标注样式设置窗口,较以前版本略有变动,只是多了“符号和箭头”选项卡,在其他版本中此项往往位于“直线与箭头”选项卡。

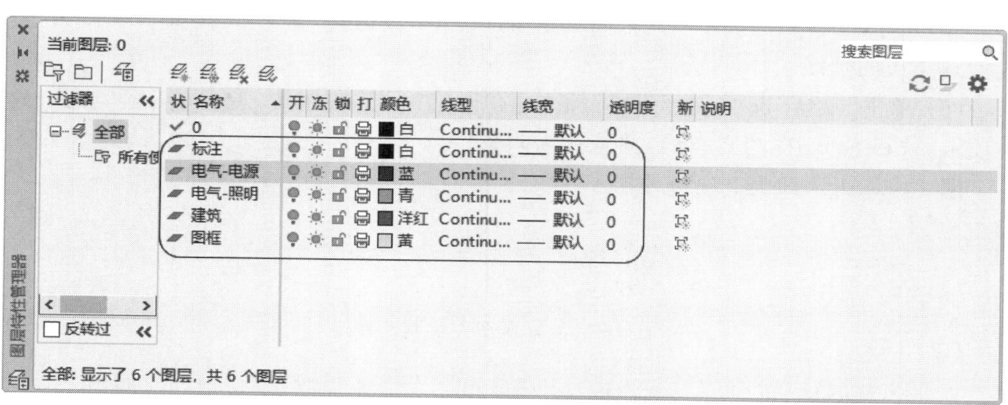

图 10-53　图层设置

☎ **注意：**可利用 DWT 模板文件创建某专业 CAD 制图的统一文字及标注样式，便于下次制图时直接调用，而不必重复设置样式。用户也可以从 CAD 设计中心查找所需的标注样式，直接导入新建的图纸中，即完成调用。

5. 建筑图绘制

限于篇幅，此处不多叙述。建筑图的绘制涉及多项 AutoCAD 基本操作命令，读者应多加练习，以求熟能生巧。注意把建筑图置于“建筑”图层内。

本节直接利用 10.3.3 节已经绘制好的建筑图 10-43。

6. 插座与开关图例绘制

插座与开关都是照明电气系统中的常用设备。插座分为单相与三相，其安装方式分为明装与暗装。若不加说明，明装式一律距地面 1.8m，暗装式一律距地面 0.3m。开关分扳把开关、按钮开关和拉线开关。扳把开关分单连和多连，若不加说明，安装高度一律距地面 1.4m；拉线式开关分普通式和防水式，安装高度或距地 3m，或距顶 0.3m。各种类型插座与开关如图 10-54 所示。

插座						开关			
明装			暗装			拉线式		扳把式	
单相		三相	单相		三相				
普通	有地线	有地线	普通	有地线	有地线	普通	防水	单连	多连

图 10-54　各种插座与开关图例

以暗装三相有地线插座为例，其 AutoCAD 制图步骤如下。

(1) 单击“默认”选项卡“绘图”面板中的“圆”按钮，绘制直径 350mm 的圆(制图比例为 1∶100，A4 图纸上实际尺寸为 3.5mm)。

(2) 单击“默认”选项卡“绘图”面板中的“直线”按钮，绘制直径。

(3) 单击“默认”选项卡“修改”面板中的“修剪”按钮，剪去下半圆。

(4) 单击“默认”选项卡“绘图”面板中的“直线”按钮，绘制表示连接线的短线。

Note

（5）单击“默认”选项卡“修改”面板中的“镜像”按钮，以半圆竖直半径作为镜像线得到左边的短线。

（6）单击“默认”选项卡“绘图”面板中的“图案填充”按钮，打开“图案填充创建”选项卡，选择 SOLID 图案，将半圆填充为阴影。

图 10-55 所示即为其绘制步骤。

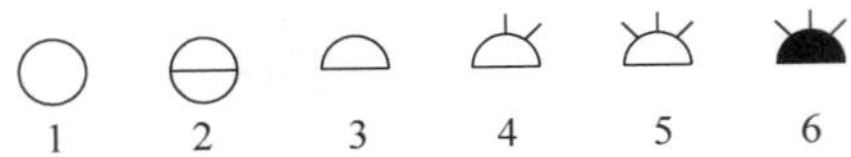

图 10-55　插座图例绘制流程

对于各种图例，可以统一制作成标准图块，统一归类管理，使用时直接调用，这样可以大大提高制图效率。也可利用 DWT 模板文件，在 0 图层绘制常用图块，以方便使用。

还可以灵活利用 CAD 设计中心，其库中预制了许多专业的标准设计单元，这些设计单元对标注样式、表格样式、布局、块、图层、外部参照、文字样式、线型等都做了专业的标准绘制，用户使用时可通过设计中心来直接调用。快捷键为 Ctrl+2。

重复利用和共享图形内容是有效管理 AutoCAD 电子制图的基础。使用 AutoCAD 设计中心，可以管理块参照、外部参照、光栅图像以及来自其他源文件或应用程序的内容。不仅如此，如果同时打开多个图形，还可以通过在图形之间复制和粘贴内容（如图层定义）来简化绘图过程。

在内容区域中，通过拖动、双击或右击，从弹出的快捷菜单中选择“插入为块”“附着为外部参照”或“复制”命令，可以在图形中插入块、附着外部参照或复制图形，如图 10-56 所示。可以通过拖动或右击向图形中添加其他内容（例如图层、标注样式和布局）。可以从设计中心将块和填充图案拖动到工具选项板中。

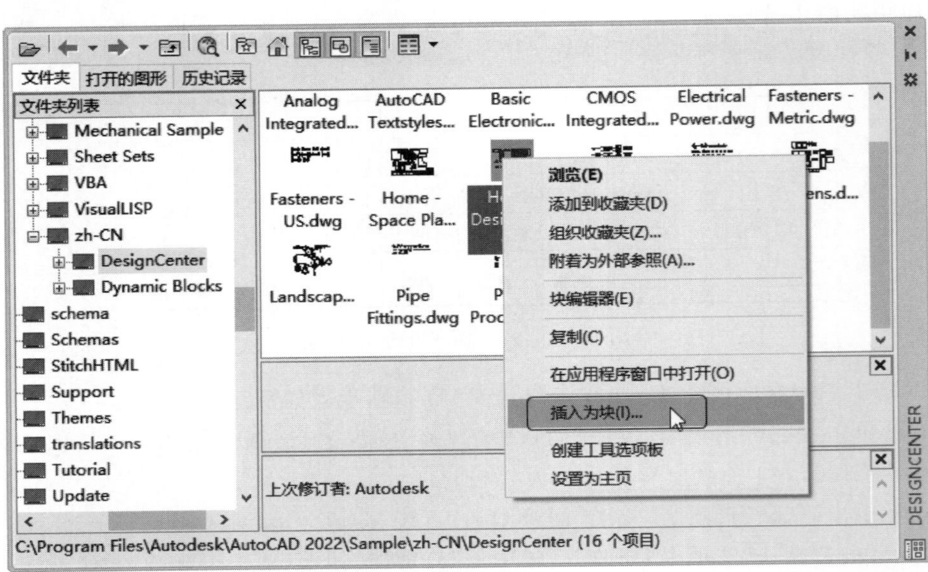

图 10-56　设计中心模块

Note

7. 图形符号的平面定位布置

将当前图层指定为“电源-照明(插座)”。将绘制好的图例通过“复制”等基本命令，按设计意图一一对应复制到相应位置，插座的定位与房间的使用要求有关，配电箱、插座等贴着门洞的墙壁设置，如图 10-57 所示。

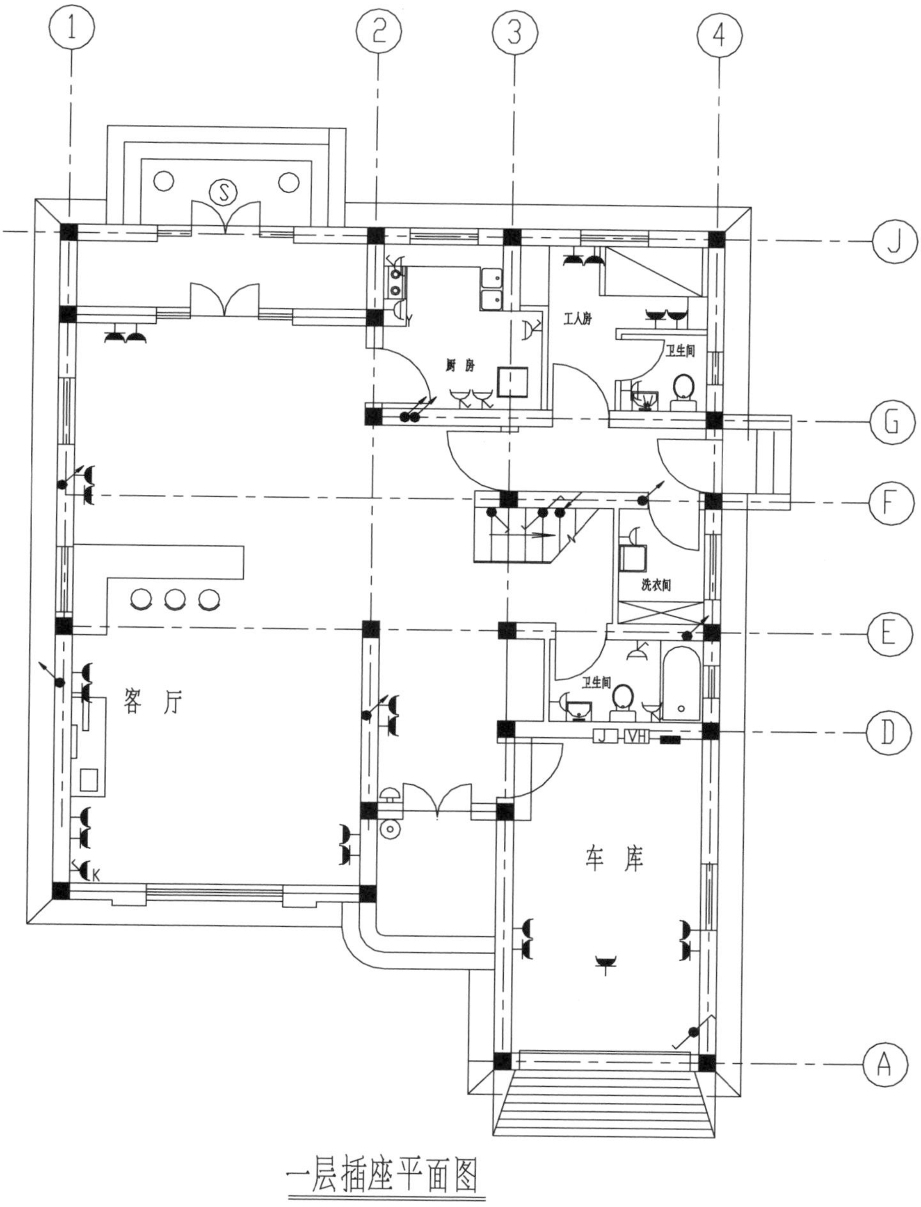

1 2 3 4 J G F E D A

工人房 卫生间 厨房 洗衣间 卫生间 客厅 车库

一层插座平面图

图 10-57　一层插座布置

8. 绘制线路

将当前图层设置为“线路”层。单击“默认”选项卡“图层”面板中“图层特性”下拉列

表框处的"线路"图层即可，也可以从"图层特性管理器"选项板中进行设置。

在图纸上绘制完配电箱和各种电气设备符号后，即可绘制线路，线路的连接应符合电气工程原理，并充分考虑设计意图。在绘制线路前，应按室内配线的敷线方式规划出较为理想的线路布局。绘制线路时，应用中粗实线绘制干线、支线的位置及走向，连接好配电箱至各灯具、插座及所有用电设备和器具的构成回路，并将开关至灯具的连线一并绘出。在单线条上画出细斜面用来表示线路的导线根数，并在线路的上侧或下侧用文字符号标注出干/支线编号、导线型号及根数、截面、敷设部位和敷设方式等。当导线采用穿管敷设时，还要标明穿管的品种和管径。

绘制完成的线路如图 10-58 所示。读者可识读该图的线路控制关系。

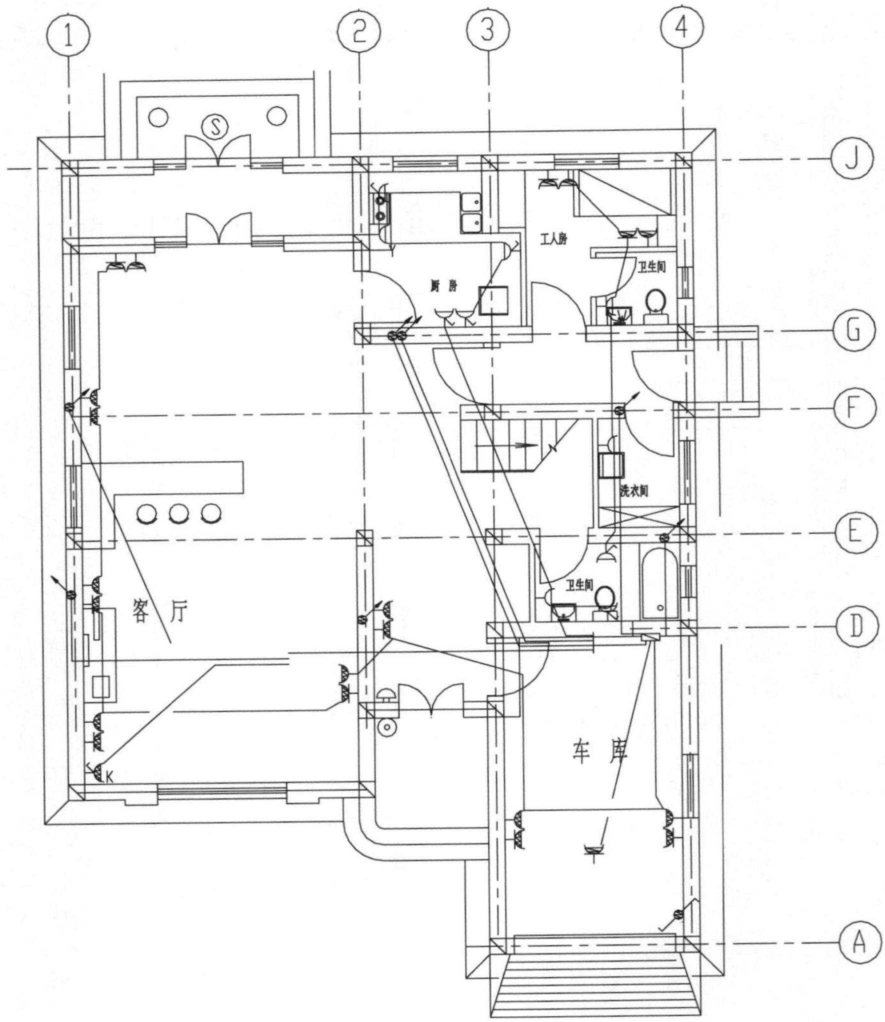

一层插座平面图

图 10-58　一层插座平面布置图

注意：建筑设计规范中 GB 是国家标准，此外还有行业规范、地方标准等。

AutoCAD 将操作环境和某些命令的值存储在系统变量中。可以通过直接在命令提示下输入系统变量名来检查任意系统变量和修改任意可写的系统变量，也可以通过使用 SETVAR 命令或 AutoLISP® getvar 和 setvar 函数来实现。许多系统变量还可以通过对话框中的选项访问。要访问系统变量列表，应在“帮助”窗口的“目录”选项卡中单击“系统变量”旁边的“+”号。

用户应对 AutoCAD 某些系统变量的设置意义有所了解，CAD 的某些特殊功能往往是通过修改系统变量来实现的。AutoCAD 中共有上百个系统变量，通过改变其数值，可以提高制图效率。

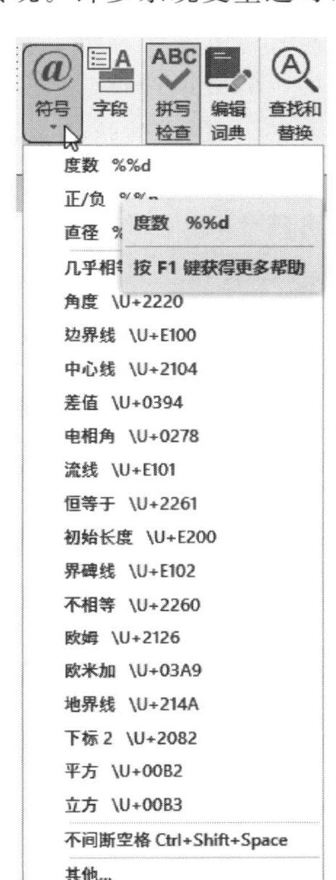

图 10-59　“符号”命令按钮

9. 标注、附加说明

将当前图层设置为“标注”。前文已经讲述文字标注的代码符号，读者可自行学习。此外，读者可通过阅读前文来熟悉标注样式设置的各环节。

☎ **注意**：电气工程制图中可能涉及诸多特殊符号，特殊符号的输入在单行文本输入与多行文本输入中有很大不同，因此对于字体文件的选择特别重要。多行文字中插入符号或特殊字符的步骤如下。

(1) 双击多行文字对象，打开“多行文字编辑器”选项卡。

(2) 在“插入”面板中单击“符号”按钮@，如图 10-59 所示。

(3) 单击符号列表上的某符号，或选择“其他”命令打开“字符映射表”对话框，如图 10-60 所示。在“字符映射表”对话框中选择一种字符，并使用以下方法之一插入。

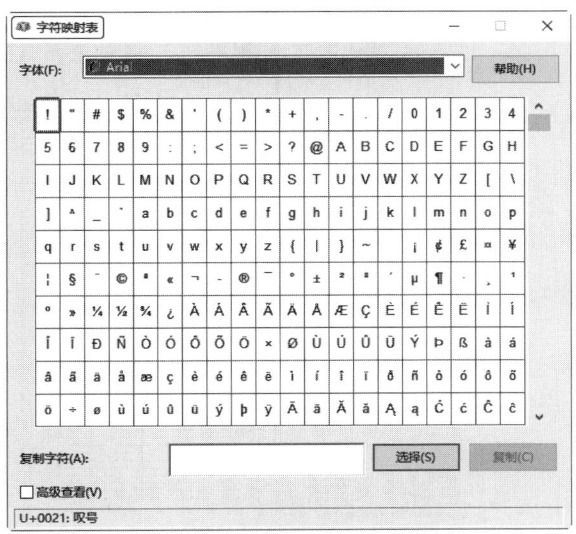

图 10-60　“字符映射表”对话框

Note

① 要插入单个字符，应将选定字符拖动到编辑器中。

② 要插入多个字符，则单击“选择”按钮，将要插入的所有字符都添加到“复制字符”框中。选择了所有所需的字符后，单击“复制”按钮，然后在编辑器中右击，从弹出的快捷菜单中选择“粘贴”命令。

关于特殊符号的运用，用户可以适当记住一些常用符号的 ASC 代码，也可以试着从软键盘中输入，即右击输入法工具条，弹出相关字符的显示框，如图 10-61 所示。

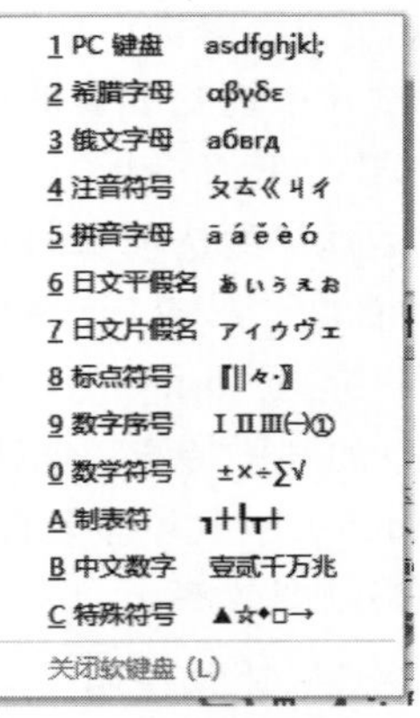

图 10-61　软键盘输入特殊字符

图 10-62 为完成标注后的插座平面图。

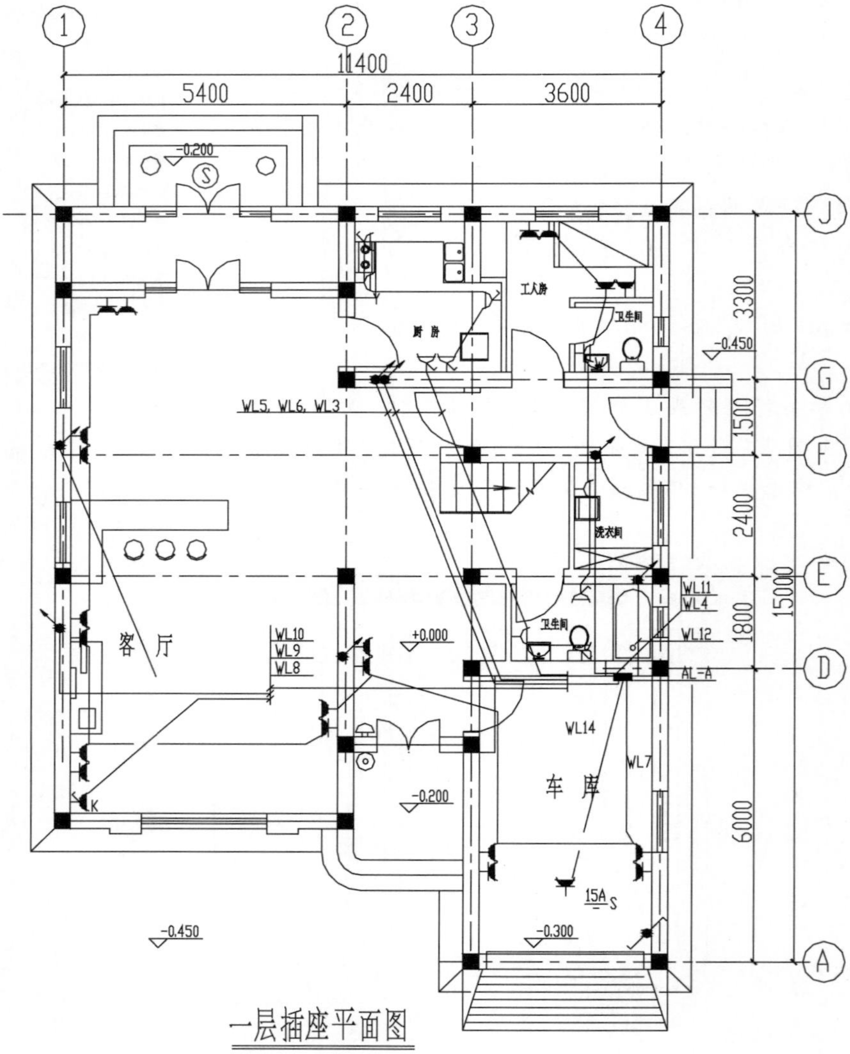

一层插座平面图

图 10-62　一层插座平面图

10-5

Note

10.5　绘制别墅照明系统图

电气制图国家标准中对系统图的定义如下：用符号或带注释的框图，概略地表示系统或分系统的基本组成、相互关系及其主要特征的一种简图。系统的组成有大有小，以某工厂为例，有总降压变电所系统图、车间动力系统图以及一台电动机的控制系统图和照明灯具的控制系统图等。

动力、照明工程设计是现代建筑电气工程最基本的内容，所以动力、照明工程图亦为电气工程图最基本的图纸。动力、照明工程图的主要内容包括系统图、平面图、配电箱安装接线图等(注意图纸的编排顺序)。

动力、照明系统图是用图形符号、文字符号绘制的一种简图，用来概略表示该建筑内动力、照明系统或分系统的基本组成、相互关系及主要特征。它具有电气系统图的基本特点，能集中反映动力及照明的安装容量、计算容量、计算电流、配电方式，导线或电缆的型号、规格、数量、敷设方式及穿管管径，开关及熔断器的规格型号等。它和变电所的接线图属于同一类型图纸，均为系统图，只是动力、照明系统图比变电所主接线图表示得更为详细、清晰。

室内电气照明系统图的主要内容是建筑物内的配电系统的组成和连接示意图。主要有电源的引进设置总配电箱、干线分布、分配电箱、各相线分配、计量表和控制开关等。

10.5.1　电气系统图绘图设置

1. 图层设置

单击“默认”选项卡“图层”面板中的“图层特性”按钮，打开“图层特性管理器”选项板，完成如图 10-63 所示的图层设置。

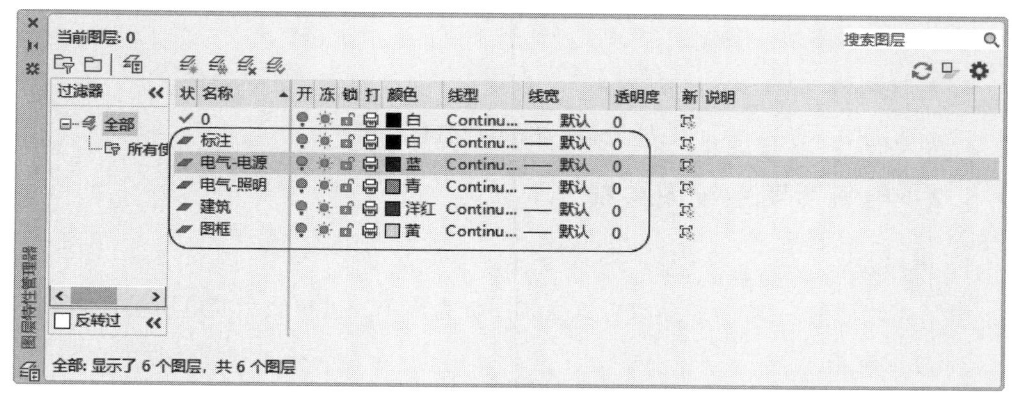

图 10-63　“图层特性管理器”选项板

设置各图层的相关状态，如颜色、线型、线宽等，这些状态用于控制不同图层上相应的图样，以利于区别显示。

Note

2. 绘制图框

图框仍采用前述的A4标准图框,其绘制可参考前面章节。系统图的绘制采用单线法表示,不存在平面位置定位,故不对比例作过多要求,只需根据工程规模,清晰准确表达设计内容就可以。此处根据前面图幅,仍然采用与照明平面图相同的比例,即1∶100。

用户也可以直接从其他已绘制完成的电子图中复制图框至新建图纸中。另外,也可以从CAD设计中心插入图框块。

3. 文字样式设置

单击"默认"选项卡"注释"面板中的"文字样式"按钮,❶打开"文字样式"对话框,如图10-64所示。

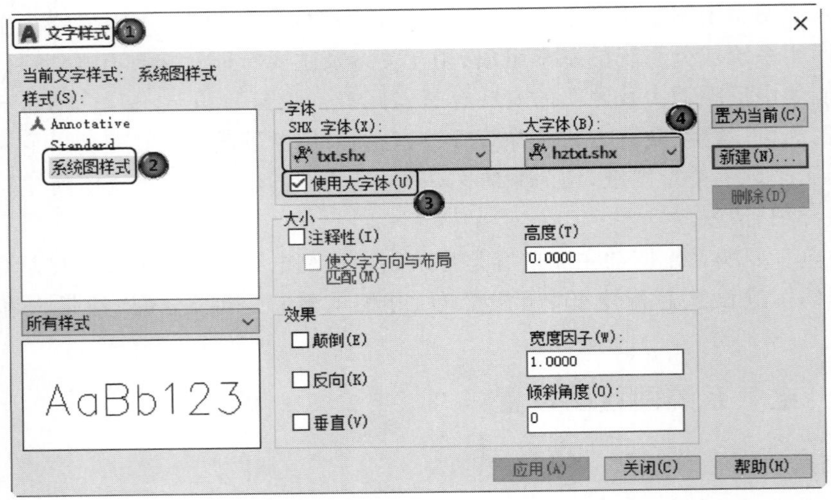

图10-64 "文字样式"对话框

❷新建样式名为"系统图样式"。❸选中"使用大字体"复选框,❹并进行如下字体组合:txt.shx+hztxt.shx。

4. 标注样式

由于系统图不涉及平面尺寸的标注,故不设置标注样式。

10.5.2 电气照明系统图绘制

1. 进户线

由于此处别墅为独立住宅,故电气系统图较为简单。进户线由变电所设计确定。

2. 总配电箱

总配电箱绘制如图10-65所示。注意应在"电气-电源"图层下绘制。该图的绘制主要涉及的命令就是"直线"及"单行文字",较简单,本书不作细节介绍。读者可自己练习。

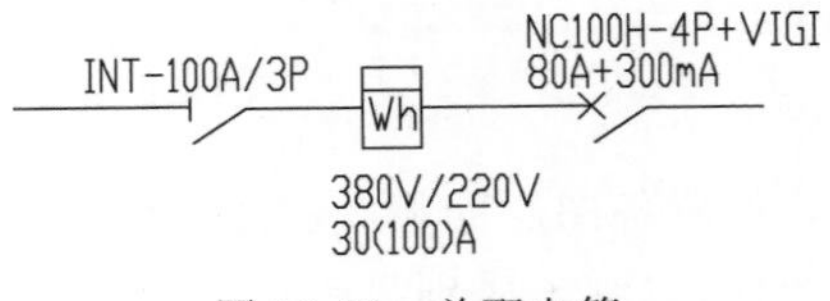

图10-65 总配电箱

Note

配电箱所标注的文字说明如下。

(1) INT-100A/3P 表示隔离开关型号，即 INT 系列，可带负荷分断和接通线路，提供隔离保护功能开关的极数为 3 极，额定电流为 100A。

(2) 电度表 Wh 380V/220V-30(100)A 表示电度比参比电压为 380V/220V，基本电流为 30(100)A。

(3) NC100H-4P＋VIGI-80A＋300mA 表示断路器型号，即 NC 系列，VIGI 表示漏电保护断路器，开关极数为 4 极，额定电流分别为 80A、300mA。

相关文字符号的应用可参见前述相关章节。

另外，由于电气图形符号的辅助文字标注格式基本上是统一的，可制作带属性的图块，在标注时，只需插入相应图块，更改相应属性值即可，读者可以试一试。其方法类似于前述章节的建筑图绘制"圆圈轴号"的绘制方法。

3. 干线

干线指总配电箱至各用户配电箱之间的线路。本例中，因为是独立别墅，没有再设置分用户配电箱。若有用户配电箱，只需从总配电箱引出线路(单线表示)至各用户配电箱以形成连接即可。

可利用"直线"命令或"多线"命令进行绘制。此处不作细节描述。

4. 分配电箱

本例中不涉及各用户的配电箱，其画法与总配电箱类似，应标注相关电气设备的型号、规格等。此处不再赘述。

5. 各相线分配

各回路主要是设计该回路的开关、灯具、插座、线路等，并标注其编号、型号、规格等。图 10-66 为某回路的标注。

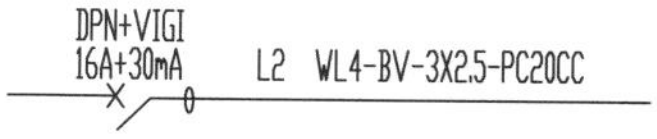

DPN+VIGI
16A+30mA　L2　WL4-BV-3X2.5-PC20CC

图 10-66　各相线分配

文字标注解释如下。

(1) 断路器　DPN＋VIGI 表示带漏电保护器的型号为 DPN 的断路器，额定电流分别为 16A 与 30mA。

(2) 线路标注　L2 表示编号为 2 的干线，WL4-BV-3×2.5-PC20CC，其中 WL4 表示第 4 条照明线路，BV 表示聚氯乙烯铜芯线，3×2.5 表示 3 根 2.5mm^2 的线，PC20CC 表示采用直径为 20mm 的硬塑料管穿线，沿柱暗敷。

线路的标注一般采用"单行文字"命令完成，注意标注时选择好文字样式及字体高度等。

另外，对于各线路文字的标注的含义，读者应多加理解记忆，应非常熟悉常见的标注方式，这也是制图与识图必备的一些能力。

注意：在实际设计中，虽然组成图块的各对象都有自己的图层、颜色、线型和线宽等特性，但插入图形后，图块各对象原有的图层、颜色、线型和线宽特性常常会发生变化。图块组成对象图层、颜色、线型和线宽的变化，涉及图层特性(包括图层设置和图层状态)的变化。图层设置是指在图层特性管理器中对图层的颜色、图层的线型和图层的线宽的设置；图层状态是指图层的打开与关闭状态、图层的解冻与冻结状态、图层的解锁与锁定状态和图层的可打印与不可打印状态等。

用户首先应该学会 ByLayer(随层)与 ByBlock(随块)的使用,见图 10-67。两者的运用涉及图块组成对象图层的继承性与图块组成对象颜色、线型和线宽的继承性。

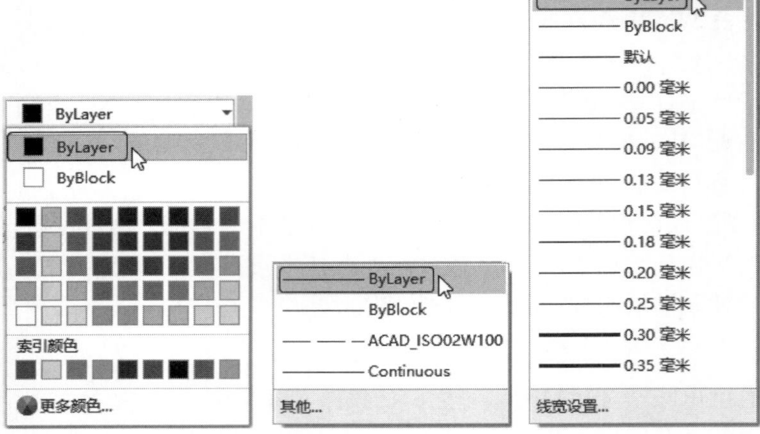

图 10-67 特性的随层与随块

ByLayer 设置就是在绘图时把当前颜色、当前线型或当前线宽设置为 ByLayer。如果当前颜色(当前线型或当前线宽)使用 ByLayer 设置,则所绘对象的颜色(线型或线宽)与所在图层的图层颜色(图层线型或图层线宽)一致,所以 ByLayer 设置也称为随层设置。

ByBlock 设置就是在绘图时把当前颜色、当前线型或当前线宽设置为 ByBlock。如果当前颜色使用 ByBlock 设置,则所绘对象的颜色为白色(White);如果当前线型使用 ByBlock 设置,则所绘对象的线型为实线(Continuous);如果当前线宽使用 ByBlock 设置,则所绘对象的线宽为默认线宽(Default),一般默认线宽为 0.25mm,默认线宽也可以重新设置。ByBlock 设置也称为随块设置。

绘制某条相线的回路,其中包括断路器、线路标注及文字说明,可直接单击“默认”选项卡“修改”面板中的“复制”按钮或“矩形阵列”按钮,进行等间距复制。最后,按各回路的设计要求修改各文字的标注,修改标注时,只需双击标注文字,就会发现文字出现背景色以及闪烁的文字编辑符,此时即可对所注文字进行修改。

6. 相关文字标注说明

将当前图层设置为“标注”。标注采用多行文字输入(注意特殊符号的应用)。下面对配电系统的需要系数进行说明。需要系数是指同时系数和负荷系数的乘积。同时系数考虑了电气设备同时使用的程度,负荷系数考虑了设备带负荷的程度。需要系数是小于 1 的数值,用 K_x 来表示,它的值与电力系统、设备数目及设备效率有关。

各参数的含义如下:

$P_e = 35\text{kW}$　　表示设备容量;

$K_x = 0.9$　　表示需要系数;

$P_{js} = 31.5\text{kW}$　　表示有功功率计算负荷;

$\cos\phi = 0.9$　　表示负荷的平均功率因数;

$I_{js} = 53.2\text{A}$　　表示计算电流。

各项完成后，利用“阵列”或“复制”命令进行类似图线的重复绘制，并进行适当修改，即可得到最后的系统图，如图 10-68 所示。由图可见，“阵列”或“复制”命令的合理运用将极大地提高 AutoCAD 的制图效率。

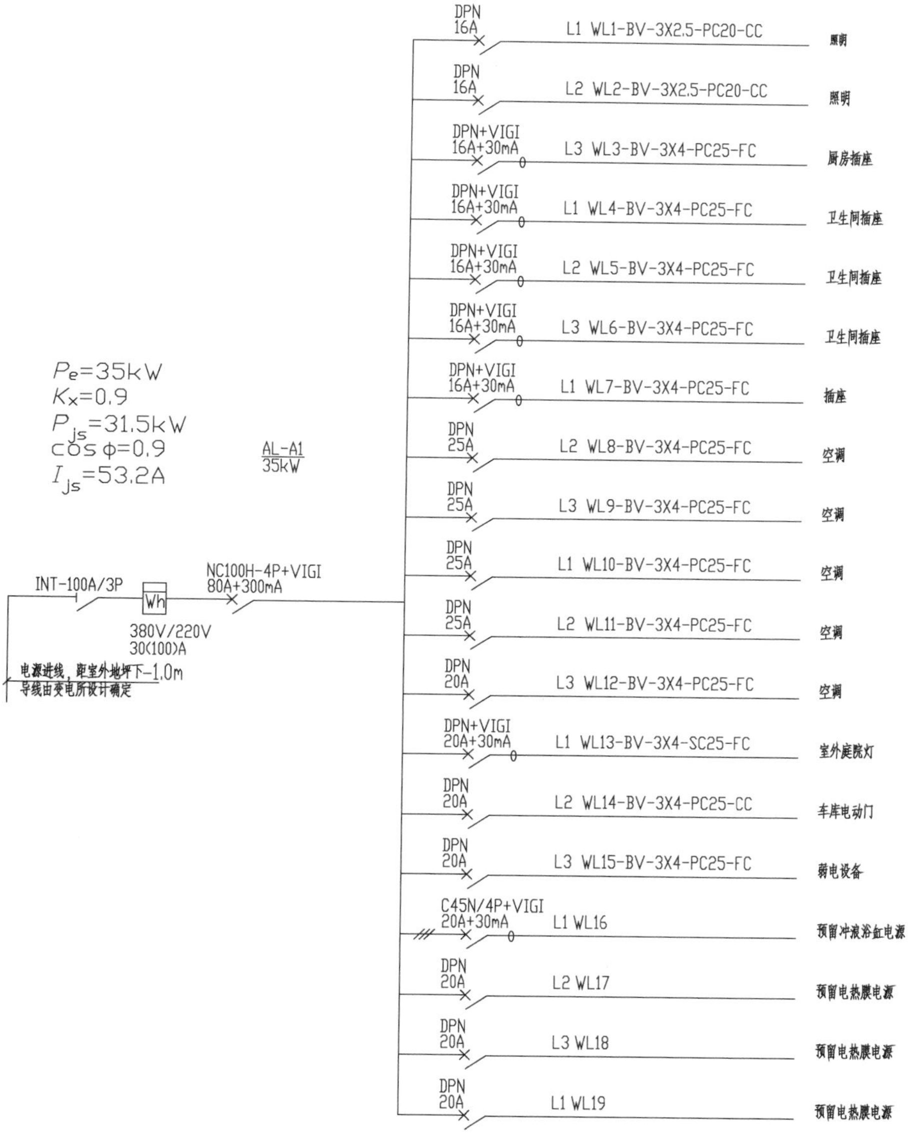

P_e=35kW
K_x=0.9
P_{js}=31.5kW
cos ϕ=0.9
I_{js}=53.2A

AL-A1
35kW

INT-100A/3P
Wh
380V/220V
30(100)A
NC100H-4P+VIGI
80A+300mA
电源进线，距室外地坪下-1.0m
导线由变电所设计确定

DPN 16A　L1 WL1-BV-3X2.5-PC20-CC　照明
DPN 16A　L2 WL2-BV-3X2.5-PC20-CC　照明
DPN+VIGI 16A+30mA　L3 WL3-BV-3X4-PC25-FC　厨房插座
DPN+VIGI 16A+30mA　L1 WL4-BV-3X4-PC25-FC　卫生间插座
DPN+VIGI 16A+30mA　L2 WL5-BV-3X4-PC25-FC　卫生间插座
DPN+VIGI 16A+30mA　L3 WL6-BV-3X4-PC25-FC　卫生间插座
DPN+VIGI 16A+30mA　L1 WL7-BV-3X4-PC25-FC　插座
DPN 25A　L2 WL8-BV-3X4-PC25-FC　空调
DPN 25A　L3 WL9-BV-3X4-PC25-FC　空调
DPN 25A　L1 WL10-BV-3X4-PC25-FC　空调
DPN 25A　L2 WL11-BV-3X4-PC25-FC　空调
DPN 20A　L3 WL12-BV-3X4-PC25-FC　空调
DPN+VIGI 20A+30mA　L1 WL13-BV-3X4-SC25-FC　室外庭院灯
DPN 20A　L2 WL14-BV-3X4-PC25-CC　车库电动门
DPN 20A　L3 WL15-BV-3X4-PC25-FC　弱电设备
C45N/4P+VIGI 20A+30mA　L1 WL16　预留冲浪浴缸电源
DPN 20A　L2 WL17　预留电热膜电源
DPN 20A　L3 WL18　预留电热膜电源
DPN 20A　L1 WL19　预留电热膜电源

图 10-68　照明系统图

10.6　绘制别墅防雷平面图

10-6

建筑防雷一般是指建筑物屋顶设置避雷带或避雷网，利用基础内的钢筋作为防雷的引下线，埋设人工接地体的方式来达到防雷效果。其平面图绘制比其他电气图简单一些。

Note

防雷平面图内容的表达顺序如下：

（1）屋顶建筑平面图；

（2）避雷带或避雷网的绘制；

（3）相关图例符号的标注；

（4）尺寸及文字标注说明；

（5）个别详图的绘制，如避雷针的安装图等。

10.6.1 绘图准备

1. 文字样式设置

单击“默认”选项卡“注释”面板中的“文字样式”按钮A，也可以在命令行中输入STYLE命令。❶打开“文字样式”对话框，如图10-69所示。

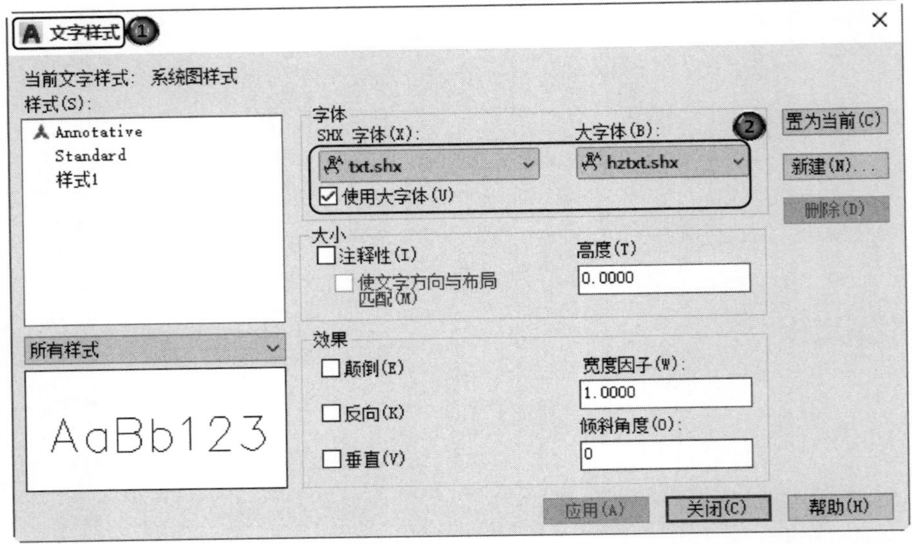

图10-69 “文字样式”设置

❷设置字体（一般选用大字体）、大小、效果等，文字高度设为默认值0，采用字体组合“txt.shx+hztxt.shx”。

2. 标注样式设置

单击“默认”选项卡“注释”面板中的“标注样式”按钮，❶打开“标注样式管理器”对话框，如图10-70所示。❷单击“修改”按钮，❸打开“修改标注样式：ISO-25”对话框，在其中进行样式设置。标注样式设置包括文字样式的选择、字高、建筑标记、尺寸线的长短、颜色、比例、单位等，如图10-71所示。

3. 图层设置

单击“默认”选项卡“图层”面板中的“图层特性”按钮，打开“图层特性管理器”选项板，设置图层名称（电气-防雷）、颜色、线型、线宽、状态（开、冻结、打印等），如图10-72所示。

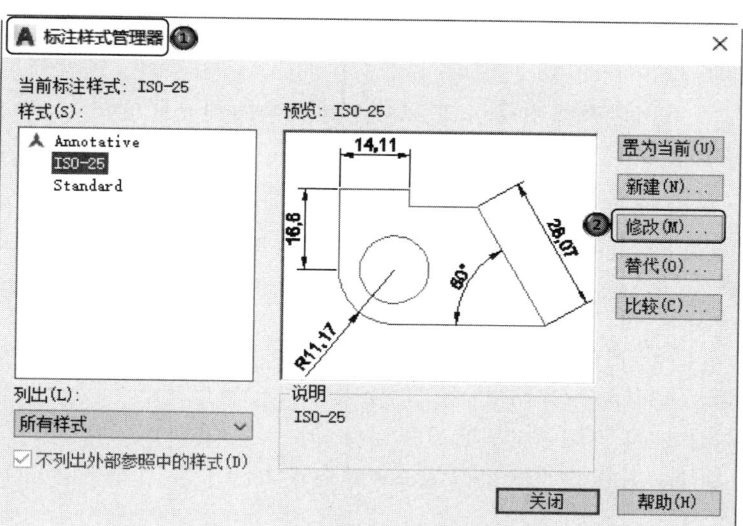

图 10-70　“标注样式管理器”对话框

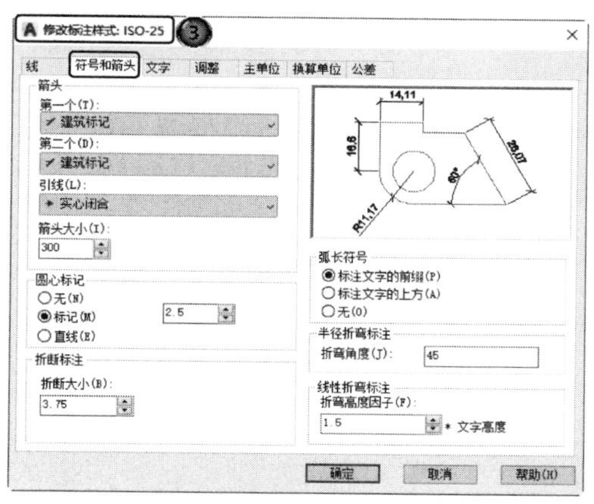

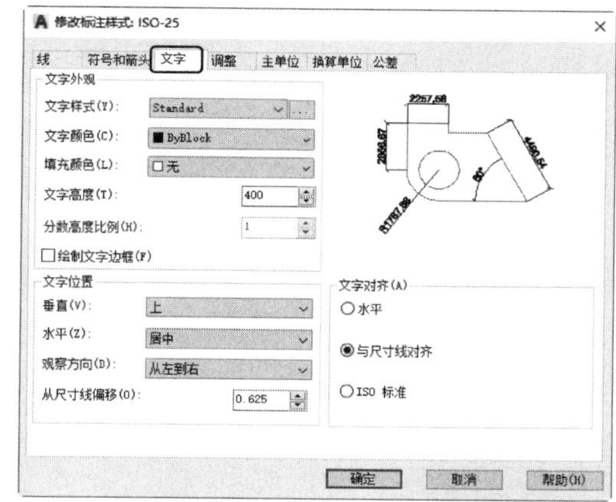

图 10-71　文字高度、符号和箭头设置

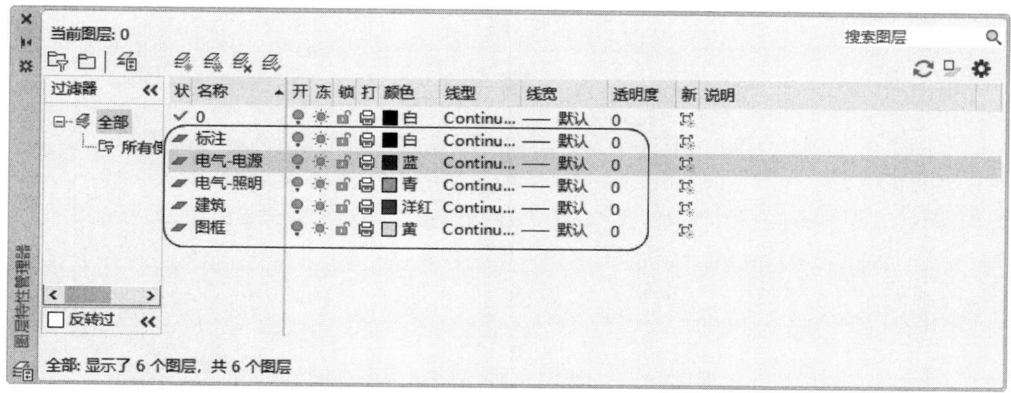

图 10-72　图层设置

Note

4. 图框及比例

将当前图层设为“图框”。图框仍采用前述的 A4 标准图框，其绘制过程可参考前面章节。因涉及平面位置关系，故一般采用与建筑平面图相同的比例 1∶100。也可先将绘制好的图框定义为图块，然后通过“插入块”命令来调用，再通过“缩放”命令进行图例比例设置。

以上设置均可通过定制 DWT 模板文件，并调用来实现一步到位，快捷省时。在定制模板文件的过程中，应注意把文件保存为图形样板，即选择以 dwt 为后缀名的保存格式，如图 10-73 所示。再次绘图时，只需打开该 DWT 模板文件，但绘图结束时，则应将其保存格式还原为 DWT 格式文件。

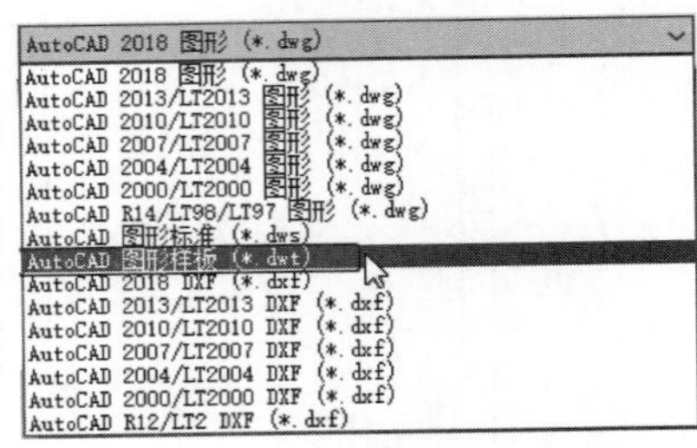

图 10-73　DWT 格式文件

10.6.2　绘制建筑物顶层屋面平面图

顶层屋面平面图的绘制内容较为简单，主要是屋顶轮廓线等的绘制，一般用户可直接调用建筑专业提供的顶层 CAD 图，直接在其上绘制防雷平面图。

1. 绘制定位轴线及轴号

（1）新建“轴线”图层，并将轴线层设置为当前图层。注意轴线的线型为点划线。

（2）绘制初始轴线。单击“默认”选项卡“绘图”面板中的“直线”按钮╱，绘制正交直线，绘制时，可按下状态栏上的“正交”按钮∟，进而可以在正交方向直接输入直线长度。分别绘制长约 20000mm 的水平直线和长约 23000mm 的竖直直线，如图 10-74 所示。

（3）轴网的编辑。可以单击“默认”选项卡“修改”面板中的“偏移”按钮⊆，也可以单击“默认”选项卡“修改”面板中的“复制”按钮ꝏ来完成，指定偏移或复制的距离，如图 10-75 所示。

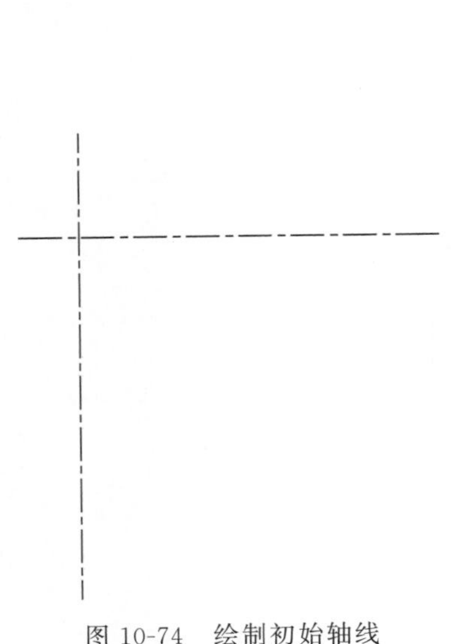

图 10-74　绘制初始轴线

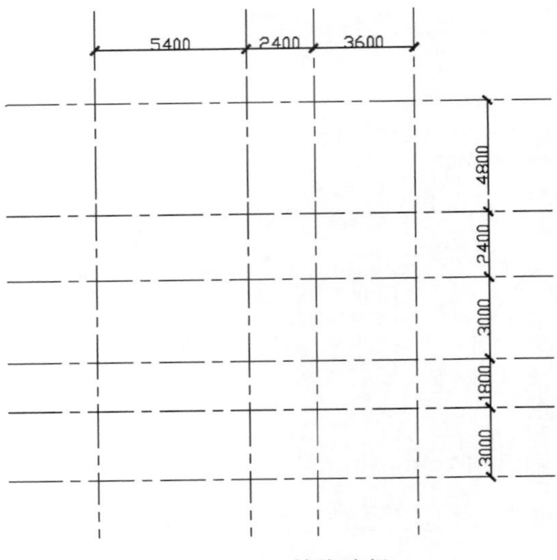

图 10-75　轴线编辑

(4) 轴线命名，轴号采用单行文字插入轴圈内，注意单行文字的起点为文字的左下角，然后将轴圈及轴号逐一复制至各轴线末端，双击轴圈内文字，逐一修改轴号。

轴网绘制结果如图 10-76 所示。

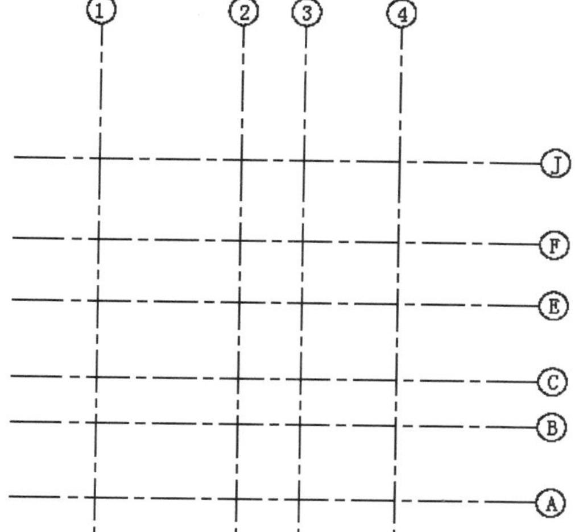

图 10-76 绘制轴网

2. 绘制檐口轮廓线

(1) 指定多线样式。选择菜单栏中的“格式”→“多线样式”命令，❶打开“多线样式”对话框，如图 10-77 所示。❷单击“新建”按钮，❸打开“创建新的多线样式”对话框，❹输入新样式名“檐口轮廓线”，如图 10-78 所示。❺单击“继续”按钮，❻打开“新

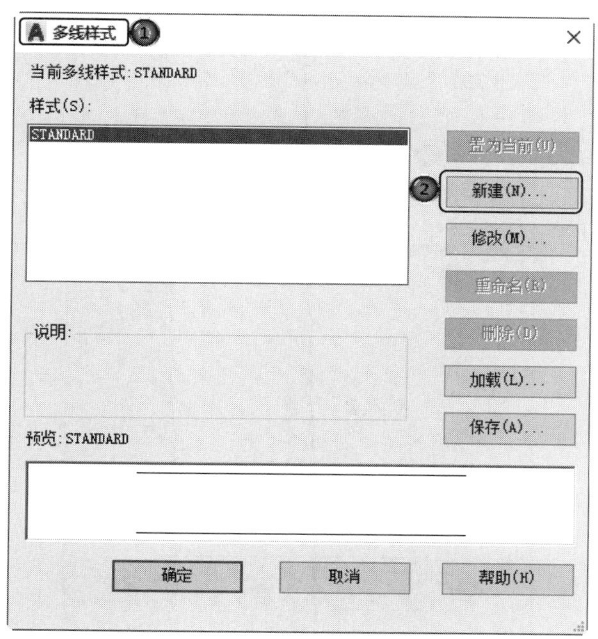

图 10-77 “多线样式”对话框

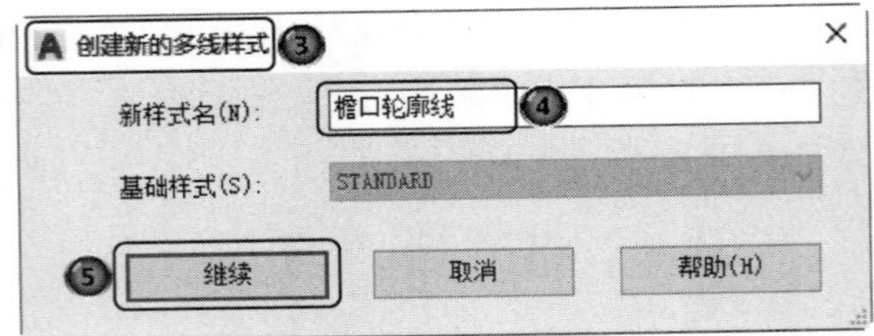

图 10-78 “创建新的多线样式”对话框

Note

建多线样式：檐口轮廓线”对话框，❼在“封口”选项区的“直线”项后选中“起点”和“端点”复选框，❽单击“图元”列表框中的图元，在下面的“偏移”文本框中分别将偏移值改为 250mm 和－250mm，如图 10-79 所示。❾单击“确定”按钮，❿回到“多线样式”对话框，⓫在“样式”列表框中选择“檐口轮廓线”样式，如图 10-80 所示，⓬单击“置为当前”按钮，⓭再单击“确定”按钮，即完成多线样式的设置和指定。

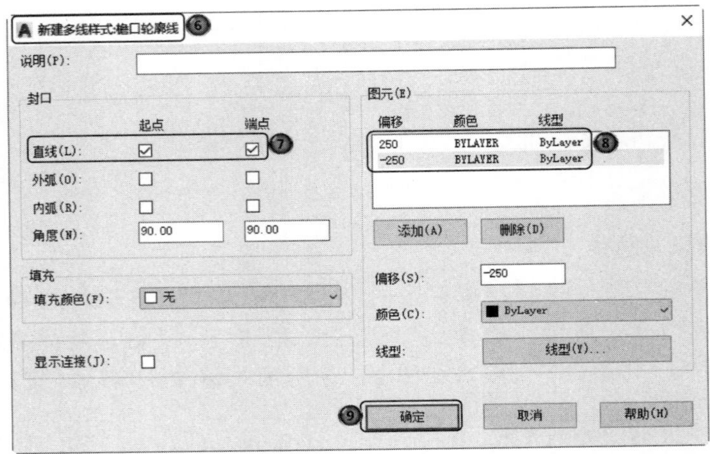

图 10-79 “新建多线样式：檐口轮廓线”对话框

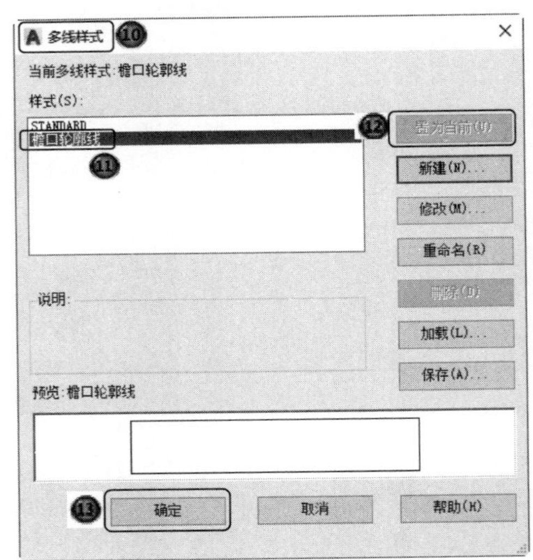

图 10-80 指定多线样式

Note

（2）选择菜单栏中的“绘图”→“多线”命令，绘制墙线。根据墙体的分布布置情况，连续绘制墙线，命令行提示与操作如下。

```
命令: _MLINE
当前设置: 对正 = 上,比例 = 20.00,样式 = 檐口轮廓线
指定起点或 [对正(J)/比例(S)/样式(ST)]: J↙
输入对正类型 [上(T)/无(Z)/下(B)] <上>: Z↙
当前设置: 对正 = 无,比例 = 20.00,样式 = 檐口轮廓线
指定起点或 [对正(J)/比例(S)/样式(ST)]: S↙
输入多线比例 <20.00>: L↙
当前设置: 对正 = 无,比例 = 20.00,样式 = 檐口轮廓线
指定起点或 [对正(J)/比例(S)/样式(ST)]:(指定多线起点,打开捕捉方式,捕捉轴线交点)
指定下一点:(指定下一点)
指定下一个点或 [放弃(U)]:(按 Enter 键结束绘制)
```

结果如图 10-81 所示。

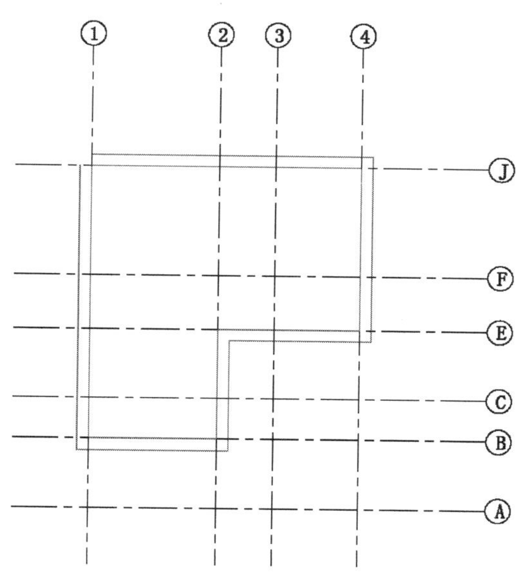

图 10-81　绘制多线

（3）利用多线编辑工具对墙线进行细部修改。选择菜单栏中的“修改”→“对象”→“多线”命令，弹出“多线编辑工具”对话框，如图 10-82 所示，分别选择不同的编辑方式和需要编辑的多线进行编辑，结果如图 10-83 所示。

（4）采用同样的方法绘制和编辑另外一条多线，多线宽度设置为 200mm，结果如图 10-84 所示。

3. 绘制屋脊线

根据《房屋建筑制图统一标准》(GB/T 50001—2017)可知，屋脊线为 45°斜线，此时，为得到 45°角，右击状态栏上的“极轴追踪”按钮 ，在弹出的快捷菜单中选择“正

Note

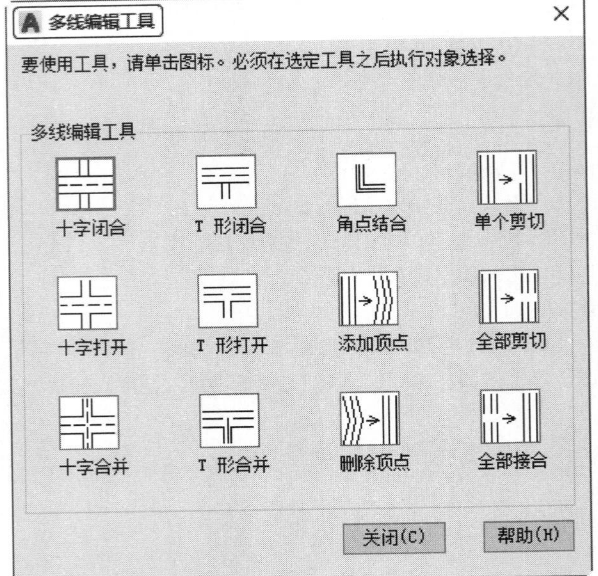

图 10-82　多线编辑工具

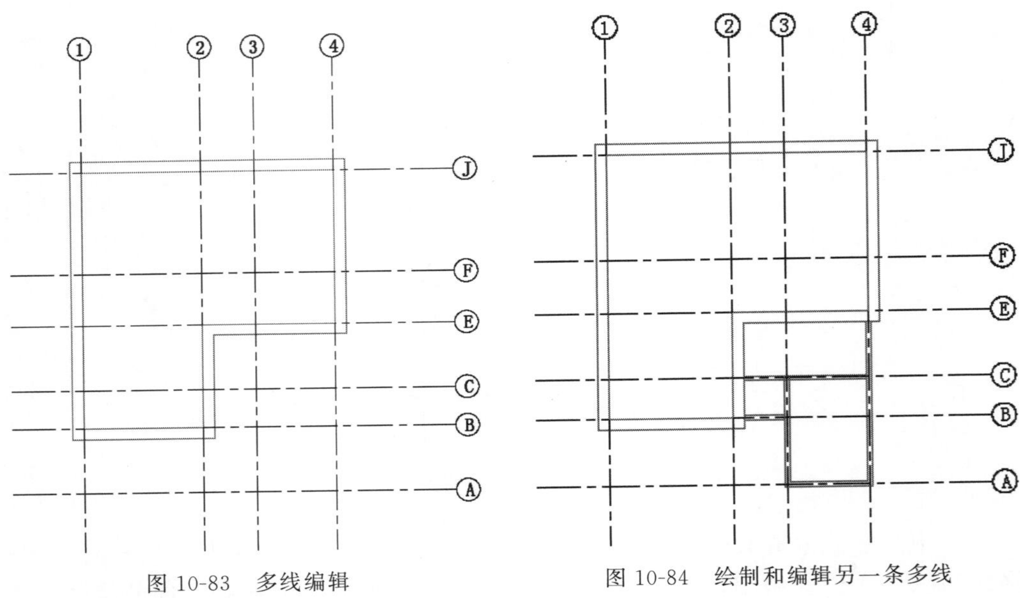

图 10-83　多线编辑　　　　图 10-84　绘制和编辑另一条多线

在追踪设置”命令，❶打开如图 10-85 所示的“草图设置”对话框，进行捕捉角度设置。❷选中“启用极轴追踪”复选框，❸并将“增量角”设置为 45°，此时在模型空间制图时，系统将自动提示 45°、90°、180°、225°、…。快捷键为 F10。

利用“直线”命令绘制 45°屋脊线，再将所有交点相连就得到平行的屋脊线，如图 10-86 所示。

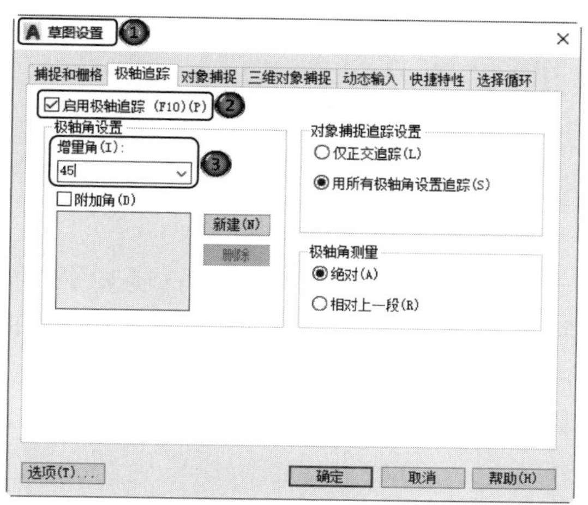

图 10-85 极轴角度设置

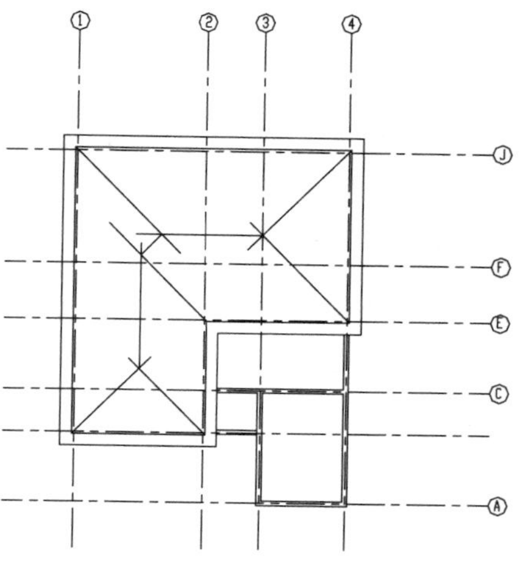

图 10-86 绘制屋脊线

4. 编辑各线段

这里主要是相关线段的“修剪”“复制”等。逐一修剪线段交点处多余的线段，并修剪去不必要的表达线段，如轴线、墙线的修剪。对于“多线”对象的修剪，则要使用如图 10-82 所示的多线编辑工具，或单击“默认”选项卡“修改”面板中的“分解”按钮，分解后再修剪，修剪后的图样如图 10-87 所示。

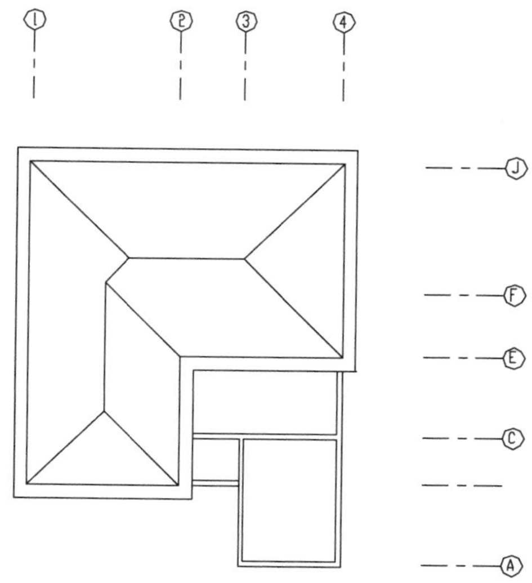

图 10-87 修剪后的图样

10.6.3 避雷带或避雷网的绘制

根据设计者的表达意图，一般沿屋脊线进行避雷带绘制，或进行避雷针的布置。

1. 等分屋脊线

将当前图层设置为“防雷”。单击“默认”选项卡“绘图”面板中的“定距等分”按钮，

将屋脊线等分，距离为 1800mm。命令行提示与操作如下。

```
命令：_MEASURE
选择要定距等分的对象：(依次选择各屋脊线)
指定线段长度或 [块(B)]:1800↙
```

Note

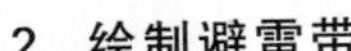

2. 绘制避雷带

绘制“——×——×——”避雷带时，对于“×”符号，只需单击“默认”选项卡“修改”面板中的“复制”按钮进行连续复制生成即可。单击状态栏上的“对象捕捉追踪”按钮，将避雷带符号逐一复制到定距等分得到的等分点。

房屋四角还应布接地线。接地线采用虚线加短斜线标记，同时各角部配有避雷针，如图 10-88 所示。

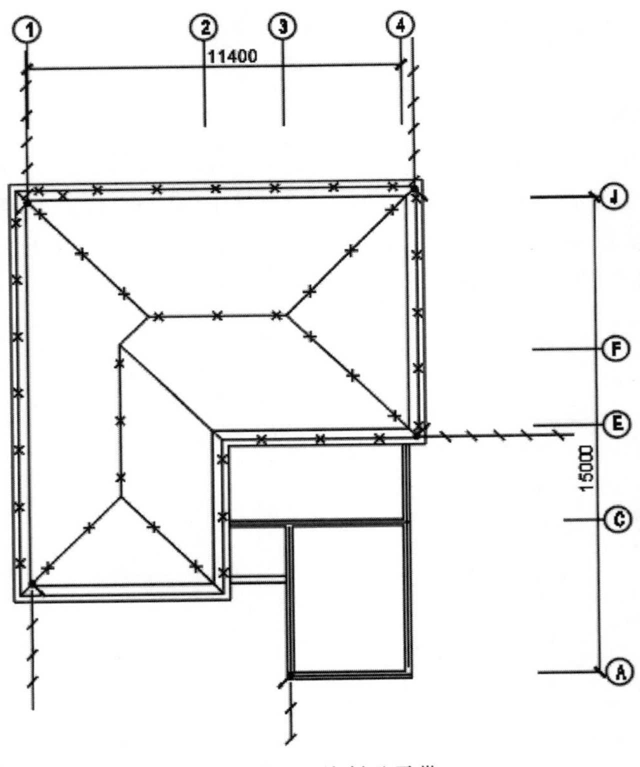

图 10-88　绘制避雷带

注意：由于避雷带符号布置规律均匀，也可将其视为一种线型。既然是一种线型，就可以通过自定义的方式定义该线型，再加载该线型，进而以线对象绘制避雷带。

对于避雷带的线型，读者也可以尝试自己制作，然后添加至 CAD 线型文件内。

3. 相关图例符号绘制

采用基本的 AutoCAD 绘制命令进行图例绘制，主要是一些接地符号、分区符号及引下线等的标注。也可创建标准的图例模块，然后利用“插入块”命令进行调用及修改。

在 AutoCAD 中可通过设计中心链接查找一些常用的标准图例。一般而言，设计

院均有本单位的图库。

4. 尺寸及文字标注说明

尺寸及文字标注主要是进行必要的一些标注，以及一些特定说明，以利于图纸的清晰表达。进行尺寸标注时，应注意标注样式的设置，以及尺寸大小的确定。

该别墅的顶层防雷平面图如图 10-89 所示。由图可知：避雷带沿屋脊线形成避雷网格，角部利用柱内钢筋作为地下引下线。

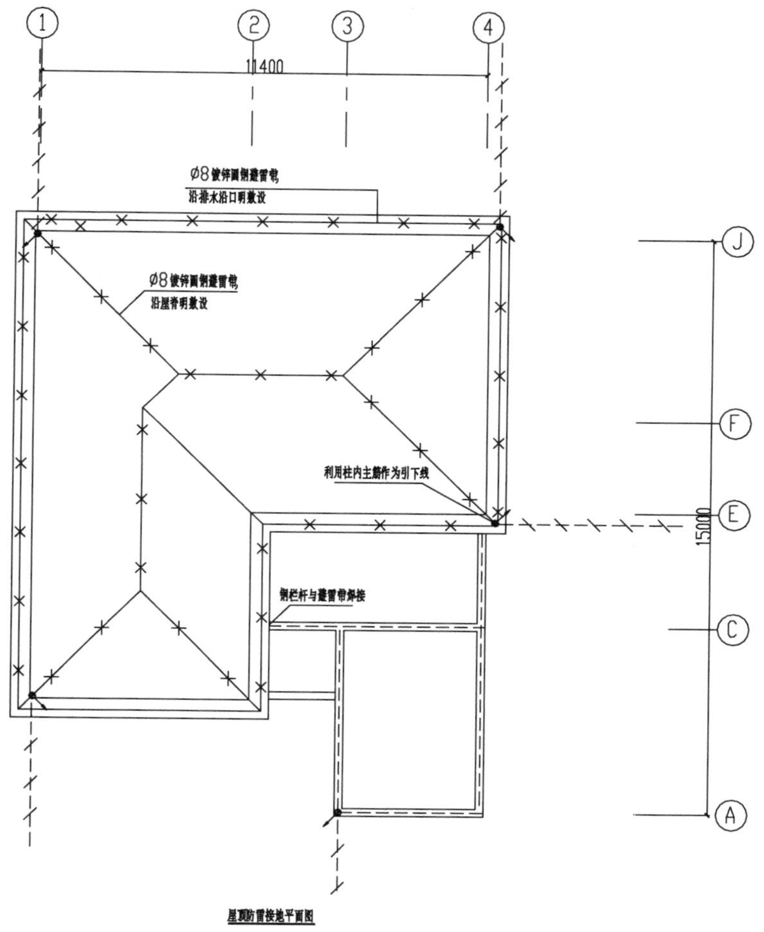

图 10-89 屋顶防雷接地平面图

10.7 绘制别墅弱电电气工程图

10-7

本例主要以前述的别墅工程为背景，介绍其室内弱电系统的设计及 AutoCAD 制图。该别墅的弱电工程包括电话及计算机配线系统、有线电视系统。

图纸的编排顺序为弱电电气设计说明、系统图、平面图。其中，弱电电气设计说明应交代设计依据、设计范围、系统的设计概况等；系统图应表明弱电系统设备之间的关

系及其功能；平面图应显示弱电系统设备的平面位置关系及其线路敷设关系等。

10.7.1 弱电平面图

弱电平面图的绘制步骤如下。

1. 图框及比例关系

图框可以直接从其他已完成的CAD图中复制，也可以采用图块的形式插入。

CAD建筑制图比例一般采用图样1∶1比例，而图框按反比例相对放大的形式获得比例图，如绘制1∶150的比例图，则应将1∶1原尺寸的图框放大150倍。

2. 建筑平面图

对于建筑平面图的表达内容、制图要点及CAD实现，读者可查阅前述章节，也可查阅其他建筑制图书籍。这里直接利用前面章节绘制的建筑平面图，快捷方便，如图10-90所示。

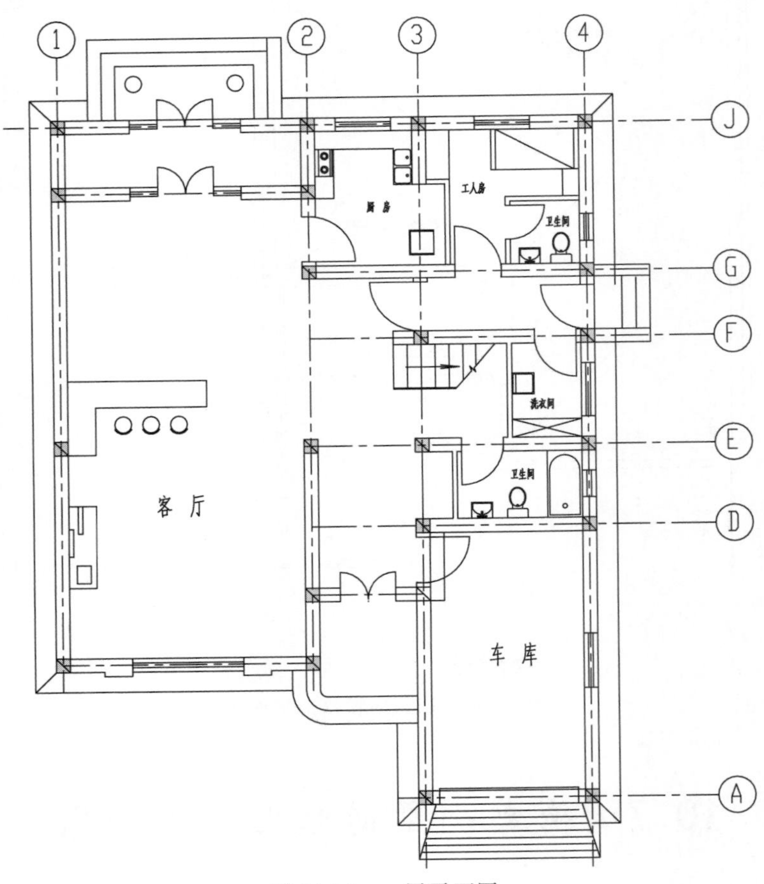

图10-90 一层平面图

3. 相关图例符号的定位布置

绘制各图例符号，并根据设计意图将其布置在相应的位置。对于图例的CAD绘制流程，以下以电视天线四分配器为例简要介绍其绘制过程，如图10-91所示。

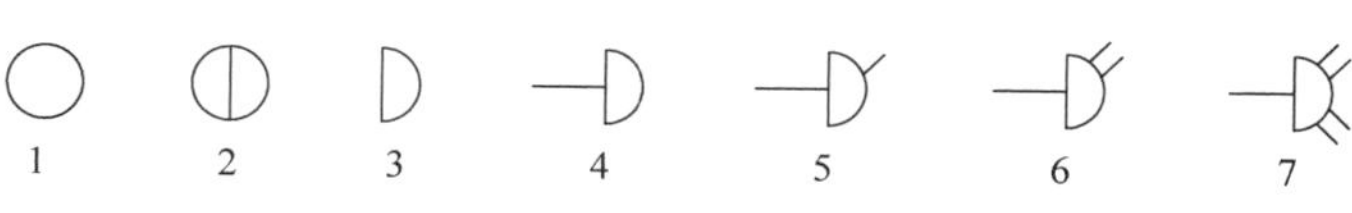

图 10-91　电视天线四分配器图例绘制流程

(1) 单击“默认”选项卡“绘图”面板中的“圆”按钮，绘制圆，半径大约为 350mm。

(2) 单击“默认”选项卡“绘图”面板中的“直线”按钮，绘制竖直直径。

(3) 单击“默认”选项卡“修改”面板中的“修剪”按钮，将图形修剪为半圆。

(4) 单击“默认”选项卡“绘图”面板中的“直线”按钮，以圆心为端点，以适当尺寸绘制水平直线。

(5) 单击“默认”选项卡“绘图”面板中的“直线”按钮，捕捉圆弧上一点为端点，以适当尺寸绘制斜线。斜线绘制时，应关闭“正交”状态按钮。

(6) 单击“默认”选项卡“修改”面板中的“复制”按钮，捕捉圆弧上的点为基点和目标点复制斜短线。

(7) 单击“默认”选项卡“修改”面板中的“镜像”按钮，镜像斜短线。

注意：在默认情况下，镜像文字、属性和属性定义时，它们在镜像图像中不会反转或倒置。文字的对齐和对正方式在镜像对象前、后相同。

当图形文件经过多次修改，特别是插入多个图块以后，文件占有的空间会越变越大，这时，计算机的运行速度也会变慢，图形处理的速度也变慢。此时，可以通过选择菜单栏中的❶“文件”→❷“图形实用工具”→❸“清理”命令（图 10-92），清除无用的图

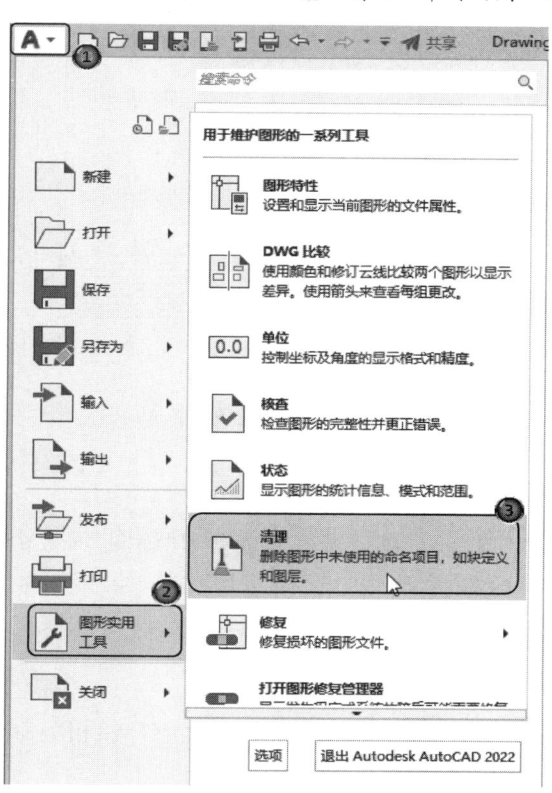

图 10-92　清理

块、字型、图层、标注形式、复线形式等，这样，图形文件也会随之变小。

根据设计意图，采用复制、旋转、移动等基本命令，将弱电设备的图例布置在建筑平面图的相应位置，其平面布置如图 10-93 所示。

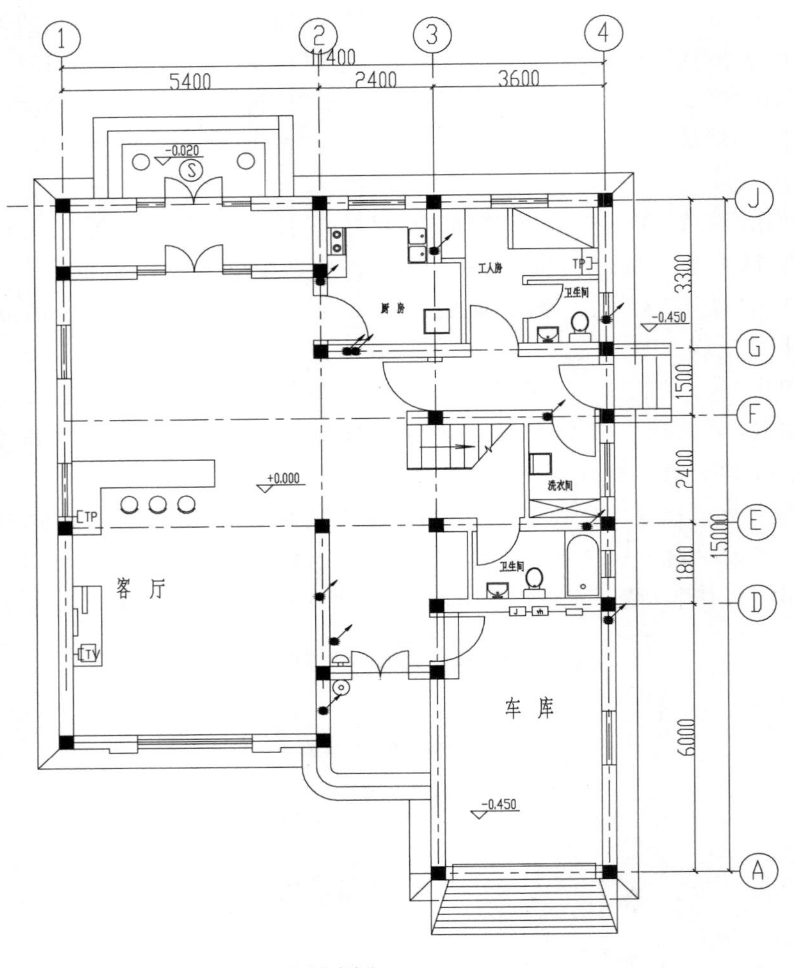

图 10-93 弱电设备布置图

4. 线路关系绘制

将当前图层设置为“线路”。单击“默认”选项卡“绘图”面板中的“直线”按钮╱，将各设备连接起来（注意绘制时线型的选择与调整）。绘制完成后的线路如图 10-94 所示。

5. 尺寸及文字标注说明

将当前图层设置为“标注”。利用尺寸标注和文字标注相关命令进行适当的标注说明，使得设计者的设计意图表达更为清晰。

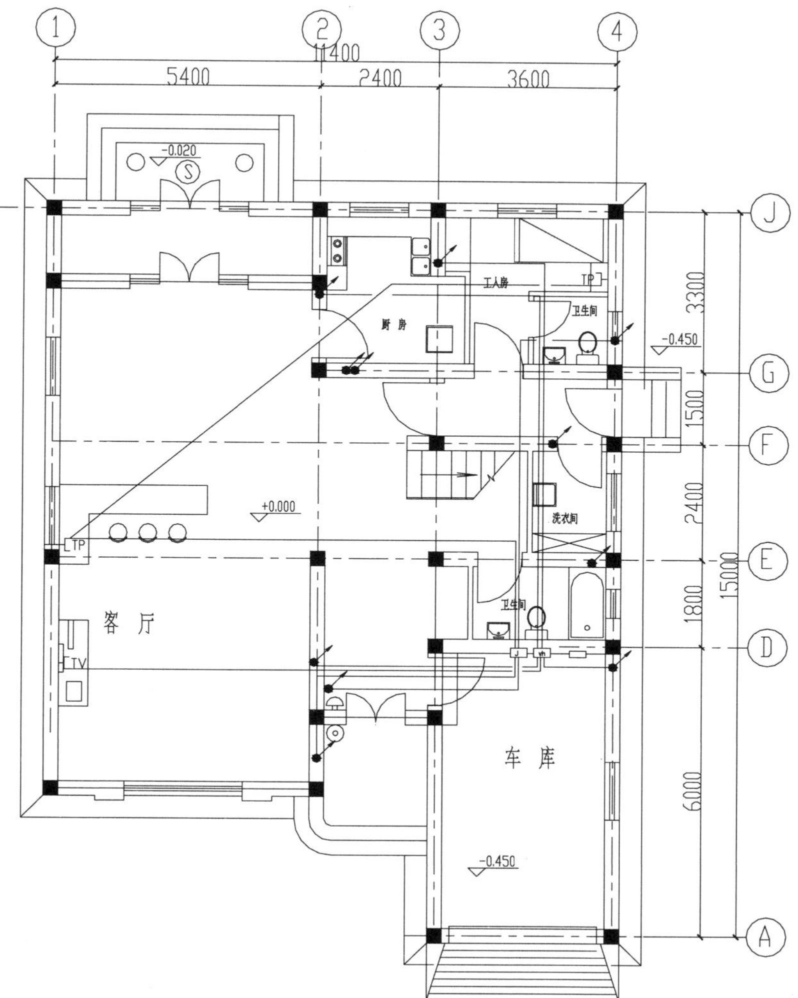

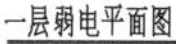

图 10-94　线路绘制

相关标注如图 10-95 所示。

10.7.2　有线电视系统图

10-8

有线电视系统图的绘制步骤如下。

1. 绘图准备工作

应进行相关的文字样式、标注样式、图层结构、图框比例等的设置。其方法与前面讲述的方法相同，此处不再赘述。

2. 绘制进户线

(1) 将当前图层设为“电气”。线宽设置为 b，即一个单位基本线宽，为粗实线。

(2) 单击“默认”选项卡“绘图”面板中的“直线”按钮╱或“多段线”按钮⊐，绘制两

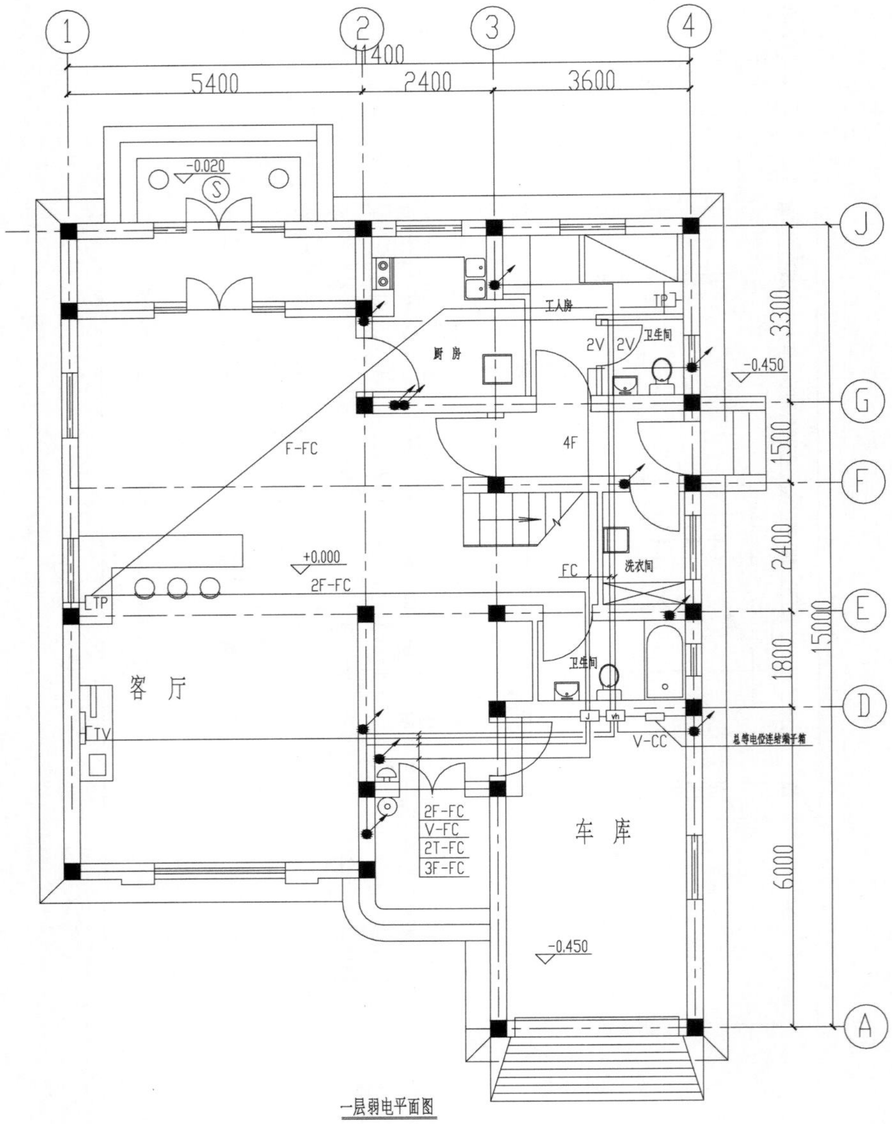

Note

一层弱电平面图

图 10-95　相关标注

条进户线，不用确定长度，因为系统图为示意图，没有尺寸大小的概念，只需将设计者的意图表达清楚即可。选择适当的大小比例，保证图纸表达清晰。

为便于直观地观察线宽的大小，应当打开“状态栏”的“线宽”按钮 ，即可清楚地显示不同直线的线宽。

注意： 采用“多段线”命令绘制时，要注意设置线段端点宽度。当 pline 线设置成宽度不为 0 时，就按该线宽值打印。如果这个多段线的宽度太小，则打印不出宽度效果（粗细）。如以毫米为单位绘图，设置多段线宽度为 20mm，当用 1∶100 的比例打印时，就是 0.2mm。所以多段线的宽度设置一定要考虑打印比例才行。若其宽度是 0，就可按对象特性来设置（与其他对象一样）。

（3）单击“默认”选项卡“注释”面板中的“单行文字”按钮A，进行文字标注。命令行提示与操作如下。

```
命令: _TEXT
当前文字样式:“系统图样式”  文字高度: 2.5000  注释性: 否  对正: 左
指定文字的起点或 [对正(J)/样式(S)]:(指定直线上一点)
指定高度 <2.5000>: 350↙
指定文字的旋转角度 <0>: 0↙
```

此时系统弹出文字编辑框，输入文字“SKYV-75-12-2SC32”。

SKYV-75-12-2SC32 是弱电符号，表示聚乙烯藕状介质射频同轴电缆，绝缘外径是12mm，特性阻抗 75，2 根钢管配线，钢管直径为 32mm。

（4）单击“默认”选项卡“修改”面板中的“复制”按钮，复制单行文本至第二条线，双击标注文字，则会弹出文字编辑框，出现闪烁的文字编辑符，将文字修改为 AC220V 及 WL15。

AC220V，WL15 是强电符号，表示交流 220V 电源，第 15 条照明回路。

结果如图 10-96 所示。

3. 绘制信号放大器(弱电进户线)

单击“默认”选项卡“绘图”面板中的“多边形”按钮，绘制信号放大器的三角形，如图 10-97 所示。

图 10-96　线路标注　　图 10-97　绘制信号放大器

4. 绘制电视二分支器

单击“默认”选项卡“绘图”面板中的“直线”按钮和“圆”按钮，绘制电视天线二分支器，适当指定尺寸，如图 10-98 所示。

5. 绘制负载电阻

单击“默认”选项卡“绘图”面板中的“矩形”按钮、“直线”按钮和“注释”面板中的“多行文字”按钮A，绘制负载电阻，尺寸适当指定，如图 10-99 所示。

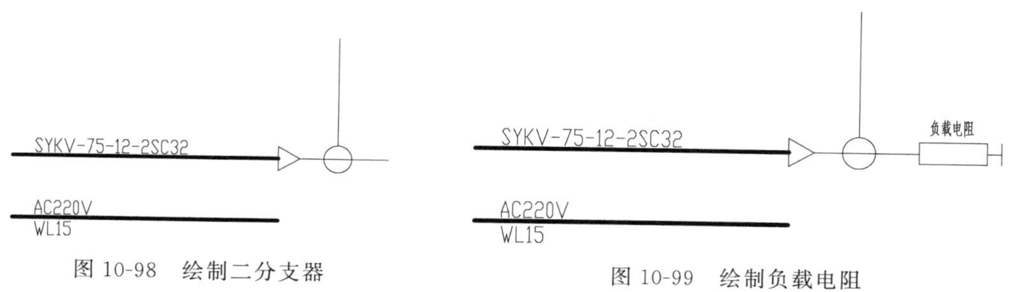

图 10-98　绘制二分支器　　图 10-99　绘制负载电阻

注意：这里各图形的绘制均未涉及尺寸大小的问题，主要是示意图，尺寸适当即可！

6. 插座及熔断器（强电进户线）

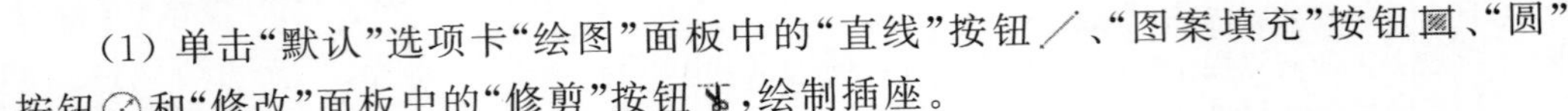

(1) 单击“默认”选项卡“绘图”面板中的“直线”按钮、“图案填充”按钮、“圆”按钮和“修改”面板中的“修剪”按钮，绘制插座。

(2) 单击“默认”选项卡“绘图”面板中的“矩形”按钮，绘制熔断器。

(3) 对熔断器型号进行文字标注，只需复制其他文本，更改文字为10/5A即可，如图10-100所示。

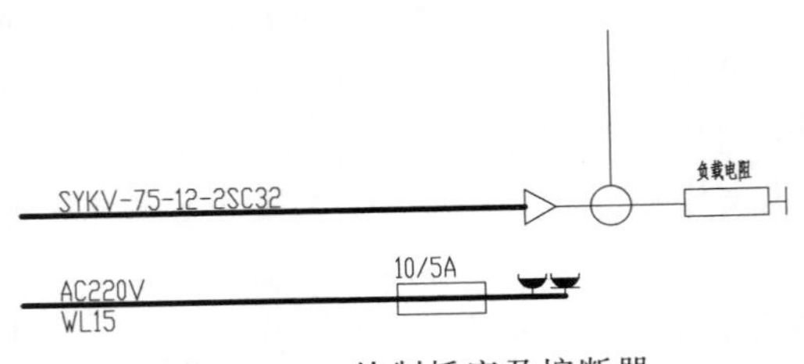

图10-100　绘制插座及熔断器

7. 电视天线四分配器及电视出线口图符绘制

(1) 将当前图层设置为“电气”。

(2) 按前面讲述的方法绘制电视天线四分配器。

(3) 单击“默认”选项卡“注释”面板中的“多行文字”按钮**A**，进行文字标注，如图10-101所示。并将标注完的文字逐一复制到其他需要标注的位置，双击文字，可修改标注内容。

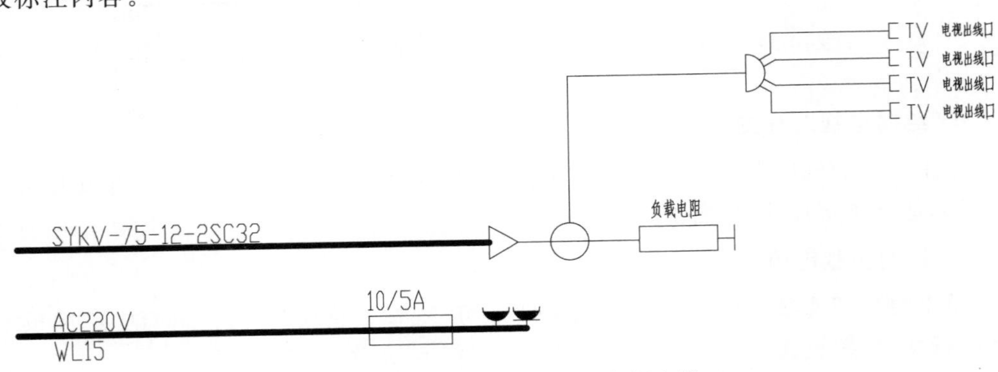

图10-101　电视天线四分器及电视出线口

(4) 单击“默认”选项卡“修改”面板中的“镜像”按钮，镜像另一个电视天线四分配器及电视出线口模块，如图10-102所示。

注意：

(1) 系统命令mirrtext控制mirror命令反映文字的方式。初始值为0，其中：

0——保持文字方向

1——镜像显示文字

(2) 系统命令textfill控制打印和渲染时TrueType字体的填充方式。初始值为

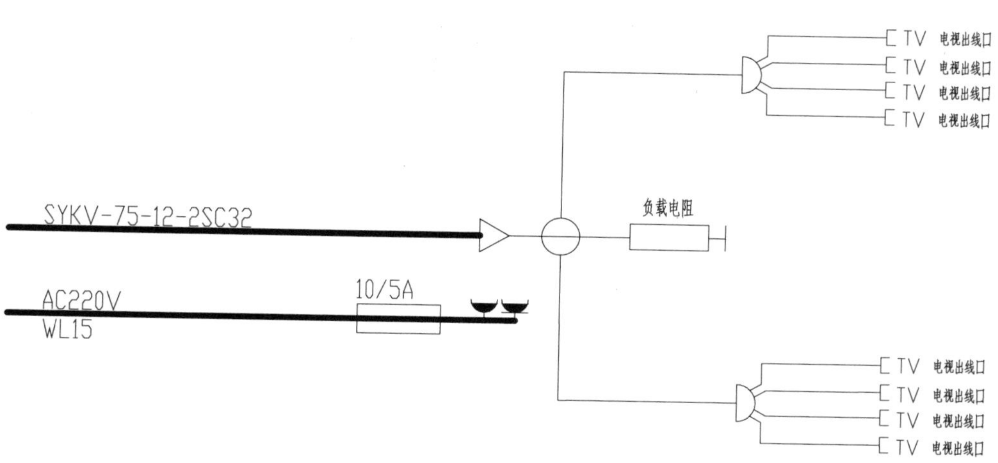

图 10-102　分配器模块

0,其中:

0——以轮廓线形式显示文字

1——以填充图像形式显示文字

8. 绘制电视前端箱虚线框,并标注

(1) 选择菜单栏中的“格式”→“线型”命令,❶系统打开“线型管理器”对话框,如图 10-103 所示。❷单击“加载”按钮,❸系统打开“加载或重载线型”对话框,如图 10-104 所示。❹选择 ACAD_ISO02W100 线型,❺单击“确定”按钮,回到“线型管理器”对话框。在该对话框的“线型”列表中选择刚加载的 ACAD_ISO02W100 线型,单击“确定”按钮,则把 ACAD_ISO02W100 线型设置成当前线型。

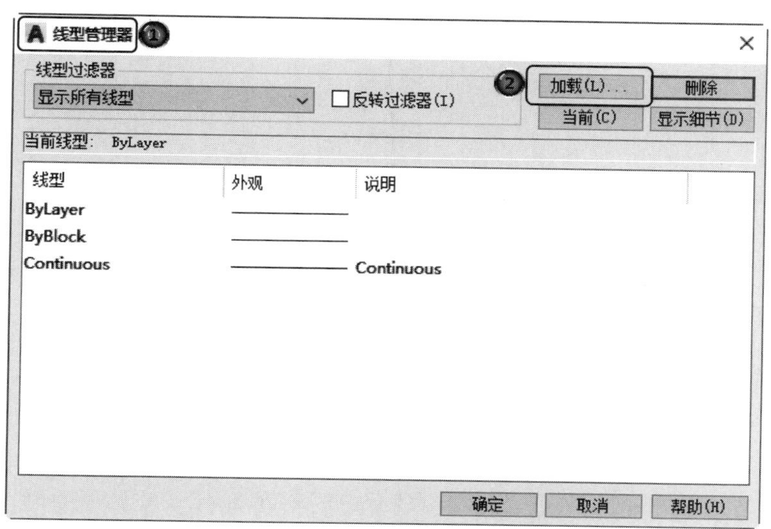

图 10-103　“线型管理器”对话框

(2) 单击“默认”选项卡“绘图”面板中的“矩形”按钮▭,绘制电视前端箱虚线框。

(3) 单击“默认”选项卡“注释”面板中的“多行文字”按钮A,标注前端箱:“VH”

Note

图 10-104 “加载或重载线型”对话框

“电视前端箱”“400×600×200”,结果如图 10-105 所示。

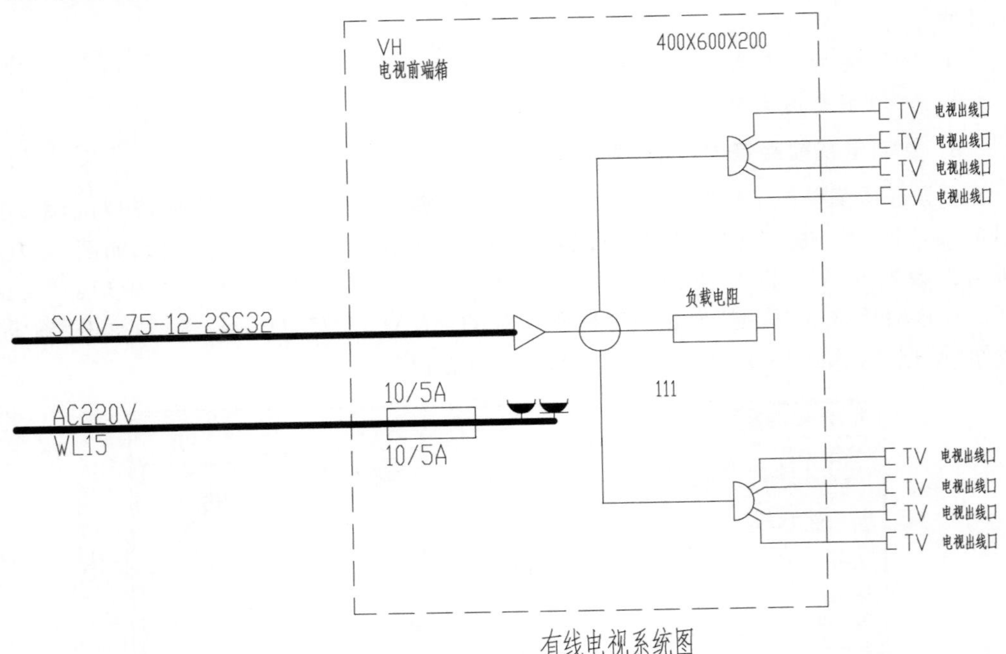

图 10-105 绘制虚线框

至此,电视前端箱虚线框绘制完毕。如有相关特殊说明,可利用“多行文字”命令继续进行标注。

二维码索引

Note